普通高等教育"十一五"国家级规划教材
北京高等教育精品教材

新形态教材
扫描书内二维码

数字图像处理及模式识别

（第3版）

王卫江　沈庭芝　任仕伟　史玥婷　编著

北京理工大学出版社
BEIJING INSTITUTE OF TECHNOLOGY PRESS

内 容 简 介

本书是普通高等教育"十一五"国家级规划教材、北京市精品教材,是国家级一流本科专业建设点建设成果。全书共有9章,主要内容包括:数字图像处理技术概述、图像数字化、图像变换、图像增强、图像复原、数字图像的压缩编码、图像随机场模拟及处理、图像分析、模式识别技术、数字图像处理与模式识别技术的应用举例等。

本书可作为信号与信息处理、通信与信息系统、电子与通信工程、电子科学与技术、模式识别与智能系统、计算机视觉等学科的本科生和研究生专业基础课教材,也可供计算机科学与技术、测控技术与仪器、生物医学工程、光电工程、遥测遥感和军事侦察等学科领域的科技工作者作为参考用书。

版权专有　侵权必究

图书在版编目(CIP)数据

数字图像处理及模式识别 / 王卫江等编著. --3版.
北京 : 北京理工大学出版社, 2024.6.
ISBN 978-7-5763-4271-0
Ⅰ. TN911.73
中国国家版本馆 CIP 数据核字第 2024MX3889 号

责任编辑:刘　派	文案编辑:李丁一
责任校对:周瑞红	责任印制:李志强

出版发行 /	北京理工大学出版社有限责任公司
社　　址 /	北京市丰台区四合庄路6号
邮　　编 /	100070
电　　话 /	(010)68944439(学术售后服务热线)
网　　址 /	http://www.bitpress.com.cn

版 印 次 /	2024年6月第3版第1次印刷
印　　刷 /	保定市中画美凯印刷有限公司
开　　本 /	787 mm×1092 mm　1/16
印　　张 /	22
字　　数 /	517千字
定　　价 /	68.00元

图书出现印装质量问题,请拨打售后服务热线,负责调换

第 3 版前言

时光如梭，本书自 2007 年第 2 版出版以来已经过去 16 年了。在这期间，本书作为电子信息类高年级本科生和全校硕士研究生学习数字图像处理与模式识别课程的教材，效果良好，作者同时积累了不少的教学经验，也发现了第 2 版中的个别错误之处及内容陈旧的问题。近年来，随着深度学习、机器学习、人工智能、增强现实等新技术在图像处理及模式识别领域的广泛应用，特别是党的二十大提出"构建新一代信息技术、人工智能、生物技术、新能源、新材料、高端装备、绿色环保等一批新的增长引擎"，"建设更高水平的平安中国，以新安全格局保障新发展格局"，对智能图像处理及识别技术的研究和应用提出更高的要求，使我们迫切感觉到要对本书进行大的修改和补充新的内容，以满足培养卓越工程师和行业领军人的"教育强国、人才强国"需求。

本书的编写遵循从系统框架、数学模型、时域/频域分析到现代图像处理算法的知识点有机衔接，可更好地满足电类工科各专业人员在图像处理及模式识别领域知识的融通与迁移、实践技能的训练与提升、创新思维的培养与形成等方面能力与素质的需求。在北京理工大学出版社的大力支持下，我们成立了由沈庭芝教授、王卫江副教授、任仕伟副教授和史玥婷博士后组成的编写组，并由王卫江副教授负责本书的统稿工作。其中，王卫江副教授对第 4、第 5、第 7 章进行了修订，沈庭芝教授对第 1、第 6 章进行了修订，任仕伟副教授对第 2、第 3 章进行了修订，史玥婷博士后对第 8、第 9 章进行了修订。

希望本书的出版，不仅能给学习数字图像处理与模式识别课程的高年级本科生和研究生提供一本内容比较全面且新颖的教材，而且也能为广大从事模式识别实际应用的科学工作者和技术人员提供一本可读性较好的参考书。当然，由于数字图像处理及模式识别涉及很多学科领域，而编写团队的实践经验和理论水平都有其局限性，故本书还会存在不足之处，敬请读者在阅读本书时提出宝贵建议并对错误的地方进行指正，以便在今后再版时予以改进。

编著者
2023 年 10 月

第 2 版前言
Second Edition PREFACE

自从20世纪20年代人类第一次实现在纽约和伦敦之间通过海底电缆传送图片至今，仅仅80余年，数字图像处理技术已经得到了突飞猛进的发展。随着计算机的普遍使用，人类已经进入了一个高速发展的信息化时代，图像处理技术越来越成为科学技术各领域中必不可少的手段。它的应用是如此之广，从空间技术到显微图像，从军事领域到工业生产，从天文地质到医学诊断，从电视广告到少儿游戏，图像处理技术无处不在，它与人们的工作、学习和生活密切相关。

广大青年学生对图像处理技术的学习怀有浓厚的兴趣，本书就是为高等院校的本科生、研究生编写的教材。本书包含了图像处理的主要技术，如图像的变换、增强、复原、编码、分析与识别等，阐述了它们的主要基础理论知识和实现的途径，提供了习题及实验框架。

反映本学科的新思想、新技术、新方法是本书编写的一大宗旨，为此，除基本内容之外，本书增加了最近不断讨论的三维成像、遗传算法、随机场模拟、神经网络的应用、盲信号处理以及先进的视频编解码技术。加强理论与实践的联系也是本书编写过程中考虑的问题，除理论分析之外，本书还强调了实现的途径，提供了几个主要实验的框架，以期本书对工程技术人员有参考价值。

本书还有配套的计算机辅助教学软件，供学生自学与自查，软件中包括了大部分图像处理技术，并提供了许多精美的图片。凡具有中文Windows 3.1以上的计算机皆可使用。欲购买此软件者，请与北京理工大学电子工程系方子文同志联系，电话68912612-802。

本书的诞生是在多位教师多年教学与科研的基础上编写的，本次修订有几位年轻教师参加编写，为本书的编写增加了新生力量。在此向在百忙之中为本书进行审阅并提出许多宝贵意见的著名信号处理专家柯有安教授、张宝俊教授致以崇高的敬意。对曾参与计算机辅助教学软件制作的林海、陈建军、顾建军、朱少娟等同志表示感谢。

本书第1、第4、第5、第6章由沈庭芝编写，第2、第3章由闫雪梅编写，第7、第8、第9、第10章由王卫江编写。本次修订版主要作以下修改：删减相对陈旧的内容，保留基础理论，增加在此领域最新出现的一些新理论、新方法以及应用实例。由于篇幅有限，增加的内容不能太多，但力求精练实用，既有全面系统的基础知识，又有实际可操作的步骤，还有部分应用实例，适合于各类学校、研究所参考使用。由于作者水平有限，书中难免有不当之处，恳请各位读者批评指正。

编著者

2007 年

目 录
CONTENTS

第1章 绪论 ········· 001
1.1 数字图像处理技术概述 ········· 001
  1.1.1 数字图像处理技术的发展与应用 ········· 001
  1.1.2 数字图像处理技术的特点 ········· 005
  1.1.3 数字图像处理的基本研究内容 ········· 007
  1.1.4 数字图像处理系统的组成 ········· 008
1.2 视觉的原理与模型 ········· 010
  1.2.1 视觉的原理 ········· 010
  1.2.2 视觉模型 ········· 013
1.3 图像的数字化 ········· 017
  1.3.1 图的获取 ········· 017
  1.3.2 采样与量化 ········· 017
1.4 彩色图像 ········· 022
习题 ········· 024
参考文献 ········· 025

第2章 图像变换 ········· 026
2.1 傅里叶变换 ········· 026
  2.1.1 连续傅里叶变换 ········· 026
  2.1.2 离散傅里叶变换 ········· 028
2.2 离散余弦变换 ········· 037
  2.2.1 离散余弦变换的定义 ········· 037
  2.2.2 离散余弦变换的快速算法 ········· 038
2.3 离散沃尔什变换/离散哈达玛变换 ········· 039
  2.3.1 离散沃尔什变换 ········· 039
  2.3.2 离散哈达玛变换 ········· 042
2.4 小波变换 ········· 044

  2.4.1 短时傅里叶变换 ··· 045
  2.4.2 连续小波基函数及其变换 ··· 046
  2.4.3 离散小波变换 ·· 049
 2.5 离散 K-L 变换 ·· 049
  2.5.1 K-L 变换的定义 ··· 050
  2.5.2 K-L 变换的性质 ··· 051
 习题 ·· 052
 参考文献 ·· 053

第3章 图像增强 ··· 054
 3.1 基于点操作的增强 ··· 054
  3.1.1 图像间运算 ··· 054
  3.1.2 灰度变换 ·· 056
  3.1.3 直方图变换 ··· 059
 3.2 图像平滑与去噪 ·· 065
  3.2.1 邻域平均法 ··· 066
  3.2.2 加权平均法 ··· 067
  3.2.3 空间域低通滤波 ·· 067
  3.2.4 频域低通滤波 ··· 068
  3.2.5 多图像平均法 ··· 071
  3.2.6 自适应平滑滤波 ·· 072
  3.2.7 中值滤波 ·· 072
  3.2.8 基于 Retinex 理论的图像增强 ··· 076
 3.3 图像锐化 ·· 078
  3.3.1 微分法 ··· 079
  3.3.2 频域滤波增强 ··· 084
 3.4 彩色增强 ·· 087
  3.4.1 彩色图像处理的基本问题 ··· 087
  3.4.2 颜色空间的表示及其转换 ··· 088
  3.4.3 颜色空间的量化 ·· 092
  3.4.4 假彩色处理 ··· 092
  3.4.5 彩色图像增强 ··· 092
 习题 ·· 093
 参考文献 ·· 095

第4章 图像复原 ··· 096
 4.1 退化的数学模型 ·· 096
 4.2 图像中的噪声 ··· 097
 4.3 连续系统的图像复原 ··· 099
  4.3.1 一般原理 ·· 099
  4.3.2 逆滤波 ··· 099

4.3.3 维纳滤波 ... 100
4.4 离散情况下的退化模型 ... 101
　4.4.1 一维信号退化模型 ... 101
　4.4.2 二维信号退化模型 ... 102
4.5 离散情况下的复原 ... 104
　4.5.1 无约束条件复原 ... 104
　4.5.2 有约束条件复原 ... 105
　4.5.3 受限制的自适应复原 ... 105
4.6 运动模糊图像的复原 ... 106
4.7 非线性图像复原 ... 108
　4.7.1 最大后验复原 ... 108
　4.7.2 最大熵复原 ... 110
4.8 同态滤波复原 ... 113
4.9 图像的盲复原 ... 114
　4.9.1 迭代盲目反卷积算法 ... 114
　4.9.2 非负有限支持域递归逆滤波算法 ... 115
4.10 超分辨率图像重构 ... 116
　4.10.1 基于类脑神经网络的超分辨率图像重构模型研究 ... 116
　4.10.2 基于压缩感知测量矩阵和过完备库的超分辨率图像重构模型研究 ... 118
4.11 图像复原在医学影像处理中的应用 ... 120
　4.11.1 CT 原理 ... 123
　4.11.2 投影和雷登变换 ... 125
　4.11.3 傅里叶切片定理 ... 128
　4.11.4 使用平行射线束滤波反投影的重建 ... 128
　4.11.5 使用扇形射线束滤波反投影的重建 ... 131
习题 ... 135
参考文献 ... 135

第5章 数字图像的压缩编码 ... 136
5.1 概述 ... 136
5.2 基础知识 ... 137
　5.2.1 引言 ... 137
　5.2.2 编码冗余 ... 137
　5.2.3 像素间冗余 ... 139
　5.2.4 保真度准则 ... 141
5.3 熵编码方法 ... 142
　5.3.1 基本概念 ... 142
　5.3.2 哈夫曼编码方法 ... 144
　5.3.3 香农编码方法 ... 145
5.4 轮廓编码 ... 146

  5.4.1 轮廓编码的概念 ··················· 146
  5.4.2 轮廓算法 ··························· 147
  5.4.3 应用轮廓算法的一个示例 ········ 149
  5.4.4 编码方法 ··························· 150
 5.5 变换编码与小波变换编码 ············ 151
  5.5.1 变换编码 ··························· 151
  5.5.2 小波变换编码 ···················· 154
 5.6 分形编码 ································ 156
 5.7 图像压缩标准 ·························· 158
  5.7.1 JPEG 和 JPEG 2000 ··············· 158
  5.7.2 MPEG-X ··························· 160
  5.7.3 H.26X ······························ 163
 5.8 数字水印 ································ 179
  5.8.1 概述 ································ 179
  5.8.2 数字水印的衡量标准 ············ 179
  5.8.3 数字水印的分类 ················· 180
  5.8.4 实现数字水印的一般步骤 ······ 180
  5.8.5 图像水印经典算法 ·············· 181
  5.8.6 彩色图像超复数空间的自适应水印算法 ··· 183
  5.8.7 基于改进的第二代小波变换的彩色图像水印算法 ··· 190
 5.9 基于 KLT 的高光谱图像压缩 ······· 196
 习题 ··· 198
 参考文献 ······································· 198

第6章 图像随机场模拟及处理 ··········· 199

 6.1 图像的随机场模型 ···················· 199
  6.1.1 图像的马尔可夫随机场模型 ··· 199
  6.1.2 其他模型简介 ···················· 202
 6.2 图像模拟的实现 ······················· 203
  6.2.1 用邻域系统实现吉布斯随机场模拟图像 ··· 203
  6.2.2 用高斯—马尔可夫随机场模拟图像 ··· 206
 6.3 图像参数估计方法的研究 ············ 207
  6.3.1 混合高斯随机序列参数矩估计方法 ··· 207
  6.3.2 实验结果及分析 ················· 209
 6.4 遗传算法及其应用 ···················· 211
 习题 ··· 215
 参考文献 ······································· 216

第7章 图像分析 ······························· 217

 7.1 图像特征 ································ 217
  7.1.1 幅度特征 ··························· 217

7.1.2 直方图特征 ……………………………………………………………… 218
7.1.3 变换系数特征 …………………………………………………………… 219
7.1.4 线条和角点的特征 ……………………………………………………… 220
7.1.5 灰度边缘特征 …………………………………………………………… 220
7.1.6 纹理特征 ………………………………………………………………… 220
7.2 图像的分割 …………………………………………………………………… 221
7.2.1 幅度分割法 ……………………………………………………………… 221
7.2.2 边缘检测法 ……………………………………………………………… 224
7.2.3 区域分割法 ……………………………………………………………… 228
7.2.4 用形态学分水岭的分割 ………………………………………………… 230
7.2.5 数学形态学图像处理 …………………………………………………… 236
7.3 图像的纹理分析 ……………………………………………………………… 238
7.3.1 纹理特征及其计算 ……………………………………………………… 239
7.3.2 纹理区域的分割 ………………………………………………………… 241
7.3.3 纹理边缘的检测 ………………………………………………………… 242
7.4 图像的符号描述 ……………………………………………………………… 242
7.4.1 连通性 …………………………………………………………………… 242
7.4.2 缩点、压窄、扩宽 ……………………………………………………… 243
7.4.3 线条的描述与曲线拟合 ………………………………………………… 244
7.4.4 形状描述 ………………………………………………………………… 245
7.4.5 边界特征描述 …………………………………………………………… 247
7.4.6 区域描述 ………………………………………………………………… 249
7.5 多维信息及运动图像的分析和利用 ………………………………………… 250
习题 …………………………………………………………………………………… 251
参考文献 ……………………………………………………………………………… 252

第8章 模式识别技术 ……………………………………………………………… 253
8.1 模式识别基础知识 …………………………………………………………… 254
8.2 统计模式识别法 ……………………………………………………………… 255
8.2.1 决策理论方法 …………………………………………………………… 255
8.2.2 统计分类法 ……………………………………………………………… 259
8.2.3 特征的提取与选择 ……………………………………………………… 262
8.3 模糊模式识别 ………………………………………………………………… 263
8.3.1 概述 ……………………………………………………………………… 263
8.3.2 模糊子集 ………………………………………………………………… 264
8.3.3 模糊关系 ………………………………………………………………… 269
8.4 结构模式识别 ………………………………………………………………… 276
8.4.1 概述 ……………………………………………………………………… 276
8.4.2 结构模式识别系统 ……………………………………………………… 277
8.4.3 模式基元的选择与提取 ………………………………………………… 278

8.4.4 模式文法 ·· 281
   8.4.5 串的识别与分析 ·· 286
 8.5 支持向量机及其在模式识别中的应用 ··· 286
   8.5.1 支持向量机的基本概念和方法 ·· 287
   8.5.2 支持向量机在模式识别中的应用 ··· 289
 8.6 神经网络及其在模式识别中的应用 ··· 291
   8.6.1 人工神经网络概述 ·· 291
   8.6.2 与传统模式分类器的对比 ·· 292
   8.6.3 BP 模型及其在模式识别上的应用 ·· 296
 8.7 深度卷积神经网络 ·· 300
   8.7.1 卷积神经网络的基本思想和原理 ··· 300
   8.7.2 卷积神经网络的结构和模型 ··· 301
 习题 ··· 305
 参考文献 ··· 307

第 9 章　数字图像处理与模式识别技术的应用举例 ·································· 308
 9.1 车辆牌照自动识别系统 ·· 308
   9.1.1 牌照图像的预处理 ·· 308
   9.1.2 基于综合特征的车辆牌照定位技术 ·· 310
   9.1.3 牌照字符的切分 ··· 313
   9.1.4 字符识别算法 ·· 315
 9.2 基于压缩感知的图像重构算法 ·· 318
   9.2.1 CS-MRI 重构模型 ·· 318
   9.2.2 改进的 NESTA 算法 ·· 319
 9.3 基于深度学习的眼底图像分割算法 ·· 321
 参考文献 ··· 324

附录　实用图像处理程序 ·· 325

第1章
绪　　论

1.1　数字图像处理技术概述

1.1.1　数字图像处理技术的发展与应用

早在20世纪20年代，人们利用巴特兰（Bartlane）电缆图片传输系统，经过大西洋传送了第一幅数字图像，它使传输的时间从一个多星期减少到了3 h，使人们感受到数字图像传输的威力。它的传输方法，首先是对图像进行编码，然后在接收端用一台电报打印机利用字符模拟中间色调把图像还原出来，这是一个初步尝试。为了对图像的灰度、色调和清晰度进行改善，人们采用各种方法对图像的传输、打印和复原等技术进行改进，这种努力一直延续到此后的40年。直到大型计算机出现后，人们才开始用计算机来改善图像。在1964年，美国的喷气推进实验室（JPL）进行了太空探测工作，当时用计算机来处理航天探测器"徘徊者7号"发回的月球照片，以校正飞船上电视摄像机中各种不同形式的固有的图像畸变，这些技术都是图像增强和复原的基础。同时，他们成功地用计算机绘制出月球表面的地图。随后在1965年又对"徘徊者8号"发回的几万张照片进行较为复杂的数字图像处理，使图像的质量进一步提高。JPL的工作引起了世界许多有关方面的注意，JPL也更加重视数字图像技术的研究，投入了更大的力量，并取得了许多非凡的成果。与此同时，JPL以及世界各国有关部门已把数字图像处理技术从空间技术开发到生物医学、X射线图像增强、光学显微图像分析、遥感图像分析、粒子物理、地质勘探、人工智能和工业检测等方面。

数字图像处理技术在近30多年的时间里，迅速发展成为一门独立的有强大生命力的学科。下面仅就几个方面的某些应用举些例子。

1. 遥感技术

遥感技术可以是飞机遥感技术或卫星遥感技术。从前，许多国家每天派出很多侦察飞机对地球上感兴趣的地区进行大量的空中摄影。对由此得来的照片进行判读分析需要雇用几千人，而现在改用配备有高级计算机的图像处理系统来判读分析，既节省人力，又加快速度，还可以从照片中提取人工所不能发现的大量有用的情报。由于各种原因，从遥感卫星获得的地球资源图片的图像质量总不是很好，如果仍采用简单的直观判读如此昂贵代价所获取的图像是不合算的，因此必须采用图像处理技术。如陆地卫星，采用多波段扫描器（MSS），在900 km高空，对地球每一个地区以18天为一周期进行扫描成像，其图像分辨率大致相当于在距地面十几米或几百米的高度进行拍摄。这些图像无论在成像、存储、传输过程中，还是在判读分析中，都必须采用很多的数字图像处理方法。目前，遥感技术，尤其是卫星遥感，已经在资源调查、灾害监测、农业规划、城市规划、环境保护等方面有很大的应用效果。我国也在以上诸方面的实际应用中取得了良好的成果，对我国国民经济的发展起到了相当大的作用。图1-1所示为"嫦娥一号"的第一轨原始数据。

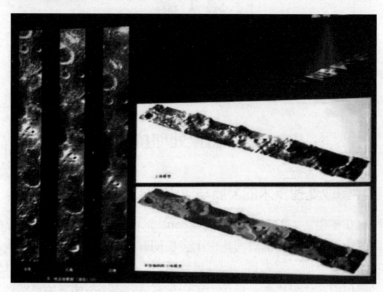

图1-1 "嫦娥一号"的第一轨原始数据

2. 医用图像处理

在医学上，不管是基础科学还是临床应用，都是图像处理种类极多的领域。例如，肺部CT影像中的微小结节检测、眼底图像的分析以及超声图像的分析等都是医疗辅助诊断的有力工具。另外，胸部X射线照片的鉴别、眼底照片的分析以及超声波图像的分析等都是医疗辅助诊断的有力工具。目前这类应用已经发展到专用的软件和硬件设备，最普遍使用的是计算机层析成像，也称为CT（Computer Tomography，计算机断层扫描）技术，它是由英国的Hounsfield发明的。通过CT技术，可以获取人体剖面图，使得肌体病变特别是肿瘤诊断发生革命性的变化，两位发明者因此获得1979年诺贝尔医学奖。近年来，又出现了核磁共振CT技术，使人体免受各种硬射线的伤害，并且图像更为清晰。图像处理技术在医学上的应用正在进一步发展，如图1-2所示。

3. 工业领域中的应用

在工业领域中，数字图像处理技术一般应用在工业产品的无损探伤，表面和外观的自动检查和识别，装配和生产线的自动化，弹性力学照片的应力分析，流体力学图片的阻力和升力分析等方面。最值得注意的是，"计算机视觉"采用摄影和输入二维图像的机器人，可以确定物体的位置、方向、属性以及其他状态等，它不但可以完成普通的材料搬运、产品集装、部件装配、生产过程自动监控，还可以在人不宜进入的环境里进行喷漆、焊接、自动检测等。目前，数字图像处理技术已发展成为研发具备视觉、听觉和触觉反馈的智能机器人的关键技术之一，如图1-3所示。

4. 军事公安方面

在军事公安方面，数字图像处理技术主要应用在各种侦察照片的判读，运动目标的图像

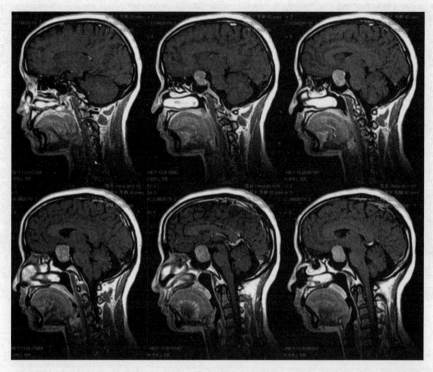

图 1-2 脑部 CT 成像

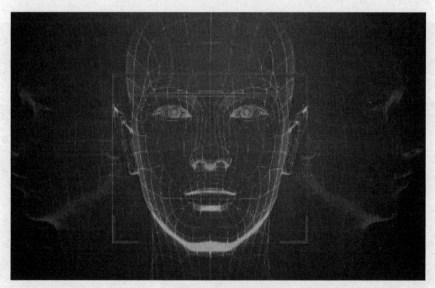

图 1-3 计算机视觉

自动跟踪技术，如目前电视跟踪技术已经装备到导弹和军舰上，并在实践和演习中取得很好的成绩。另外，也用于公安业务图片的判读分析，如指纹识别、不完整图片的复原等，以及应用于公安的跟踪、窃视、交通监控、事故分析中，如图 1-4 所示。

5. 文化艺术方面

目前，对于文化艺术方面，数字图像处理主要应用于电视画面的数字编辑、动画的制

图 1-4　指纹识别

作、电子图像游戏、纺织工艺品设计、服装设计与制作、发型设计、文物资料照片的复制和修复、运动员动作分析和评分等领域，现在已逐渐形成一门新的艺术——计算机图形学，如图 1-5 所示。

图 1-5　计算机图形学

6. 通信工程方面

当前通信的主要发展方向是声音、文字、图像和数据结合的多媒体通信，如图 1-6 所示。将电话、电视和计算机以"三网合一"的方式在数字通信网上传输。其中，以图像通信最为复杂和困难,因图像的数据量巨大,如传送彩色电视信号的速率为 100 Mb/s 以上,要将这样高速率的数据实时传送出去,必须采用编码技术来压缩信息的比特量。在一定意义上讲,编码压缩是这些技术成败的关键。除了已应用较广泛的熵编码、DPCM(差分脉冲编码调制)编码、变换编码外,目前国内外正在大力开发研究新的编码方法,如分行编码、自适应网络编码、小波变换图像压缩编码等。

图 1-6 多媒体通信

1.1.2 数字图像处理技术的特点

在计算机处理出现以前,图像处理都是光学照相处理和视频信号处理等模拟处理。数字图像与其他模拟方法特点的比较如表 1-1 所示。

表 1-1 数字图像与其他模拟方法特点的比较

方式	处理速度	灵活性	精度	调整	再现性	其他
光学	优异	一般	一般	较差	一般	较差现象
照片	优异	较差	较差	较差	较差	较差现象
录像	优异	一般	较差	一般	一般	—
数字	较差	优异	优异	优异	优异	较差内存

从表 1-1 可以看出,除了处理速度和内存要求较高外,数字图像处理技术在灵活性、精度、调整和再现性方面都是卓越的,它用程序自由地进行各种处理,并能达到较高的精度。这与模拟处理中,要提高一个数量级的精度,就必须对装置进行大幅度改进相比确实为一优点。另外,由于半导体技术的不断进步,开发出普遍适用的微处理器的图像处理专用高速处理器,以集成电路(IC)存储器为基础的图像显示也达到可行的程度,这些都进一步

加快了数字图像处理技术的发展和实用化。

为了用计算机处理图像,必须把图像作为数值来表示,数字图像就是二维平面上的灰度分布。数字图像信息有以下特点。

(1)信息量很大。例如一帧电视图像由 512×512 个像素组成,如其灰度级用 8 bit 的二进制来表示,则有 $2^8 = 256$ 个灰度级,那么一帧图像的信息量即为 $512 \times 512 \times 8 = 2\,097\,152$ bit。对这样大信息量的图像进行处理,必须要有计算机才能胜任,而且计算机的内存量要大。

(2)数字图像占用的频带较宽。与语言信息相比,数字图像占用的频带要大几个数量级。如电视图像的带宽为 5~6 MHz,而语言带宽仅为 4 kHz 左右。频带越宽,技术实现的难度就越大,成本也越高,为此对频带压缩技术提出了较高的要求。

(3)数字图像中各个像素是不独立的,其相关性很大。例如在电视画面中,同一行中相邻两个像素或相邻两行间的像素,其相关系数可达 0.9,而相邻两帧之间的相关性比帧内相关性还要大一些。因此图像信息压缩的潜力很大。

(4)处理后的数字图像是需要给人观察和评价的,因此受人的因素影响较大。由于人的视觉系统很复杂,受环境条件、视觉性能、人的主观意识的影响很大,因此要求系统与人良好配合,这还是一个很大的研究课题。

数字图像处理具有以下优点。

(1)再现性好。数字图像处理与模拟图像处理的根本不同在于,它不会因图像的存储、传输或复制等一系列变换操作而导致图像质量的退化。只要图像在数字化时准确地表现了原稿,数字图像处理过程就能始终保持图像的再现。

(2)处理精度高。按目前的技术,一幅模拟图像可数字化为任意大小的二维数组,这主要取决于图像数字化设备的能力。扫描仪可以把每个像素的灰度等级量化为 16 位甚至更高,这意味着图像的数字化精度可以满足任意应用的需求。对计算机而言,不论数组大小,也不论每个像素的位数多少,其处理程序几乎是一样的。换言之,从原理上讲,不论图像的精度有多高,处理总是能实现的,只要在处理时改变程序中的数组参数就可以了。对于图像的模拟处理,为了把处理精度提高一个数量级,就要大幅度改进处理装置,这在经济上是极不合算的。

(3)适用面宽。图像可以来自多种信息源,它们可以是可见光图像,也可以是不可见的波谱图像(如 X 射线图像、射线图像、超声波图像或红外图像等)。从图像反映的客观实体尺度看,可以小到电子显微镜图像,大到航空照片、遥感图像甚至天文望远镜图像。来自不同信息源的图像只要被变换为数字编码形式后,均是用二维数组表示的灰度图像[彩色图像也是由灰度图像组成的,如 RGB 图像由 R(红)、G(绿)、B(蓝)三个灰度图像组成]组合而成,因而均可用计算机来处理,即只要针对不同的图像信息源,采取相应的图像信息采集措施,图像的数字处理方法适用于任何一种图像。

(4)灵活性高。图像处理大体上可分为图像的像质改善、图像分析和图像重建三大部分。每部分均包含丰富的内容。由于图像的光学处理从原理上讲只能进行线性运算,这极大地限制了光学图像处理能实现的目标。而数字图像处理不仅能完成线性运算,而且能实现非线性处理,即凡是可以用数学公式或逻辑关系来表达的一切运算,均可用数字图像处理实现。

1.1.3　数字图像处理的基本研究内容

数字图像处理研究的内容极其广泛,从广义上讲,凡是与图像有关的、在计算机上能够实现的处理都可归为数字图像处理研究的范畴。普遍认为,数字图像处理主要包括以下几项研究内容。

1. 图像基础运算

图像基础运算包括图像代数运算和几何变换等。其中,图像代数运算主要是针对图像的像素进行加、减、乘、除等运算,或是将多幅图像用代数运算式加以联合得到一幅新的图像。通过图像的代数运算可以有针对性地处理图像中所选择像素的像素值,或将多幅图像加以联合应用。几何变换主要包括图像的坐标转换,图像的移动、缩小、放大、旋转,以及图像扭曲校正等,是最常见的图像处理手段,几乎任何图像处理软件都提供了最基本的图像缩放功能;图像的扭曲校正功能可以将存在几何变形的图像进行校正,从而得出准确几何位置的图像。

2. 图像处理域变换

由原始图像按序排列的像素灰度值构成的空间称为空间域;将经过傅里叶线性变换获得的图像频谱构成的空间称为频率域(简称频域)。对图像进行处理域变换和反变换,有利于借助在变换域里的显著特征和成熟的技术对图像进行高效处理,处理后的影像再反变换到空间域,使最终处理结果能以我们熟悉的方法进行可视表达。此外,离散余弦变换、Karhunen-Loeve(K-L)变换及小波变换等,都是将空间域的处理转换为变换域处理,不仅可减少计算量,而且可获得更有效的处理,如傅里叶变换可用于频域数字滤波处理,离散余弦变换可用于图像数据压缩,而 K-L 变换则可用来对图像数据进行降维处理等。

3. 图像增强

图像增强的作用就是要增强或突出图像中用户感兴趣的信息,同时减弱或者去除不需要的信息,如强化图像高频分量可使图像中物体轮廓清晰,强化低频分量可减少图像中的噪声影响。它是改善图像视觉效果和提高人或计算机识别图像效率的重要手段。常用的方法有线性拉伸、直方图增强、图像平滑、图像锐化和伪彩色增强等,多光谱图像的彩色合成也可以看成是一种图像增强技术。

4. 图像复原

图像复原与上述的图像增强同属于图像预处理环节。图像复原的主要目的是设法恢复影像获取过程中由干扰因素造成的影像质量的退化,从而复原图像的本来面目。例如,根据降质过程建立"降质模型",再采用某种滤波方法去除噪声,恢复原来的图像。

5. 图像压缩编码

图像压缩编码属于信息论中信源编码的研究范畴,其宗旨是利用图像信号的统计特性及人类视觉特性对图像进行高效编码,从而达到压缩图像中的冗余信息,以利于图像存储、处理、传输和图像保密等。压缩可以在不失真的前提下获得,也可以在允许失真的条件下进行。图像压缩编码是数字图像处理中一个经典的研究范畴,经多年研究,目前已制定了多种图像压缩标准,如 Huffman 编码、JPEG 编码和 MPEG 编码等。

6. 图像重建

图像重建起源于 CT 技术的发展,是一项很实用的数字图像处理技术,主要利用采集的物体断层扫描数据来重建出图像。图像重建在医学图像分析中得到了极为广泛的应用。目前，在计算机视觉领域，基于图像重建原理发展出诸如投影重建、明暗恢复形状、立体视觉重建、目标重建和激光测距重建等多种图像重构方法。

7. 图像描述与图像匹配

图像描述是图像识别和理解的必要前提。为了有效识别感兴趣的目标，必须对各区域、边界的属性和相互关系用更加简洁明确的数值和符号表示，从而在保留原图像区域重要信息的同时，减少描述区域的数据量。一般包括边界、形状、颜色和纹理等方面。

图像匹配是图像处理中的应用技术之一，其实质是比较两幅或多幅图像，寻找它们之间在某一图像特性上的相似性。图像匹配的应用领域非常广泛，如全景视图、图像拼接、目标检测等。

8. 图像融合

图像融合是信息融合的一个重要分支，其主要思想是通过一定的算法规则，将两个或多个在同一时间或不同时间获得的某一场景或目标的图像进行综合处理，最大限度地利用多源图像间的互补信息，减少冗余信息，生成一个对场景或目标表示更准确、更有效的新图像。目前，图像融合不仅应用于场景感知、目标检测、目标识别等军事领域，也广泛应用于智能交通、安全监视、医学成像等民用领域。

9. 图像分割与目标特征提取

图像分割是数字图像处理中的关键技术之一，它是将图像中有意义的特征部分提取出来，其有意义的特征有图像的边缘、区域等。图像分割是进一步进行图像识别、分析和理解的基础，目前已研究出不少边缘提取、区域分割的方法，是图像处理中研究的热点之一，包括图像中含有目标的边缘提取、目标分割、物体各种特征的量测与提取，以及影像分类与估计等。目前，其广泛应用于遥感影像上的地物提取、光学文字识别、指纹识别等技术领域。

10. 图像识别、目标检测与目标跟踪

图像识别是图像经过某些预处理（增强、复原、压缩）后，进行图像分割和特征提取，从而进行判别分类。对图像目标的分类识别常采用经典的统计模式分类方法，以及后来发展的支持向量机（SVM）、人工神经网络（ANN）、深度学习（DL）分类方法。目标检测是搜索图像中感兴趣的目标，获得目标的客观信息；而目标跟踪则是根据当前运动信息估计和预测运动目标的运动趋势，以便为其识别、理解等高层次图像处理提供信息。运动目标的检测和跟踪属于动态图像序列的处理范畴，也是目前图像处理研究的热点内容之一。

1.1.4　数字图像处理系统的组成

20 世纪 80 年代中叶，世界各地售出的各种型号的图像处理系统基本上都是由许多主机及与这些主机配套的外设组成的。20 世纪 80 年代末 90 年代初，市场已转为将图像处理硬件设计为与工业标准总线兼容，并能配合工程工作站机箱和个人计算机（PC）的单板形式，除了降低成本外，这一市场转型还催生了大量的新公司，这些公司的任务是开发用于图像处理的软件。

虽然针对如处理卫星图像的大规模图像应用的大型图像处理系统一直在出售，但趋势是朝着小型化和通用化的小型机并带有专用图像处理硬件的混合型系统方向发展。图 1-7 所示为用于数字图像处理的一个典型通用系统的组成。下面讨论每个组件的功能。

1. 图像传感器

关于图像传感器，需要两个部件来获取数字图像：第一个部件是物理设备，该设备对我们希望成像的目标辐射的能量很敏感；第二个部件为数字化器，数字化器是一种把物理感知装置的输出转换为数字形式的设备。例如，在数字视频摄像机中，传感器产生一个与光强成正比的输出，数字化器把该输出转换为数字数据。这些主题将在第2章中介绍。

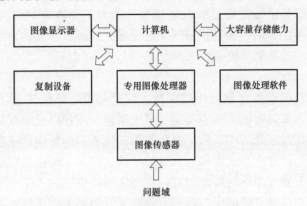

图1-7 通用图像处理系统的组成

2. 专用图像处理器

专用图像处理器通常由数字化器与执行其他原始操作的硬件组成，如算术逻辑单元（ALU）。算术逻辑单元对整个图像并行执行算术与逻辑运算，如何使用ALU的一个例子是与数字化一样快的图像取平均操作，这一操作的目的是降低噪声。这种类型的硬件有时称为前端子系统，其显著特点是速度快。换句话说，该单元执行要求快速数据吞吐的功能，如以30 f/s的速率来数字化和平均视频图像。

3. 计算机

图像处理系统中的计算机是通用计算机，其范围从PC到超级计算机，有时在专门应用中也采用特殊设计的计算机，以达到所要求的性能水平。但是，这里感兴趣的还是通用图像处理系统。在这些系统中，几乎任何配置较好的PC对于离线图像处理任务都是适合的。

4. 图像处理软件

图像处理软件由执行特定任务的专用模块组成，一个设计优良的软件包还包括为用户写代码的能力。例如，最小化就可以使用专用模块，更完善的软件包允许那些模块的集成，并至少用一种计算机语言编写通用软件命令集。

5. 大容量存储能力

大容量存储能力在图像处理应用中是必需的，一幅图像的尺寸是1 024×1 024像素，每像素的灰度是8 bit，如果图像不压缩，则需要1 MB的存储空间。在处理几千幅甚至几百万幅图像时，在图像处理系统中提供足够的存储空间将是极大的挑战。图像处理应用的数字存储分为三个主要的类别：① 处理期间的短期存储；② 关系到快速调用的在线存储；③ 档案存储，其特点是不频繁访问。存储是以字节（8 bit）、千字节（KB）、兆字节（MB）、吉字节（GB）或太字节（TB）来计量的。

提供短期存储的一种方法是使用计算机内存；另一种方法是采用专用的存储板，这种存储板称为帧缓存，它们可以存储一帧或多帧图像并可快速访问，通常以视频速率（30 f/s）

访问。后一种方法实质上允许瞬时缩放、滚动（垂直移动）和摇动（水平移动）图像。帧缓冲器通常放在专用图像处理硬件单元中，在线存储通常采用磁盘或光介质存储，在线存储的关键特性参数是对存储数据的访问频率。档案存储是以大容量存储要求为特征的，但无须频繁访问，放在类似于投币电唱机的盒子内的磁带或光盘通常使用的是档案存储介质。

6. 图像显示器

目前，使用的图像显示器主要是彩色电视监视器和平面屏幕，作为计算机系统的一部分，其显示应满足商用性要求，在有些情况下还要求立体显示。立体显示是采用戴在用户头上的目镜上嵌有两个小的显示屏的头盔来实现的。

7. 复制设备

用于记录图像的复制设备包括激光打印机、胶片相机、热敏装置、喷墨装置和数字单元，但作为书写材料，纸是首选的介质。为了表现图像，图像可显示在透明胶片上，或者使用图像投影设备显示在数字介质中，数字介质作为图像表现的标准已被接受。

网络在目前所用的计算机系统中都有默认的功能，因为大数据量在图像处理应用中是固有的，在图像传输中主要考虑的问题是带宽。在专用网络中，这不是一个典型问题，但通过互联网的远程通信就不总是有效的了。目前，随着光纤与其他宽带技术的发展，这一状况正在迅速得到改善。

1.2 视觉的原理与模型

1.2.1 视觉的原理

光线照在物体上，其透射或反射光的分布就是"图"。而人的视觉系统对图的接收在大脑中形成的印象或认识就是"像"。前者是客观存在，后者为人的感觉，图像就是二者的结合。下面首先谈谈人眼的构造。

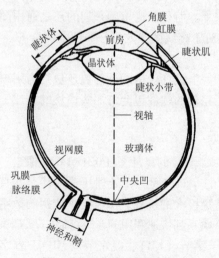

图 1-8 人眼截面的简化图

图 1-8 所示为人眼截面的简化图。人眼的形状为一圆球，即平均直径约为 20 mm，它由三层薄膜包着，即第一层是角膜和巩膜外壳；第二和第三层分别是脉络膜和视网膜。角膜是一种硬而透明的组织，它盖着人眼的前表面。巩膜与角膜连在一起，是一层包围着眼球剩余部分的不透明的膜。脉络膜位于巩膜的里边，这层膜包含有血管网，它是人眼的重要滋养源，由于脉络膜外壳着色很重，因此有助于减少进入人眼的外来光和眼球内的回射。在脉络膜的最前面被分为睫状体和虹膜，虹膜的收缩和扩张控制着允许进入人眼的光量。虹膜的中间开口处（瞳孔）的直径是可变的，约由 2 mm 变到 8 mm。虹膜的前部含有明显的色素，而后部则含有黑色素。

人眼最里层的膜是视网膜，它布满在整个后部的内壁上，当眼球被适当地聚集，从人眼的外部物体来的光就在视网膜上成像。整个视网膜表面上分布的分离光接收器造成了图案视觉。这种光接收器可分为两类：锥状体和杆状体。每只人眼中锥状体的数目为 600 万~700 万个。它们主要位于视网膜的中间部分，称为中央凹，其对颜色很敏感。人们用这些锥状体能充分地识别图像的细节，因为每个锥状体都被接到其本身的神经的一端。控制人眼的肌肉使眼球转动，从而使人所感兴趣的物体的像落在视网膜的中央凹上，锥状视觉又称为白昼视觉。

杆状体数目更多，有 7 500 万~15 000 万个，分布在视网膜表面上，因为分布面积较大并且几个杆状体接到同一根神经的末端上，因而使接收器能够识别的细节的量减少了，杆状体用来给出视野中一般的总的图像。它没有色彩的感觉，对低照明度的景物较敏感。例如，在白天呈现鲜明颜色的物体，在月光之下却没有颜色，这是因为只有杆状体受到了刺激，而杆状体没有色彩的感觉。杆状视觉又称夜视觉。

人眼中的晶状体与普通的光学透镜之间的主要差别在于前者的适应性强，如图 1-8 所示，晶状体前面的曲率半径大于后表面的曲率半径。晶状体的形状由睫状体的韧带的张力来控制。为了对远方的物体聚焦，控制用的肌肉就使晶状体变得较扁平。同样，为使人眼近处的物体得到聚集，肌肉就使晶状体变得较厚。

当晶状体的折射能力由最小变到最大时，晶状体的聚集中心与视网膜之间的距离约由 17 mm 缩小到 14 mm。当人眼聚焦到远于 3 m 的物体时，晶状体的折射能力最弱；当聚集到非常近的物体时，其折射能力最强。利用这一数据，将易于计算出任何物体在视网膜上形成图像的大小。如图 1-9 所示，观测者看一个距离为 100 m，高为 15 m 的房子，设 x 为视网膜上形成的图像的大小，单位为 mm。由图 1-9 的几何形状来看，有

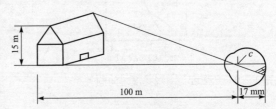

图 1-9　用人眼观察房子的光学表示法
c—晶状体的光学中心

$15/100=x/17$, $x=2.55$ mm。正如前面所指出的，视网膜图像主要反映在中央凹的面积上。然后由光接收器的相对刺激作用产生感觉。这样，感觉把辐射来的能量转变为电脉冲，最后由大脑判别出来。

由于数字图像是作为许多分离的亮点显示出来的，因此人眼对于不同亮度之间的鉴别能力是图像处理结果中所要考虑的一个重要方面，人的视觉系统能够适应光强度的级别的范围是很宽的，由夜视阈值到强闪光之间光强度的级别约为 10^{10} 级。相当多的实验数据表明，主观亮度是进入眼内的光强度的对数函数。这一特性如图 1-10 所示，它表示光强度与主观亮度之间的关系。长的黑线代表人的视觉系统所能适应的光强度的范围。昼视觉范围为 10^6 级，由夜视觉到昼视觉是逐渐过渡的，过渡的范围大致由 0.001~0.1 毫朗伯，在图 1-10 中画出了这一范围内的适应曲线。

解释图 1-10 中的特殊动态范围的关键在于人的视觉绝对不能同时在这一范围工作，说得更确切一点，它是利用改变其整个灵敏度来完成这一大变动的，这就是所谓的亮度适应现象。当与整个适应范围相比时，能同时鉴别光强度级的总范围是很小的。对于任何一组给定的条件，视觉系统当前的灵敏度级称为亮度适应级，例如，它相当于图 1-10 中的亮度 B_a。短的交叉曲线表示当眼睛适应于这一强度级时，人眼能感觉的主观亮度的范围。注意，这一范围是有

一定限制的，在 B_b 处和 B_b 以下时，所有的刺激都是作为不可分辨的黑来理解的。

人眼的对比灵敏度的测量方法：使观测者处于亮度为 B 的均匀光场中，中部有一个具有鲜明边界的圆形靶，其亮度为 $B+\Delta B$，如图 1-11（a）所示。ΔB 由零值一直升到刚好被觉察到的值为止。这个刚能觉察到的亮度差值 ΔB 是作为 B 的函数而被测量的。$\Delta B/B$ 称为韦伯比，在非常宽的亮度范围内，它近似为一常数，约为 2%，如图 1-11（b）所示。这一现象导致人眼具有比人造图像系统宽得多的动态范围，如果利用图 1-12（a）的图案可得到更加适用的结果，再一次测出 $\Delta B/B$，但这里的 B_0（周围亮度）是一个参数，如图 1-12（b）所示。动态范围在以周围亮度为中心的 2.2 单位内变动，如果背景亮度调节正确，那么这一结果可以与用电学图像系统所能达到的结果相比较。真正引人注意的特性是人眼自身适应的难易强度和快慢（在视网膜的不同部分是不同的），而不是它的整个动态范围。

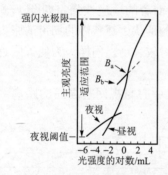

图 1-10　光强度与主观亮度之间的关系

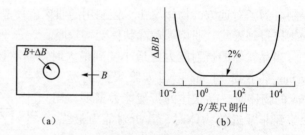

图 1-11　具有恒定背景的对比灵敏度

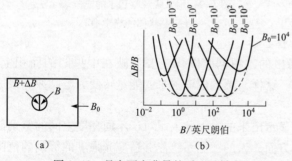

图 1-12　具有可变背景的对比灵敏度

在复杂图像的情况下，视觉系统不会适应于单一光强度级。相反，它适应于一平均光强度级，这一平均光强度级取决于图像的性质。当眼睛在景物周围徘徊时，瞬时适应能力围绕其平均值上下波动。在图像中任何一点或小面积上，韦伯比一般要比在实验环境中得到的值大得多，这是因为在背景中缺乏鲜明的限制边界和强度变化。其结果是，眼睛只能在一个复杂图像中的任何一点上的十多个或二十多个亮度级附近进行检测。但是，这并不意味着图像只需要用二十多个光强度级进行显示就能获得令人满意的视觉效果。上面窄的鉴别范围随着适应能力的变化而变化，因为适应能力需要变化，当眼睛沿着景物移动时，以适应不同的光强度级。这允许有大得多的全光强度鉴别的范围。对于一大类图像类型来说，为了使眼睛得到适当舒服的显示，一般需要大于 100 光强度级的范围。

人眼能感觉到一个区域的高密度取决于许多因素，而不是简单地取决于由该区辐射出的光。根据图像处理的用途，有关亮度感觉的最有价值的现象是人的视觉系统的响应在不同光强度区的边界周围引起的"过量调整"。这一过量调整的结果会造成某个恒定光强度区域的出现，如同这些区域原来就具有可变的亮度一样。例如，在图 1-13（a）中所画的图像是根据照片下面的光强度分布而形成的。虽然光强度变化是完全圆滑的,但人眼所感受到的是 B 区中较亮的带和 D 区中较暗的带,这些带称为马赫带。马赫带效应的更加明显的例子如图 1-13(b)所示。正如光强度分布图所指示的那样,照片中的每一条带都是由一固定光强度造成的。然而,对于人眼来说,图像中的亮度图案,特别是在边界的周围出现了强度的变化。

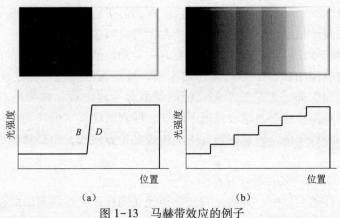

图 1-13 马赫带效应的例子

1.2.2 视觉模型

将视觉系统的功能抽象化为简单的模型,并以此模型为基础来对视觉系统的功能进行研究或加以模仿是很吸引人的。首先要提出假说,根据假说建立模型;然后根据实验修改模型,反复进行使之逐渐完善、合理。建立模型可以有电子线路模型以及化学模型等。对我们来说,一般是对电子线路模型感兴趣,这样可以把视觉系统的一些优越性引入图像通信和信息处理系统加以研究和应用。

下面简单介绍神经元模型、黑白视觉模型和彩色视觉模型。

1.2.2.1 神经元模型

从信息处理观点出发,在神经元所具有的各种机能中最重要的是,在突触处许多输入在空间和时间上进行加权的性质以及细胞的阈值作用。有两种神经元模型:一种是针对研究空间加权特性的不计时间特性的神经元模型;另一种是考虑时间特性的空间加权特性的模型。现对后一种略加介绍。

1. 神经元信息的产生及传递特性

神经元由细胞体及其轴突(神经纤维)和树突(细胞体粗短凸起)组成。轴突末端称为末梢,一个神经元末梢与另一个神经元细胞体或树突相接触形成突触,神经元之间的信息传递都是通过突触进行的,如图 1-14 所示。平常细胞膜内外保持一个约 70 mV 的电位差,当细胞兴奋时,就会发出幅度为 100 mV、宽度为 1 ms 左右的脉冲电位,其脉冲的频率随细胞兴奋程度而变。这个电位经突触传给另一个神经元,产生所谓突触后电位(Post Synaptic Potential,PSP)。把能够产生 PSP 的突触称为兴奋性突触,它产生兴奋性突触后电位(Exciting

图 1-14 神经元之间突触的联系

Post Synaptic Potential，EPSP）。与此相反，还有抑制性突触产生的抑制性突触后电位（Inhibitory Post Synaptic Potential，IPSP）。

在神经元内部之间的传输信息（兴奋）是有速度的，约每秒几米到几十米，因此神经元有时间效应。

轴突有保持某一固有脉冲的性质，比较小的波形在传递中可以增幅，比较大的波形在传递中可以衰弱。对脉冲宽度有同样的性质，因此有相似于自动增益控制作用。不管输入波形有什么变化，输出波形是恒定的，而且对同类波形可以恒定速度传送。

但轴突传送的信号，对于它的脉冲幅度要有一定的阈值，比阈值小的信号在传送过程中就消失了，这种阈值作用相似于静化噪声的作用。神经元的阈值变化是这样的：在发放之后，有一段时间约为 1 ms，无论给予多么强的刺激都不再发放，称为绝对不应期。稍后阈值慢慢下降并恢复到原来状态，这段慢慢下降期，即阈值比正常值高又难以引起反应的期间称为相对不应期。一般来讲，信息在轴突中的传送是单方向的，而突触传送既有单向的，也有双向的。

2. 考虑时间特性的神经元脉冲模型

在考虑时间特性的模型中，有些是和实际神经元同样产生脉冲输出的模型，也有电子线路模型。其主要功能框图如图 1-15 所示。

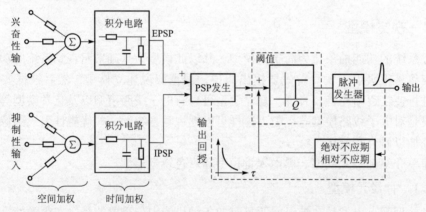

图 1-15　脉冲输出神经元模型功能框图

模型的输入/输出都是脉冲序列，由 EPSP 和 IPSP 的干涉（如两者的差或和）来决定 PSP，当 PSP 超过一定阈值 Q 时，产生脉冲输出，脉冲发生后进入绝对不应期，脉冲放电暂时被抑制，接着进入相对不应期，随着阈值恢复正常，下一个脉冲立即发生。PSP 越大，脉冲重复频率越高。

1.2.2.2　黑白视觉模型

线性光学系统如图 1-16 所示。设 $\varphi_i(\omega_x, \omega_y)$ 为输入图像 $I_i(x,y)$ 的傅里叶变换，$\varphi_o(\omega_x, \omega_y)$ 为输出图像 $I_o(x,y)$ 的傅里叶变换，根据线性系统理论可得

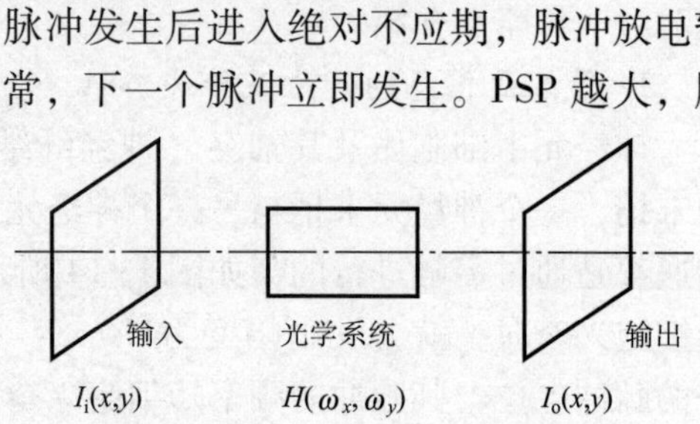

图 1-16　线性光学系统

$$\varphi_o(\omega_x, \omega_y) = H(\omega_x, \omega_y) \cdot \varphi_i(\omega_x, \omega_y)$$

在许多情况下，人们只对相对输入图像强度和振幅变化的输出图像强度感兴趣，因此由

下式描述:

$$H(\omega_x,\omega_y)=\frac{\varphi_o(\omega_x,\omega_y)}{\varphi_i(\omega_x,\omega_y)}$$

式中:$H(\omega_x,\omega_y)$为该光学系统的调制传递函数(MTF)。

研究者把光学系统的概念用到人的视觉系统方面已经作出了很多努力。从实验结果可以看出,MTF 测试结果与输入对比度的大小有关,而且如果当输入正弦光栅相对于眼球光轴进行旋转时,测得的 MTF 形状也有某些改变。于是可以推出结论:人的视觉系统由实验测出的 MTF 是非线性的和各向异性的(旋转可变的)。另外,根据一些人的实际结果可以认为,人眼对光强度的非线性响应呈对数型,并且发生在视觉系统的开始附近(是视觉信号在锥状及杆状细胞空间上发生相互作用之前)。由此得出,人眼黑白视觉的简单对数模型如图 1-17 所示。

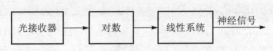

图 1-17　人眼黑白视觉的简单对数模型

黑白视觉扩展模型如图 1-18 所示。在模型中,首先把对不同波长有不同灵敏度的光感受器输出馈送到代表人眼光学性能的低通线性系统 $H_1(\omega_x,\omega_y)$;其次是代表杆状和锥状视细胞非线性强度响应的一般黑白非线性网络;接着是代表侧抑制过程的具有带通性能的线性系统 $H_2(\omega_x,\omega_y)$;最后是具有时间滤波效应的线性系统 $H_3(\omega_x,\omega_y)$。

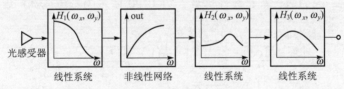

图 1-18　黑白视觉扩展模型

1.2.2.3　彩色视觉模型

以 RGB 三色假说为基础来研究彩色视觉模型,图 1-19 所示是 Frei 建议的彩色视觉模型。在该模型中,e_1、e_2、e_3 分别代表视网膜三个具有 $S_1(\lambda)$、$S_2(\lambda)$、$S_3(\lambda)$ 谱灵敏度的光感受器。其输出分别为

$$\begin{cases}e_1=c(\lambda)S_1(\lambda)\\ e_2=c(\lambda)S_2(\lambda)\\ e_3=c(\lambda)S_3(\lambda)\end{cases}$$

式中:$c(\lambda)$为入射光源的谱线分布函数;e_1、e_2、e_3 经对数传递并组合后为 d_1、d_2、d_3 输出:

$$\begin{cases}d_1=\lg e_1\\ d_2=\lg e_2-\lg e_1=\lg\dfrac{e_2}{e_1}\\ d_3=\lg e_3-\lg e_1=\lg\dfrac{e_3}{e_1}\end{cases}$$

信号 d_1、d_2、d_3 分别经传递函数 $H_1(\omega_x,\omega_y)$、$H_2(\omega_x,\omega_y)$ 和 $H_3(\omega_x,\omega_y)$ 的线性系统输出 g_1、g_2、g_3，由这些信号提供大脑感受彩色的基础。

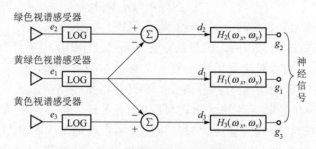

图 1-19　Frei 建议的彩色视觉模型

信号 d_2 和 d_3 与彩色光的色度有关，而 d_1 正比于它的亮度。这个模型相当准确地预测许多彩色现象，也能满足色度学的基本定律。例如，彩色光的谱能量被改变为一个常数，则光线的色调和饱和度正如色度坐标定量描述那样，在一个宽的动态范围内是不会变的。从以上的公式可以看出，d_2 和 d_3 彩色信号是不会变的，而亮度信号 d_1 则按对数规律增加。

与图 1-18 的黑白视觉扩展模型类似，对数的彩色视觉模型很容易被扩展，考虑到人眼的响应，只要在每一种锥状视细胞感受器后插入一个线性传递函数即可。同样，可用一般的非线性网络代替对数传递函数网络。应当注意，感受器的相加和传递函数的运算次序可以互换而不影响其输出，因为两者都是线性运算。图 1-20 所示为彩色视觉扩展模型。

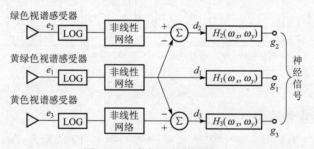

图 1-20　彩色视觉扩展模型

由 Von Kries 提出的关于色适应最简单的模型，就是在图 1-20 中的锥状细胞感受器和第一个线性系统之间插入自动增益控制，其增益为

$$a_i = [\int w(\lambda) S_i(\lambda) \mathrm{d}\lambda]^{-1}, i=1,2,3$$

增益被这样调整后，当观察参考白色及能谱分布为 $w(\lambda)$ 的图像时，修正后的锥细胞响应为 1。Von Kries 的模型是很吸引人的，因为它在定性上是合理的，而且简单。但是，实际彩色测试证明，该模型并不能完全预测彩色适应效应。Wallio 提出彩色适应部分是由网膜在神经抑制机构中所产生的，该机构使图像中变化分量慢慢地线性衰减，这可将图 1-20 中网膜后调制传递函数 $H_1(\omega_x,\omega_y)$ 的低空间频率衰减用来模型化。毫无疑问，视神经和网膜后机构都可能产生彩色适应效应，为此更精确的模型尚须进一步研究。

1.3 图像的数字化

1.3.1 图的获取

多数图像都是由"照射"源和形成图像的"场景"元素对光能的反射或吸收而产生的。照射可能由电磁能源引起,如雷达、红外线或 X 射线系统;也可以由非传统光源(如超声波)甚至由计算机产生的照射模式产生。类似地,场景元素可能是熟悉的物体,也可能是分子、沉积岩等。

依赖光源的特性,照射被物体反射或透射。第一类例子是从平坦表面反射;第二类例子是为了产生一幅 X 射线照片,让 X 射线透过病人的身体。在某些应用中,反射能量或透射能量聚焦到一个光转换器上(如荧光屏),光转换器再把能量转换为可见光。电子显微镜和某些伽马成像应用使用的就是这种方法。

图 1-21 所示为用于将照射能量变换为数字图像的传感器。其配置原理很简单:通过将输入电能与对特殊类型检测能源敏感的传感器材料相组合,把输入能源转变为电压。输出电压波形是传感器的响应,通过把传感器响应数字化,从每一个传感器得到一个数字量。

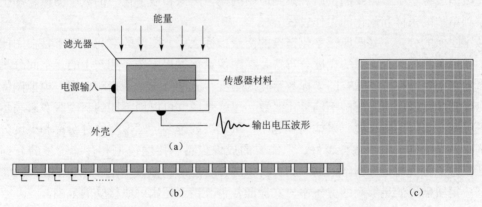

图 1-21 用于将照射能量变换为数字图像的传感器
(a) 单个成像传感器;(b) 条带传感器;(c) 阵列传感器

1.3.2 采样与量化

对于一维时间信号,采样是将时间上、幅值上都连续的模拟信号在采样脉冲的作用下转换成时间上离散(时间上有固定间隔),但幅值上仍连续的离散模拟信号,所以采样又称为波形的离散化过程。

对于图像信号而言,采样就是把位置空间上连续的模拟图像 $f(x,y)$ 转换成离散点集合的一种操作。自然界里的图像一般都是连续信号,这样的图像是不能直接用数字计算机来处理的。为使图像能在数字计算机内进行处理,首先必须将各类图像(如照片、图形、X 射线照片等)经过采样和量化处理后转化为数字图像。将模拟图像转化为数字图像称为图像数字化,就是把图像分割成一个个的称为像素的小区域,每个像素的亮度或灰度值用一个整数来表示,如图 1-22 所示。

	0	1	2	3	4	5	6	7
0	130	146	133	95	71	71	62	78
1	130	146	133	92	62	71	62	71
2	139	146	146	120	62	55	55	55
3	139	139	139	146	117	112	117	110
4	139	139	139	139	139	139	139	139
5	146	142	139	139	139	143	125	139
6	156	159	159	159	159	146	159	159
7	168	159	156	159	159	159	139	159

图 1-22　图像数字化

模拟图像的数字化经历采样和量化两个过程。把数字化过程分解为这两个过程，更多的具有理论意义。事实上，采样和量化两个过程是紧密相关和不可分割的，而且是同时完成的。在很多成像系统中，我们可以观察到原始的模拟图像和数字化后的数字图像，却很难分别观察到单独的采样和量化的工作过程。

数字图像的分辨率是图像数字化精度的衡量指标之一。图像的空间分辨率是在图像采样过程中选择和产生的；图像的亮度分辨率是在图像量化过程中选择和产生的。空间分辨率用来衡量数字图像对模拟图像空间坐标数字化的精度；亮度分辨率是指对应同一模拟图像的亮度分布进行量化操作所采用的不同量化级数。也就是说，可以用不同的灰度级数来表示同一图像的亮度分布。一般来说，采样间隔越小，量化级数越多，图像空间分辨率和亮度分辨率也越高，图像的细节质量就会越好，但需要的成像设备、传输信道和存储容量的开销也越大。所以，工程上需要根据不同的应用，折中选择合理的图像数字化采样和量化间隔，使得既保证应用所需要的足够高的分辨率，又保证各种开销不超出可以接受的范围。

1.3.2.1　均匀采样

采样就是把在时间上和空间上连续的图像转换成为离散的采样点（像素）集的一种操作。由于图像是一种二维分布的信息，要对它完成采样操作，就需要将二维信号变为一维信号，再对一维信号完成采样。具体做法：先沿垂直方向，按一定间隔从上到下顺序沿水平方向直线扫描取出各行的上浓淡（灰度）值；再对该一维扫描线信号按一定间隔采样得到离散信号，如图 1-23 所示。

对于运动图像，还需先在时间轴上采样，再沿垂直方向采样，最后沿画面水平方向采样，通过这三步完成采样的操作。

若采样结果每行像素为 M 个，每列像素为 N 个，则整幅图像大小为 $M \times N$ 个像素，有

$$f(x,y)=\begin{bmatrix} f(0,0) & f(0,1) & \cdots & f(0,M-1) \\ f(1,0) & f(1,1) & \cdots & f(1,M-1) \\ \vdots & \vdots & \ddots & \vdots \\ f(N-1,0) & f(N-1,1) & \cdots & f(N-1,M-1) \end{bmatrix}$$

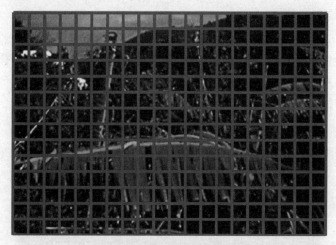

图1-23　图像的均匀采样

矩阵中的每一个元素称为像元、像素或图像元素。而$f(x,y)$代表(x,y)点的灰度值，即亮度值。

以上数字化有以下几点说明：

(1) 由于$f(x,y)$代表该点图像的光强度，而光是能量的一种形式，故$f(x,y)$必须大于0，且为有限值，即$0<f(x,y)<\infty$。

(2) 数字化采样一般是按正方形点阵采样的，除此之外还有正三角形点阵采样和正六角形点阵采样，如图1-24所示。

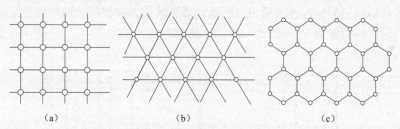

图1-24　图像数字化点阵
(a) 正方形点阵；(b) 正三角形点阵；(c) 正六角形点阵

正方形点阵是实际常用的像素分割方案。虽然存在着任意像素与其相邻像素之间不等距的缺点，但由于其像素网格点阵规范，易于在图像输入/输出（I/O）设备上实现，从而被绝大多数图像采集、处理系统所采用。

(3) 以上是用$f(x,y)$的数值来表示(x,y)位置点上灰度级值的大小，即只反映了黑白灰度的关系，如果是一幅彩色图像，各点的数值还应当反映色彩的变化，可用$f(x,y,\lambda)$表示。其中，λ是波长。如果图像是运动的，还应是时间t的函数，即可表示为$f(x,y,\lambda,t)$。

在进行采样时，采样点间隔的选取是一个非常重要的问题。它决定了采样后的图像忠实地反映原图像的程度，采样间隔大小的选取要根据原图像中包含何种程度的细微浓淡变化来确定。一般地，若图像中细节越多，则采样间隔应越小。

1.3.2.2 非均匀采样

均匀采样对于整幅图像来说频率分辨率相同,也就是说,对图像中的低频分量(对应图像的平滑区域)过采样没有必要;对图像的高频分量(对应图像的变化尖锐区域)采样不够。如果在图像灰度级变化尖锐的区域,就用细腻的采样;如果在灰度级比较平滑的区域,就用粗糙的采样,即为图像的非均匀采样,如图 1-25 所示。

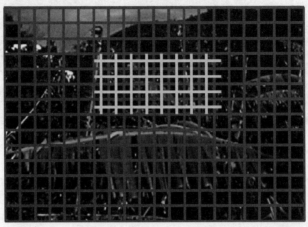

图 1-25　图像的非均匀采样

1.3.2.3 量化

经过采样,模拟图像已在时间、空间上离散化为像素,但采样结果所得的像素的值仍是连续量。把采样后所得的这些连续量表示的像素值离散化为整数值的操作称为量化。若连续浓淡值用 z 来表示,则对于满足 $z_i \leq z \leq z_i+1$ 的 z 值都量化为整数值 q_i。q_i 称为像素的灰度值,如图 1-26(a)所示。

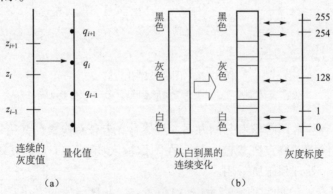

图 1-26　图像量化映射示意
(a) 量化;(b) 把从白到黑灰度量化为 8 bit

图 1-26(a)中,z 与 q_i 的差称为量化误差,一般每个像素的灰度值量化后用一个字节来表示,如图 1-26(b)所示。把由白到灰到黑的连续变化的灰度值量化为 0~255 共 256 个灰度级。量化后的灰度值代表了相应的浓淡程度。灰度值与浓淡程度的关系有两种表示方法:一种是由 0~255 对应于由黑→白;另一种是由 0~255 对应于由白→黑。在图像处理时,应注

意是采用哪种表示方法。对只有黑白二值的二值图像，一般用 0 表示白，1 表示黑。

量化方法也可分为等间隔量化和非等间隔量化两类。等间隔量化（也称均匀量化或线性量化）就是简单地把采样值的灰度范围等间隔地分割并进行量化。对于像素灰度值在黑—白范围内较均匀分布的图像，这种量化方法可以得到量化误差较小的效果。为了减小量化误差，引入了非等间隔量化的方法，其基本思想是对一幅图像中像素灰度值频繁出现的灰度值范围，量化间隔小一些；而对那些像素灰度值极少出现的灰度范围，则量化间隔大一些。虽然从理论上说非等间隔量化可以做到总的量化误差最小，但由于图像灰度值分布的概率密度函数是因图像而异的，所以不可能找到一个适用于各种不同图像的最佳非等间隔量化方案。在实用上，一般都采用等间隔量化。

1.3.2.4 采样与量化参数的选择

一幅图像在采样行、列的采样参数与量化参数时，每个像素量化的参数既影响到数字图像的质量，也影响到该数字图像数据量的大小。

1. 采样参数

量化级数一定时，采样参数不同，对图像质量也有影响：当每行的采样参数减小时，图像上的块状效应就逐渐明显，如图 1-27 所示。

图 1-27 采样参数对图像的影响

实验表明，当人眼每度视角内像素超过 20 对后，就无法察觉数字图像与连续图像的差别。每度视角内像素点对越少，图像上的块状效应越明显。

2. 量化参数

随图像量化参数的减小，图像会逐渐失去灰度平滑变化的特点。原来灰度平滑变化的部分，由于量化参数的减小使灰度产生较大的差别而导致图上出现假轮廓，假轮廓随量化参数的减小而越来越明显，量化参数最小极端情况就是二值图像，如图 1-28 所示。

实验表明，对人眼来说，若量化参数大于 32，则能得到满意的视觉效果。

一个好的近似图像，需要多少采样分辨率和灰度级呢？胡昂做了如下实验。

（1）实验方法：

① 选取一组不同细节、不同列数、不同行数、不同像素比特数的图像；

② 让观察者根据他们的主观质量感觉给这些图像排序。

图 1-28 量化参数对图像的影响

(2) 实验结论：

① 随着采样分辨率和灰度级的提高，主观质量也提高；

② 对有大量细节的图像，质量对灰度级需求相应降低。

1.4 彩色图像

色彩在人类视觉感知中极为重要，但是在数字图像处理的历史上并没有得到特殊的使用。这是由所需硬件成本造成的。但是从 20 世纪 80 年代以来，成本已经大幅降低了，彩色图像可以很方便地通过摄像机或扫描仪获得。随着存储成本的降低，与多光谱数据关联的大矩阵的内部存储问题也减轻了。当然，彩色显示已经是计算机系统的默认配置。对于许多应用来说，单色图像可能没有包含足够的信息，而色彩或多光谱图像（Multi-Spectral Image）常常可以弥补这些信息。因此，对我们的目的而言，色彩是有用的信息。

色彩与物体反射不同波长的电磁波的能力相关，色谱在电磁光谱中大致对应于波长为 400~700 nm 的一段。人类感知色彩是基于 RGB 三原色（Primary Color）的组合，为了对它们进行标准化，将它们分别定义为波长为 700 nm、546.1 nm 和 438.5 nm 的波的颜色，然而这并不意味着所有的色彩都可以通过这三原色组合出来。

通常，硬件都通过 RGB 模型产生或显示色彩。因此，一个像素与一个三维的向量 (r,g,b) 相关联，分量分别对应于相应色彩的亮度，如 $(0,0,0)$ 是黑，$(k-1,k-1,k-1)$ 是白，$(k-1,0,0)$ 是"纯"红等。其中，k 是每个原色的量化粒度（Granularity）（通常是 256）。这就代表了一个 k^3 种颜色的色彩空间（当 $k=256$ 时，就是 2^{24}），并不是所有的显示器尤其是老式的显示器都支持这么多种颜色。由于这个原因，为了显示色彩，通常需要指定该空间的一个子集合作为真正使用的色彩空间，称之为调色板（Palette）。

RGB 模型可看成是三维坐标的色彩空间（见图 1-29）。注意，次生颜色（Secondary Color）是两个纯原色的组合。

大多数图像传感器根据这一模型提供数据，图像可以通过几个传感器抓取到，每个传感器只对一个相当狭窄的波段敏感，传感器输出端的图像函数就如同在最简单的情况下那样，即如同是单色图像那样,每个频谱段独立地数字化并表示为单个数字图像函数。有时图像以类似的方式产生,但是对应于不同光谱波段。例如,Landsat 4 卫星发回从近紫外线到红外线之间的 5 个波段的数字图像。

其他色彩模型,如果不是稍微欠缺一些直觉性,同样是重要的。最典型的是 CMY [青(Cyan)、品红(Magenta)、黄(Yellow)] 色彩模型,它是基于次生颜色的减色基体系的。例如,白色减去黄色得到蓝色,而白色减去黄色和品红的组合得到蓝色和绿色(以提供红色)。这种颜料(Pigment)方法在彩色印刷设备中用于墨水组合。

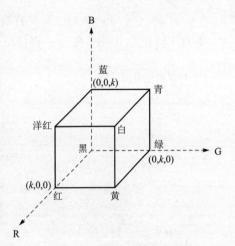

图 1-29 RGB 三维坐标的色彩空间

YIQ 模型(有时称为 IYQ)用于彩色电视广播中,它是 RGB 表示的一个简单的线性变换:

$$\begin{Bmatrix} Y \\ I \\ Q \end{Bmatrix} = \begin{Bmatrix} 0.299 & 0.589 & 0.114 \\ 0.596 & -0.275 & -0.321 \\ 0.212 & -0.523 & 0.311 \end{Bmatrix} \begin{Bmatrix} R \\ G \\ B \end{Bmatrix}$$

这种模型是有用的,由于 Y 分量提供了单色显示所需要的所有信息,进而使人类视觉系统的特性得以利用,特别是在我们对亮度的敏感性方面,亮度代表了觉察到的光源能量。该模型的细节和使用方法在相关的文献中可以找到。

另一种与图像处理相关的模型是 HSI(有时称为 IHS)——色调(Hue)、饱和度(Saturation)和亮度(Intensity)。色调是指感知到的色彩(技术上,就是主要的波长),例如"紫色"或"橙黄"。饱和度度量色彩是指被白光冲淡的程度,产生"淡黄色""深紫色"等描述。HSI 将亮度信息从色彩中分解出来,而色调和饱和度与人类感知相对应,因而使得该模型在开发图像处理算法中非常有用。在讲到图像增强算法(如均衡化算法)时,它的用途就会变得明显了,如果我们将增强算法用在 RGB 的每个分量上,那么人对该图像的色彩感知就变坏了,而如果仅对 HSI 的亮度分量做增强(让色彩信息不受影响),那么效果就会或多或少地与期望相近。

为了将 RGB 转化为 HSI,假设已经对基色测量做了标准化,即

$$0 \leq (r,g,b) \leq 1$$

则

$$i = \frac{r+g+b}{3}$$

$$h = \arccos \left\{ \frac{\frac{1}{2}[(r-g)+(r-b)]}{[(r-g)^2+(r-b)(g-b)]^{1/2}} \right\}$$

$$s = 1 - \frac{3}{r+g+b} \min(r,g,b)$$

如果 $b/i > g/i$,则设置 $H = 2\pi - h$。如果我们还让 $H = h/(2\pi)$,则这些测量范围都被规范为

$[0,1]$。注意,当 $r=g=b$ 时,h 没有被定义;且如果 $i=0$,那么 s 也没有被定义。

将 HSI 转化为 RGB,要分三种情况来考虑,记 $H=h$。

当 $0<H\leq\dfrac{2\pi}{3}$ 时,有

$$r=i\left[1+\dfrac{s\cos H}{\cos(\pi/3-H)}\right]$$

$$b=i(1-s)$$

$$g=3i\left(1-\dfrac{r+b}{3i}\right)$$

当 $\dfrac{2\pi}{3}<H\leq 2\times\dfrac{2\pi}{3}$ 时,有

$$H=h-\dfrac{2\pi}{3}$$

$$g=i\left[1+\dfrac{s\cos H}{\cos(\pi/3-H)}\right]$$

$$r=i(1-s)$$

$$b=3i\left[1-\dfrac{r+g}{3i}\right]$$

当 $2\times\dfrac{2\pi}{3}<H\leq 2\pi$ 时,有

$$H=h-\dfrac{4\pi}{3}$$

$$b=i\left[1+\dfrac{s\cos H}{\cos(\pi/3-H)}\right]$$

$$g=i(1-s)$$

$$r=3i\left(1-\dfrac{g+b}{3i}\right)$$

这些推导是根据一个著名的、特殊的色彩三角形得到的,完整的推导过程请参见其他相关文献。

习 题

1-1 试尽量结合自己的实际工作和生活举例说明数字图像处理的应用。

1-2 试说明人眼的构造以及在人眼中成像的过程。

1-3 试说明三种视觉模型,画出黑白视觉扩展模型,并略加说明。

1-4 试叙述图像矩阵 $f(x,y)$,N 和 m 的意义,并说明对文字、显微、TV、卫星、CRT 等图像取用像素的数值。

参 考 文 献

[1] PRATT W K. Introduction to Digital Image Processing [M]. Boca Raton, FL: CRC Press. 2014.
[2] PETROU M, PETROU C. Image Processing: The Fundamentals [M]. NY: John Wiley & Sons. 2010.
[3] FORSYTH D F, PONCE J. Computer Vision-A Modern Approach [M]. Upper Saddle River, NJ: Prentice Hall. 2002.
[4] UMBAUGH S E. Computer Imaging: Digital Image Analysis and Processing [M]. Boca Raton, FL: CRC Press, 2005.
[5] 冈萨雷斯, 伍兹. 数字图像处理 [M]. 4 版. 阮秋琦, 等译. 北京: 电子工业出版社, 2020.
[6] 桑卡, 赫拉瓦卡, 博伊尔. 图像处理、分析与机器视觉 [M]. 2 版. 艾海舟, 等译. 北京: 人民邮电出版社, 2003.

第 2 章
图 像 变 换

所谓图像变换，就是指通过某种数学映射，将图像信号从空域变换到另外的域上进行分析的手段。在数字信号处理中，通常有两种方法：一是时域分析法；二是频域分析法。在数字图像处理技术中同样存在以上两种方法，把图像信号从空域变换到频域可以从另外一个角度来分析图像信号的特性。

图像变换的方法众多，从经典的图像频域变换，到图像的时频变换，以及其他各种正交变换等。所有的变换虽然名称各不相同，但有一点是共同的，也就是每一个变换都存在自己的正交函数集，正是由于各种正交函数集的不同而引入不同变换。例如，表示空间的一个向量可以用不同的坐标系，变换的途径虽然不同，但它们都用空域图像 $f(x,y)$ 的变换域表示。

本章将从傅里叶变换入手，介绍几种常见的典型图像变换。其中，离散傅里叶变换（DFT）和离散余弦变换（DCT）是常用的正弦型正交变换。离散沃尔什变换（DWT）和离散哈达玛变换（DHT）属于方波型变换。而小波变换及基于特征向量的离散 K-L 变换则是近年来得到广泛应用的新型变换。

2.1 傅里叶变换

傅里叶变换是一种可分离的正交变换，对图像的傅里叶变换是将图像从空域变换到频域，从而可利用傅里叶频谱特性进行图像处理。自 20 世纪 60 年代傅里叶变换的快速算法被提出之后，傅里叶变换在信号处理和图像处理中得到了广泛的应用。

2.1.1 连续傅里叶变换

在信号与系统等课程中，我们已经讨论了一维连续信号 $f(x)$ 的傅里叶变换 $F(u)$ 及其性质，为了方便读者理解，现对相关内容进行简单的介绍和总结。

当连续时间信号 $f(x)$ 满足狄里赫利条件时，$f(x)$ 的傅里叶变换及其反变换分别为

$$F(u) = \int_{-\infty}^{\infty} f(x) e^{-j2\pi ux} dx \tag{2.1.1}$$

$$f(x) = \frac{1}{2\pi} \int_{-\infty}^{\infty} F(u) e^{j2\pi ux} du \tag{2.1.2}$$

式中：$f(x)$ 必须满足只有有限个间断点、有限个极值和绝对可积条件；$F(u)$ 是可积的。实际上，以上条件在一般情况下总是可以满足的。$f(x)$ 一般是实函数，而 $F(u)$ 是一个复函数，

它可以表示成直角坐标和极坐标形式，分别为
$$F(u) = R(u) + jI(u) \tag{2.1.3}$$
$$F(u) = |F(u)|e^{j\varphi(u)} \tag{2.1.4}$$
其中
$$|F(u)| = \sqrt{R^2(u) + I^2(u)} \tag{2.1.5}$$
$$\varphi(u) = \arctan \frac{I(u)}{R(u)} \tag{2.1.6}$$

式（2.1.5）称为傅里叶变换的幅度谱；式（2.1.6）称为傅里叶变换的相位谱。

信号的能量谱定义为傅里叶变换幅度谱的平方，即
$$E(u) = |F(u)|^2 = R^2(u) + I^2(u)$$

例 试求如图2-1（a）所示一维方波信号的傅里叶变换：
$$f(x) = \begin{cases} A, & |x| < \tau/2 \\ 0, & |x| > \tau/2 \end{cases}$$

解：由傅里叶变换定义可得
$$F(u) = \int_{-\infty}^{\infty} f(x)e^{-j2\pi ux}dx = \int_{-\tau/2}^{\tau/2} Ae^{-j2\pi ux}dx = A\frac{\sin(\pi u\tau)}{\pi u} = A\tau\mathrm{sinc}(\pi u\tau)$$

式中：$\mathrm{sinc}(x) = \frac{\sin x}{x}$，为抽样函数。

信号$f(x)$的频谱如图2-1（b）所示。

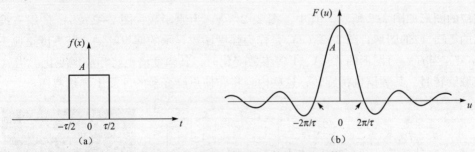

图2-1 一维方波信号及其傅里叶变换
(a) 一维方波信号$f(x)$；(b) $f(x)$的傅里叶变换

从以上一维傅里叶变换可以容易地推广到二维傅里叶变换，如果$f(x,y)$满足狄里赫利条件，那么$f(x,y)$的二维傅里叶变换$F(u,v)$必然存在：
$$\begin{cases} F(u, v) = \iint_{-\infty}^{\infty} f(x, y)e^{-j2\pi(ux+vy)}dxdy \\ f(x, y) = \iint_{-\infty}^{\infty} F(u, v)e^{j2\pi(ux+vy)}dudv \end{cases} \tag{2.1.7}$$

式中：u、v是频率变量。

与一维傅里叶变换一样，二维函数的傅里叶幅度谱、相位谱和能量谱分别由下式给出，即

$$\begin{cases} |F(u, v)| = [R^2(u, v) + I^2(u, v)]^{1/2} \\ \varphi(u, v) = \arctan \dfrac{I(u, v)}{R(u, v)} \\ E(u,v) = R^2(u,v) + I^2(u,v) \end{cases} \quad (2.1.8)$$

对应于二维方波信号,有

$$f(x,y) = \begin{cases} A, & 0 \leqslant x \leqslant X, 0 \leqslant y \leqslant Y \\ 0, & 其他 \end{cases}$$

傅里叶谱为

$$\begin{aligned} F(u, v) &= \iint_{-\infty}^{\infty} f(x, y) e^{-j2\pi(ux+vy)} dxdy \\ &= A \int_0^X e^{-j2\pi ux} dx \int_0^Y e^{-j2\pi vy} dy \\ &= A \dfrac{e^{-j2\pi ux}}{-j2\pi u} \bigg|_0^X \dfrac{e^{-j2\pi vy}}{-j2\pi v} \bigg|_0^Y \\ &= AXY \dfrac{\sin \pi uX}{\pi uX} e^{-j\pi uX} \dfrac{\sin \pi vY}{\pi vY} e^{-j\pi vY} \end{aligned} \quad (2.1.9)$$

其幅度谱为

$$|F(u, v)| = AXY \left| \dfrac{\sin \pi uX}{\pi uX} \right| \left| \dfrac{\sin \pi vY}{\pi vY} \right| \quad (2.1.10)$$

相应的图形如图2-2所示。其中,图2-2(a)为原函数;图2-2(b)是用三维透视法表示的$F(u,v)$的图形;图2-2(c)是作为强度函数显示的傅里叶谱,其亮度正比于幅度$|F(u,v)|$。当$f(x,y)$图形的A、X、Y等参数变化时,其幅度谱也将相应地变化。当$f(x,y)$在空间域旋转时,其频谱也将旋转,这些内容将在傅里叶变换的性质中详细叙述。

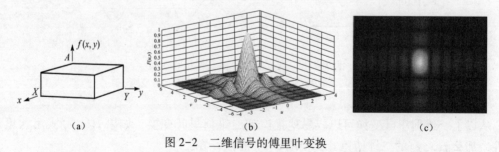

图2-2 二维信号的傅里叶变换

(a)原函数;(b)三维透视法表示的$F(u,v)$的图形;(c)作为强度函数显示的傅里叶谱

2.1.2 离散傅里叶变换

2.1.2.1 一维离散傅里叶变换

对于一个序列长度为N的有限长序列$f(n)$($n=0, 1, \cdots, N-1$),其离散傅里叶变换及逆变换分别为

$$F(u) = \frac{1}{N}\sum_{k=0}^{N-1} f(k) e^{-j2\pi uk/N}, \quad u = 0, 1, \cdots, N-1 \quad (2.1.11)$$

$$f(k) = \sum_{u=0}^{N-1} F(u) e^{j2\pi uk/N}, \quad k = 0, 1, \cdots, N-1 \quad (2.1.12)$$

式（2.1.11）中的系数 $1/N$ 有时被放置在反变换公式前，有时两个等式都乘以 $1/N$ [通常在用计算机进行快速傅里叶变换（FFT）计算时使用]。系数的位置并不重要，如果使用两个系数，则要求必须使两个系数的乘积为 $1/N$。

2.1.2.2 快速傅里叶变换

离散傅里叶变换的运算量较大，运算时间较长，在一定程度上限制了它的使用。为此，人们提出了离散傅里叶变换的快速算法，即快速傅里叶变换。快速傅里叶变换与原始变换算法的计算量之比为 $N/\lg_2 N$。

快速傅里叶变换的实现方法较多，如基于时间提取的快速傅里叶变换算法和基于频率提取的快速傅里叶变换算法，可参看相关文献，这里对其基本思想进行介绍。

对于有限长离散信号 $f(k)(k=0,1,\cdots,N-1)$，令

$$W_N = \exp\left\{-j\frac{2\pi}{N}\right\} \quad (2.1.13)$$

则式（2.1.11）可写成

$$F(u) = \frac{1}{N}\sum_{k=0}^{N-1} f(k) W_N^{ku}, \quad u = 0, 1, \cdots, N-1 \quad (2.1.14)$$

设 N 为偶数，存在 M 为正整数，则 $N=2M$，式（2.1.14）可表示为

$$F(u) = \frac{1}{2}\left[\frac{1}{M}\sum_{k=0}^{M-1} f(2k) W_{2M}^{2ku} + \frac{1}{M}\sum_{k=0}^{M-1} f(2k+1) W_{2M}^{(2k+1)u}\right] \quad (2.1.15)$$

由于

$$W_{2M}^{2ku} = W_M^{ku}$$

所以式（2.1.15）可写为

$$F(u) = \frac{1}{2}\left[\frac{1}{M}\sum_{k=0}^{M-1} f(2k) W_M^{ku} + \frac{1}{M} W_{2M}^u \sum_{k=0}^{M-1} f(2k+1) W_M^{ku}\right] \quad (2.1.16)$$

式中：$f(k)$ 偶部 $f_e(k)=f(2k)(k=0,1,\cdots,M-1)$ 的傅里叶变换为

$$F_e(u) = \frac{1}{M}\sum_{k=0}^{M-1} f(2k) W_M^{ku}, \quad u = 0, 1, \cdots, M-1 \quad (2.1.17)$$

$f(k)$ 奇部 $f_o(k)=f(2k+1)(k=0,1,\cdots,M-1)$ 的傅里叶变换为

$$F_o(u) = \frac{1}{M}\sum_{k=0}^{M-1} f(2k+1) W_M^{ku}, \quad u = 0, 1, \cdots, M-1 \quad (2.1.18)$$

故对于 $u=0, 1, \cdots, M-1$，式（2.1.16）可直接写为

$$F(u) = \frac{1}{2}[F_e(u) + W_{2M}^u F_o(u)], \quad u = 0, 1, \cdots, M-1 \quad (2.1.19)$$

考虑到 $W_M^{u+M} = W_M^u$，$W_{2M}^{u+M} = -W_{2M}^u$，则

$$F_e(u) = F_e(u+M), F_o(u) = F_o(u+M)$$

由式（2.1.16）可得

$$F(u+M) = \frac{1}{2}\left[F_e(u) - W_{2M}^u F_o(u)\right], \quad u = 0, 1, \cdots, M-1 \qquad (2.1.20)$$

由式（2.1.19）与式（2.1.20）可知，一个 N（偶数）点的傅里叶变换可由两个 $N/2$ 点的傅里叶变换 $F_e(u)$ 与 $F_o(u)$ 计算出来。当 N 为 2 的整数次幂时，类似地，可对 $F_e(u)$ 与 $F_o(u)$ 进行分解。

离散傅里叶反变换（IDFT）也可以快速实现，只需对正变换的输入做一些假设。对式（2.1.12）两边同除以 N，再取复共轭，可得

$$\frac{1}{N}f^*(k) = \frac{1}{N}\sum_{u=0}^{N-1} F^*(u)\exp\left\{-j\frac{2\pi uk}{N}\right\}, \quad k = 0, 1, \cdots, N-1 \qquad (2.1.21)$$

式中：$f^*(k)$ 和 $F^*(u)$ 分别表示 $f(k)$ 与 $F(u)$ 的复共轭。

式（2.1.21）右边对应一个离散傅里叶变换，其输入为 $F^*(u)$，输出为 $\frac{1}{N}f^*(k)$，利用快速傅里叶变换计算式（2.1.21），可得 $\frac{1}{N}f^*(k)$，再求复共轭并乘以 N 就得到离散傅里叶反变换 $f(k)$ $(k=0,1,\cdots,N-1)$。

2.1.2.3 二维离散傅里叶变换

对于二维离散傅里叶变换（2D-DFT）而言，其正反变换表示式为

$$F(u, v) = \frac{1}{MN}\sum_{x=0}^{M-1}\sum_{y=0}^{N-1} f(x, y)\mathrm{e}^{[-j2\pi(ux/M+vy/N)]}$$

式中：$u=0,1,\cdots,M-1; v=0,1,\cdots,N-1$；而

$$f(x, y) = \sum_{u=0}^{M-1}\sum_{v=0}^{N-1} F(u, v)\mathrm{e}^{[j2\pi(ux/M+vy/N)]} \qquad (2.1.22)$$

式中：$x=0,1,\cdots,M-1; y=0,1,\cdots,N-1$。

以上 M、N 表示图像在 x、y 方向具有不同大小的阵列，当图像阵列为方形时，即 $M=N$，则

$$F(u, v) = \frac{1}{N^2}\sum_{x=0}^{N-1}\sum_{y=0}^{N-1} f(x, y)\mathrm{e}^{[-j2\pi(ux/N+vy/N)]} \qquad (2.1.23)$$

式中：$u=v=0,1,\cdots,N-1$；而

$$f(x, y) = \sum_{u=0}^{N-1}\sum_{v=0}^{N-1} F(u, v)\mathrm{e}^{[j2\pi(ux/N+vy/N)]}$$

式中：$x=y=0,1,\cdots,N-1$。

与连续的二维傅里叶变换一样，$F(u,v)$ 又称为离散信号 $f(x,y)$ 的频谱，$\varphi(u,v)$ 为相谱，$|F(u,v)|$ 为幅度谱，其表达式为

$$\begin{cases} F(u, v) = |F(u, v)|\mathrm{e}^{j\varphi(u,v)} = R(u, v) + jI(u, v) \\ \varphi(u, v) = \arctan\dfrac{I(u, v)}{R(u, v)} \\ |F(u, v)| = [R^2(u, v) + I^2(u, v)]^{1/2} \end{cases} \qquad (2.1.24)$$

由于实际上幅度谱应用得较多，为此经常把幅度谱称为频谱。

2.1.2.4 二维离散傅里叶变换的性质

二维离散傅里叶变换有许多性质，表 2-1 列出了一些基本性质。

下面对表 2-1 中的某些具有重要意义的性质进行详细的介绍。

1. 可分离性

它说明二维离散傅里叶变换可以分解为两个一维傅里叶变换来进行，而且其进行一维傅里叶变换可以先对 x 后对 y，也可以先对 y 后对 x，对顺序没有限制。同样，对傅里叶变换（IFT）可以分成两步来完成，即

$$F(u,v) = \frac{1}{N}\sum_{x=0}^{N-1} e^{-j2\pi ux/N} \sum_{y=0}^{N-1} f(x,y) e^{-j2\pi vy/N}$$

式中：$u=v=0,1,\cdots,N-1$；而

$$f(x,y) = \frac{1}{N}\sum_{u=0}^{N-1} e^{j2\pi ux/N} \sum_{v=0}^{N-1} F(u,v) e^{j2\pi vy/N} \tag{2.1.25}$$

式中：$x=y=0,1,\cdots,N-1$。

表 2-1 二维离散傅里叶变换的性质

编号	性质	表示式
1	线性性质	$a_1 f_1(x,y) + a_2 f_2(x,y) \leftrightarrow a_1 F_1(u,v) + a_2 F_2(u,v)$
2	比例性质	$f(ax,by) \leftrightarrow \frac{1}{\|ab\|} F\left(\frac{u}{a}, \frac{v}{b}\right)$
3	可分离性	$F(u,v) = F_x\{F_y[f(x,y)]\} = F_y\{F_x[f(x,y)]\}$ $f(x,y) = F_u^{-1}\{F_v^{-1}[F(u,v)]\} = F_v^{-1}\{F_u^{-1}[F(u,v)]\}$
4	空间位移	$f(x-x_0, y-y_0) \leftrightarrow F(u,v) e^{-j2\pi(ux_0+vy_0)/N}$
5	频率位移调制 图像中心化	$f(x,y) e^{j2\pi(u_0 x+v_0 y)/N} \leftrightarrow F(u-u_0, v-v_0)$ 当 $u_0 = v_0 = \frac{N}{2}$ 时，$f(x,y)(-1)^{x+y} \leftrightarrow F\left(u-\frac{N}{2}, v-\frac{N}{2}\right)$
6	周期性	$F(u,v) = F(u+aN, v+bN), f(x,y) = f(x+aN, y+bN) \quad a,b=0,\pm1,\pm2,\cdots$
7	共轭对称性	$f^*(x,y) \leftrightarrow F^*(-u,-v)$
8	旋转不变性	$f(r, Q+Q_0) \leftrightarrow F(\rho, \varphi+Q_0)$
9	平均值	$F(0,0) = \frac{1}{N^2}\sum_{x=0}^{N-1}\sum_{y=0}^{N-1} f(x,y) = \overline{f(x,y)}$
10	卷积定理	$f(x,y) * h(x,y) \leftrightarrow F(u,v) H(u,v)$ $f(x,y) h(x,y) \leftrightarrow F(u,v) * H(u,v)$
11	相关定理	互相关　$f(x,y) \circ g(x,y) \leftrightarrow F(u,v) G^*(u,v)$ $\qquad f(x,y) g^*(x,y) \leftrightarrow F(u,v) \circ G(u,v)$ 自相关　$f(x,y) \circ f(x,y) \leftrightarrow \|F(u,v)\|^2$ $\qquad \|f(x,y)\|^2 \leftrightarrow F(u,v) \circ F(u,v)$

以上公式可以写为

$$F(u, v) = \frac{1}{N}\sum_{x=0}^{N-1} F(x, v) e^{-j2\pi ux/N}$$

式中：

$$F(x,v) = N\left[\frac{1}{N}\sum_{y=0}^{N-1} f(x,y) e^{-j2\pi vy/N}\right] \qquad (2.1.26)$$

式（2.1.26）说明对于 $f(x,y)$ 每一行取变换，将其结果乘以 N 就得到二维函数 $F(x,v)$；然后再沿着 $F(x,v)$ 的每一列取变换就获得所需的结果 $F(u,v)$。同样，首先把 $f(x,y)$ 的诸列取变换；然后再将其结果的行取变换，将会得到同样的结果。

2. 频率位移性质

当图像在频域移动时，需用频率位移性质（见图 2-3），即

$$f(x, y) e^{j2\pi(u_0 x + v_0 y)/N} \leftrightarrow F(u - u_0, v - v_0) \qquad (2.1.27)$$

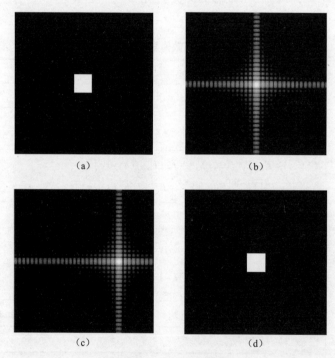

图 2-3 图像的平移

（a）原空域图像；（b）原图像中心幅度谱；（c）平移后的幅度谱；（d）平移后的空域图像

式（2.1.27）说明 $f(x,y)$ 乘以一个指数项函数，并取其乘积的傅里叶变换，将使频域的中心移动到 (u_0, v_0) 点。在把图像进行傅里叶变换后，往往要把中心移动到 $u_0 = v_0 = N/2$ 的位置上，N 为图像阵点的点数。在此情况下，可得

$$e^{j2\pi(u_0 x + v_0 y)/N} = e^{j2\pi(x+y)\frac{N}{2}/N} = e^{j\pi(x+y)} = (-1)^{x+y}$$

则

$$f(x, y)(-1)^{x+y} \leftrightarrow F\left(u - \frac{N}{2}, v - \frac{N}{2}\right) \qquad (2.1.28)$$

我们将在空域把 $f(x,y)$ 乘以 $(-1)^{x+y}$ 就可以将 $f(x,y)$ 傅里叶变换的原点移动到相应 $N×N$ 频率方阵的中心的过程称为图像中心化过程。这个过程如果在一维变量的情况下，可简化为用 $(-1)^x$ 乘以 $f(x)$，即频率平移性质的应用。如果需要在时域（或空域）进行平移，同样可以运用空间位移性质。注意，当图像在空域平移时，其频域中的幅度谱并没有受到影响，只是增加了相移项。图 2-4 所示为原空域图像、傅里叶变换幅度谱以及坐标移动到 $(N/2, N/2)$ 后求得的频谱。

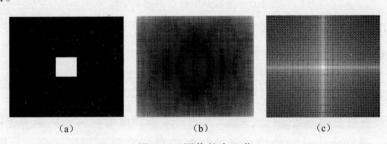

图 2-4　图像的中心化
(a) 原空域图像；(b) 傅里叶变换幅度谱；(c) 中心化后的频谱

3. 周期性和共轭对称性

离散傅里叶变换都有其周期性，如果将 $(x+mN)$、$(y+nN)$ 代入反变换公式，将 $(u+mN)$、$(v+nN)$ 代入正变换公式，不难对以上周期性加以证明。为此在时域、频域分析中，只需其任何一个周期中的每个变量的 N 个值，就可以完全确定其特性。

离散傅里叶变换的共轭对称性是不难进行证明的：

$$F(u,v) = \frac{1}{MN}\sum_{x=0}^{M-1}\sum_{y=0}^{N-1}f(x,y)e^{\left[-j2\pi\left(\frac{ux}{M}+\frac{vy}{N}\right)\right]}$$

如果对上式两边进行共轭，有

$$F^*(u,v) = \frac{1}{MN}\sum_{x=0}^{M-1}\sum_{y=0}^{N-1}f^*(x,y)e^{[j2\pi(ux/M+vy/N)]}$$

$$= \frac{1}{MN}\sum_{x=0}^{M-1}\sum_{y=0}^{N-1}f(x,y)e^{[-j2\pi(-ux/M-vy/N)]}$$

$$= F(-u,-v)$$

以上推导过程要求 $f(x,y)$ 是一个实函数，即

$$f^*(x,y) = f(x,y)$$

则

$$F^*(u,v) = F(-u,-v) \text{ 或 } f^*(x,y) \leftrightarrow F^*(-u,-v)$$

二维离散傅里叶变换的周期性和共轭对称性给图形的频谱分析和显示带来了很大的好处，下面以一维的为例，周期性证明 $F(u)$ 具有长度为 N 的周期，即 $F(u) = F(u+N)$，$|F(u)| = |F(-u)|$，而对称性证明变换的幅度以原点为中心，如图 2-5 所示。

由图 2-5 可以看出，在 $-N/2 \sim N/2$ 之间可以得到一个完整的频谱，而在 $0 \sim N-1$ 之间只能得到该频谱相对的两个半边，即前一周期的后一半和后一周期的前一半。由于计算离散傅里叶变换的频率值已归一化为 $0 \sim N-1$，所以实际得到的是分离开的两个半周期频谱。为了在一个周期的变换中得到一个完整的频谱，可以把频率坐标的原点移动 $N/2$ 个采样间隔，即计算

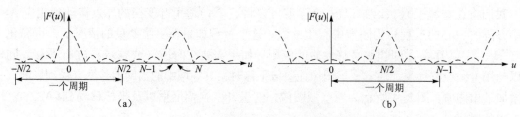

图 2-5 离散傅里叶变换的周期性

（a）表示在区间 [0, N-1] 中背对背半周期的傅里叶谱；（b）表示在同一区间内整个周期的平移之后的谱 $F(u+N/2)$。根据定义可得

$$F\left(u+\frac{N}{2}\right) = \frac{1}{N}\sum_{x=0}^{N-1}f(x)e^{-j\frac{2\pi}{N}x(u+\frac{N}{2})} = \frac{1}{N}\sum_{x=0}^{N-1}(-1)^x f(x)e^{-j\frac{2\pi}{N}xu}$$

为此，只要将被变换函数乘以 $(-1)^x$ 再进行变换，便可在一个周期的变换中，求得一个完整的频谱。事实上，只需将被变换的数组按顺序交替冠以正、负号，再取变换就可以了。

以上结论同样可以用于二维的情况，图 2-4 就是利用频域中心化性质，当 $f(x,y)$ 乘以 $(-1)^{x+y}$ 以后，其频谱的中心原点移动到 $(N/2, N/2)$ 的位置，能量从四角位置移动到中心位置，这也是以上周期性、共轭对称性的具体应用。

利用周期性和共轭对称性，在计算函数的频谱时，可以只对其一半的频谱进行分析与计算。

4. 旋转不变性

首先把 x、y、u、v 皆用极坐标的形式表示：

$$x = r\cos\theta, \quad y = r\sin\theta$$
$$u = \omega\cos\varphi, \quad v = \omega\sin\varphi$$

则 $f(x,y)$ 和 $F(u,v)$ 可以分别用 $f(r,\theta)$ 和 $F(\omega,\varphi)$ 来表示，无论是在连续的变换中，还是在离散的傅里叶变换中，都可用直接代入法证明：

$$f(r, \theta+\theta_0) \leftrightarrow F(\omega, \varphi+\theta_0)$$

即如果 $f(x,y)$ 被旋转 θ_0，则 $F(u,v)$ 被旋转同一个角度。同样，如果 $F(\omega,\varphi)$ 被旋转一个角度，则 $f(r,\theta)$ 也被旋转同一个角度，如图 2-6 所示。

5. 平均值

二维离散函数普遍采用的平均值定义由下式给出，即

$$\bar{f}(x, y) = \frac{1}{N^2}\sum_{x=0}^{N-1}\sum_{y=0}^{N-1}f(x, y)$$

将 $u = v = 0$ 代入式（2.1.23）可得

$$F(0, 0) = \frac{1}{N^2}\sum_{x=0}^{N-1}\sum_{y=0}^{N-1}f(x, y)$$

因此 $\bar{f}(x,y)$ 与傅里叶变换系数的关系写为

$$\bar{f}(x,y) = F(0,0)$$

6. 离散卷积定理

设 $f(x,y)$、$g(x,y)$ 是大小分别为 $A \times B$ 和 $C \times D$ 的两个数组，则它们的离散卷积定义为

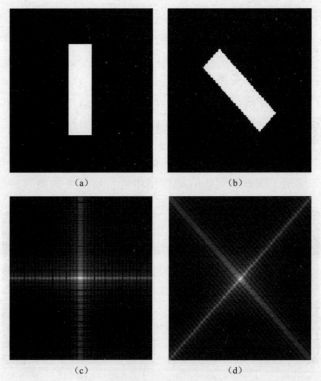

图 2-6 图像的旋转

(a) 原空域图像；(b) 旋转后的空域图像；(c) 原图像幅度谱；(d) 旋转后的幅度谱

$$f(x, y) * g(x, y) = \sum_{m=0}^{M-1}\sum_{n=0}^{N-1} f(m, n)g(x-m, y-n)$$

式中：$M=A+C-1$；$N=B+D-1$；$x=0, 1, \cdots, M-1$；$y=0, 1, \cdots, N-1$。

证明：对上式两边取离散傅里叶变换，可得

$$F[f(x, y) * g(x, y)] = \sum_{x=0}^{N-1}\sum_{y=0}^{N-1}\left\{\sum_{m=0}^{M-1}\sum_{n=0}^{N-1} f(m, n)g(x-m, y-n)\right\}e^{-j2\pi\left(\frac{ux}{M}+\frac{vy}{N}\right)}$$

$$= \sum_{m=0}^{M-1}\sum_{n=0}^{N-1} f(m, n)e^{-j2\pi\left(\frac{um}{M}+\frac{vn}{N}\right)} \cdot$$

$$\sum_{x=0}^{M-1}\sum_{y=0}^{N-1} g(x-m, y-n)e^{-j2\pi\left[\frac{u(x-m)}{M}+\frac{v(y-n)}{N}\right]}$$

$$= F(u, v) \cdot G(u, v)$$

于是空域的卷积定理得以证明。用类似方法也可以证明频域的卷积定理。

7. 离散相关定理

大小为 $A \times B$ 和 $C \times D$ 的两个离散函数序列 $f(x,y)$、$g(x,y)$ 的互相关定义为

$$f(x, y) \circ g(x, y) = \sum_{m=0}^{M-1}\sum_{n=0}^{N-1} f(m, n)g(x+m, y+n)$$

式中：$M=A+C-1$；$N=B+D-1$。

利用与卷积定理相似的方法，可以证明互相关和自相关定理。与连续的情况一样，它也说明了离散二维函数的自相关和自谱，两个二维函数的互相关和互谱呈傅里叶变换对的关系。

利用相关定理和二维离散傅里叶变换可以计算函数的相关,但和计算卷积一样,有循环相关的问题。为此,也必须将求相关的函数延拓成周期为 M 和 N 的周期函数,并对延拓后的函数添加适当的零点。

2.1.2.5 二维离散傅里叶变换的应用

前面已经提到了傅里叶变换有两个好处,即可以获得信号的频域特性和可以将卷积运算转换为乘积运算。因此,二维离散傅里叶变换的应用也是根据这两个特点来进行的。

1. 在图像滤波中的应用

根据傅里叶变换的性质可知,变换后的图像幅度谱的中间部分为低频部分,越靠外边,频率越高,如图2-7所示。因此,可以在幅度谱中进行所需要的高频滤波或是低频滤波。

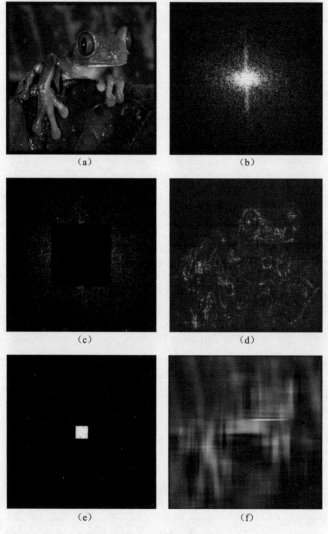

图2-7 图像的滤波
(a)原空域图像;(b)中心化后的幅度谱;(c)低频滤波;
(d)滤波后的空域图像;(e)高频滤波;(f)滤波后的空域图像

2. 在图像压缩中的应用

二维离散傅里叶变换系数的大小刚好是各个频率点上的幅值。在小波变换没有被提出时，常用傅里叶变换来进行压缩编码。考虑到高频反映细节、低频反映景物概貌的特性，往往认为可将高频系数置为0，骗过人眼，实现有损压缩，如图2-8所示。

(a)   (b)   (c)

图 2-8 图像的压缩

(a) 原空域图像；(b) 高频系数置0后的幅度谱；(c) 压缩后的空域图像

2.2 离散余弦变换

离散余弦变换是一种可分离的和正交的变换，并且是对称的，它与傅里叶变换有着密切的联系。近年来，离散余弦变换被广泛应用于图像压缩编码、数字水印等领域。本节将介绍离散余弦变换的定义及其快速算法。

2.2.1 离散余弦变换的定义

2.2.1.1 一维离散余弦变换及其反变换的定义

设 $f(x)$ 是长度为 N 的离散序列，其一维离散余弦正变换为

$$C(u) = \alpha(u) \sum_{x=0}^{N-1} f(x) \cos\left[\frac{(2x+1)u\pi}{2N}\right], \quad u = 0, 1, \cdots, N-1 \quad (2.2.1)$$

一维离散余弦反变换为

$$f(x) = \sum_{u=0}^{N-1} \alpha(u) C(u) \cos\left[\frac{(2x+1)u\pi}{2N}\right], \quad x = 0, 1, \cdots, N-1 \quad (2.2.2)$$

式中：$\alpha(u)$ 为归一化加权系数，其定义为

$$\alpha(u) = \begin{cases} \sqrt{\dfrac{1}{N}}, & u = 0 \\ \sqrt{\dfrac{2}{N}}, & u = 1, 2, \cdots, N-1 \end{cases} \quad (2.2.3)$$

2.2.1.2 二维离散余弦变换及其反变换的定义

设 $f(x,y)(x,y=0,1,\cdots,N-1)$ 为二维离散信号，其离散余弦正变换为

$$C(u,v) = \alpha(u)\alpha(v) \sum_{x=0}^{N-1}\sum_{y=0}^{N-1} f(x,y) \cos\left[\frac{(2x+1)u\pi}{2N}\right] \cos\left[\frac{(2y+1)v\pi}{2N}\right]$$

$$u, v = 0, 1, \cdots, N-1 \quad (2.2.4)$$

二维离散余弦反变换为

$$f(x, y) = \sum_{u=0}^{N-1}\sum_{v=0}^{N-1} \alpha(u)\alpha(v) C(u, v) \cos\left[\frac{(2x+1)u\pi}{2N}\right] \cos\left[\frac{(2y+1)v\pi}{2N}\right]$$
$$x, y = 0, 1, \cdots, N-1 \tag{2.2.5}$$

式中：$\alpha(u)$、$\alpha(v)$ 的定义同式 (2.2.3)。

2.2.2 离散余弦变换的快速算法

与快速傅里叶变换类似，离散余弦变换也有快速算法。下面以一维为例进行讨论，二维离散余弦变换根据可分离性，由两个一维离散余弦变换来实现。

将 $f(x)$ 延拓为长度为 $2N$ 的序列，即

$$f_e(x) = \begin{cases} f(x), & 0 \le x \le N-1 \\ 0, & N \le x \le 2N-1 \end{cases} \tag{2.2.6}$$

则式 (2.2.1) 可写成如下形式：

$$C(0) = \sqrt{\frac{1}{N}} \sum_{x=0}^{2N-1} f_e(x) \tag{2.2.7}$$

$$C(u) = \sqrt{\frac{2}{N}} \sum_{x=0}^{2N-1} f_e(x) \cos\left[\frac{(2x+1)u\pi}{2N}\right], \quad u = 1, 2, \cdots, N-1$$

$$= \sqrt{\frac{2}{N}} \operatorname{Re}\left\{ \sum_{x=0}^{2N-1} f_e(x) \exp\left[-\mathrm{j}\frac{(2x+1)u\pi}{2N}\right] \right\}$$

$$= \sqrt{\frac{2}{N}} \operatorname{Re}\left\{ \exp\left(-\mathrm{j}\frac{u\pi}{2N}\right) \sum_{x=0}^{2N-1} f_e(x) \exp\left(-\mathrm{j}\frac{2xu\pi}{2N}\right) \right\} \tag{2.2.8}$$

式中：$\sum_{x=0}^{2N-1} f_e(x) \exp\left(-\mathrm{j}\frac{2xu\pi}{2N}\right)$ 是 $2N$ 点的傅里叶变换，可利用快速傅里叶变换来实现，将变换结果与 $\sqrt{\frac{2}{N}} \exp\left(-\mathrm{j}\frac{u\pi}{2N}\right)$ 相乘后再取实部，即可得到离散余弦变换 $C(u)$。

类似地，将 $C(u)$ 延拓为

$$C_e(u) = \begin{cases} C(u), & 0 \le u \le N-1 \\ 0, & N \le u \le 2N-1 \end{cases} \tag{2.2.9}$$

则式 (2.2.2) 可改写成如下形式：

$$f(x) = \sqrt{\frac{1}{N}} C_e(0) + \sqrt{\frac{2}{N}} \sum_{u=1}^{2N-1} C_e(u) \cos\left[\frac{(2x+1)u\pi}{2N}\right]$$

$$= \sqrt{\frac{1}{N}} C_e(0) + \sqrt{\frac{2}{N}} \operatorname{Re}\left\{ \sum_{u=1}^{2N-1} C_e(u) \exp\left(\mathrm{j}\frac{(2x+1)u\pi}{2N}\right) \right\}$$

$$= \sqrt{\frac{1}{N}} C_e(0) + \sqrt{\frac{2}{N}} \operatorname{Re}\left\{ \sum_{u=1}^{2N-1} \left[C_e(u) \exp\left(\mathrm{j}\frac{u\pi}{2N}\right) \right] \exp\left(\mathrm{j}\frac{2xu\pi}{2N}\right) \right\}$$

$$= \left(\sqrt{\frac{1}{N}} - \sqrt{\frac{2}{N}}\right) C_e(0) + \sqrt{\frac{2}{N}} \operatorname{Re}\left\{ \sum_{u=0}^{2N-1} \left[C_e(u) \exp\left(\mathrm{j}\frac{u\pi}{2N}\right) \right] \exp\left(\mathrm{j}\frac{2xu\pi}{2N}\right) \right\}, x = 0, 1, \cdots, N-1$$
$$\tag{2.2.10}$$

式中：$\sum_{u=0}^{2N-1}\left[C_e(u)\exp\left(j\dfrac{u\pi}{2N}\right)\right]\exp\left(j\dfrac{2xu\pi}{2N}\right)$ 是 $C_e(u)\exp\left(j\dfrac{u\pi}{2N}\right)$ 的傅里叶反变换，可利用快速傅里叶逆变换（IFFT）来实现，将反变换结果乘以 $\sqrt{\dfrac{2}{N}}$，再取实部，加上 $\left(\sqrt{\dfrac{1}{N}}-\sqrt{\dfrac{2}{N}}\right)C_e(0)$，即可得到离散余弦反变换 $f(x)$。

2.3 离散沃尔什变换/离散哈达玛变换

离散傅里叶变换和离散余弦变换在快速算法中要用到复数乘法，占用的时间仍然比较多，在某些应用领域中，需要更为便利、更为有效的变换方法。沃尔什（Walsh）变换就是其中的一种。沃尔什函数是在 1923 年由美国数学家沃尔什提出的。在沃尔什的原始论文中，给出了沃尔什函数的递推公式，这个公式是按照函数的序数在正交区间内过零点的平均数来定义的。不久以后，这种规定函数序数的方法也被波兰数学家卡兹马兹采用了，所以通常将这种规定函数序数的方法称为沃尔什-卡兹马兹定序法。

1931 年，美国数学家佩利又给沃尔什函数提出了一个新的定义。他指出，沃尔什函数可以用有限个拉格尔函数的乘积来表示，这样得到的函数的序数与沃尔什得到的函数的序数是完全不同的。这种方法是用二进制来定序的，所以称为二进制序数或自然序数。

利用包含+1 和-1 阵元的正交矩阵可以将沃尔什函数表示为矩阵的形式。早在 1867 年，英国数学家希尔威斯特已经研究过这种矩阵。后来法国数学家哈达玛（Hadamard）在 1893 年将这种矩阵加以普遍化，建立了所谓的哈达玛矩阵。利用克罗内克乘积算子不难把沃尔什函数表示为哈达玛矩阵的形式。利用这种形式定义的沃尔什函数称为克罗内克序数。这就是沃尔什函数的第三种定序法。

由上述历史可见，沃尔什函数及其有关函数的数学基础早就奠定了。但是，这些函数在工程中得到应用却是近几十年的事情。主要在于半导体器件和计算机的迅速发展为沃尔什函数的实用解决了手段问题，因此也使沃尔什函数得到了进一步的发展。与傅里叶变换相比，沃尔什变换的主要优点在于减少存储空间和提高运算速度，这一点对图像处理来说是至关重要的。特别是在大量数据需要进行实时处理时，沃尔什函数就更加显示出它的优越性。

沃尔什变换和哈达玛变换都是可分离的和正交的变换。

2.3.1 离散沃尔什变换

2.3.1.1 一维离散沃尔什变换

当 $N=2^n$ 时，对于序列 $f(x)(x=0,1,\cdots,N-1)$，其沃尔什正变换为

$$W(u)=\dfrac{1}{N}\sum_{x=0}^{N-1}f(x)\prod_{i=0}^{N-1}(-1)^{b_i(x)b_{n-1-i}(u)},\quad u=0,1,\cdots,N-1 \qquad (2.3.1)$$

式中：$b_k(z)$ 是 z 的二进制表示中第 k 位的值。

例如，$z=5$ 的二进制表示为 $(101)_2$，当 $n=3$ 时，有 $b_0(z)=1$，$b_1(z)=0$，$b_2(z)=1$，则

$$h(x,u)=\dfrac{1}{N}\prod_{i=0}^{n-1}(-1)^{b_i(x)b_{n-1-i}(u)} \qquad (2.3.2)$$

为一维离散沃尔什变换的变换核。

表 2-2 给出了 $N=8$ 时，一维离散沃尔什变换核的值（略去常数 $1/N$，且用+、-分别表示+1和-1）。

表 2-2　$N=8$ 时，一维离散沃尔什变换核的值

u\x	0	1	2	3	4	5	6	7
0	+	+	+	+	+	+	+	+
1	+	+	+	+	-	-	-	-
2	+	+	-	-	-	-	+	+
3	+	+	-	-	+	+	-	-
4	+	-	-	+	+	-	-	+
5	+	-	-	+	-	+	+	-
6	+	-	+	-	-	+	-	+
7	+	-	+	-	+	-	+	-

一维离散沃尔什反变换为

$$f(x) = \sum_{u=0}^{N-1} W(u) \prod_{i=0}^{n-1} (-1)^{b_i(x) b_{n-1-i}(u)} \tag{2.3.3}$$

其中定义

$$k(x, u) = \prod_{i=0}^{n-1} (-1)^{b_i(x) b_{n-1-i}(u)} \tag{2.3.4}$$

为一维离散沃尔什反变换核。

2.3.1.2　二维离散沃尔什变换

对于二维图像 $f(x,y)$ $(x,y=0,1,\cdots,N-1)$，当 $N=2^n$ 时，其二维离散沃尔什变换为

$$W(u, v) = \frac{1}{N} \sum_{x=0}^{N-1} \sum_{y=0}^{N-1} f(x, y) \prod_{i=0}^{n-1} (-1)^{[b_i(x) b_{n-1-i}(u) + b_i(y) b_{n-1-i}(v)]}$$

$$u, v = 0, 1, \cdots, N-1 \tag{2.3.5}$$

其中

$$h(x, y, u, v) = \frac{1}{N} \prod_{i=0}^{n-1} (-1)^{[b_i(x) b_{n-1-i}(u) + b_i(y) b_{n-1-i}(v)]} \tag{2.3.6}$$

为二维离散沃尔什变换的变换核。

二维离散沃尔什反变换为

$$f(x, y) = \frac{1}{N} \sum_{u=0}^{N-1} \sum_{v=0}^{N-1} W(u, v) \prod_{i=0}^{n-1} (-1)^{[b_i(x) b_{n-1-i}(u) + b_i(y) b_{n-1-i}(v)]}$$

$$x, y = 0, 1, \cdots, N-1 \tag{2.3.7}$$

其中

$$k(x, y, u, v) = \frac{1}{N} \prod_{i=0}^{n-1} (-1)^{[b_i(x) b_{n-1-i}(u) + b_i(y) b_{n-1-i}(v)]} \tag{2.3.8}$$

对于二维离散沃尔什变换，其离散沃尔什正、反变换核均为可分离的和对称的，即

$$h(x, y, u, v) = h_1(x, u)h_1(y, v) = k_1(x, u)k_1(y, v) = k(x, y, u, v)$$
$$= \left[\frac{1}{\sqrt{N}}\prod_{i=0}^{n-1}(-1)^{b_i(x)b_{n-1-i}(u)}\right]\left[\frac{1}{\sqrt{N}}\prod_{i=1}^{n-1}(-1)^{b_i(y)b_{n-1-i}(v)}\right] \tag{2.3.9}$$

故二维离散沃尔什正、反变换均可分成两个步骤计算，每个步骤用一个一维离散变换实现。

二维离散沃尔什变换的核函数可看作为一组基本函数，一旦图像尺寸确定，这些函数就完全确定。图 2-9 所示为 $N=4$ 时，离散沃尔什基本函数的图示，其中白色表示+1，黑色表示-1。

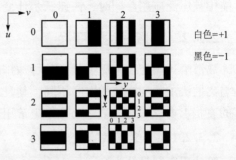

图 2-9 $N=4$ 时，离散沃尔什基本函数的图示

借助图 2-9 可方便地计算 4×4 图像的离散沃尔什变换，如要计算 $W(1, 1)$，只需将图像与对应 $u=v=1$ 的方块进行点点相乘，再将结果相加，最后除以 4 即可。若将 u, v 与 x, y 对调，也可借助该图计算 4×4 图像的离散沃尔什反变换。

例 已知二维图像信号是均匀分布的，即

$$f(x, y) = \begin{bmatrix} 1 & 1 & 1 & 1 \\ 1 & 1 & 1 & 1 \\ 1 & 1 & 1 & 1 \\ 1 & 1 & 1 & 1 \end{bmatrix}$$

求此图像的二维离散沃尔什变换。

解：由于图像是 4×4 矩阵，$n=2$，$N=4$，离散沃尔什变换核写成矩阵形式为

$$H_4 = \frac{1}{2}\begin{bmatrix} 1 & 1 & 1 & 1 \\ 1 & 1 & -1 & -1 \\ 1 & -1 & -1 & 1 \\ 1 & -1 & 1 & -1 \end{bmatrix}$$

则

$$W(u,v) = [H_4][F][H_4]$$
$$= \frac{1}{4}\begin{bmatrix} 1 & 1 & 1 & 1 \\ 1 & 1 & -1 & -1 \\ 1 & -1 & -1 & 1 \\ 1 & -1 & 1 & -1 \end{bmatrix}\begin{bmatrix} 1 & 1 & 1 & 1 \\ 1 & 1 & 1 & 1 \\ 1 & 1 & 1 & 1 \\ 1 & 1 & 1 & 1 \end{bmatrix}\begin{bmatrix} 1 & 1 & 1 & 1 \\ 1 & 1 & -1 & -1 \\ 1 & -1 & -1 & 1 \\ 1 & -1 & 1 & -1 \end{bmatrix} = \begin{bmatrix} 4 & 0 & 0 & 0 \\ 0 & 0 & 0 & 0 \\ 0 & 0 & 0 & 0 \\ 0 & 0 & 0 & 0 \end{bmatrix}$$

从上面例子可以看出，二维离散沃尔什变换具有能量集中的性质，原始图像越是均匀分布，离散沃尔什变换后的数据越集中于矩阵的边角上，因此，二维离散沃尔什变换可用于图像信息的压缩。

离散沃尔什变换也有快速算法，在形式上与快速傅里叶变换类似，但快速傅里叶变换中的所有指数项都为 1。快速离散沃尔什变换（FWT）的基本关系为

$$W(u) = \frac{1}{2}[W_{\text{even}}(u) + W_{\text{odd}}(u)] \tag{2.3.10}$$

$$W\left(u + \frac{N}{2}\right) = \frac{1}{2}[W_{\text{even}}(u) - W_{\text{odd}}(u)] \tag{2.3.11}$$

式中：$u = 0, 1, \cdots, \frac{N}{2}-1$。

由于离散沃尔什变换的实质是将任意函数变换为取值为 +1 或 -1 的基本函数构成的级数，用它来逼近数字脉冲信号比傅里叶变换更有效，因此它在图像传输、通信技术以及数据压缩中被广泛应用。同时，快速沃尔什变换比快速傅里叶变换的存储量小，计算速度更快。

2.3.2 离散哈达玛变换

离散哈达玛变换本质上是一种特殊排序的离散沃尔什变换。离散哈达玛变换的核矩阵只是与离散沃尔什变换核的次序不同，其具有简单的递推关系，即高阶矩阵可以用两个低阶矩阵的直积求得。因此，哈达玛变换更常用。

2.3.2.1 一维离散哈达玛变换

哈达玛正变换核为

$$h(x, u) = \frac{1}{N}(-1)^{\sum_{i=0}^{n-1} b_i(x) b_i(u)} \tag{2.3.12}$$

式中：$N = 2^n; x = u = 0, 1, 2, \cdots, N-1$；$b_k(z)$ 是 z 的二进制表示中第 k 位的值。

一维离散哈达玛变换为

$$H(u) = \frac{1}{N} \sum_{x=0}^{n-1} f(x)(-1)^{\sum_{i=0}^{n-1} b_i(x) b_i(u)}, u = 0, 1, \cdots, N-1 \tag{2.3.13}$$

哈达玛反变换核与正变换核仅差 $1/N$，即

$$k(x, u) = (-1)^{\sum_{i=0}^{n-1} b_i(x) b_i(u)} \tag{2.3.14}$$

式中：$N = 2^n$；$x = u = 0, 1, \cdots, N-1$。

一维离散哈达玛反变换为

$$f(x) = \sum_{u=0}^{n-1} H(u)(-1)^{\sum_{i=0}^{n-1} b_i(x) b_i(u)}, x = 0, 1, \cdots, N-1 \tag{2.3.15}$$

表 2-3 所示为 $N=8$ 时，一维离散哈达玛变换核值（忽略常数 $1/N$）。

表 2-3 $N=8$ 时，一维离散哈达玛变换核值

u \ x	0	1	2	3	4	5	6	7
0	+	+	+	+	+	+	+	+
1	+	−	+	−	+	−	+	−
2	+	+	−	−	+	+	−	−
3	+	−	−	+	+	−	−	+
4	+	+	+	+	−	−	−	−
5	+	−	+	−	−	+	−	+
6	+	+	−	−	−	−	+	+
7	+	−	−	+	−	+	+	−

哈达玛变换核的构造具有递推关系。$2N$ 阶哈达玛矩阵 $\boldsymbol{H}_{2N}$ 与 N 阶哈达玛矩阵 $\boldsymbol{H}_N$ 的递推关系为

$$\boldsymbol{H}_{2N} = \begin{bmatrix} \boldsymbol{H}_N & \boldsymbol{H}_N \\ \boldsymbol{H}_N & -\boldsymbol{H}_N \end{bmatrix} \tag{2.3.16}$$

最低阶（$N=2$）的哈达玛矩阵为

$$\boldsymbol{H}_2 = \begin{bmatrix} 1 & 1 \\ 1 & -1 \end{bmatrix} \tag{2.3.17}$$

则

$$\boldsymbol{H}_4 = \begin{bmatrix} \boldsymbol{H}_2 & \boldsymbol{H}_2 \\ \boldsymbol{H}_2 & -\boldsymbol{H}_2 \end{bmatrix} = \begin{bmatrix} 1 & 1 & 1 & 1 \\ 1 & -1 & 1 & -1 \\ 1 & 1 & -1 & -1 \\ 1 & -1 & -1 & 1 \end{bmatrix} \tag{2.3.18}$$

$$\boldsymbol{H}_8 = \begin{bmatrix} \boldsymbol{H}_4 & \boldsymbol{H}_4 \\ \boldsymbol{H}_4 & -\boldsymbol{H}_4 \end{bmatrix} = \begin{bmatrix} 1 & 1 & 1 & 1 & 1 & 1 & 1 & 1 \\ 1 & -1 & 1 & -1 & 1 & -1 & 1 & -1 \\ 1 & 1 & -1 & -1 & 1 & 1 & -1 & -1 \\ 1 & -1 & -1 & 1 & 1 & -1 & -1 & 1 \\ 1 & 1 & 1 & 1 & -1 & -1 & -1 & -1 \\ 1 & -1 & 1 & -1 & -1 & 1 & -1 & 1 \\ 1 & 1 & -1 & -1 & -1 & -1 & 1 & 1 \\ 1 & -1 & -1 & 1 & -1 & 1 & 1 & -1 \end{bmatrix} \tag{2.3.19}$$

在哈达玛矩阵中，沿某一列符号改变的次数通常称为这个列的列率。如式（2.3.19）表示的 8 个列的列率分别为 0，7，3，4，1，6，2，5。在实际使用中，通常希望列率随 u 的增加而增加，这称为"定序哈达玛变换"。定序哈达玛变换的正、反变换核为

$$h(x, u) = \frac{1}{N}(-1)^{\sum_{i=0}^{n-1} b_i(x) p_i(u)} \tag{2.3.20}$$

$$k(x, u) = (-1)^{\sum_{i=0}^{n-1} b_i(x) p_i(u)} \tag{2.3.21}$$

其中，

$$\begin{cases} p_0(u) = b_{n-1}(u) \\ p_1(u) = b_{n-1}(u) + b_{n-2}(u) \\ \quad \vdots \\ p_{n-1}(u) = b_1(u) + b_0(u) \end{cases} \tag{2.3.22}$$

表 2-4 所示为 $N=8$ 时，定序的一维离散哈达玛变换核值$\left(\text{忽略常数}\dfrac{1}{N}\right)$。

表 2-4 $N=8$ 时，定序的一维离散哈达玛变换核值

u \ x	0	1	2	3	4	5	6	7
0	+	+	+	+	+	+	+	+
1	+	+	+	+	−	−	−	−

续表

u \ x	0	1	2	3	4	5	6	7
2	+	+	−	−	−	−	+	+
3	+	+	−	−	+	+	−	−
4	+	−	−	+	+	−	−	+
5	+	−	−	+	−	+	+	−
6	+	−	+	−	−	+	−	+
7	+	−	+	−	+	−	+	−

由式（2.3.20）和式（2.3.21）可得定序哈达玛正、反变换对：

$$H(u) = \frac{1}{N}\sum_{x=0}^{N-1}f(x)(-1)^{\sum_{i=0}^{n-1}b_i(x)p_i(u)}, \quad u = 0, 1, \cdots, N-1 \quad (2.3.23)$$

$$f(x) = \sum_{u=0}^{N-1}H(u)(-1)^{\sum_{i=0}^{n-1}b_i(x)p_i(u)}, \quad x = 0, 1, \cdots, N-1 \quad (2.3.24)$$

2.3.2.2 二维离散哈达玛变换

二维离散哈达玛变换对为

$$H(u, v) = \frac{1}{N}\sum_{x=0}^{N-1}\sum_{y=0}^{N-1}f(x, y)(-1)^{\sum_{i=0}^{n-1}[b_i(x)b_i(u)+b_i(y)b_i(v)]},$$

$$u, v = 0, 1, \cdots, N-1 \quad (2.3.25)$$

$$f(x, y) = \frac{1}{N}\sum_{x=0}^{N-1}\sum_{y=0}^{N-1}H(u, v)(-1)^{\sum_{i=0}^{n-1}[b_i(x)b_i(u)+b_i(y)b_i(v)]},$$

$$x, y = 0, 1, \cdots, N-1 \quad (2.3.26)$$

二维离散哈达玛变换的正、反变换核相同，且具有可分离性和对称性，即

$$h(x, y, u, v) = h_1(x, u)h_1(y, v) = k_1(x, y)k_1(y, v) = k(x, y, u, v)$$

$$= \left[\frac{1}{\sqrt{N}}(-1)^{\sum_{i=0}^{n-1}b_i(x)b_i(u)}\right]\left[\frac{1}{\sqrt{N}}(-1)^{\sum_{i=0}^{n-1}b_i(y)b_i(v)}\right]$$

则二维离散哈达玛变换也可分成两个一维变换来实现，哈达玛变换也同样存在快速算法（FHT）。

2.4 小波变换

小波变换理论是 20 世纪 80 年代中后期发展起来的，目前已成为一个数学分支学科。作为时间—频率分析的一种新技术，小波分析已成为许多领域的有力分析工具，广泛应用于信号和图像处理、地质勘探、语言识别与合成、音乐、雷达、CT 成像、天体识别、机器视觉、机械故障诊断与监控、分形以及数字电视等科技领域。

人们一般用函数来描述信号，总是把时间或空间作为自变量，而把反映信号的物理量作为函数。但是傅里叶变换反映的是信号或函数的整体特征，而有些实际问题中需要关心的却是信号在局部范围中的特征。例如，在音乐和语言信号中，人们关心的是什么时刻演奏什么

音符，发出什么样的音节；对地震记录来说，人们关心的是什么位置出现什么样的反射波；在图形识别中的边缘检测，关心的是信号突变部分的位置。为了弥补傅里叶变换这方面的不足，1946年，Gabor引进了短时傅里叶变换的概念。他用一个有限区间（称为窗口）外恒等于零的光滑函数（这个有限区间的位置随一个参数而变）去乘所要研究的函数，然后对它做傅里叶变换。这种变换确实能反映函数在窗口内部分的频率特性，因而能在一些需要研究信号的局部性质的问题中起一定的作用。但是，Gabor引入的这种变换窗口的窗口尺寸和形状却与频率无关，是固定不变的。这与高频信号的分辨率应比低频信号高，因而频率越高，窗口应越小这一要求不符，为此未能得到广泛的应用与发展。

小波变换继承和发展了Gabor的短时傅里叶变换局部化思想，但它的窗口随频率的增加而变小，符合高频信号的分辨力较高的要求，为此得到了迅速的发展。小波分析优于傅里叶分析的主要原因在于，它在时域和频域同时具有良好的局部化性质。

在实际应用中，人们需要确定时间间隔，使在任何希望的频率范围（或频带）上产生频谱信息。由于信号的频率与其周期成反比，因此对于高频谱的信息，时间间隔变小，从而给出较好的精度。对于低频谱的信息，时间间隔变大，从而给出完全的信息。也就是需要一个可变的时间—频率窗，使得在高中心频率的时间窗自动变窄，而在低中心频率的时间窗自动变宽。小波变换具有这种移近和远离的伸缩能力。

2.4.1 短时傅里叶变换

短时傅里叶变换（SFT）也称加窗傅里叶变换，所谓短时，是指时间有限，它是通过时域上加窗来实现的。一个函数 $f(x) \in L^2(\mathbb{R})$ 的短时傅里叶变换为

$$F(\omega, t) = \int_{-\infty}^{\infty} e^{-j\omega x} g(x - t) f(x) dx \tag{2.4.1}$$

式中：$g(x)$ 为窗函数。一般情况下，$g(x)$ 为实函数且其傅里叶变换的能量集中在低频处，它还可以被看作是一低通滤波的脉冲响应，为了归一化，一般取

$$\| g \|^2 = \int_{-\infty}^{\infty} |g(x)|^2 dx = 1 \tag{2.4.2}$$

式（2.4.1）定义的短时傅里叶变换具有如下性质。

(1) 它从 $L^2(\mathbb{R})$ 到 $L^2(\mathbb{R}^2)$ 是等距的，即

$$\int_{-\infty}^{\infty} |f(x)|^2 dx = \frac{1}{2\pi} \int_{-\infty}^{\infty} \int_{-\infty}^{\infty} |F(\omega, t)|^2 d\omega dt \tag{2.4.3}$$

(2) 可以由 $F(\omega, t)$ 重构 $f(x)$，即

$$f(x) = \frac{1}{2\pi} \int_{-\infty}^{\infty} \int_{-\infty}^{\infty} F(\omega, t) g(t - x) e^{j\omega x} d\omega dt \tag{2.4.4}$$

它可以由Parseval定理与式（2.4.1）证明。

(3) 短时傅里叶变换是一信号的冗余表示，而且是稳定完备的。

(4) 如果对所有 $(\omega, t) \in \mathbb{R}^2$ 均匀采样，离散短时傅里叶变换可定义为任意 $(n, m) \in \mathbb{Z}^2$，且

$$DF(m, n) = DF(m\omega_0, nt_0)$$

$$= \int_{-\infty}^{\infty} e^{jm\omega_0 x} g(x - nt_0) f(x) dx \tag{2.4.5}$$

采样间隔 t_0 和 ω_0 的选择必须覆盖整个相空间,由采样集合 $\{DF(m,n)\}(n,m)\in\mathbb{Z}^2$,重构 $f(x)\in L^2(\mathbb{R})$ 的条件是算子 $D:L^2(\mathbb{R})\to l^2(\mathbb{Z}^2)$ 有界可逆,有

$$DF(m,n)=\langle f(x),\mathrm{e}^{jm\omega_0 x}g(x-nt_0)\rangle \tag{2.4.6}$$

(5) 短时傅里叶分析的空域和频率分辨率是常数。在空域,这一分解表示所提供的信息在 σ_t [窗函数 $g(x)$ 的标准偏差] 内是非局域化的。

短时傅里叶变换是一种局域化的时频分析方法,只要适当地选择窗函数 $g(x)$,就可以通过信号 $f(x)$ 的短时傅里叶变换 $F(\omega,t)$ 获得它在 $2t_0$ 时间区间内的信息。这表明:一方面可以用短时傅里叶变换来分析信号 $f(x)$ 的局部性质;另一方面,一旦窗函数 $g(x)$ 取定,其窗口大小也随之被取定,因此通过窗口傅里叶变换只能获得 $f(x)$ 在窗口时间区间 $2t_0$ 内的信息。这样对短时高频信号,用短时傅里叶变换难以获得希望的结果。固然可以通过缩小时窗宽度和采样步长 t_0 改进加窗傅里叶分析,但若窗口太窄,则会降低频率分辨率,对低频分量也不合适,同时会使计算变得相当复杂,这就是关于时频关系的不确定性原理,时间分辨率和频率分辨率不可能同时达到最佳。由此可知,如要提高频率分辨率,窗口的大小应随频率而变,频率越高,窗口应越小。

短时傅里叶变换的基函数和时频分辨率如图 2-10 所示。

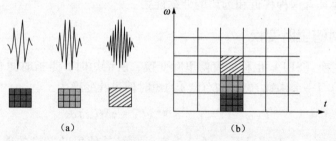

图 2-10 短时傅里叶变换的基函数和时频分辨率
(a) 基函数;(b) 时频平面的划分

2.4.2 连续小波基函数及其变换

小波分析的基本思想是用一组函数去表示或逼近一信号,这组函数称为小波函数集,它通过一基本小波函数的不同尺度的平移和伸缩构成。

2.4.2.1 连续小波基函数

小波函数的定义:设 $\varphi(t)$ 为一平方可积函数,即 $\varphi(t)\in L^2(\mathbb{R})$,若其傅里叶变换 $\psi(\omega)$ 满足

$$\int_{\mathbb{R}}\frac{|\psi(\omega)|^2}{\omega}\mathrm{d}\omega < \infty \tag{2.4.7}$$

则 $\varphi(t)$ 为一个基本小波或小波母函数。

对小波母函数 $\varphi(t)$ 进行伸缩和平移,设其伸缩因子(尺度因子)为 a,平移因子为 b,则平移伸缩后的函数为

$$\varphi_{a,b}(t)=|a|^{-\frac{1}{2}}\varphi\left(\frac{t-b}{a}\right),\quad a,b\in\mathbb{R},a\neq 0 \tag{2.4.8}$$

式中:$\varphi_{a,b}(t)$ 是参数为 a、b 的连续小波基函数,它们是由同一个母函数 $\varphi(t)$ 经伸缩和

平移后得到的一组函数集。

设小波母函数 $\varphi(t)$ 的窗口宽度为 Δt，窗口中心为 t^*，则连续小波 $\varphi_{a,b}(t)$ 的窗口中心及窗口宽度分别为

$$\begin{cases} t^*_{a,b} = at^* + b \\ \Delta t_{a,b} = |a|\Delta t \end{cases} \tag{2.4.9}$$

同样，设 $\psi(\omega)$ 为 $\varphi(t)$ 的傅里叶变换，并且频域窗口中心为 ω^*，窗口宽度为 $\Delta\omega$，并设 $\varphi_{a,b}(t)$ 的傅里叶变换为 $\psi_{a,b}(\omega)$，则

$$\psi_{a,b}(\omega) = |a|^{\frac{1}{2}}\psi(a\omega)\mathrm{e}^{-\mathrm{j}\omega b} \tag{2.4.10}$$

其频域窗口中心和窗口宽度分别为

$$\begin{cases} \omega^*_{a,b} = \dfrac{1}{|a|}\omega^* \\ \Delta\omega_{a,b} = \dfrac{1}{|a|}\Delta\omega \end{cases} \tag{2.4.11}$$

由此可见，连续小波的时域、频域窗口中心和窗口宽度均随尺度因子 a 的变化而变化，则

$$\Delta t_{a,b}\Delta\omega_{a,b} = \Delta t\Delta\omega \tag{2.4.12}$$

由式（2.4.12）可知，连续小波基函数的窗口面积不随参数 a、b 而变。小波变换的基函数和时频分辨率如图 2-11 所示。

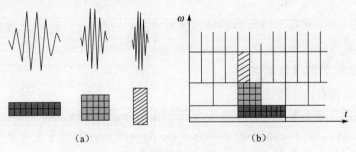

图 2-11　小波变换的基函数和时频分辨率
（a）基函数；（b）时频分辨率

2.4.2.2　连续小波变换

对于任意的 $f(x) \in L^2(\mathbb{R})$，若 $\varphi(x) \in L^2(\mathbb{R})$，则以小波 $\varphi_{a,b}(x)$ 为基的 $f(x)$ 的展开式称为函数 $f(x)$ 的连续小波变换，其定义式为

$$W_f(a,b) = \langle f, \varphi_{a,b} \rangle = \int_{-\infty}^{\infty} f(x)\varphi^*_{a,b}(x)\mathrm{d}x = f * \varphi^*_{a,b} \tag{2.4.13}$$

式中：$\varphi^*_{a,b}(x)$ 表示 $\varphi_{a,b}(x)$ 的共轭函数；符号 $\langle \cdot, \cdot \rangle$ 表示内积，即小波变换系数就是被变换函数 $f(x)$ 和每个基函数的内积。

式（2.4.13）同时还表明 $W_f(a,b)$ 是 $f(x)$ 与尺度为 a 的共轭小波的卷积。也就是说，连续小波变换就相当于用一个尺度为 a 的滤波器在 $x=b$ 处对 $f(x)$ 进行滤波。a 的不同值定义了不同的带通滤波器，而所有滤波器的输出加在一起就组成了小波变换。这表明小波变换的

时间—频率分辨率是变化的,即在高频处小波变换的时间范围较窄,频率宽度较宽(图2-11中的斜线方框),而在低频处小波变换的时间范围较宽,频率宽度较窄(图2-11中的黑方框)。

小波变换在高频处提高时间分辨率的同时,降低了频率分辨率,这也是小波变换的弱点,它只能部分地克服傅里叶变换的局限性。小波包分析可将频带进行多层次划分,并根据被分析信号的特征,自适应地选择相应频带,使之与信号频谱相匹配,从而提高时间—频率分辨率。因此,小波包分析将会在一定程度上弥补这一缺陷。

2.4.2.3 连续小波逆变换

连续小波逆变换的表达式为

$$f(x) = \frac{1}{C_\varphi} \int_{-\infty}^{\infty} \int_{-\infty}^{\infty} W_f(a, b) \varphi_{a,b}(x) \frac{\mathrm{d}b\mathrm{d}a}{a^2} \qquad (2.4.14)$$

式中:$C_\varphi = \int_{-\infty}^{\infty} \frac{|\psi(\omega)|^2}{|\omega|} \mathrm{d}\omega < \infty$,为允许条件(完全重构条件或恒等分辨条件);$\psi(\omega)$为$\varphi(x)$的频谱。

将式(2.4.13)代入式(2.4.14)可得

$$\begin{aligned} f(x) &= \frac{1}{C_\varphi} \int_{-\infty}^{\infty} \int_{-\infty}^{\infty} \frac{1}{a^2} [f(x) * \varphi_{a,b}^*(x)] \varphi_{a,b}(x) \mathrm{d}b\mathrm{d}a \\ &= \frac{1}{C_\varphi} \int_{-\infty}^{\infty} \frac{1}{a^2} [f(x) * \varphi_{a,b}^*(x) * \varphi_{a,b}(x)] \mathrm{d}a \end{aligned} \qquad (2.4.15)$$

式(2.4.15)表明将每个滤波器的输出分量$W_f(a,b)$经$\varphi_{a,b}(x)$再次滤波,并适当伸缩后组合在一起,就可以重构$f(x)$。

2.4.2.4 连续小波变换的性质

连续小波变换具有以下重要性质。

(1) 线性性质。多分量信号的小波变换等于各个分量的小波变换之和。

(2) 平移不变性。若$f(x)$的小波变换为$W_f(a,b)$,则$f(x-d)$的小波变换为$W_f(a,b-d)$。

(3) 伸缩共变性。若$f(x)$的小波变换为$W_f(a,b)$,则$f(cx)$的小波变换为$c^{-\frac{1}{2}}W_f(ca,cb)$,$c>0$。

(4) 冗余性。连续小波变换中存在信息表述的冗余度,其冗余性主要表现在以下两个方面。

① 由连续小波逆变换恢复原信号的重构方式不是唯一的,即小波正、反变换不存在一一对应关系。

② 小波基$\varphi_{a,b}(x)$存在多种可能的选择(如正交小波、非正交小波、双正交小波,甚至允许是彼此线性相关的)。

小波变换的冗余性问题是小波分析中的主要问题之一。

2.4.2.5 连续小波变换与短时傅里叶变换的比较

与短时傅里叶变换相比,连续小波变换有以下特点。

(1) 从分辨率来看,小波变换较好地解决了时间和频率分辨率的矛盾,它巧妙地利用了非均匀分布的分辨率:在低频段用高的频率分辨率和低的时间分辨率;而在高频段,则采用低的频率分辨率和高的时间分辨率,即小波分析的窗宽是可变的,在高频时使用短窗口,而在低频时则使用宽窗口。这充分体现了相对带宽对带宽频率分析和自适应分辨分析的思想,它与时变信号特性是一致的,为此用它进行时变信号的分析是十分有效的。

(2) 从正交性来看,短时傅里叶变换虽然也是一种时频二维分析,但它与傅里叶变换一样都是正交的:它的正交基底是 $\{e^{j\omega x}\}$,即无限长的正弦或余弦,而在频率轴上只是"点频率",这样对时变信号,由于其频率成分比较丰富,展开系数的能量必然很宽。与此不同,小波变换并不一定要求是正交的,其时宽频宽乘积很小,因而展开系数的能量较为集中。

(3) 从频谱分析来看,小波变换将信号分解为对数中具有相同大小频带的集合,与短时傅里叶变换相比,短时傅里叶变换对不同的频率分量,在时域中都取相同的窗宽,而小波变换窗宽则是可调的。这种以对数形式(非线性的)而不是以线性方式处理频率的方法对时变信号具有明显的优越性,可见非线性方法的潜力。

(4) 从群的观点来看,小波变换与傅里叶变换都具有统一性和相似性,其正反变换都具有完美的对称性。因此,我们讲小波分析是傅里叶分析的新发展。

总之,小波展开保留了傅里叶展开的特点,且在时间上和频率上都可进行局域分析。同时,由于 $\varphi_{a,b}(x)$ 是由基本小波函数 $\varphi(x)$ (或称为母波)经平移和伸缩变换构造的,因此,频谱分析仍可进行,只是基波 e^{jx} 须用 $\varphi(x)$ 代替。

2.4.3 离散小波变换

对连续小波基函数进行离散化可以得到离散小波变换,减少小波变换系数的冗余度。

在离散化时,通常对尺度按幂级数进行离散化,即取 $a=a_0^m$(m 为整数,$a_0 \neq 1$),并且相应的位移间隔取为 $a_0^m b_0$(即 $b=na_0^m b_0$),从而得到离散小波基函数:

$$\varphi_{m,n}(x) = \frac{1}{\sqrt{a_0^m}} \varphi\left(\frac{x}{a_0^m} - nb_0\right), \quad m, n \text{ 为整数} \tag{2.4.16}$$

则离散小波变换可定义为

$$W_f(m, n) = \int_{-\infty}^{\infty} f(x) \varphi_{m,n}(x) \, dx \tag{2.4.17}$$

需要指出的是,离散化是针对尺度参数 a 和平移参数 b 的,而不是针对变量 x 的。

当取 $a_0=2$,$b_0=1$ 时,离散小波变换可写成

$$W_f(m, n) = \int_{-\infty}^{\infty} f(x) \varphi_{m,n}^*(x) \, dx \tag{2.4.18}$$

式中:$\varphi_{m,n}^*(x) = \frac{1}{\sqrt{2^m}} \varphi\left(\frac{x}{2^m} - n\right)$,为二进制小波。

相应地,重构公式为

$$f(x) = C \sum_{m=-\infty}^{\infty} \sum_{n=-\infty}^{\infty} W_f(m, n) \varphi_{m,n}^*(x) \tag{2.4.19}$$

式中:C 为常数。

2.5 离散 K-L 变换

离散 K-L 变换是离散卡胡南-列夫(Karhunen-Loève)变换的简称,又称霍特林

（Hotelling）变换、主分量变换或特征向量（Eigen Vector）变换，它是基于图像统计特性的变换。K-L 变换能够充分去除相关性，把有用的信息集中到数量尽可能少的主分量中。K-L 变换主要用于图像压缩、图像旋转、图像增强、遥感多光谱图像的特征提取与信息融合等方面，近年来广泛应用于人脸识别等技术领域。

2.5.1　K-L 变换的定义

假设一幅具有 N 个像素的图像 $f(x,y)$ 被传输了 M 次，接收到的图像集合是 $\{f_i(x,y), i=1,2,\cdots,M\}$。由于受到传输信道的随机干扰，接收到的是一个图像样本集合 $\{f_1(m,n), f_2(m,n),\cdots,f_M(m,n)\}$，其中，第 i 次获得的图像 $f_i(m,n)$ 可用一个 N 维随机列向量 $\dot{x}_i$ 表示为

$$\dot{x}_i = [x_1 \quad x_2 \quad \cdots \quad x_N]^\mathrm{T} \tag{2.5.1}$$

则图像样本集合可表示为 $\{\dot{x}_1, \dot{x}_2, \cdots, \dot{x}_M\}$。

例如，遥感多光谱图像的原始数据可用矩阵形式表示为

$$\overline{X} = \begin{bmatrix} x_{11} & x_{12} & \cdots & x_{1M} \\ x_{21} & x_{22} & \cdots & x_{2M} \\ \vdots & \vdots & & \vdots \\ x_{N1} & x_{N2} & \cdots & x_{NM} \end{bmatrix} \tag{2.5.2}$$

式中：M 表示波段数；N 表示每幅图像中的像素个数；矩阵 $\overline{X}$ 中每一列表示一个波段的图像。矩阵 $\overline{X}$ 中第 i 个列向量可看成 N 维随机列向量的样本，记为 $\dot{x}_i$，则矩阵 $\overline{X}$ 可表示为 $[\dot{x}_1 \quad \dot{x}_2 \quad \cdots \quad \dot{x}_M]$。

对于 N 维随机列向量 $\dot{x} = [x_1 \quad x_2 \quad \cdots \quad x_N]^\mathrm{T}$，其均值向量可定义为

$$\dot{m}_x = E\{x\} \tag{2.5.3}$$

式中：$E\{\cdot\}$ 表示期望值；下标 x 表示 m 所对应的一组随机向量。

这组向量的协方差矩阵可定义为

$$C_x = E\{(\dot{x}-\dot{m}_x)(\dot{x}-\dot{m}_x)^\mathrm{T}\} \tag{2.5.4}$$

式中：C_x 是 $N\times N$ 的实对称矩阵，其对角线元素 C_{ii} 为 $\dot{x}_i$ 的方差，C_{ij} 为 $\dot{x}_i$ 与 $\dot{x}_j$ 之间的协方差，且 $C_{ij}=C_{ji}$。若 $\dot{x}_i$ 与 $\dot{x}_j$ 不相关，则它们的协方差为 0，即 $C_{ij}=C_{ji}=0$。进一步，可以证明 C_x 是半正定的，即对于任意的 N 维列向量 $\mathbf{y}=[y_1 \quad y_2 \quad \cdots \quad y_N]^\mathrm{T}$，有 $\mathbf{y}^\mathrm{T}C_x\mathbf{y} \geq 0$。

设从同一个随机母体得到了 M 个向量采样，则 m_x 与 C_x 可通过样本 $\dot{x}_1, \dot{x}_2, \cdots, \dot{x}_M$ 来估计，即

$$\dot{m}_x = \frac{1}{M}\sum_{i=1}^{M}\dot{x}_i \tag{2.5.5}$$

$$C_x = \frac{1}{M}\sum_{i=1}^{M}\dot{x}_i\dot{x}_i^\mathrm{T} - \dot{m}_x\dot{m}_x^\mathrm{T} \tag{2.5.6}$$

由于 C_x 是半正定的，由线性代数的知识可知，存在正交矩阵 $A = [\dot{a}_1 \quad \dot{a}_2 \quad \cdots \quad \dot{a}_N]$ 使得 C_x 对角化，即

$$A^\mathrm{T}A = AA^\mathrm{T} = I \tag{2.5.7}$$

$$A^{\mathrm{T}}C_x A = \begin{bmatrix} \lambda_1 & & & \\ & \lambda_2 & & \\ & & \ddots & \\ & & & \lambda_N \end{bmatrix} \qquad (2.5.8)$$

式中：I 为单位矩阵；$\lambda_1, \lambda_2, \cdots, \lambda_N$ 为 C_x 的特征根，且 $\lambda_1 \geq \lambda_2 \geq \cdots \geq \lambda_N \geq 0$，$\dot{a}_i$ 为 C_x 与 λ_i 对应的归一化特征向量，即

$$(\lambda_i I - C_x)\dot{a}_i = 0 \qquad (2.5.9)$$

随机列向量 $\dot{x} = [x_1 \ x_2 \ \cdots \ x_N]^{\mathrm{T}}$ 的 K-L 变换定义为

$$\dot{y} = A^{\mathrm{T}}(\dot{x} - \dot{m}_x) \qquad (2.5.10)$$

其反变换为

$$\dot{x} = A\dot{y} + \dot{m}_x \qquad (2.5.11)$$

2.5.2 K-L 变换的性质

（1）按式（2.5.10）对随机列向量 $\dot{x} = [x_1 \ x_2 \ \cdots \ x_N]^{\mathrm{T}}$ 进行 K-L 变换，得到向量 $\dot{y}$，则 $\dot{y}$ 的均值向量 $\dot{m}_y = 0$，即

$$\dot{m}_y = E\{\dot{y}\} = E\{A^{\mathrm{T}}(\dot{x} - \dot{m}_x)\} = A^{\mathrm{T}}E\{\dot{x}\} - A^{\mathrm{T}}E\{\dot{m}_x\} = 0 \qquad (2.5.12)$$

（2）$\dot{y}$ 的协方差矩阵为

$$C_y = E[(\dot{y} - \dot{m}_y)(\dot{y} - \dot{m}_y)^{\mathrm{T}}] = A^{\mathrm{T}}C_x A = \begin{bmatrix} \lambda_1 & & & \\ & \lambda_2 & & \\ & & \ddots & \\ & & & \lambda_N \end{bmatrix} \qquad (2.5.13)$$

式中：C_y 是一个对角矩阵，主对角线元素就是 C_x 的特征值，主对角线以外的元素为 0，从而 $\dot{y}$ 的各分量之间是不相关的。也就是说，K-L 变换能够充分去除相关性。由于 λ_i 也是 C_x 的特征值，所以 C_y 与 C_x 具有相同的特征值与特征向量，这说明变换后信息的能量守恒。

（3）K-L 反变换式（2.5.11）可以精确重建 $\dot{x}$。但完全重建需要全部的特征向量。在实际应用中，为了实现数据压缩，通常只取 $\dot{y}$ 的前 k（$k \ll N$）个分量，把其他分量置为 0，可得

$$\hat{y} = [y_1 \ y_2 \ \cdots \ y_k \ 0 \ \cdots \ 0]^{\mathrm{T}} \qquad (2.5.14)$$

用 $\hat{y}$ 来近似重建 $\dot{x}$，即

$$\hat{x} = A\hat{y} + \dot{m}_x = \sum_{i=1}^{k} y_i \dot{a}_i + \dot{m}_x \qquad (2.5.15)$$

式（2.5.15）表明，可利用 C_x 中与 k 个最大特征值对应的 k 个特征向量来近似重建 $\dot{x}$。可以证明，$\hat{x}$ 是 $\dot{x}$ 的无偏估计，即

$$E\{\hat{x}\} = \sum_{i=1}^{k} E\{y_i\}\dot{a}_i + \dot{m}_x = \dot{m}_x \qquad (2.5.16)$$

并且，$\hat{x}$ 与 $\dot{x}$ 之间的均方误差为

$$\sigma_e^2 = E\{(\dot{x} - \hat{x})(\dot{x} - \hat{x})^{\mathrm{T}}\}$$

$$= \sum_{i=1}^{N} \lambda_i - \sum_{i=1}^{k} \lambda_i = \sum_{i=k+1}^{N} \lambda_i \qquad (2.5.17)$$

式（2.5.17）表明，如果 $k=N$，即利用 $\boldsymbol{C}_x$ 的所有特征向量来重建，则两者之间的均方误差为 0，即可得到精确重建。

由于 λ_i 是单调递减的，所以可根据误差的要求来选取特征向量的个数 k。此外，通过选择对应最大特征值的 k 个特征向量，可以使得在减少特征值数量从而降低算法复杂度的前提下，让 $\dot{\boldsymbol{x}}$ 和 $\hat{\boldsymbol{x}}$ 之间的均方误差最小，即 K-L 变换是在均方误差最小意义上的最优变换。

习　题

2-1　求图 2-12 中图像的二维傅里叶变换。
（1）长方形图像 [图 2-12（a）]：
$$f(x,y) = \begin{cases} E, & |x|<a \\ F, & |y|<b \\ 0, & \text{其他} \end{cases}$$
（2）旋转 45°后的长方形图像 [图 2-12（b）]。

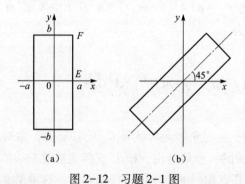

图 2-12　习题 2-1 图

2-2　写出二维离散傅里叶变换对的矩阵表达式及表达式中各个矩阵的具体内容，并以 $N=4$ 为例证明可以从傅里叶正变换矩阵表达式推导出傅里叶反变换的矩阵表达式。

2-3　用实际编程做出图 2-13 中图像的二维离散傅里叶变换。
请打印出图像经过变换以后的幅度谱图像（包括数字图像及黑白图像）。

2-4　编制图 2-13 中两幅图像的离散余弦变换的程序，并打印出其幅度谱图像。

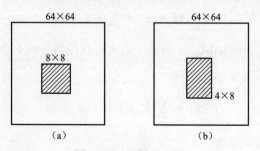

图 2-13　习题 2-3 图

参 考 文 献

［1］ PRATT, WILLIAM K, JAMES E. Adams. Digital Image Processing［M］. 4th Edition. NY：Wiley-Interscience, 2007.
［2］ MALLAT S G. A Wavelet Tour of Signal Processing：The Sparse Way［M］. 4th ed. San Diego, CA：Academic Press, 2019.
［3］ BURGER W, BURGE M J. Principles of Digital Image Processing：Core Algorithms［M］. NY：Springer, 2016.
［4］ 冈萨雷斯, 伍兹. 数字图像处理［M］. 4版. 阮秋琦, 等译. 北京：电子工业出版社, 2020.
［5］ 李世雄, 刘家琦. 小波变换和反演数学基础［M］. 北京：地质出版社, 1994.
［6］ ANTONINI M, BORLAND M, MATHIEU P, et al. Image Coding Using Wavelet Transform［J］. IEEE Trans. On Image Processing, 1992, 1（2）：205-220.
［7］ 章毓晋. 图像工程（上册）——图像处理［M］. 2版. 北京：清华大学出版社, 2006.
［8］ 张春田, 苏育挺, 张静. 数字图像压缩编码［M］. 北京：清华大学出版社, 2006.
［9］ 陈书海, 傅录祥. 实用数字图像处理［M］. 北京：科学出版社, 2005.
［10］ 刘直芳, 王运琼, 朱敏. 数字图像处理与分析［M］. 北京：清华大学出版社, 2006.

第3章
图 像 增 强

图像在形成、传输或变换的过程中,往往会受到多种因素的影响,如光学系统失真、系统噪声、曝光不足或过量、相对运动等,往往使图像与原始景物之间或图像与原始图像之间产生某种差异,这种差异称为降质或退化。降质或退化的图像通常模糊不清,使人观察起来视觉效果较差,或使计算机从中提取的信息减少甚至造成错误。因此,需要对降质的图像进行改善。

改善的方法有两类:一类是不考虑图像降质的原因,只将图像中感兴趣的部分加以处理,突出有用的图像特征,故改善后的图像并不一定要去逼近原图像。如提取图像中目标的轮廓、衰减各类噪声、将黑白图像转变为彩色图像等,这一类图像的改善方法称为图像增强。从图像质量评价观点来看,图像增强的主要目的是提高图像的可懂度。由于具体应用的目的和要求不同,图像增强效果的好与差没有通用的标准,观察者是最终的判断者。另一类改善方法是针对图像降质的原因,设法补偿降质因素,从而使改善后的图像尽可能地逼近原图像。这类改善方法称为图像复原技术。图像复原的主要目的是提高图像的逼真度,此部分内容将在第4章讨论。

图像增强技术的分类方法有多种,按照其处理所在域的不同,可分为空域法和变换域法两类。前者是直接在图像所在空间进行处理,如灰度映射、直方图变换等;后者通过图像的变换域间接进行处理。最常用的变换空间是频域空间,也就是傅里叶变换空间。本章主要介绍常用的图像增强方法,如基于点操作的增强方法、图像平滑、图像锐化、图像滤波和彩色增强等。

3.1 基于点操作的增强

数字图像是一个二维的空间像素阵列,阵列中的数值就是该位置像素的灰度值。基于点操作的增强,就是将这个二维的像素阵列置于笛卡儿坐标系中,以单个像素为对象进行的增强处理,这是一种简单、实用的图像增强技术。

常见的增强方法主要有以下三类。

(1) 借助对一系列图像间的操作进行变换。
(2) 将 $f(\cdot)$ 中的每个像素按 $T(\cdot)$ 操作直接变换得到 $g(\cdot)$。
(3) 借助 $f(\cdot)$ 的直方图进行变换。

3.1.1 图像间运算

3.1.1.1 图像间的算术与逻辑运算

图像间运算是指以图像为单位进行的操作,主要有算术运算和逻辑运算两种。运算是对被操作图像的每个像素逐个进行,即在两幅或多幅图像的对应(位置)像素间进行。

1. 算术运算

两个像素 P_{ik} 和 P_{jk} 分别表示两幅图像 $f_i(x,y)$ 和 $f_j(x,y)$ 中对应位置的像素,假设两幅图像运算的结果为 $f_l(x,y)$,则它们之间的算术运算主要有以下四种。

(1) 加法运算,记为 $P_{lk}=P_{ik}+P_{jk}$;
(2) 减法运算,记为 $P_{lk}=P_{ik}-P_{jk}$ 或 $P_{lk}=P_{jk}-P_{ik}$;
(3) 乘法运算,记为 $P_{lk}=P_{ik}\times P_{jk}$;
(4) 除法运算,记为 $P_{lk}=P_{ik}/P_{jk}$ 或 $P_{lk}=P_{jk}/P_{ik}$。

算术运算一般用于灰度图像,而运算后所得到的新灰度值有可能超出原图像的动态范围,这就需要利用灰度变换将其调整到原图像允许的动态范围内。

2. 逻辑运算

逻辑运算只用于二值图像,基本的逻辑运算如下:

(1) 像素求补,记为 $P_{lk}=\overline{P_{ik}}$ 或 NOT P_{ik};
(2) 像素间的与,记为 $P_{lk}=P_{ik}\cdot P_{jk}$ 或 P_{ik} AND P_{jk};
(3) 像素间的或,记为 $P_{lk}=P_{ik}+P_{jk}$ 或 P_{ik} OR P_{jk};
(4) 像素间的异或,记为 $P_{lk}=P_{ik}\oplus P_{jk}$ 或 P_{ik} XOR P_{jk}。

还可利用这些基本逻辑运算进一步构成其他各种组合逻辑运算。在进行组合逻辑运算时,可考虑使用数字电路中所学过的逻辑运算定理,如 $\overline{AB}=\overline{A}+\overline{B}$、$\overline{A+B}=\overline{A}\,\overline{B}$ 等。

3.1.1.2 图像间运算的应用

1. 图像加法运算的应用

多幅图像累加可用于减少或去除图像采集过程中引入的随机噪声。在实际中,采集到的图像 $g(x,y)$ 可看作是由原始图像 $f(x,y)$ 和噪声图像 $n(x,y)$ 叠加而成的,即

$$g(x,y)=f(x,y)+n(x,y) \tag{3.1.1}$$

如果图像中各点的噪声互不相关,且具有零均值的统计特性,则可通过将一系列采集的图像 $\{g_i(x,y),i=1,2,\cdots,M\}$ 相加来消除噪声。设将 M 幅含有随机噪声的图像相加再求平均,得到一幅新图像,即

$$\overline{g}(x,y)=\frac{1}{M}\sum_{i=1}^{M}g_i(x,y) \tag{3.1.2}$$

则新图像 $\overline{g}(x,y)$ 的期望值为

$$E\{\overline{g}(x,y)\}=f(x,y) \tag{3.1.3}$$

其均方差与噪声方差的关系为

$$\sigma_{\overline{g}(x,y)}=\sqrt{\frac{1}{M}}\sigma_{n(x,y)} \tag{3.1.4}$$

由式(3.1.4)可见,随着平均图像数量 M 的增加,噪声在每个像素位置 (x,y) 的影响就会减小。图 3-1 所示为一组用图像平均法消除随机噪声的例子。其中,图 3-1(a)为叠加了零均值高斯随机噪声的灰度图像,图 3-1(b)~图 3-1(d)分别为 8 幅、16 幅、32 幅同类图像叠加后再取平均的结果。由图可见,随平均图像数量的增加,噪声的影响逐渐减小。

2. 图像间减法运算的应用

两幅图像相减可以得到它们之间的差图像。设有图像 $f_1(x,y)$ 和 $f_2(x,y)$,它们之间的差为

$$g(x,y)=f_1(x,y)-f_2(x,y) \quad (3.1.5)$$

利用相邻两帧图像的差可以将图像中的运动目标检测出来。图 3-2 所示为带有运动目标的两幅图像 [图 3-2（a）和图 3-2（b）] 以及它们的差图像 [图 3-2（c）]，从差图像中很容易确定运动目标的位置。

图 3-1　用图像平均法消除随机噪声的例子
(a) 叠加了零均值高斯随机噪声的灰度图像；(b) 将 8 幅图像平均后的结果；
(c) 将 16 幅图像平均后的结果；(d) 将 32 幅图像平均后的结果

图 3-2　带有运动目标的两幅图像以及它们的差图像
(a) 第 $N-1$ 帧图像；(b) 第 N 帧图像；(c) 两帧图像的差图像

3.1.2　灰度变换

灰度变换是一种最简单、最有效的对比度增强方法，它是把图像的灰度 $f(x,y)$ 经过一个变换函数 $T\{\cdot\}$ 变换成一个新的图像函数 $g(x,y)$，即

$$g(x,y)=T\{f(x,y)\} \quad (3.1.6)$$

通过变换可使图像灰度动态范围扩大，提高图像的对比度，是图像增强的重要手段。根据变换函数的不同，可将灰度变换分为线性变换、分段线性变换和非线性变换三种。

3.1.2.1　线性变换

当图像成像时曝光不足或曝光过度，或由于成像设备的非线性和图像记录设备动态范围太窄等因素，都会产生对比度不足的问题，使图像中的细节分辨不清，显示出来的图像看上去没有灰度层次感。这时可利用线性变换将灰度范围线性扩展，有效地增强图像的对比度，改善图像的视觉效果。

设图像 $f(x,y)$ 的灰度范围为 $[a,b]$，根据图像处理的需要，将其灰度范围变换到 $[c,d]$，如图 3-3 所示，变换后的图像为 $g(x,y)$，则

$$g(x,y)=\begin{cases} c, & 0 \leqslant f(x,y) < a \\ \dfrac{d-c}{b-a}[f(x,y)-a]+c, & a \leqslant f(x,y) \leqslant b \\ d, & f(x,y) > b \end{cases} \quad (3.1.7)$$

当 $a=c=0$ 时,线性变换示意如图 3-4 所示,则

$$g(x,y) = kf(x,y), \quad k = \frac{d}{b} \tag{3.1.8}$$

当 $k=-1$ 时,表示图像反转。

若图像灰度级为 $[0, L-1]$,则反转图像的灰度级为

$$g = L - 1 - f \tag{3.1.9}$$

当 $k=1$ 时,表示图像不变;当 $k<1$ 时,表示图像均匀变暗;当 $k>1$ 时,表示图像均匀变亮。

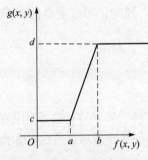

图 3-3 线性变换示意(一)

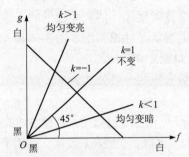

图 3-4 线性变换示意(二)($a=c=0$)

3.1.2.2 分段线性变换

为了突出用户感兴趣的目标或灰度区间,相对抑制那些不感兴趣的灰度区域,将感兴趣的灰度范围线性扩展,从而增强特征物体的灰度细节,常常采用分段线性变换。常用的是三段线性变换法,如图 3-5 所示。

对原图像 $f(x,y)$,将其灰度分布区间 $[0, M_f]$ 划分为图 3-5 中所示的三个子区间,对每个子区间采用不同的线性变换,通过变换参数的选择实现不同灰度区间的灰度扩展或压缩,因此分段线性变换的使用更为灵活。设变换后的图像为 $g(x,y)$,其灰度范围为 $[0, M_g]$,则分段线性变换可表示为

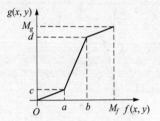

图 3-5 三段线性变换法示意

$$g(x,y) = \begin{cases} \dfrac{c}{a} f(x,y), & 0 \leqslant f(x,y) < a \\ \dfrac{d-c}{b-a}[f(x,y)-a] + c, & a \leqslant f(x,y) < b \\ \dfrac{M_g - d}{M_f - b}[f(x,y)-b] + d, & b \leqslant f(x,y) \leqslant M_f \end{cases} \tag{3.1.10}$$

在图 3-5 中,图像的低灰度级区和高灰度级区得到压缩,而中间灰度级区得到较大的扩展。

通过增加灰度区间分隔的段数,以及调整各区间的分割点和变换直线的斜率,可对任意灰度区间进行扩展或压缩,这种分段线性变换适用于在黑色或白色附近有噪声干扰的情况。例如,照片中的划痕、污斑,应用分段线性变换可以有效地改善视觉效果。

3.1.2.3 非线性变换

当变换函数采用某些非线性变换函数时，如指数函数、对数函数等，可实现图像灰度的非线性变换。

1. 对数变换

对数变换的一般公式为

$$g(x,y) = a + \frac{\ln[f(x,y)+1]}{b \ln c} \tag{3.1.11}$$

式中：a、b、c 是为了便于调整曲线的位置和形状而引入的参数。对数变换用于扩展低灰度区，压缩高灰度区，使灰度较低的图像细节更容易看清楚。同时，对数变换使图像灰度的分布与人的视觉特性相匹配。图 3-6 所示为对数变换示意。

2. 指数变换

指数变换的一般公式为

$$g(x,y) = b^{c[f(x,y)-a]} - 1 \tag{3.1.12}$$

式中：a、b、c 三个参数用来调整曲线的位置和形状。指数变换的效果与对数变换刚好相反，它是压缩低灰度区，扩展高灰度区，适用于较亮或过亮的图像。图 3-7 所示为指数变换示意。

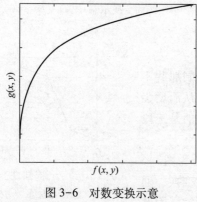

图 3-6　对数变换示意

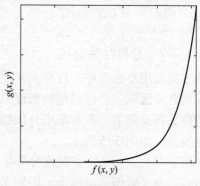

图 3-7　指数变换示意

3. 灰度切分变换

灰度切分也称为灰度开窗，它是将输入图像中某一灰度范围内的像素转换为最大灰度输出，而使其他灰度输出转换为最小灰度。其表达式如下：

$$g(x,y) = \begin{cases} 255, & f(x,y) \in \Delta \\ 0, & 其他 \end{cases} \tag{3.1.13}$$

图 3-8 所示为灰度切分变换示意。灰度切分变换可用于伪彩色显示，是人工图像分析时一种十分有效的方法。

4. 锯齿形变换

锯齿形变换示意如图 3-9 所示，它常用于在小动态范围的显示器中显示灰度动态范围较大的图像，它会在某些灰度范围附近产生比较鲜明的伪轮廓。

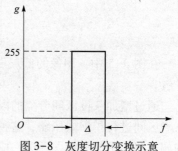

图 3-8　灰度切分变换示意

5. 裁剪变换

裁剪变换示意如图 3-10 所示（主要用于图像的二值化处理），其表达式为

$$g(x,y) = \begin{cases} 255, & f(x,y) > T \\ 0, & f(x,y) < T \end{cases} \tag{3.1.14}$$

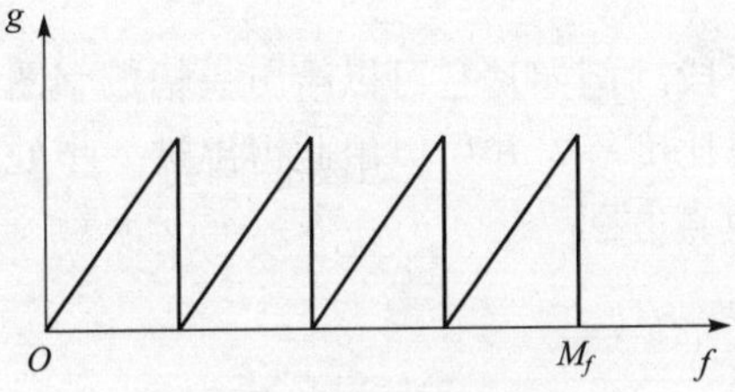

图 3-9 锯齿形变换示意

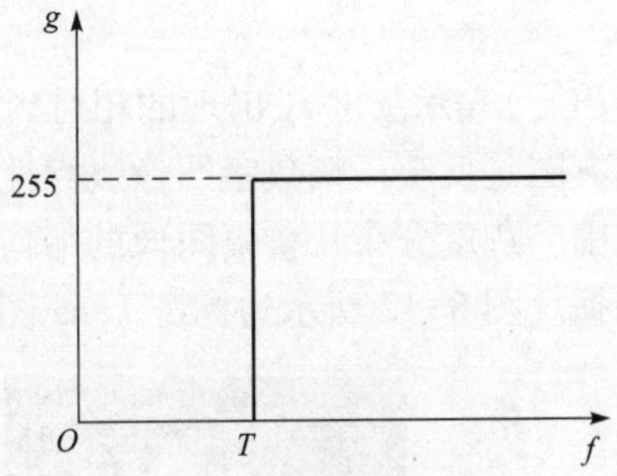

图 3-10 裁剪变换示意

图 3-11 所示为几种灰度变换的实例。其中，图 3-11（a）为原始图像，图 3-11（b）～图 3-11（f）分别是灰度求反后图像、灰度对数变换后图像、灰度指数变换后图像、灰度分段线性变换后图像和灰度二值化后图像。

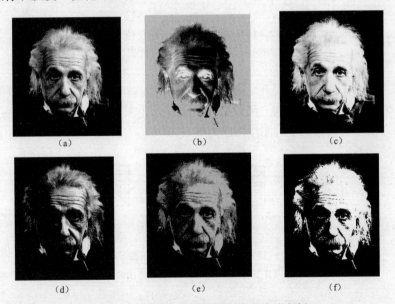

图 3-11 对图像进行不同灰度变换的实例
(a) 原始图像；(b) 灰度求反后图像；(c) 灰度对数变换后图像；(d) 灰度指数变换后图像；
(e) 灰度分段线性变换后图像；(f) 灰度二值化后图像

3.1.3 直方图变换

直方图是表示图像灰度分布的统计图表，它反映了图像灰度分布的统计特征。用直方图变换方法进行图像增强是以概率论为基础的。常用的方法主要有直方图均衡化和直方图规定化。

3.1.3.1 直方图的概念

数字图像的直方图是一个离散函数，它表示数字图像中每一灰度与其出现概率间的统计

关系。对于一幅数字图像$f(x,y)$，其像素总数为N，用r_k表示第k个灰度级对应的灰度，n_k表示具有灰度r_k的像素的个数。以横坐标表示灰度级，纵坐标表示频数，则直方图可以定义为

$$P(r_k) = \frac{n_k}{N} \tag{3.1.15}$$

式中：$P(r_k)$表示灰度r_k出现的相对频数。

直方图是反映一幅数字图像概貌性特征的重要手段。例如，它可以给出一幅数字图像的灰度范围、灰度分布、整幅图像的平均亮度和明暗对比度等，并可以由此得出进一步处理的重要依据。图3-12所示为标准Lena图像及其灰度值直方图。

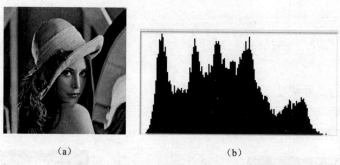

图 3-12 标准 Lena 图像及其灰度值直方图
（a）标准 Lena 图像；（b）Lena 灰度值直方图

一幅图像对应一个直方图，但一个直方图并不一定只对应一幅图像。几幅图像只要灰度分布密度相同，它们的直方图就相同。假设有一个只有两个灰度级，且分布规律相同的直方图，如图3-13（a）所示，其相对应的图像可以为图3-13（b）所示的几种不同的图像。

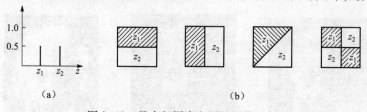

图 3-13 具有相同直方图的图像示例
（a）二值直方图；（b）几个具有相同直方图的二值图像

3.1.3.2 直方图均衡化

直方图均衡化也称直方图均匀化，就是把给定图像的直方图分布改变成均匀分布的直方图，然后按均衡直方图修正原图像（借助直方图变换实现灰度映射）。直方图均衡化，使像素灰度值的动态范围最大，增强了图像整体的对比度，图像看起来就更清晰了。

图3-14（a）所示为一幅原始的自然图像，其灰度值直方图[图3-14（b）]在低灰度区域上的频率较大，这样图像看上去整体偏暗，区域中的细节很难看清。经直方图均衡化后的图像[图3-14（c），其直方图分布为图3-14（d）]，图像灰度间距拉开了，灰度分布变均匀了，反差增大了，使图像细节变得清晰可见，达到了图像增强的效果。

直方图均衡化实质上是减少图像的灰度级以换取对比度的加大。因此，在直方图均衡化后的图像中常会出现假轮廓［图3-14（c）］。

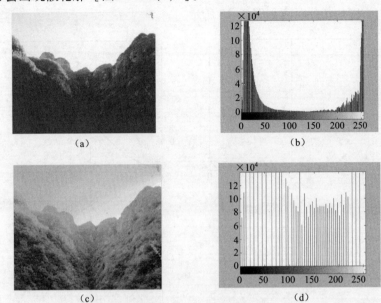

图3-14 直方图均衡化示例
(a) 原始的自然图像；(b) 灰度值直方图；(c) 经直方图均衡化后的图像；(d) 经直方图均衡化后的直方图分布

对于图像$f(x,y)$，其灰度范围为$f_{\min} \leqslant f(x,y) \leqslant f_{\max}$。为方便讨论，将其灰度范围转换到 [0, 1] 区间，即

$$r = \frac{f(x, y) - f_{\min}}{f_{\max} - f_{\min}} \tag{3.1.16}$$

用r和s分别代表归一化了的原图像和经直方图均衡化后的图像灰度，即$0 \leqslant r, s \leqslant 1$。直方图均衡化的过程就是要找到一种变换$s=T(r)$，使原图像直方图$P(r)$变成均匀分布的直方图$P(s)$。$s=T(r)$应满足以下条件。

(1) 在$0 \leqslant r \leqslant 1$区间，$T(r)$是单调递增函数；
(2) s和r一一对应；
(3) 对于$r \in [0,1]$，有$s \in [0,1]$；
(4) 反变换$r=T^{-1}(s)$也满足条件(1)~(3)。

变换函数$T(r)$使原先集中于Δr区间的灰度拉开或压缩（$\Delta r \to \Delta s$），概率密度发生了变化，但变换前后概率不变，即

$$P(s)\Delta s = P(r)\Delta r \tag{3.1.17}$$

要进行直方图均衡化，就意味着$P(s)=1$，$s \in [0,1]$，由式 (3.1.17) 可得

$$\Delta s = P(r)\Delta r \tag{3.1.18}$$

若$\Delta r \to \mathrm{d}r$，$\Delta s \to \mathrm{d}s$，有

$$\mathrm{d}s = P(r)\mathrm{d}r \tag{3.1.19}$$

则

$$s = T(r) = \int_0^r P(r)\mathrm{d}r \tag{3.1.20}$$

由式(3.1.20)可见,直方图均衡化的变换函数 $T(r)$ 为变换前概率密度函数的累加积分,它是一个从 0 单调递增的函数。

连续灰度直方图均衡化示意如图 3-15 所示。

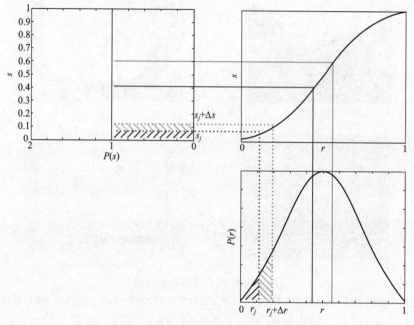

图 3-15 连续灰度直方图均衡化示意

在数字图像中,灰度是离散的,离散化的直方图均衡化公式为

$$s_k = T(r_k) = \sum_{j=0}^{k} P_r(r_j) = \sum_{j=0}^{k} \frac{n_j}{N} \tag{3.1.21}$$

式中:$0 \leqslant r_k \leqslant 1$,$0 \leqslant s_k \leqslant 1$,$k$ 为离散的灰度级;N 为图像的像素总数;s_k 的取值是与 $T(r_k)$ 最近的那个灰度。下面结合例题来介绍离散化的直方图均衡化的计算方法。

例 设某图像有 64×64 = 4 096 个像素,8 个灰度级,灰度分布如表 3-1 所示,试对其进行直方图均衡化处理。

表 3-1 各灰度级概率分布(N = 4 096)

灰度级 r_k	$r_0 = 0$	$r_1 = 1/7$	$r_2 = 2/7$	$r_3 = 3/7$	$r_4 = 4/7$	$r_5 = 5/7$	$r_6 = 6/7$	$r_7 = 1$
像素数 n_k	790	1 023	850	656	329	245	122	81
概率 $P_r(r_k)$	0.19	0.25	0.21	0.16	0.08	0.06	0.03	0.02

均衡化的步骤如下:

(1) 根据式(3.1.21)计算 s_k;

(2) 把计算的 s_k 就近安排到 8 个灰度级中;

(3) 重新命名 s_k,归并相同灰度级的像素数;

(4) 计算 $P(s_k)$。

直方图均衡化过程如表 3-2 所示。

表 3-2 直方图均衡化过程

原图像灰度（归一化）r_k	原像素数 n_k	变换函数值 s_k	s_k 的量化结果	新灰度 s_k'	新灰度分布 $P(s_k)$
$r_0 = 0$	790	$s_0 = 0.19$	1/7	$s_0' = 1/7$	$P(s_0') = 790/4\ 096 \approx 0.19$
$r_1 = 1/7 \approx 0.14$	1 023	$s_1 = 0.44$	3/7	$s_1' = 3/7$	$P(s_1') = 1\ 023/4\ 096 \approx 0.25$
$r_2 = 2/7 \approx 0.28$	850	$s_2 = 0.65$	5/7	$s_2' = 5/7$	$P(s_2') = 850/4\ 096 \approx 0.21$
$r_3 = 3/7 \approx 0.43$	656	$s_3 = 0.81$	6/7	$s_3' = 6/7$	$P(s_3') = (656+329)/4\ 096 \approx 0.24$
$r_4 = 4/7 \approx 0.57$	329	$s_4 = 0.89$	6/7		
$r_5 = 5/7 \approx 0.71$	245	$s_5 = 0.95$	1	$s_4' = 1$	$P(s_4') = (245+122+81)/4\ 096 \approx 0.11$
$r_6 = 6/7 \approx 0.86$	122	$s_6 = 0.98$	1		
$r_7 = 1$	81	$s_7 = 1$	1		

图 3-16 所示为均衡化前后的直方图。从图中可以看出，均衡化后的直方图比原直方图均匀了，但它并不是完全均匀的。这是因为，在均衡化过程中，原直方图上有几个像素数较少的灰度归并到一个新的灰度上，而像素数较多的灰度间隔被拉大了。这样就减小了图像的灰度级数，扩大了图像的对比度。如果只对部分灰度层次的图像细节感兴趣，则可以采用局部自适应直方图均衡处理。

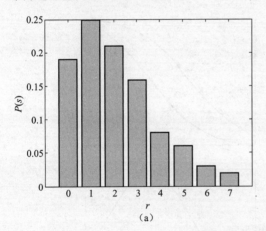
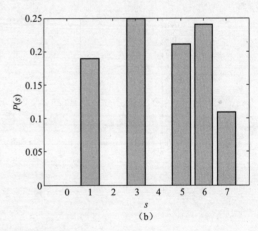

图 3-16 均衡化前后的直方图
（a）均衡化前的直方图；（b）均衡化后的直方图

3.1.3.3 直方图规定化

直方图规定化（也称直方图匹配）是修改图像的直方图，使得它与另一幅图像的直方图匹配或具有一种预先规定的函数形状。其目的在于突出感兴趣的灰度范围，从而改善图像质量。直方图均衡化实际上是直方图规定化的一个特例，它预先规定变换后的直方图灰度分布呈均匀分布状，即 $P(s) = 1$。

用 $P(r)$ 和 $P(z)$ 分别表示原始图像和期望图像的灰度分布函数，对原始图像和期望图像均作直方图均衡化处理，则

$$s = T(r) = \int_0^r P(\eta) d\eta \qquad (3.1.22)$$

$$v = G(z) = \int_0^z P(\eta) d\eta \qquad (3.1.23)$$

$$z = G^{-1}(v) \qquad (3.1.24)$$

由于都是进行均衡化处理，处理后的原始图像灰度分布 $P(s)$ 与处理后的期望图像灰度分布 $P(v)$ 应相等，故可以用变换后的原始图像灰度级 s 代替式（3.1.24）中的 v，即

$$z = G^{-1}(s) \qquad (3.1.25)$$

由式（3.1.22）可得

$$z = G^{-1}[T(r)] \qquad (3.1.26)$$

由式（3.1.26）可见，直方图规定化是以直方图均衡化为桥梁来实现 $P(r)$ 与 $P(z)$ 的变换的。图 3-17 所示为直方图规定化过程示意。

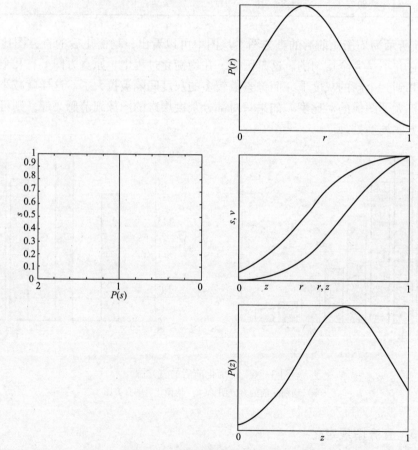

图 3-17　直方图规定化过程示意

图 3-18 所示为直方图规定化示例。其中，图 3-18（a）为原始图像；图 3-18（b）为原始图像直方图分布；图 3-18（c）为期望的直方图分布（接近二值化）；图 3-18（d）为直方图规定化后的图像；图 3-18（e）为规定化后图像的直方图分布。通过直方图规定化，图像灰度分布与期望的直方图十分接近，使图像的轮廓更为清晰。

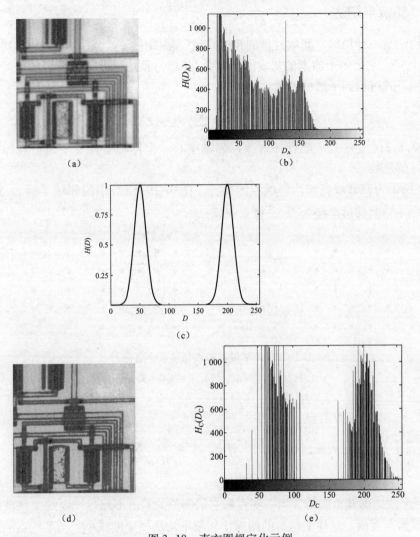

图 3-18 直方图规定化示例

(a) 原始图像；(b) 原始图像直方图分布；(c) 期望的直方图分布；
(d) 直方图规定化后的图像；(e) 规定化后图像的直方图分布

3.2 图像平滑与去噪

  图像平滑的目的是消除噪声。图像噪声的来源有三个：一是在光电、电磁转换过程中引入的人为噪声；二是由大气层电（磁）暴、闪电、电压、浪涌等引起的强脉冲性冲激噪声的干扰；三是自然起伏性噪声，由物理量的不连续性或粒子性所引起，这类噪声又可分成热噪声、散粒噪声等。噪声消除的方法又可以分为空间域和频率域，或分为全局处理和局部处理，也可以按线性平滑、非线性平滑和自适应平滑来区别。下面介绍邻域平均法、加权平均法、空间域低通滤波、频域低通滤波、多图像平均法、自适应平滑滤波及中值滤波等方法。

3.2.1 邻域平均法

邻域平均法是一种局部空间域处理的算法。设一幅图像 $f(x,y)$ 为 $N \times N$ 的阵列，平滑后的图像为 $g(x,y)$，它的每个像素的灰度级由包含在 (x,y) 预定邻域几个像素的灰度级的平均值所决定，用下式可得到平滑的图像：

$$g(x, y) = \frac{1}{M} \sum_{(i, j) \in S} f(i, j) \tag{3.2.1}$$

式中：$x,y=0,1,2,\cdots,N-1$；S 是点 (x, y) 邻域中心点坐标的集合 [不包括点 (x,y)]，M 是 S 内坐标点的总数。

图 3-19 所示为四邻域点和八邻域点的集合。图 3-19（a）中的邻域半径为 Δx 像素间隔；图 3-19（b）的邻域半径为 $\sqrt{2}\Delta x$ 像素间隔。

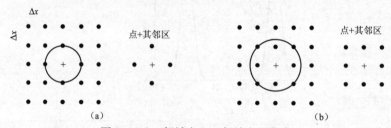

图 3-19 四邻域点和八邻域点的集合
(a) 领域半径=Δx；(b) 领域半径=$\sqrt{2}\Delta x$

式 (3.2.1) 可表示为

$$g(x, y) = \begin{cases} \dfrac{1}{M} \sum_{(m, n) \in S} f(m, n), & \left| f(x, y) - \dfrac{1}{M} \sum_{(m, n) \in S} f(m, n) \right| > T \\ f(x, y), & \text{其他} \end{cases} \tag{3.2.2}$$

式中：T 是一个规定的非负阈值，当一些点和它们邻值的差值不超过规定的 T 阈值时，仍保留这些点的像素灰度值。这样平滑后的图像比邻域平均法模糊度减小。当某些点的灰度值与各邻点灰度的均值差别较大时，它必然是噪声，则取其邻域平均值作为该点的灰度值，它的平滑效果仍然是很好的。

图 3-20 所示为用邻域平均法进行图像平滑示例。由图可见，邻域平均法对消除随机噪声效果较好。但是，它的主要缺点是在降噪的同时使图像模糊，特别在图像边缘和图像细节处更为明显，邻域越大，模糊越厉害。

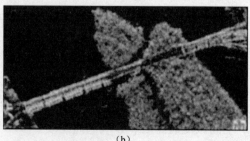

图 3-20 用邻域平均法进行图像平滑示例
(a) 含有噪声的图像；(b) 平均滤波效果

3.2.2 加权平均法

为了克服简单局部平均的弊病,目前已经研究提出了许多保留边缘细节的局部平滑算法,它们讨论的重点都在于如何选择邻域的大小、形状和方向,如何选择参加平均的点数以及邻域各点的权重系数等。把这类根据参与平均像素的特点赋予不同权值的方法称为加权平均法,常用的有灰度最近 K 邻点平均法、梯度倒数加权平滑、最大均匀性平滑、小斜面模型平滑等。

一般来讲,可按下列准则确定参与平均的各像素的权值。

(1) 待处理的像素赋予较大的权值,其他像素的权值较小。

(2) 按照距离待处理像素的远近确定权值,距离待处理像素较近的像素赋予较大的权值。

(3) 按照与待处理像素灰度接近程度确定权值,与待处理像素灰度较接近的像素赋予较大的权值。

1	2	1
2	4	2
1	2	1

图 3-21 一个典型的 3×3 加权平均模板

为了不影响整个图像平滑后的视觉效果,可将权值进行归一化处理。一个典型的 3×3 加权平均模板如图 3-21 所示。

3.2.3 空间域低通滤波

从信号频谱分析的知识我们知道,信号的慢变部分在频率域属于低频部分,而信号的快变部分在频率域属于高频部分。对图像来说,它的边缘以及噪声干扰的频率分量都处于空间频率域较高的部分,因此可以采用低通滤波的方法去除噪声,而频域的滤波又很容易用空间域的卷积来实现。为此,只要适当地设计空间域系统的单位冲激响应矩阵,就可以达到滤除噪声的效果,有

$$G(x, y) = \sum_m \sum_n F(m, n) H(x - m + 1, y - n + 1) \quad (3.2.3)$$

式中:G 为 $N \times N$ 阵列;H 为 $L \times L$ 阵列。

下面是几种用于噪声平滑的系统单位冲激响应阵列:

$$\begin{cases} H_1 = \frac{1}{9} \begin{bmatrix} 1 & 1 & 1 \\ 1 & 1 & 1 \\ 1 & 1 & 1 \end{bmatrix}, & H_2 = \frac{1}{10} \begin{bmatrix} 1 & 1 & 1 \\ 1 & 2 & 1 \\ 1 & 1 & 1 \end{bmatrix}, & H_3 = \frac{1}{16} \begin{bmatrix} 1 & 2 & 1 \\ 2 & 4 & 2 \\ 1 & 2 & 1 \end{bmatrix} \\ H_4 = \frac{1}{8} \begin{bmatrix} 1 & 1 & 1 \\ 1 & 0 & 1 \\ 1 & 1 & 1 \end{bmatrix}, & H_5 = \frac{1}{2} \begin{bmatrix} 0 & \frac{1}{4} & 0 \\ \frac{1}{4} & 1 & \frac{1}{4} \\ 0 & \frac{1}{4} & 0 \end{bmatrix} \end{cases} \quad (3.2.4)$$

以上矩阵 H_i($i = 1 \sim 5$)又称为低通卷积模板或称为掩模。

由于掩模不同,中心点或邻域的重要程度也不同,因此应根据问题的需要选取合适的掩模。但是,无论什么样的掩模,都必须保证全部权系数之和为单位值,这样才能保证输出图像灰度值在许可范围内不会产生"溢出"现象。

3.2.4 频域低通滤波

这是一种频域处理法,对于一幅图像,它的边缘、跳跃部分以及噪声都代表图像的高频分量,而大面积的背景区和慢变部分则代表图像的低频分量,用频域低通滤波法除去其高频分量就能去掉噪声,从而使图像得到平滑。

利用卷积定理,可以把式(3.2.3)写成

$$G(u,v) = H(u,v) \cdot F(u,v) \quad (3.2.5)$$

式中:$F(u,v)$是含噪图像的傅里叶变换;$G(u,v)$是平滑后图像的傅里叶变换;$H(u,v)$是传递函数。

利用$H(u,v)$使$F(u,v)$的高频分量得到衰减,得到$G(u,v)$后再经过反变换就得到所希望的图像$g(x,y)$了。低通滤波平滑图像的系统框架如图3-22所示。

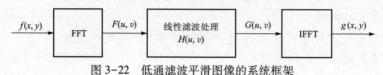

图3-22 低通滤波平滑图像的系统框架

下面介绍几种常用的低通滤波器。

3.2.4.1 理想低通滤波器

一个理想低通滤波器(ILPF)的传递函数表示为

$$H(u,v) = \begin{cases} 1, & D(u,v) \leq D_0 \\ 0, & D(u,v) > D_0 \end{cases} \quad (3.2.6)$$

式中:D_0是一个规定的非负的量,称为理想低通滤波器的截止频率;$D(u,v)$代表从频率平面的原点到(u,v)点的距离,可表示为

$$D(u,v) = [u^2+v^2]^{1/2} \quad (3.2.7)$$

理想低通滤波器平滑处理的概念是清楚的,但它在处理过程中会产生较严重的模糊和"振铃"现象。这是由于$H(u,v)$在D_0处由1突变到0,这种理想的$H(u,v)$对应的冲激响应$h(x,y)$在空间域中表现为同心环的形式,并且此同心环数与D_0成反比,D_0越小,同心环数越多,模糊程度越严重。正是由于理想低通滤波存在"振铃"现象,其平滑效果下降,为此我们将继续介绍指数、梯形和巴特沃斯滤波器。

图3-23所示为理想低通滤波器的特性曲线。

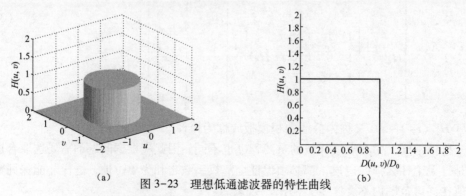

图3-23 理想低通滤波器的特性曲线
(a)理想低通滤波器转移函数的三维图;(b)理想低通滤波器转移函数的剖面图

3.2.4.2 巴特沃斯低通滤波器

一个 n 阶巴特沃斯低通滤波器（BLPF）的传递系数为

$$H(u,v) = \frac{1}{1+\left[\dfrac{D(u,v)}{D_0}\right]^{2n}} \tag{3.2.8}$$

或

$$H(u,v) = \frac{1}{1+\left[\sqrt{2}-1\right]\left[D(u,v)/D_0\right]^{2n}} \tag{3.2.9}$$

巴特沃斯低通滤波器又称为最大平坦滤波器。与理想低通滤波器不同，它的通带与阻带之间没有明显的不连续性，因此它没有"振铃"现象发生，模糊程度减小，但从它的传递函数特性曲线 $H(u,v)$ 可以看出，在它的尾部保留有较多的高频，所以对噪声的平滑效果还不如理想低通滤波器。一般情况下，常采用下降到 $H(u,v)$ 最大值的 $1/\sqrt{2}$ 处为滤波器的截止频率点。当 $D(u,v)=D_0$，$n=1$ 时，对于式（3.2.9），$H(u,v)=1/\sqrt{2}$；而对于式（3.2.8），$H(u,v)=1/2$，说明两种 $H(u,v)$ 具有不同的衰减特性，可以视需要来确定。

图 3-24 所示为一阶和三阶巴特沃斯低通滤波器的特性曲线。

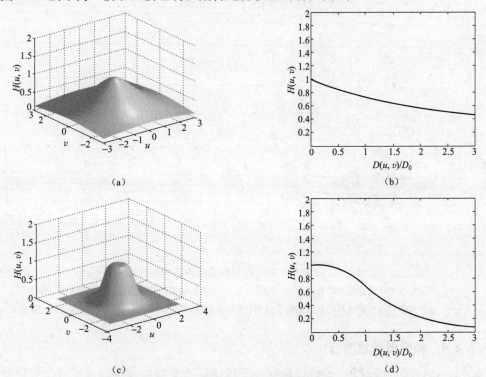

图 3-24　一阶和三阶巴特沃斯低通滤波器的特性曲线
（a）一阶巴特沃斯低通滤波器转移函数的三维图；（b）一阶巴特沃斯低通滤波器转移函数的剖面图；
（c）三阶巴特沃斯低通滤波器转移函数的三维图；（d）三阶巴特沃斯低通滤波器转移函数的剖面图

3.2.4.3 指数型低通滤波器

指数型低通滤波器（ELPF）的传递函数 $H(u,v)$ 表示为

$$H(u,v) = e^{-\left[\frac{D(u,v)}{D_0}\right]^n} \quad (3.2.10)$$

或

$$H(u,v) = \exp\left\{\left[\ln\frac{1}{\sqrt{2}}\right]\left[\frac{D(u,v)}{D_0}\right]^n\right\} \quad (3.2.11)$$

当 $D(u,v) = D_0$，$n=1$ 时，对于式（3.2.10），$H(u,v) = 1/e$；对于式（3.2.11），$H(u,v) = 1/\sqrt{2}$。所以两者的衰减特性仍有不同。由于指数型低通滤波器具有比较平滑的过渡带，因此平滑后的图像没有"振铃"现象，而指数型低通滤波器与巴特沃斯低通滤波器相比具有更快的衰减特性，如图 3-25 所示。

图 3-25 所示为一阶和三阶指数型低通滤波器的特性曲线。

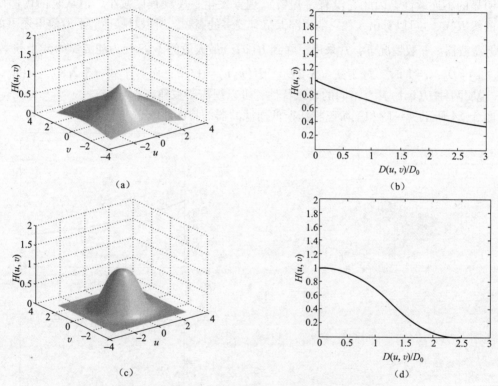

图 3-25 一阶和三阶指数型低通滤波器的特性曲线
（a）一阶指数型低通滤波器转移函数的三维图；（b）一阶指数型低通滤波器转移函数的剖面图；
（c）三阶指数型低通滤波器转移函数的三维图；（d）三阶指数型低通滤波器转移函数的剖面图

3.2.4.4 梯形低通滤波器

梯形低通滤波器（TLPF）的传递函数介于理想低通滤波器和具有平滑过渡带的低通滤波器之间，它的传递函数为

$$H(u,v) = \begin{cases} 1, & D(u,v) < D_0 \\ \frac{1}{[D_0 - D_1]}[D(u,v) - D_1], & D_0 \leq D(u,v) \leq D_1 \\ 0, & D(u,v) > D_1 \end{cases} \quad (3.2.12)$$

在规定 D_0 和 D_1 时，要满足 $D_0<D_1$ 的条件。一般为了方便，把 $H(u,v)$ 的第一个转折点 D_0 定义为截止频率，第二个变量 D_1 可以任意选取，只要 $D_1>D_0$ 就可以了。

图 3-26 所示为梯形低通滤波器的特性曲线。

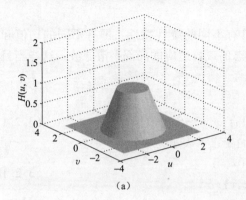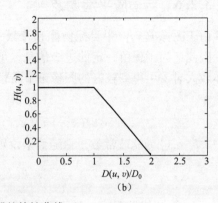

图 3-26　梯形低通滤波器的特性曲线
（a）梯形低通滤波器转移函数的三维图；（b）梯形低通滤波器转移函数的剖面图

将以上四种滤波器的性能进行比较，结果如表 3-3 所示。

表 3-3　四种滤波器的性能比较

类　别	振铃程度	图像模糊程度	噪声平滑效果
理想低通滤波器	严重	严重	最好
梯形低通滤波器	较轻	轻	好
指数型低通滤波器	无	较轻	一般
巴特沃斯低通滤波器	无	很轻	一般

3.2.5　多图像平均法

多图像平均法是利用对同一景物的多幅图像取平均来消除噪声产生的高频成分。设原图像为 $f(x,y)$，图像噪声为加性噪声 $n(x,y)$，则

$$g(x,y)=f(x,y)+n(x,y) \tag{3.2.13}$$

若图像噪声是互不相关的加性噪声，且均值为 0，则 $f(x,y)$ 为 $g(x,y)$ 的期望值，取 M 张内容相同但含有不同噪声的图像，将它们叠加起来，再进行平均计算后，有

$$\bar{g}(x,\ y) = \frac{1}{M}\sum_{i=1}^{M} g_i(x,\ y) \tag{3.2.14}$$

$$f(x,\ y) = E\{\bar{g}(x,\ y)\} \tag{3.2.15}$$

$$\sigma^2_{\bar{g}(x,y)} = \frac{1}{M}\sigma^2_n(x,y) \tag{3.2.16}$$

式中：$E\{\cdot\}$ 代表数学期望；$\sigma^2_{\bar{g}(x,y)}$ 和 $\sigma^2_{n(x,y)}$ 是 $\bar{g}$ 和 n 在点 (x,y) 处的方差。

式（3.2.16）表明对 M 幅图像平均可把噪声方差减小 M 倍，当 M 增大时，$\bar{g}(x,y)$ 将更加接近于 $f(x,y)$。多图像取平均处理常用于减小摄像机光导摄像管的噪声。这时对同一景物连续摄取多幅图像并数字化，再对多幅图像平均（一般选用 8 幅图像取平均）。这

种方法的实际应用困难是难以把多幅图像配准起来,以便使相应的像素能正确地对应排列。

3.2.6 自适应平滑滤波

由于图像 $f(x,y)$ 中目标物体和背景一般都具有不同的统计特性,即有不同的均值和方差,因此,为了保留一定的边缘信息,可采用动态的或自适应的局部平滑滤波,这样当目标物体较大时,可得到较好的图像细节特性。

令

$$\hat{f}(x,y) = \bar{f}(x,y) + k(x,y)\{f(x,y) - \bar{f}(x,y)\} \tag{3.2.17}$$

式中:$k(x,y)$ 为滤波常数,它随像素位置 (x,y) 而变,可表示为

$$k(x,y) = \frac{P(x,y)}{P(x,y) + \sigma^2} \tag{3.2.18}$$

式中:σ^2 为干扰噪声的方差,这是事先已知的;$P(x,y)$ 为图像在 (x,y) 点附近的局部统计方差,可表示为

$$P(x,y) = \sum_{i=0}^{n}\sum_{j=0}^{n}\frac{1}{N}[f(x+i,y+j) - \bar{f}(x,y)]^2 - \sigma^2 \tag{3.2.19}$$

式中:$N = n \times n$,为局部均值和局部方差窗口的大小。

3.2.7 中值滤波

中值滤波是一种非线性滤波,由于它在实际运算过程中并不需要图像的统计特性,所以比较方便。中值滤波首先是被应用在一维信号处理技术中,后来被二维图像信号处理技术所引用。在一定的条件下,可以克服线性滤波器所带来的图像细节模糊,而且对滤除脉冲干扰及图像扫描噪声最为有效。但是对一些细节多,特别是点、线、尖顶细节多的图像不宜采用中值滤波的方法。

3.2.7.1 中值滤波原理

中值滤波就是用一个含有奇数点的滑动窗口,将窗口正中那点值用窗口内各点的中值代替。假设窗口有 5 点,其值分别为 80、90、200、110 和 120,那么此窗口内各点的中值即为 110。

设有一个一维序列 $f_1, f_2, \cdots, f_n$。取窗口长度为 m(m 为奇数),对此序列进行中值滤波,就是从输入序列中相继抽出 m 个数:$f_{i-v}, \cdots, f_{i-1}, f_i, f_{i+1}, \cdots, f_{i+v}$。其中,$f_i$ 为窗口的中心值,$v = (m-1)/2$。再将这 m 个点值按其数值大小排列,取其序号为正中间的那个数作为滤波输出。用数学公式表示为

$$g_i = \text{Med}\{f_{i-v}, \cdots, f_i, \cdots, f_{i+v}\}, \quad i \in \mathbb{Z}, v = \frac{m-1}{2} \tag{3.2.20}$$

例如,有一个序列为 $\{0, 3, 4, 0, 7\}$,重新排序后为 $\{0, 0, 3, 4, 7\}$,则 Med $\{0, 3, 4, 0, 7\} = 3$。此例若用平滑滤波,窗口也是取 5,那么平滑滤波输出为 $(0+3+4+0+7)/5 = 2.8$。与平滑滤波相比,如平滑滤波的窗口也是 m,则平滑滤波的输出为 $Z_i = (x_{i-v} + \cdots + x_i + \cdots + x_{i+v})/m$ $(i \in \mathbb{Z})$,则

$$Z_i = \frac{0+3+4+0+7}{5} = 2.8$$

中值滤波的一个重要特点是可以保持输入波形的上升边缘。

图 3-27 所示为几种典型信号通过一个窗口长为 5 点的中值滤波器的结果。从总体上来说，中值滤波器能够较好地保留原图像中的跃变部分。

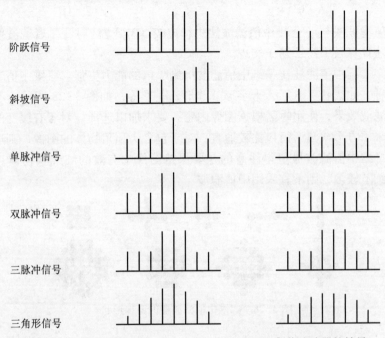

图 3-27　几种典型信号通过一个窗口长为 5 点的中值滤波器的结果

一维中值滤波的概念很容易推广到二维，对二维图像序列 $\{f_{ij}\}$ 进行中值滤波时，滤波窗口也是二维的，将窗口内像素排序，生成单调数据序列 $\{x_{ij}\}$，二维中值滤波结果为

$$g_{ij} = \underset{A}{\text{Med}} \{x_{ij}\}, \quad A \text{ 为窗口} \tag{3.2.21}$$

例如，已知图像的一个 3×3 窗口数据如下：

1	5	3
7	2	4
6	9	8

中心像素的中值滤波输出为

$$g = \text{Med}\{1, 5, 3, 7, 2, 4, 6, 9, 8\}$$
$$= \text{Med}\{1, 2, 3, 4, 5, 6, 7, 8, 9\} = 5$$

在实际应用中，通常采用分离中值滤波法，它是一维中值滤波器在图像行、列上的二次应用，即对图像中的某一窗口，先求窗口内各行（列）的中值，再求其列（行）的中值来取代窗口中心位置的值。对上例采用分离中值滤波，可先对行求中值，再对列求中值。其输出为

$$\begin{bmatrix} 1 & 5 & 3 \\ 7 & 2 & 4 \\ 6 & 9 & 8 \end{bmatrix} \xrightarrow{\text{对行求中值}} \begin{bmatrix} 3 \\ 4 \\ 8 \end{bmatrix} \xrightarrow{\text{对列求中值}} 4$$

也可以先对列求中值，再对行求中值，其结果为

$$\begin{bmatrix} 1 & 5 & 3 \\ 7 & 2 & 4 \\ 6 & 9 & 8 \end{bmatrix} \xrightarrow{\text{对列求中值}} \begin{bmatrix} 6 & 5 & 4 \end{bmatrix} \xrightarrow{\text{对行求中值}} 5$$

将分离中值滤波法与（全）中值滤波法进行比较（3×3 窗口），二者滤波效果接近，而分离中值滤波法计算效率高，易于实现。

一般来说，二维中值滤波比一维中值滤波抑制噪声的能力更强。二维中值滤波器的窗口形状可以有多种，如线状、方形、十字形、圆形、菱形等，如图 3-28 所示。不同形状的窗口产生不同的滤波效果，使用时需根据图像内容和要求加以选择。对于有缓变的较长轮廓线物体的图像，采用方形或圆形窗口比较适宜；对于包含尖顶角物体的图像，则适宜采用十字形窗口。使用二维中值滤波最值得注意的是要保持图像中有效的细线状物体，如果图像中点、线、尖角细节较多，则不宜采用中值滤波。

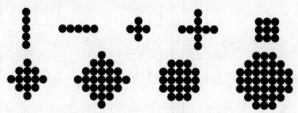

图 3-28　二维中值滤波器的窗口形状

3.2.7.2　中值滤波的主要特性

1. 对于某些输入信号，中值滤波的不变性

对于某些特定的输入信号，滤波输出保持输入信号值不变，如在窗口 $2n+1$ 内单调增加或单调减少的序列，即

$$f_{i-n} \leqslant \cdots \leqslant f_i \leqslant \cdots \leqslant f_{i+n} \text{ 或 } f_{i-n} \geqslant \cdots \geqslant f_i \geqslant \cdots \geqslant f_{i+n}$$

则中值滤波输出不变。如图 3-27 所示中的斜坡信号。

对于阶跃信号，中值滤波也保持不变。如图 3-27 所示中的阶跃信号。

中值滤波的另一类不变性就是在一维情况下周期性的二值序列为

$$\{f_n\} = \cdots, +1, +1, -1, -1, +1, +1, -1, -1, \cdots$$

若设窗口长度为 9，则中值滤波对此序列保持不变性。也就是说，当窗口为 9 的中值滤波器的输入为一周期为 4 的输入序列时，输出保持不变。对于一个二维周期序列，这一类不变性更为复杂，但它们一般也是二维的周期性结构，即周期性网络结构的图像。

2. 中值滤波去噪声性能

中值滤波可以用来减弱随机干扰和脉冲干扰。由于中值滤波是非线性的，因此对于随机输入信号，数学分析比较复杂。当输入是均值为 0 的正态分布的噪声时，中值滤波输出的噪声方差为

$$\sigma_{\text{Med}}^2 \approx \frac{\sigma_i^2}{m + \frac{\pi}{2} - 1} \cdot \frac{\pi}{2} \tag{3.2.22}$$

式中：σ_i^2 为输入噪声功率（方差）；m 为中值滤波窗口长度。中值滤波的输出与输入噪声的密度分布有关。对于脉冲干扰，特别是脉冲宽度小于 $m/2$，相距较远的窄脉冲干扰，中值滤

波是很有效的。

3. 中值滤波器模型

令 C 为常数，则有

$$\begin{cases} \text{Med}\{Cf_{ij}\} = C\text{Med}\{f_{ij}\} \\ \text{Med}\{C+f_{ij}\} = C+\text{Med}\{f_{ij}\} \\ \text{Med}\{f_{ij}+g_{ij}\} \neq \text{Med}\{f_{ij}\}+\text{Med}\{g_{ij}\} \end{cases} \qquad (3.2.23)$$

使用中值滤波器滤除噪声的方法有多种，且十分灵活。其中一种方法是先使用小尺寸窗口，后逐渐加大窗口尺寸。在实际应用中，窗口尺寸一般先用3×3再取5×5，逐渐增大，直到其滤波效果满意为止。

图3-29所示为使用中值滤波去除椒盐噪声的示例。其中，图3-29（a）为原始图像；图3-29（b）为带有椒盐噪声的退化图像；图3-29（c）为使用3×3窗口进行中值滤波的效果；图3-29（d）为使用5×5窗口进行中值滤波的效果；图3-29（e）为使用7×7窗口进行中值滤波的效果。

从图中可以看出，窗口尺寸越大，噪声清除得越干净，但图像的边缘变得越模糊。

图3-29 使用中值滤波去除椒盐噪声的示例

（a）原始图像；（b）带有椒盐噪声的退化图像；（c）使用3×3窗口进行中值滤波的效果；
（d）使用5×5窗口进行中值滤波的效果；（e）使用7×7窗口进行中值滤波的效果

3.2.7.3 复合型中值滤波

对一些内容复杂的图像，可以使用复合型中值滤波，如中值滤波线性组合、高阶中值滤波组合、加权中值滤波以及迭代中值滤波等。

1. 中值滤波的线性组合

将几种窗口尺寸大小和形状不同的中值滤波复合使用，只要各窗口都与中心对称，滤波输出可保持几个方向上的边缘跳变，而且跳变幅度可调节，其线性组合方程式为

$$g_{ij} = \sum_{k=1}^{N} a_k \underset{A_K}{\text{Med}}(f_{ij}) \qquad (3.2.24)$$

式中：a_k 为不同中值滤波的系数；A_K 为窗口。

2. 高阶中值滤波组合

高阶中值滤波组合可表示为

$$g_{ij} = \max_K [\operatorname{Med}_{A_K}(f_{ij})] \qquad (3.2.25)$$

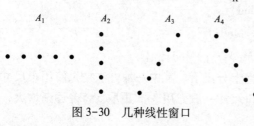

图 3-30　几种线性窗口

这种中值滤波可以使输入图像中任意方向的细线条保持不变，如可以选择图 3-30 中的四种线状窗口 A_1、A_2、A_3、A_4。用式（3.2.25）的组合式中值滤波可以使输入图像中各个方向的线条保持不变，而且又有一定的噪声平滑性能。

3. 其他类型的中值滤波

为了对某些图像在一定的条件下尽可能干净地去除噪声，而又尽可能保持有效的图像细节，可以对中值滤波器参数进行某种修正。例如，迭代中值滤波，就是对输入序列重复进行同样的中值滤波，一直到输出不再有变化为止；又如，加权中值滤波，也就是对窗口中的数进行某种加权，以保证滤波的效果。另外，中值滤波器还可以和其他滤波器联合使用。总之，图像信息是多种多样的，要求也不一样，因此在处理具体问题时，要依靠丰富的经验来合理、有效地使用中值滤波器。

3.2.8　基于 Retinex 理论的图像增强

Retinex 由 Retina（视网膜）和 Cortex（皮层）两个单词合成，因此也有文献将 Retinex 理论称为视网膜皮层理论。

最初的基于 Retinex 理论的模型采用人眼视觉系统（HVS）来解释人眼对光线波长和亮度互不对应的原因。在此理论中，由两个因素决定物体能够被观察到的颜色信息分别为物体本身的反射性质和物体周围的光照强度。另一方面，根据颜色恒常性理论，物体有自身的固有属性，它不会受到光照影响，一个物体对于不同光波的反射能力才能够决定物体的颜色。Retinex 理论的基本思想就是光照强度决定了原始图像中所有像素点的动态范围大小，而原始图像的固有属性则是由物体自身的反射系数决定，即假设反射图像和光照图像相乘为原始图像。所以 Retinex 理论的思想为去除光照的影响，保留物体的固有属性。

假设观察者得到的图像为 $I(x,y)$，根据上述理论，它可以表示为

$$I(x,y) = L(x,y) R(x,y) \qquad (3.2.26)$$

式中：$L(x,y)$ 表示周围光照强度信息的照度分量；$R(x,y)$ 表示物体本身固有性质的反射分量。

对式（3.2.26）两边取对数可得

$$\ln[I(x,y)] = \ln[L(x,y)R(x,y)] = \ln[L(x,y)] + \ln[R(x,y)] \qquad (3.2.27)$$

令

$$i(x,y) = \ln[I(x,y)], \quad l(x,y) = \ln[L(x,y)], \quad r(x,y) = \ln[R(x,y)]$$

则

$$i(x,y) = l(x,y) + r(x,y) \qquad (3.2.28)$$

取对数运算的两大好处：一是人眼对亮度的感知能力不是线性的，它近似于对数曲线；二是复杂的乘除在对数域中是简单的加减法，可以大幅降低算法的复杂度。

传统的基于 Retinex 理论的增强算法：首先对图像的各个通道进行光照分量估计；其次提取出反射分量，将光照分量直接去除，只保留反映物体细节信息的反射分量作为最后的增

强图像。其处理流程框图如图 3-31 所示。

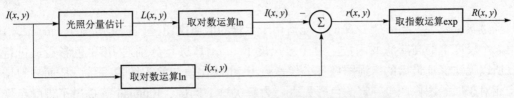

图 3-31　基于 Retinex 理论的图像增强处理流程框图

由图 3-31 可以看出，Retinex 增强和同态滤波增强类似，都是将一幅图像分解为光照分量和反射分量，都有对数处理操作，但前者在空间域中处理分量，后者在频率域中进行。基于 Retinex 模型产生了诸多增强算法，其中基于中心环绕的 Retinex 增强算法最为常用。根据对光照分量不同的估计算法，又可以将其进一步分为单尺度 Retinex（Single Scale Retinex，SSR）、多尺度 Retinex（Multi-Scale Retinex，MSR）以及带颜色恢复的多尺度 Retinex（Multi-Scale Retinex with Color Restoration，MSRCR）等。

采用单尺度 Retinex 算法的运算过程模拟人类视觉成像过程的特点：首先利用高斯环绕函数对图像的每个色彩通道进行卷积滤波操作，将滤波后的图像作为图像的光照分量；其次利用对数变换将图像与光照分量相减求得反射分量作为最后的输出图像，实现图像动态范围压缩、颜色恒定以及细节增强。

数学表达式为

$$r_i(x,y) = \ln[R_i(x,y)] = \ln\left(\frac{I_i(x,y)}{L_i(x,y)}\right) = \ln[I_i(x,y)] - \ln[I_i(x,y) * G(x,y)] \quad (3.2.29)$$

式中：$I_i(x,y)$ 为输入图像；$R_i(x,y)$ 为反射分量；$L_i(x,y)$ 为光照分量；r_i 表示第 i 个色彩通道的反射图像；$*$ 表示卷积；$G(x,y)$ 为高斯环绕函数，其表达式为

$$G(x,y) = \frac{1}{2\pi\sigma^2} e^{\left(-\frac{x^2+y^2}{2\sigma^2}\right)}$$

式中：σ 称为高斯环绕的尺度参数，它是整个算法中唯一可调节的参数，所以它可以非常容易地影响到图像增强的最终结果。

当 σ 较小时，表示高斯模板尺度较小，估计的光照信息是图像局部的，所以细节增强效果比较明显，但颜色失真严重；当 σ 值较大时，表示高斯模板尺度较大，兼顾了图像的整体特性，增强图像色彩保真度高，整体较为自然，但细节增强一般。

由于单尺度 Retinex 算法很难同时实现颜色保真与有效的细节增强，Jobson 等提出了多尺度 Retinex 算法，该算法先利用多个不同尺度对图像进行处理，即执行不同尺度的单尺度 Retinex 算法，再对各个处理结果进行加权组合，使得加权结果同时具备了单尺度 Retinex 算法的高、中、低三个尺度的特点。

数学表达式为

$$r_i(x,y) = \sum_{k=1}^{N} \omega_k \{\ln[I_i(x,y)] - \ln[I_i(x,y) * G_k(x,y)]\} \quad (3.2.30)$$

式中：N 是尺度参数的总个数，如果 $N=1$，就是前面介绍的单尺度 Retinex 算法。

实验表明，当 $N=3$ 时，即使用三个不同尺度的高斯滤波器对原始图像进行滤波处理时，加权处理后的增强效果最佳。ω_k 是第 k 个尺度在进行加权时的权重系数，满足如下的约束关系：

$$\sum_{k=1}^{N} \omega_k = 1 \tag{3.2.31}$$

经过实验发现,当 $\omega_k = 1/N$ 时,能适用于大量的低照度图像,且运算简单。$G_k(x,y)$ 是在第 k 个尺度上的高斯滤波函数。由于多尺度 Retinex 算法是分别对 RGB 色彩通道进行增强,所以无法保证最后的增强图像各个像素点 RGB 的比值与输入图像一致,从而导致增强图像相对于原始图像产生一定的色彩失真。为解决这一问题,Rahman 等提出了带颜色恢复的多尺度 Retinex 算法,该算法引入色彩恢复因子 C 对颜色进行矫正,其表达式为

$$C_i(x,y) = f\left(\frac{I_i(x,y)}{\sum_{i=1}^{3} I_i(x,y)}\right) \tag{3.2.32}$$

式中:$C_i(x,y)$ 是第 i 个通道的色彩恢复系数;$I_i(x,y)$ 表示输入图像在第 i 个色彩通道的分布;f 是变换函数,通常为线性函数或者对数函数。

可以得到带颜色恢复的多尺度 Retinex 算法的数学表达式为

$$r_i(x,y) = \sum_{k=1}^{N} C_i \omega_k \{\ln[I_i(x,y)] - \ln[I_i(x,y) * G_k(x,y)]\} \tag{3.2.33}$$

图 3-32 所示为单尺度 Retinex、多尺度 Retinex 以及带颜色恢复的多尺度 Retinex(σ 分别为 30、80、200)三种算法的图像增强效果。

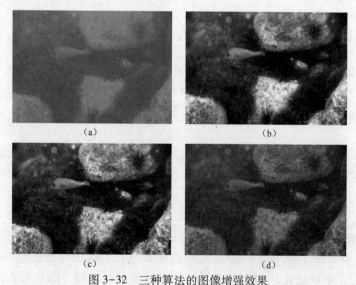

图 3-32 三种算法的图像增强效果
(a) 原图;(b) 单尺度 Retinex;(c) 多尺度 Retinex;(d) 带颜色恢复的多尺度 Retinex

3.3 图像锐化

图像锐化处理的目的是增强图像的轮廓,突出图像中的细节,通常所说的"勾边"技术就是图像的锐化处理。值得注意的是,进行锐化处理的图像必须要有较高的信噪比,否则图像锐化后信噪比更低。由于锐化将使噪声受到比信号还强的增强,故必须小心处理。一般

是先去除或减轻干扰噪声后,才能进行锐化处理。与图像平滑处理一样,图像锐化处理也有空域法和频域法两种。空域法基于对图像的微分处理,频域法适用于高通滤波。

3.3.1 微分法

图像模糊的实质就是图像受到平均或积分运算,为实现图像的锐化,必须用它的反运算"微分"。微分运算是求信号的变化率,有加强高频分量的作用,从而使图像轮廓清晰。

为了把图像中间向任何方向伸展的边缘和轮廓变清晰,希望对图像的某种导数运算是各向同性的,可以证明偏导数的平方和运算是各向同性的,梯度算子和拉普拉斯算子(Laplacian)运算都是符合上述条件的。

3.3.1.1 基于一阶微分的梯度算子

图像处理中最常用的微分方法是计算梯度。对于图像函数$f(x,y)$,它在点(x,y)处的梯度可定义为一个向量:

$$\boldsymbol{G}[f(x,y)] = \left[\frac{\partial f}{\partial x}, \frac{\partial f}{\partial y}\right]^{\mathrm{T}} \tag{3.3.1}$$

在点(x,y)处,梯度向量的方向是函数$f(x,y)$在这点变化率最大的方向,梯度向量的幅度(梯度的模)为

$$|\boldsymbol{G}[f(x,y)]| = \left[\left(\frac{\partial f}{\partial x}\right)^2 + \left(\frac{\partial f}{\partial y}\right)^2\right]^{\frac{1}{2}} \tag{3.3.2}$$

对于数字图像,可采用差分运算来近似替代微分运算,在其像素点(i,j)处,x方向和y方向上的一阶差分定义为

$$\Delta_x f(i,j) = f(i,j) - f(i+1,j) \tag{3.3.3}$$

$$\Delta_y f(i,j) = f(i,j) - f(i,j+1) \tag{3.3.4}$$

各像素的位置如图3-33(a)所示,此时式(3.3.2)可近似为

$$\boldsymbol{G}(i,j) = \{[f(i,j)-f(i+1,j)]^2 + [f(i,j)-f(i,j+1)]^2\}^{\frac{1}{2}} \tag{3.3.5}$$

为了便于运算,对式(3.3.5)进一步化简为

$$\boldsymbol{G}(i,j) = |f(i,j)-f(i+1,j)| + |f(i,j)-f(i,j+1)| \tag{3.3.6}$$

以上这种求梯度的方法称为典型梯度法,如图3-33(a)所示;另一种求梯度的方法称为罗伯特(Robert)梯度法,它是一种交叉差分计算法,如图3-33(b)所示。其数学表达式为

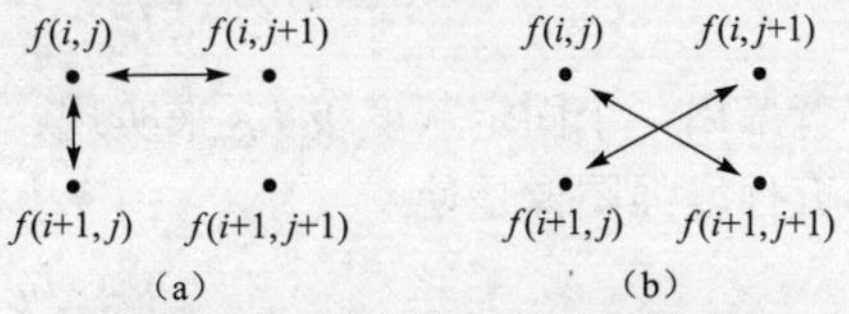

图3-33 梯度的两种差分算法
(a)典型梯度法;(b)罗伯特梯度法

$$\boldsymbol{G}(i,j) = \{[f(i,j)-f(i+1,j+1)]^2 + [f(i+1,j)-f(i,j+1)]^2\}^{\frac{1}{2}} \tag{3.3.7}$$

同样,可将式(3.3.7)化简为

$$\boldsymbol{G}(i,j) = |f(i,j)-f(i+1,j+1)| + |f(i+1,j)-f(i,j+1)| \tag{3.3.8}$$

由梯度的计算可知,在图像中,灰度变化较大的边沿区域,其梯度值较大;在灰度变化平缓的区域,其梯度值较小;而在灰度均匀区域,其梯度值为0。图3-34(a)是一幅灰度图像,图3-34(b)为经罗伯特梯度法处理后的图像。

 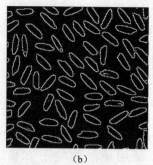

图 3-34 用罗伯特梯度算子锐化处理前后的效果对比
(a) 灰度图像；(b) 经罗伯特梯度法处理后的图像

当梯度计算完之后，要根据需要生成不同的梯度增强图像。第一种是使各点的灰度 $g(x,y)$ 等于该点的梯度幅度，即

$$g(x,y) = G[f(x,y)] \qquad (3.3.9)$$

此法的缺点是增强的图像仅显示灰度变化比较陡的边缘轮廓，而灰度变化平缓的区域则呈黑色。

第二种增强图像是使

$$g(x,y) = \begin{cases} G[f(x,y)], & G[f(x,y)] \geq T \\ f(x,y), & 其他 \end{cases} \qquad (3.3.10)$$

式中：T 是一个非负的阈值，适当选取 T，既可使明显的边缘轮廓得到突出，又不会破坏原来灰度变化比较平缓的背景。

第三种增强图像是使

$$g(x,y) = \begin{cases} L_G, & G[f(x,y)] \geq T \\ f(x,y), & 其他 \end{cases} \qquad (3.3.11)$$

式中：L_G 是根据需要指定的一个灰度级，它将明显边缘用一个固定的灰度级 L_G 来实现。

第四种增强图像是使

$$g(x,y) = \begin{cases} G[f(x,y)], & G[f(x,y)] \geq T \\ L_G, & 其他 \end{cases} \qquad (3.3.12)$$

此法将背景用一个固定灰度级 L_G 来实现，便于研究边缘灰度的变化。

第五种增强图像是使

$$g(x,y) = \begin{cases} L_G, & G[f(x,y)] \geq T \\ L_B, & 其他 \end{cases} \qquad (3.3.13)$$

此法将背景和边缘用二值化图像表示，便于研究边缘所在位置。

3.3.1.2 拉普拉斯算子

拉普拉斯算子是一种十分常用的图像边缘增强处理算子。它是线性二次微分算子，具有各向同性和位移不变性，从而满足不同走向的图像边缘的锐化要求。

对于连续图像 $f(x,y)$，其拉普拉斯算子为

$$\nabla^2 f = \frac{\partial^2 f(x,y)}{\partial x^2} + \frac{\partial^2 f(x,y)}{\partial y^2} \qquad (3.3.14)$$

当图像模糊是由于扩散现象引起的时，如胶片颗粒化学扩散、光点散射等，其锐化后的图像 g 可表示为

$$g = f - k\nabla^2 f \tag{3.3.15}$$

式中：f、g 分别为锐化前后的图像；k 为与扩散效应有关的系数。

式 (3.3.15) 表明，模糊图像 f 经过拉普拉斯算子锐化以后得到不模糊图像 g。

对于数字图像 $f(x,y)$，其拉普拉斯算子为

$$\nabla^2 f = \Delta_x^2 f(x,y) + \Delta_y^2 f(x,y) \tag{3.3.16}$$

其中，

$$\begin{aligned}
\nabla_x^2 f(x,y) &= \Delta_x[\Delta_x f(x,y)] \\
&= \Delta_x[f(x+1,y) - f(x,y)] \\
&= \Delta_x f(x+1,y) - \Delta_x f(x,y) \\
&= f(x+1,y) - f(x,y) - f(x,y) + f(x-1,y) \\
&= f(x+1,y) + f(x-1,y) - 2f(x,y)
\end{aligned} \tag{3.3.17}$$

同理可求得

$$\nabla_y^2 f(x,y) = f(x,y+1) + f(x,y-1) - 2f(x,f) \tag{3.3.18}$$

则

$$\begin{aligned}
\nabla^2 f &= f(x+1,y) + f(x-1,y) + f(x,y+1) + f(x,y-1) - 4f(x,y) \\
&= -5\left\{f(x,y) - \frac{1}{5}[f(x+1,y) + f(x-1,y) + f(x,y+1) + f(x,y-1) + f(x,y)]\right\}
\end{aligned}$$
$$\tag{3.3.19}$$

由式 (3.3.19) 可见，数字图像在 (x,y) 点处的拉普拉斯算子可以由 (x,y) 点灰度减去其邻域平均值来求得。如果把包含 (x,y) 点在内的邻域均值看成是由扩散形成的模糊，式 (3.3.19) 又可以理解为 $f(x,y)$ 与其模糊的差值。若令式 (3.3.15) 中的 $k=1$，拉普拉斯算子锐化后的图像为

$$g(x,y) = f(x,y) - \nabla^2 f(x,y) \tag{3.3.20}$$

典型的二阶微分模板及其变形模板如图 3-35 所示。

1	-2	1
-2	4	-2
1	-2	1

(a)

0	-1	0
-1	4	-1
0	-1	0

(b)

-1	-1	-1
-1	8	-1
-1	-1	-1

(c)

图 3-35　典型的二阶微分模板及其变形模板
(a) 第一种模板；(b) 第二种模板；(c) 第三种模板

例　设有一数字图像 $f(i,j) = 1 \times n$，其各点的灰度级值如表 3-4 所列，计算 $\nabla^2 f$ 及锐化后各点的灰度级值（设 $k=1$）g。

(1) 按式 (3.3.19) 计算各点的 $\nabla^2 f$。

第 3 点：

$$\nabla^2 f = -3 \times \left[0 - \frac{1}{3} \times (0+0+1)\right] = 1$$

第 8 点：

$$\nabla^2 f = -3 \times \left[5 - \frac{1}{3} \times (4+4+5)\right] = -2$$

（2）按式（3.3.15）计算 $g = f - \nabla^2 f(k=1)$。

第 3 点：

$$g = f - \nabla^2 f = 0 - 1 = -1$$

第 8 点：

$$g = 5 - (-1) = 6$$

将 f、$\nabla^2 f$、$f - \nabla^2 f$ 等结果灰度级值列表，如表 3-4 所示。

表 3-4　f、$\nabla^2 f$ 和 $f - \nabla^2 f$ 的灰度级

像素点	1	2	3	4	5	6	7	8	9	10	11	12	13	14	15	16	17	18	19	20
f	0	0	0	1	2	3	4	5	5	5	5	5	6	6	6	6	6	6	3	3
$\nabla^2 f$	0	0	1	0	0	0	0	-2	0	0	0	0	1	-1	0	0	0	0	-3	3
$f - \nabla^2 f$	0	0	-1	1	2	3	4	7	5	5	5	5	4	7	6	6	6	6	9	0

（3）从表 3-4 中可以看出，在灰度级斜坡底部和界线的低灰度级侧（如第 3 点、第 13 点、第 20 点）形成下冲，在灰度级斜坡顶部和界线的高灰度级侧（第 8 点、第 14 点、第 19 点）形成上冲。

在灰度平坦区域（如第 9~12 点、第 15~18 点），运算前后没有变化，由此可以看出，拉普拉斯算子可以对由扩散造成模糊的图像起到边界轮廓增强的效果。要注意，如果不是由扩散过程引起的模糊图像，效果就不好。

与一阶微分相比，拉普拉斯算子也增强了图像的噪声，但对噪声的增强作用较弱。在应用拉普拉斯算子进行边缘增强时，有必要将图像先进行平滑处理。

图 3-36 所示为采用拉普拉斯算子进行锐化处理前后的效果。其中，图 3-36（a）是 Lena 原图像；图 3-36（b）是锐化处理后的图像。

3.3.1.3　Sobel 算子

使用微分算子方法锐化图像时，图像中的噪声、条纹等同样得到加强，这在图像处理中会造成伪边缘和伪轮廓。Sobel 算子则在一定程度上克服了这个问题。

Sobel 算子的基本思想是：以待增强图像的任意像素 (i,j) 为中心，截取一个 3×3 像素窗口，如图 3-37 所示，分别计算窗口中心像素在 x、y 方向上的梯度。

图 3-36　用拉普拉斯算子锐化处理前后的效果
（a）Lena 原图像；（b）锐化处理后的图像

图 3-37　Sobel 算子图像窗口

S_x 和 S_y 可分别表示为

$$\begin{cases} S_x = [f(i-1,j+1)+2f(i,j+1)+f(i+1,j+1)] - \\ \quad\quad [f(i-1,j-1)+2f(i,j-1)+f(i+1,j-1)] \\ S_y = [f(i+1,j-1)+2f(i+1,j)+f(i+1,j+1)] - \\ \quad\quad [f(i-1,j-1)+2f(i-1,j)+f(i-1,j+1)] \end{cases} \quad (3.3.21)$$

增强后的图像在 (i,j) 处的灰度值为

$$g(x,y) = \sqrt{S_x^2 + S_y^2} \quad (3.3.22)$$

式 (3.3.22) 也可化简为

$$g(x,y) = |S_x| + |S_y| \quad (3.3.23)$$

或

$$g(x,y) = \max(|S_x|, |S_y|) \quad (3.3.24)$$

可以看出，Sobel 算子在计算 x 方向和 y 方向上的梯度时，不像普通梯度算子那样只用两个像素灰度差值来表示，而是采用两列或两行像素灰度加权和的差值来表示，这使得 Sobel 算子具有如下两个优点。

(1) 由于引入了加权平均，因而对图像中的随机噪声具有一定的平滑作用。

(2) 由于 Sobel 算子采用间隔两行或者两列的差分，所以图像中边缘两侧的像素得到增强。Sobel 算子得到的锐化图像的边缘显得粗而亮。

Sobel 算子也可以采用向量的方式来表示。将图 3-37 所示窗口中的像素表示成一个 3×3 的二维向量 F。Sobel 算子可以分解成下列两个模板：

$$\dot{M}_1 = \begin{bmatrix} -1 & 0 & 1 \\ -2 & 0 & 2 \\ -1 & 0 & 1 \end{bmatrix}, \quad \dot{M}_2 = \begin{bmatrix} -1 & -2 & -1 \\ 0 & 0 & 0 \\ 1 & 2 & 1 \end{bmatrix}$$

在 x 方向和 y 方向上的梯度可以表示为

$$G_x = M_1^T F, \quad G_y = M_2^T F \quad (3.3.25)$$

锐化输出可表示为

$$\dot{G} = [(M_1^T F)^2 + (M_2^T F)^2]^{1/2} \quad (3.3.26)$$

对式 (3.3.26) 进行化简可得

$$G = |M_1^T F| + |M_2^T F| \quad (3.3.27)$$

图 3-38 所示为利用 Sobel 算子锐化图像的示例。

(a) (b)

图 3-38　利用 Sobel 算子锐化处理前后的效果
(a) 原始图像；(b) 经 Sobel 算子锐化后的图像

3.3.2 频域滤波增强

3.3.2.1 高通滤波

由于图像中的边缘对应高频分量,所以要锐化图像可采用高通滤波器。频域中常用的高通滤波器有4种,即理想高通滤波器、巴特沃斯高通滤波器、指数高通滤波器和梯形高通滤波器。

1. 理想高通滤波器

一个二维理想高通滤波器(IHPF)的转移函数满足

$$H(u,v) = \begin{cases} 0, & D(u,v) \leq D_0 \\ 1, & D(u,v) > D_0 \end{cases} \quad (3.3.28)$$

式中:D_0 为截止频率,可根据图像的特点来选定,即

$$D(u,v) = \sqrt{u^2 + v^2} \quad (3.3.29)$$

理想高通滤波器使特定频率区域的高频分量通过并保持不变,而其他频率区域的分量全部被抑制。理想高通滤波器的特性曲线如图3-39所示。

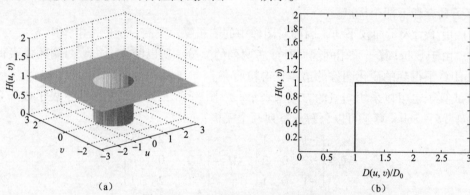

图 3-39 理想高通滤波器的特性曲线
(a) 理想高通滤波器转移函数的三维图;(b) 理想高通滤波器转移函数的剖面图

2. 巴特沃斯高通滤波器

巴特沃斯高通滤波器(BHPF)的转移函数为

$$H(u,v) = \frac{1}{1 + [D_0/D(u,v)]^{2n}} \quad (3.3.30)$$

或

$$H(u,v) = \frac{1}{1 + (\sqrt{2} - 1)[D_0/D(u,v)]^{2n}} \quad (3.3.31)$$

式中:D_0 为截止频率;$D(u,v) = \sqrt{u^2 + v^2}$;$n$ 为阶数。

巴特沃斯高通滤波器是二维空间上的连续平滑高通滤波器。其特性曲线如图3-40所示。

3. 指数高通滤波器

指数高通滤波器(EHPF)的转移函数为

$$H(u,v) = \exp\{[\ln(1/\sqrt{2})][D_0/D(u,v)]^n\} \quad (3.3.32)$$

式中:n 决定指数函数的衰减率。

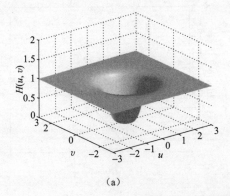 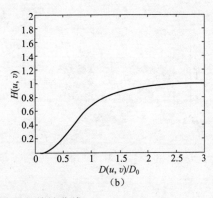

图 3-40　巴特沃斯高通滤波器的特性曲线

（a）巴特沃斯高通滤波器转移函数的三维图；（b）巴特沃斯高通滤波器转移函数的剖面图

三阶指数高通滤波器的特性曲线如图 3-41 所示。

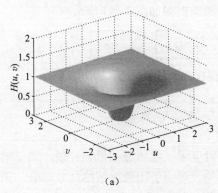 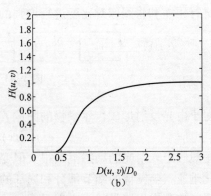

图 3-41　三阶指数高通滤波器的特性曲线

（a）三阶指数高通滤波器转移函数的三维图；（b）三阶指数高通滤波器转移函数的剖面图

4. 梯形高通滤波器

梯形高通滤波器（THPF）的转移函数为

$$H(u,v) = \begin{cases} 0, & D(u,v) < D_1 \\ \dfrac{D(u,v) - D_1}{D_0 - D_1}, & D_1 \leq D(u,v) \leq D_0 \\ 1, & D(u,v) > D_0 \end{cases} \quad (3.3.33)$$

式中：D_0 为截止频率；$D_1 < D_0$，D_1 根据需要选择。

梯形高通滤波器是一种滤波特性介于理想高通滤波器和巴特沃斯高通滤波器之间的高通滤波器。图 3-42 所示为其特性曲线。

3.3.2.2　同态滤波

同态是代数上的一个术语，20 世纪 60 年代被引入信号处理领域，主要用于处理乘性信号和卷积信号。例如，对于乘性信号 $f_1(x,y)f_2(x,y)$，不能用线性系统处理，但可用对数将其变成两个加性信号，即

$$\ln[f_1(x,y)f_2(x,y)] = \ln f_1(x,y) + \ln f_2(x,y) \quad (3.3.34)$$

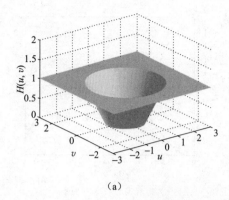 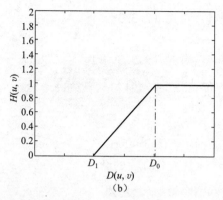

图 3-42 梯形高通滤波器的特性曲线

(a) 梯形高通滤波器转换函数的三维图；(b) 梯形高通滤波器转换函数的剖面图

图像的同态滤波增强方法属于图像频率域处理范畴，它是一种在频域中同时将图像亮度范围进行压缩和将图像对比度进行增强的方法。其原理框图如图 3-43 所示。

图 3-43 同态滤波原理框图

对于由光反射形成自然景物的图像 $f(x,y)$ 的数学模型为

$$f(x,y) = f_i(x,y) f_r(x,y) \tag{3.3.35}$$

一般假定入射光的动态范围很大但变化缓慢，对应于图像频域的低频分量；而反射光部分变化迅速，与图像的细节部分和局部的对比度相关，对应于图像频域的高频部分。因此图像增强时的基本思路是减少入射分量 $f_i(x,y)$，并同时增加反射分量 $f_r(x,y)$ 来改善图像 $f(x,y)$ 的表现效果。

同态滤波方法的具体实现步骤如下。

（1）对式（3.3.35）两边取对数，可得

$$\ln f(x,y) = \ln f_i(x,y) + \ln f_r(x,y) \tag{3.3.36}$$

（2）对式（3.3.36）两边进行傅里叶变换，可得

$$F(u,v) = F_i(u,v) + F_r(u,v) \tag{3.3.37}$$

（3）对一个频域同态滤波函数 $H(u,v)$ 进行滤波，可得

$$H(u,v)F(u,v) = H(u,v)F_i(u,v) + H(u,v)F_r(u,v)$$

即

$$F'(u,v) = F'_i(u,v) + F'_r(u,v) \tag{3.3.38}$$

为压缩图像灰度的动态范围，消除照度不均的影响，应衰减 $F_i(u,v)$ 分量；为了显现景物细节，提高对比度，应提升 $F_r(u,v)$ 频率分量。因此，同态滤波器的转移函数 $H(u,v)$ 的剖面图应具有如图 3-44 所示的形状。

其中 $\gamma_L < 1, \gamma_H > 1$ 意味着减小低频和增强高频，这样，就能同时使动态范围压缩和使对比度增强。

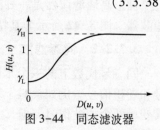

图 3-44 同态滤波器的转移函数 $H(u,v)$ 的剖面图

(4) 对式 (3.3.38) 进行傅里叶反变换，则
$$f'(x,y) = f'_i(x,y) + f'_r(x,y) \qquad (3.3.39)$$
(5) 对式 (3.3.39) 两边取指数，得同态滤波结果为
$$g(x,y) = \exp\{f'(x,y)\} = \exp\{f'_i(x,y)\} \cdot \exp\{f'_r(x,y)\} \qquad (3.3.40)$$

同态滤波增强图像的效果与滤波曲线的分布形状有关，在实际应用中，需要根据不同图像的特性和增强的需要，选用不同的滤波曲线以得到满意的结果。图 3-45 所示为同态滤波处理的示例。图 3-45（a）为原始图像，其中在暗处的图像轮廓几乎看不清；图 3-45（b）为经同态滤波处理后的图像，其中的图像轮廓清晰可见。

图 3-45 同态滤波处理的示例
(a) 原始图像；(b) 经同态滤波处理后的图像

3.4 彩色增强

所谓彩色增强，主要是把黑白的灰度图像或者遥感多光谱图像处理成彩色图像。人眼对黑白图像的分辨能力是有限的，通常只能区分二十几个不同的灰度等级。但是，人眼对彩色的分辨能力比对黑白灰度的分辨能力要强得多。单就色度来讲，人眼能分辨波长差 2~3 nm 的不同色光。再考虑到色彩的饱和度和亮度作用，人眼对色彩的分辨能力可达到灰度分辨能力的百倍以上。因此，通过图像的彩色处理，可以大大提高人眼对图像的识别能力。

彩色增强又可分为伪彩色增强和假彩色增强两大类。其中，伪彩色增强处理的对象是黑白的灰度图像；而假彩色增强处理的是三基色描绘的自然图像或同一景物的多光谱图像。

3.4.1 彩色图像处理的基本问题

颜色是人类认知系统对物体表面、光照及视觉环境的综合反映，缺少其中任意一个，都不会有颜色感觉。人类和其他动物感知物体颜色是由物体反射光的性质（频率和波长）决定的。彩色是物体的一种属性，依赖于以下三方面的因素。

(1) 光源：照射光的谱性质或谱能量分布；
(2) 物体：被照射物体的反射性质；
(3) 成像接收器（人眼或成像传感器）：光谱能量吸收性质。

描述彩色光源质量的三个量：
(1) 辐射：光源流出的能量总量，用瓦特（W）度量；
(2) 光强：观察者从光源感知的能量总和，用流明（lm）度量；
(3) 亮度：一个主观描绘子是难以度量的。

3.4.2 颜色空间的表示及其转换

3.4.2.1 RGB 模型

显示器系统、彩色阴极射线管、彩色光栅图形的显示器都使用 R、G、B 数值来驱动 R、G、B 电子枪发射电子，分别激发荧光屏上的 R、G、B 三种颜色的荧光粉发出不同亮度的光线，并通过相加混合产生各种颜色；扫描仪也是通过吸收原稿经反射或透射而发送来的光线中的 R、G、B 成分，并用它来表示原稿的颜色。RGB 色彩空间称为与设备相关的色彩空间，因为不同的扫描仪扫描同一幅图像，会得到不同色彩的图像数据；不同型号的显示器显示同一幅图像，也会有不同的色彩显示结果。显示器和扫描仪使用的 RGB 空间与 CIE 1931 RGB 真实三原色表色系统空间是不同的，后者是与设备无关的颜色空间。

RGB 模型表示的图像由三个分量图像组成，每种原色一幅分量图像。当送入 RGB 监视器时，这三幅图像在屏幕上混合生成一幅合成的彩色图像。考虑一幅 RGB 图像，其中每一幅红、绿、蓝图像都是一幅 8 bit 图像。在这种情况下，可以说每个 RGB 彩色像素有 24 bit 的深度。在 24 bit RGB 图像中，颜色总数是 $(2^8)^3 = 16\,777\,216$，如图 3-46 所示。

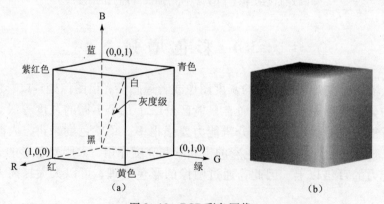

图 3-46 RGB 彩色图像

(a) 在顶点处显示光的原色和二次色的 RGB 彩色立方体的示意［注：沿主对角线是原点的黑色到点 (1, 1, 1) 的白色的亮度值］；(b) RGB 彩色立方体

3.4.2.2 Munsell 模型

孟塞尔颜色模型（Munsell Color Model）是色度学（或比色法）里通过明度（Value）、色相（Hue）及色度（Chroma）三个维度来描述颜色的方法。Munsell 是第一个把色调、明度和色度分离成为感知均匀和独立的尺度，并且是第一个系统地在三维空间中表达颜色关系

的色彩学家。Munsell 的模型，尤其是其后的再标记法，是基于严格的人类受试者测量的视觉反应，使之具有坚实的科学实验依据。基于人类的视觉感知，Munsell 的系统熬过了其他现代色彩模式的挑战，尽管在某些领域，其地位已被某些特殊用途的模型取代了，如 CIE Lab（L*a*b*）和 CIECAM02，但 Munsell 的系统目前仍然是最广泛使用的系统。

3.4.2.3　HSI 模型

HSI 模型是从人的视觉系统出发，用色调（Hue）、饱和度（Saturation）和强度（Intensity）来描述色彩。其中，色调是描述纯色（纯黄色、纯橙色或纯红色）的颜色属性；饱和度是一种纯色被白光稀释的程度的度量；强度是一个主观描述子，体现无色的强度概念。HSI 模型开发基于彩色描述的图像处理算法的理想工具，这种描述对人来说是自然且直观的，毕竟人才是这些算法的开发者和使用者。HSI 色彩空间可以用一个圆锥空间模型来描述，色彩空间的圆锥模型相当复杂，但却能把色调、饱和度和强度的变化情形表现得很清楚。在 HSI 色彩空间可以大大简化图像分析和处理的工作量。HSI 色彩空间和 RGB 色彩空间只是同一物理量的不同表示法，因而它们之间存在着转换关系，如图 3-47 所示。

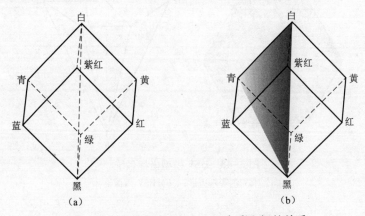

图 3-47　RGB 色彩空间与 HSI 色彩空间的关系

(a) 色彩立方体；(b) 含有白、黑顶点的平面上有相同的色调（此例中为青色，以垂直的强度轴旋转该平面，可以获得不同的色调，形成 HSI 色彩空间所需的色调、饱和度和强度值，可以用 RGB 色彩立方体得到）

给定一幅 RGB 色彩图像，每个 RGB 像素的 H 分量、S 分量和 I 分量计算方式如下：

$$H=\begin{cases}\arccos\left\{\dfrac{(R-G)+(R-B)}{2\sqrt{(R-G)^2+(R-B)(G-B)}}\right\}, & B\leqslant G \\ 2\pi-\arccos\left\{\dfrac{(R-G)+(R-B)}{2\sqrt{(R-G)^2+(R-B)(G-B)}}\right\}, & B>G\end{cases}$$

$$S=1-\dfrac{3}{R+G+B}\min(R,G,B)$$

$$I=\dfrac{R+G+B}{3}$$

3.4.2.4　HSV 模型

HSV 模型比 HSI 模型更接近人类对颜色的感知。H 代表色调（Hue），S 代表饱和度（Saturation），V 代表亮度值（Value）。HSV 模型的坐标系统可以是圆柱坐标系统，但一般用六棱锥来表示，如图 3-48 所示，与 HSI 模型比较相似。可以通过比较 HSI、HSV 与 RGB 空间的转换公式，来比较 HSI 与 HSV 的区别：

$$H = \begin{cases} \arccos\left\{\dfrac{(R-G)+(R-B)}{2\sqrt{(R-G)^2+(R-B)(G-B)}}\right\}, & B \leq G \\ 2\pi - \arccos\left\{\dfrac{(R-G)+(R-B)}{2\sqrt{(R-G)^2+(R-B)(G-B)}}\right\}, & B > G \end{cases}$$

$$S = \frac{\max(R,G,B) - \min(R,G,B)}{\max(R,G,B)}$$

$$V = \frac{\max(R,G,B)}{255}$$

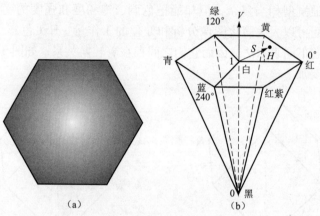

图 3-48 HSV 模型坐标系统
(a) HSV 色彩六边形；(b) HSV 六面锥体

3.4.2.5 YUV 模型

YUV 是一种颜色编码方法，常使用在各个视频处理组件中。YUV 在对照片或视频编码时，考虑到人类的感知能力，允许降低色度的带宽。YUV 是编译 true-color 颜色空间（Color Space）的种类，YUV、YCbCr、YPbPr 等专有名词都可以称为 YUV，彼此有重叠。Y 表示明亮度（Luminance），U 和 V 则表示色度和浓度（Chrominance、Chroma）。

在现代彩色电视系统中，通常采用三管彩色摄像机或彩色 CCD（电荷耦合器材）摄像机，首先把摄得的彩色图像信号，经分色分别放大矫正得到 RGB；然后经过矩阵变换电路得到亮度信号 Y 和两个色差信号 R-Y、B-Y；最后发送端将亮度和色差三个信号分别进行编码，用同一信道发送出去。这就是我们常用的 YUV 色彩空间。采用 YUV 色彩空间的重要性是它的亮度信号 Y 与色度信号 U、V 是分离的。如果只有 Y 信号分量而没有 U、V 分量，那么这样表示的图就是黑白灰度图。彩色电视采用 YUV 色彩空间正是为了用亮度信号 Y 解决彩色电视机与黑白电视机的兼容问题，使黑白电视机也能接收彩色信号。根据美国国家电视标准委员会（NTSC）制定的标准，当白光的亮度用 Y 来表示时，它和 RGB 三色光的关系可用如下式的方程描述：

$$Y = 0.3R + 0.59G + 0.11B$$

这就是常用的亮度公式。色差 U、V 是由 B-Y、R-Y 按不同比例压缩而成的。如果要由 YUV 色彩空间转化成 RGB 色彩空间，只要进行相反的逆运算即可。与 YUV 色彩空间类似的还有 Lab 色彩空间，它也是用亮度和色差来描述色彩分量的。其中，L 为亮度；a 和 b 分别为各色差分量。将 RGB 色彩空间转换为 YUV 色彩空间的公式如下：

$$\begin{bmatrix} Y \\ U \\ V \end{bmatrix} = \begin{bmatrix} 0.299 & 0.587 & 0.114 \\ -0.148 & -0.289 & 0.437 \\ 0.615 & -0.515 & -0.100 \end{bmatrix} \begin{bmatrix} R \\ G \\ B \end{bmatrix}$$

3.4.2.6 CMYK 模型

CMYK（Cyan, Magenta, Yellow, Black）色彩空间应用于印刷业，印刷业通过青（C）、品（M）、黄（Y）三原色油墨的不同网点面积率的叠印来表现丰富多彩的颜色和阶调，这便是三原色的 CMY 色彩空间。在理论上，任何一种颜色都可以用这三种基本颜料按一定比例混合得到。

但实际上，目前的制造工艺还不能造出高纯度的油墨，故仅用这三种彩色油墨不能混合出所有颜色，还需要加入一种专门的黑墨来中和，否则会让一些颜色看上去不干净且发虚。这样颜色模型就变成青（C）、品（M）、黄（Y）、黑（K）四色，也就是 CMYK 色彩模型。CMYK 色彩空间是和设备或者是印刷过程相关的，如工艺方法、油墨的特性、纸张的特性等，不同的条件有不同的印刷结果。所以 CMYK 色彩空间称为与设备有关的表色空间。此外，CMYK 具有多值性，即对同一种具有相同绝对色度的颜色，在相同印刷过程的前提下，可以用多种 CMYK 数字组合来表示和印刷出来。这种特性给颜色管理带来了很多麻烦，但也给控制带来了很多的灵活性。在印刷过程中，要经过一个分色的过程。所谓分色，就是将计算机中使用的 RGB 颜色转换成印刷使用的 CMYK 颜色。在转换过程中存在着两个复杂的问题，其一是这两个色彩空间在表现颜色的范围上不完全一样：RGB 的色域较大，而 CMYK 的则较小，因此要进行色域压缩；其二是需要通过一个与设备无关的颜色空间来进行转换，例如可以通过 Lab 色彩空间来进行转换。

3.4.2.7 Lab 模型

同 RGB 色彩空间相比，Lab 是一种不常用的色彩空间。它是国际照明委员会（CIE）在 1931 年制定的颜色度量国际标准的基础上建立起来的。1976 年，经修订后被正式命名为 CIELab。它是一种与设备无关的颜色系统，也是一种基于生理特征的颜色系统。这也就意味着，它是用数字化的方法来描述人的视觉感应的。Lab 颜色空间中的 L 分量用于表示像素的亮度，取值范围是 [0, 100]，表示从纯黑到纯白；a 表示从红色到绿色的范围，取值范围是 [127, -128]；b 表示从黄色到蓝色的范围，取值范围是 [127, -128]。图 3-49 所示为 Lab 色彩空间的图示。

Lab 色彩空间比计算机显示器、打印机

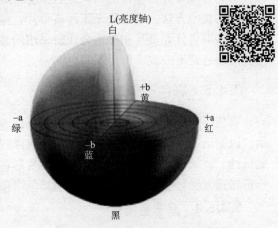

图 3-49　Lab 色彩空间图示

甚至人类视觉的色域都要大，表示为 Lab 的位图比 RGB 位图或 CMYK 位图在获得同样精度时要求更多的每像素数据。在生活中，我们使用 RGB 色彩空间会较多一些。例如，在 Adobe Photoshop 图像处理软件中、TIFF 格式文件中和 PDF 文档中都可以见到 Lab 色彩空间的身影。而在计算机视觉中，尤其是颜色识别相关的算法设计中，RGB、HSV、Lab 色彩空间混用更是常用的方法。

3.4.3 颜色空间的量化

很多图像处理算法是以颜色为原理展开的，因此颜色数目在很大程度上决定了算法的运行效率。如果可以大大降低图像中的颜色数目，将可以轻松地优化特定的图像处理算法。

（1）统一量化方法。这种方法是对色彩空间进行划分，挑选一组均匀分布 RGB 成分的色彩表颜色。最简单的表示方法：分离 RGB 色彩空间，使之在每一维上分成相等的片，用每个原色色彩层的相交体，产生多种基本原色的代表色，这样可选出一组用途广泛的颜色。最典型的情况是 K 为 256，显示器有 8 个位面。考虑到人眼对不同颜色的敏感度，将空间中的红轴、绿轴各分 3 个位面，蓝轴分两个位面，这样红色 8 种、绿色 8 种、蓝色 4 种，可组合得到 $8×8×4=256$ 种色彩。采用这种统一量化方法，一幅图像选择颜色值通过舍入某些成分而得到近似表示。

（2）频度序列算法又称多数法，通过扫描图像，统计图像中所出现颜色种类的数目和每种颜色出现的频度次数，挑选其中出现频率最高的 K 种颜色，其余颜色按最小距离准则映射到调色板中。图像中一般小亮点只覆盖几个像素，此颜色值在图像中不具有足够的代表性而不被选中，使得类如绿色草原中一朵小红花的红色点着色不正确。这种方法思想简捷、算法规整、存储量大，但由于某些颜色出现频率低而被丢失，使图像显示失真，效果不够理想。

3.4.4 假彩色处理

假彩色处理又称彩色合成，是用同一地区或景物的不同波段的黑白（分光）图像，分别通过不同的滤光系统，使其相应影像准确地重合，生成该地区或景物的彩色图像的技术过程。彩色合成首先必须得到同一地区或景物的分光（或不同波段的）负片；然后根据合成所采用的技术方法，选用分光正片或负片；最后经分别滤光或加色，并准确重合后得到彩色图像。若取得分光负片和彩色合成所采用的滤光系统不一致又不一一对应，得到图像的彩色与实际彩色则不一致，称为假彩色。

3.4.5 彩色图像增强

彩色图像增强一般是指用多波段的黑白遥感图像，通过各种方法进行彩色合成或彩色显示，以突出不同物体之间的差别，提高解译效果的技术。彩色图像增强技术是利用人眼的视觉特性，将灰度图像变成彩色图像或改变彩色图像已有的彩色分布，改善图像的可分辨性。彩色增强方法可分为真彩色增强和伪彩色增强两大类。

3.4.5.1 真彩色增强

真彩色增强的对象是一幅自然彩色图像。在彩色图像处理中，选择合适的彩色模型很重要。经常采用的颜色模型有 RGB、HIS 等，如图 3-50 所示。

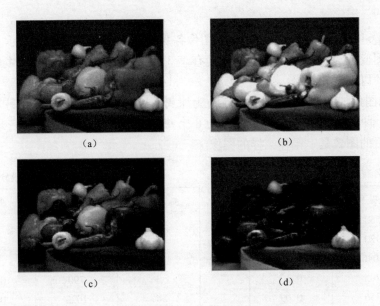

图 3-50 真彩色图像分解图示
(a) 原始真彩色图像；(b) 真彩色图像的红色分量；(c) 真彩色图像的绿色分量；(d) 真彩色图像的蓝色分量

3.4.5.2 伪彩色增强

伪彩色增强是对原来灰度图像中的不同灰度值区域赋予不同的颜色，从而把灰度图变成彩色图像，提高图像的可视分辨率。因为原图没有颜色，所以人工赋予的颜色常称为伪彩色，这个赋色过程实际是一种重新着色的过程。一般来说，伪彩色处理就是对图像中的黑白灰度级进行分层着色，而且分的层次越多，彩色种类就越多，人眼所能识别的信息也越多，从而达到图像增强的效果。伪彩色变换可以是线性的，也可以是非线性的，伪彩色图像的处理可以在空间域内实现，也可以在频域内实现。得到的伪彩色图像可以是离散的彩色图像，也可以是连续的彩色图像。伪彩色增强主要有密度分割法和空间域灰度级-彩色变换法。

（1）密度分割法是把灰度图像的灰度级从黑到白分成 N 个区间，给每个区间指定一种彩色，这样便可以把一幅灰度图像变成一幅伪彩色图像。该方法的优点是比较简单、直观，缺点是变换出的彩色数目有限。

（2）与密度分割法不同，空间域灰度级-彩色变换法是一种更为常用、更为有效的伪彩色增强方法。其根据色彩学原理，首先将原图像 $f(x,y)$ 的灰度范围分段，经过 RGB 三个变换，变成三基色分量 $R(x,y)$、$G(x,y)$、$B(x,y)$；然后用它们分别控制彩色显示器的 RGB 电子枪，便可以在彩色显示器的屏幕上合成一幅彩色图像。三个变换是独立的，彩色的含量由变换函数的形式决定。

习 题

3-1 试给出把灰度范围（0，10）拉伸为（0，15），把灰度范围（10，20）移到（15，25），并把灰度范围（20，30）压缩为（25，30）的变换方程。

3-2 试给出变换方程 $t(Z)$，使其满足在 $10 \leqslant Z \leqslant 100$ 的范围内，$t(Z)$ 是 $\lg Z$ 的线性

函数。

3-3 已知一幅64×64，3 bit 数字图像，原图像各灰度级的频数如表3-5所示。要求将此幅图像进行直方图变换，使其变换后的图像具有表3-6所示的灰度级分布，并画出变换前后图像的直方图，以作比较。

3-4 已知一幅图像如图3-51所示，即半边为深灰色，其灰度级为1/7，而另半边是黑色，其灰度级为0。假设在（0，1）之间划分为8个灰度等级，试对此图像进行均匀化处理，并描述均匀化后的图像是一幅什么样的图像。

表3-5 原图各灰度级的频数

$f(x,y)$	n_k	n_k/n
0	560	0.14
1	920	0.22
2	1046	0.26
3	705	0.17
4	356	0.09
5	267	0.06
6	170	0.04
7	72	0.02

表3-6 变换后图像各灰度级分布

$g_h(x,y)$	n_k	n_k/n
0	0	0
1	0	0
2	0	0
3	790	0.19
4	1023	0.25
5	850	0.21
6	985	0.24
7	448	0.11

3-5 有一幅图像如图3-52所示，由于干扰，在接收时图中有若干个亮点（灰度为255），试问此类图像如何处理？并将处理后的图像画出来。

3-6 试证明拉普拉斯算子 $\left(\dfrac{\partial^2}{\partial x^2}\right)+\left(\dfrac{\partial^2}{\partial y^2}\right)$ 的旋转不变性。

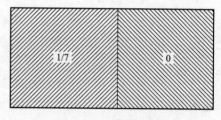

图3-51 习题3-4图

3-7 图像增强中数字拉普拉斯算子常用什么形式？试用拉普拉斯算子对图3-53进行增强运算，并将增强后的图像画出来。

1	1	1	8	7	4
2	255	2	3	3	3
3	3	255	4	3	3
3	3	3	255	4	6
3	3	4	5	255	8
2	3	4	6	7	8

图3-52 习题3-5图

0	0	0	0	0	0	0	0
0	0	0	0	0	0	0	0
0	0	1	1	1	1	0	0
0	0	1	1	1	1	0	0
0	0	1	1	1	1	0	0
0	0	1	1	1	1	0	0
0	0	0	0	0	0	0	0
0	0	0	0	0	0	0	0

图 3-53 习题 3-7 图

参 考 文 献

[1] WENG S W, LIN C Y, LIN C C. Adaptive Reversible Data Hiding with Contrast Enhancement Based on Multi-Histogram Modification [J]. IEEE Transactions on Circuits and Systems for Video Technology, 2022, 33 (8): 3843-3856.

[2] BURGER W, BURGE M J. Principles of Digital Image Processing: Core Algorithms [M]. NY: Springer, 2016.

[3] DAVIES E R. Machine Vision: Theory, Algorithms, Practicalities [M]. San Francisco: Morgan Kaufmann. 2005.

[4] 朱虹, 等. 数字图像处理基础 [M]. 北京: 科学出版社, 2005.

[5] 黄爱民, 安向东, 骆力. 数字图像处理与分析基础 [M]. 北京: 中国水利水电出版社, 2005.

[6] 李弼程, 彭天强, 彭波, 等. 智能图像处理技术 [M]. 北京: 电子工业出版社, 2004.

[7] 科斯汗, 阿比狄. 彩色数字图像处理 [M]. 章毓晋, 译. 北京: 清华大学出版社, 2010.

[8] 朱秀昌, 刘峰, 胡栋. 数字图像处理与分析基础 [M]. 北京: 北京邮电大学出版社, 2002.

第 4 章
图 像 复 原

在成像过程中,由于成像系统各种因素的影响,可能使图像质量降低。这种图像质量的降低称为"退化"。与图像增强相似,图像复原的目的也是改善图像的质量。但是图像复原是试图利用退化过程的先验知识使已被退化的图像恢复本来面目,而图像增强是用某种试探的方式改善图像质量,以适应人眼的视觉和心理,这是图像复原与图像增强的本质差别。因此,本章讨论的基础是退化的数学模型,图像复原可以看成是退化的逆过程。

在成像系统中,引起图像退化的原因很多,例如,成像系统的散焦,成像设备与物体的相对运动,成像器材的固有缺陷以及外部干扰等。由这些因素造成的图像退化的典型现象是图像模糊,去模糊是一种基本的复原问题。由于图像复原建立在比较严格的数学推导之上,所以有较多复杂的数学运算是本章的特点。

4.1 退化的数学模型

设有一成像系统,当输入为$f(x,y)$时,输出为$g(x,y)$,即
$$g(x,y) = T[f(x,y)] \tag{4.1.1}$$
式中:$T[\ \cdot\ ]$表示这一系统对输入图像的作用,它可能是线性的,也可能是非线性的。现在讨论线性系统的情况。

一幅图像$f(x,y)$可以看作是由一系列点源组成的,因此,$f(x,y)$可以通过点源函数的卷积表示:

$$f(x, y) = \iint_{-\infty}^{\infty} f(\alpha, \beta)\delta(x - \alpha, y - \beta)\,\mathrm{d}\alpha\mathrm{d}\beta \tag{4.1.2}$$

式中:δ函数为点源函数,可表示为

$$\delta(x - \alpha, y - \beta) = \delta(x - \alpha)\delta(y - \beta) \tag{4.1.3}$$

因此,经成像系统处理后,输出图像为

$$g(x, y) = T[f(x, y)] = \iint_{-\infty}^{\infty} f(\alpha, \beta) T[\delta(x - \alpha, y - \beta)]\,\mathrm{d}\alpha\mathrm{d}\beta$$

$$= \iint_{-\infty}^{\infty} f(\alpha, \beta) h(x, \alpha, y, \beta)\,\mathrm{d}\alpha\mathrm{d}\beta \tag{4.1.4}$$

式中:$h(x,\alpha,y,\beta) = T[\delta(x-\alpha,y-\beta)]$,称为系统的点扩散函数或系统的冲激响应。

图像退化正是由于系统的冲激响应是位移不变的：

$$h(x, \alpha, y, \beta) = h(x - \alpha, y - \beta) \tag{4.1.5}$$

因此输出图像为

$$g(x, y) = \iint_{-\infty}^{\infty} f(\alpha, \beta) h(x - \alpha, y - \beta) \mathrm{d}\alpha \mathrm{d}\beta = f(x, y) * h(x, y) \tag{4.1.6}$$

如果 $T[\cdot]$ 是可分离系统，则

$$h(x, \alpha, y, \beta) = h_1(x, \alpha) h_2(y, \beta) \tag{4.1.7}$$

一个系统如果满足这个条件，就可以把二维问题化作一维问题，这与正交变换中可分离核是相似的。

对一个线性、位移不变、可分离系统，它所成的像可表示为

$$g(x, y) = \iint_{-\infty}^{\infty} f(\alpha, \beta) h_1(x - \alpha) h_2(y - \beta) \mathrm{d}\alpha \mathrm{d}\beta \tag{4.1.8}$$

图像复原就是对某一系统而言，已知 $g(x,y)$ 求 $f(x,y)$ 的问题。

图像退化除了成像系统本身的因素以外，有时还受到噪声的污染。一般假设噪声 $n(x,y)$ 是加性白噪声，这时退化后的图像为

$$g(x, y) = \iint_{-\infty}^{\infty} f(\alpha, \beta) h(x - \alpha, y - \beta) \mathrm{d}\alpha \mathrm{d}\beta + n(x, y) \tag{4.1.9}$$

图像的退化模型如图 4-1 所示。

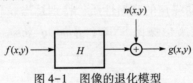

图 4-1　图像的退化模型

4.2　图像中的噪声

实际的图像常受一些随机误差的影响而退化，我们通常称这个退化为噪声（Noise）。在图像的捕获、传输或处理过程中都可能出现噪声，噪声可能依赖于图像内容，也可能与其无关。

噪声一般用其概率特征来描述。理想的噪声称为白噪声（White Noise），具有常量的功率谱 $S=c$，即其强度不随着频率的增加而衰减。白噪声是一种常用的模型，被用作退化的最坏估计，使用这种模型的优点是计算简单。其中，高斯噪声（Gaussian Noise）是白噪声的一个特例，其概率密度函数服从高斯分布。在一维的情况下，密度函数为

$$p(x) = \frac{1}{\sigma \sqrt{2\pi}} \mathrm{e}^{-\frac{(x-\mu)^2}{2\sigma^2}} \tag{4.2.1}$$

式中：μ 和 σ 分别是随机变量的均值和标准差。在很多实际情况下，噪声可以很好地用高斯噪声来近似。

当图像通过信道传输时，噪声一般与出现的图像信号无关。这种独立于信号的退化称为

加性噪声（Additive Noise），可用如下的模型表示：
$$f(x, y) = g(x, y) + v(x, y) \tag{4.2.2}$$
式中：噪声 v 和输入图像 g 是相互独立的变量。

下面的算法用来在图像中产生具有零均值的加性高斯噪声。

（1）给 σ 取一个值，它的值小时，相应的噪声也小。

（2）如果图像的灰阶范围是 $[0, G-1]$，计算
$$p[i] = \frac{1}{\sigma\sqrt{2\pi}} e^{\frac{-i^2}{2\sigma^2}}, \quad i = 0, 1, \cdots, G-1$$

（3）对于亮度为 $g(x, y)$ 的像素点 (x, y)，产生一个位于 $[0, 1]$ 范围内的随机数 q_1，计算
$$j = \arg\min_i(q_1 - p[i])$$

（4）从集合 $\{-1, 1\}$ 中产生一个随机数 q_2。设
$$f^*(x, y) = g(x, y) + q_2 j$$

（5）设
$$\begin{cases} f(x, y) = 0, & f^*(x, y) < 0 \\ f(x, y) = G-1, & f^*(x, y) > G-1 \\ f(x, y) = f^*(x, y), & \text{其他} \end{cases} \tag{4.2.3}$$

（6）转到第（3）步，直到扫描完所有的像素。

式（4.2.3）的截断会减弱噪声的高斯性质，特别是当 σ 值比 G 值大时更为显著。

根据式（4.2.2），可以定义信噪比 SNR（Signal-to-Noise Ratio）。计算噪声贡献的所有平方和：
$$E = \sum_{(x, y)} v^2(x, y)$$

将上式与观察到的信号的所有平方和进行比较，则
$$F = \sum_{(x, y)} f^2(x, y)$$

信噪比为
$$\text{SNR} = \frac{F}{E} \tag{4.2.4}$$

严格地说，我们测量的是对应于平均误差的平均观测值，所以计算显然是一样的。SNR 是图像品质的一个度量，值越大越好。

噪声的幅值在很多情况下与信号本身的幅值有关。如果噪声的幅值比信号的幅值大很多，我们可以写成
$$f = g + vg = g(1 + v) \approx gv \tag{4.2.5}$$

这种模型表达的是乘性噪声（Multiplicative Noise）。乘性噪声的一个例子是电视光栅的退化，它与电视扫描线有关，在扫描线上最大，在两条扫描线之间最小；另一个乘性噪声的例子是胶片材料的退化，这是由感光乳剂有限大小银颗粒所引起的。

量化噪声（Quantization Noise）会在量化级别不足时出现，如仅有 50 个级别的单色图像，在这种情况下会出现伪轮廓，量化噪声可以被简单地消除。

冲激噪声（Impulsive Noise）是指一幅图像被个别噪声像素破坏，这些像素的亮度与其邻域的显著不同。

椒盐噪声（Salt-and-Pepper Noise）是指饱和的冲激噪声，这时图像被一些白的或黑的像素所破坏。椒盐噪声会使二值图像退化。

在抑制图像噪声的问题中，如果对于噪声的性质没有任何先验知识，局部预处理方法是合适的。如果事先知道噪声的参数，可以使用图像复原技术解决。

4.3 连续系统的图像复原

4.3.1 一般原理

式（4.1.9）的退化模型可以简写成

$$g = T[f] + n$$

图像复原就是求上式 f 的解，如果有解，则可以写成

$$f = T^{-1}[g - n] \tag{4.3.1}$$

对于一个特定的图像来说，其解应当是唯一的。可以证明，如果不附加条件，式（4.1.9）的解并不是唯一的。因为我们总可以找到一个函数 $l(x,y)$ 和 $h(x-\alpha, y-\beta)$ 正交，即

$$\iint_{-\infty}^{\infty} h(x-\alpha, y-\beta) l(\alpha, \beta) \mathrm{d}\alpha \mathrm{d}\beta = 0 \tag{4.3.2}$$

因此，$f(x,y)+c$ 和 $l(x,y)$ 都是这个积分方程的解，所以解不是唯一的。

另外，在研究傅里叶级数时，有这样一个定理，如果 $\Psi(x)$ 在任意区间内可积，有

$$\int_{-\infty}^{\infty} |\Psi(x)| \mathrm{d}x < \infty$$

则

$$\begin{cases} \lim_{\lambda \to \infty} \int_{-\infty}^{\infty} \Psi(x) \sin(\lambda x) \mathrm{d}x = 0 \\ \lim_{\lambda \to \infty} \int_{-\infty}^{\infty} \Psi(x) \cos(\lambda x) \mathrm{d}x = 0 \end{cases} \tag{4.3.3}$$

所以只要 $\iint_{-\infty}^{\infty} |h(x-\alpha, y-\beta)| \mathrm{d}\alpha \mathrm{d}\beta$ 对任意的 x、y 有界，则对于任意小的数 ε，总能找到一个数 A。当 λ_1 和 λ_2 均大于 A 时，有

$$\iint_{-\infty}^{\infty} h(x-\alpha, y-\beta) \sin(\lambda_1 \alpha) \sin(\lambda_2 \beta) \mathrm{d}\alpha \mathrm{d}\beta < \varepsilon \tag{4.3.4}$$

因此，式（4.1.9）的积分方程是没有唯一解的，只能在许多解中找出满足特定条件的合理解。根据不同的特定条件可以形成不同的复原方法，下面将分别进行讨论。

4.3.2 逆滤波

设成像系统是线性时不变的，则

$$g(x, y) = \iint_{-\infty}^{\infty} f(\alpha, \beta) h(x - \alpha, y - \beta) \mathrm{d}\alpha \mathrm{d}\beta + n(x, y) \tag{4.3.5}$$

对式 (4.3.5) 两边做傅里叶变换, 可得

$$G(u, v) = F(u, v) H(u, v) + N(u, v) \tag{4.3.6}$$

式中: $G(u,v)$, $F(u,v)$, $H(u,v)$, $N(u,v)$ 分别是 $g(x,y)$, $f(x,y)$, $h(x,y)$, $n(x,y)$ 的傅里叶变换, $H(u,v)$ 又称为系统的转移函数。

在没有噪声的理想情况下, 式 (4.3.6) 变为

$$G(u, v) = F(u, v) H(u, v) \tag{4.3.7}$$

在式 (4.3.7) 两边乘以 $1/[H(u, v)]$, 可得

$$F(u, v) = \frac{G(u, v)}{H(u, v)} \tag{4.3.8}$$

因此已知系统的转移函数 $H(u, v)$, 用式 (4.3.8) 即可求得 $F(u, v)$; 由此可以通过傅里叶反变换得到原始函数:

$$f(x, y) = F^{-1} \left[\frac{G(u, v)}{H(u, v)} \right] \tag{4.3.9}$$

这种复原方法就称为逆滤波。频域的逆滤波模型如图 4-2 所示。

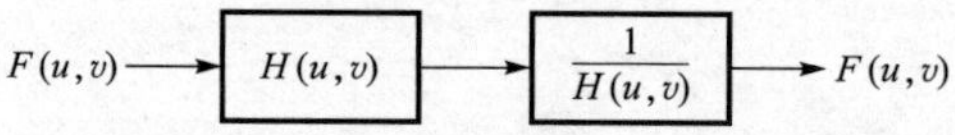

$F(u,v) \longrightarrow \boxed{H(u,v)} \longrightarrow \boxed{\dfrac{1}{H(u,v)}} \longrightarrow F(u,v)$

图 4-2 频域的逆滤波模型 (无噪声)

但是, 在实际情况下总有噪声存在, 若仍用逆滤波方法, 则从式 (4.3.6) 可得 $F(u,v)$ 的估值如下:

$$\hat{F}(u, v) = F(u, v) + \frac{N(u, v)}{H(u, v)} \tag{4.3.10}$$

逆滤波复原的原理十分简单, 但是由于在实现中存在较大的困难而使复原效果受到很大影响。首先是 $H(u,v)$ 零点的影响。在无噪声的理想情况下, 如果 $H(u,v)$ 在某些对图像信号有较大影响的点或区域上为 0, 那么 $G(u,v)$ 的值在这些频率处也为 0, 因此就无法用式 (4.3.8) 确定这些频率处 $F(u,v)$ 的值。而在存在噪声的一般情况下, 从式 (4.3.10) 可见, 估值 $\hat{F}(u,v)$ 和实际值 $F(u,v)$ 之间相差一项 $N(u,v)/[H(u,v)]$。显然, 在 $H(u,v)= 0$ 的频率上, 由于噪声的存在, 使这些频率上的估值 $\hat{F}(u,v)$ 没有意义。而且在这些零点附近, 由于 $H(u,v)$ 非常小, $N(u,v)/[H(u,v)]$ 变得很大, 从而误差大大增加, 以致无法得到正确的复原结果。

在一般情况下, $H(u,v)$ 具有低通特性, 即在原点附近的有限区域内, $H(u,v) \neq 0$, 而且迅速下降。而噪声则由于有较宽的带宽, 下降的速度要慢得多, 因此逆滤波复原常在原点附近的有限区域内进行, 以避免 $H(u,v)$ 出现零点或有较小的值。这样可以得到比较合理的结果, 但是仍然不可避免地要对复原后的图像质量产生较大的影响。

4.3.3 维纳滤波

维纳 (Wiener) 滤波是有约束条件的复原, 它是以最小均方误差为准则的滤波。

我们仍然考虑线性时不变系统, 并将式 (4.3.5) 重写为

$$g(x, y) = \iint_{-\infty}^{\infty} f(\alpha, \beta)h(x-\alpha, y-\beta)\mathrm{d}\alpha\mathrm{d}\beta + n(x, y) \tag{4.3.11}$$

现在求式 (4.3.11) 的解 $f(x,y)$ 的估值 $\hat{f}(x,y)$。

设 $\hat{f}(x,y)$ 有如下形式:

$$\hat{f}(x, y) = \iint_{-\infty}^{\infty} m(x-\alpha, y-\beta)g(\alpha, \beta)\mathrm{d}\alpha\mathrm{d}\beta \tag{4.3.12}$$

假设 $g(x,y)$ [包括 $f(x,y)$ 和 $n(x,y)$] 是平稳的随机变量, $h(x,y)$ 是确知的函数。求 $m(x,y)$, 使误差

$$e^2 = E[|f(x,y) - \hat{f}(x,y)|^2] \tag{4.3.13}$$

最小, 这就是著名的维纳滤波问题, 解法很多, 这里直接给出连续的维纳滤波的最后结果。

设 $S_{ff^*}(u,v)$ 为 $f(x,y)$ 的相关函数 $R_{ff^*}(x,y)$ 的傅里叶变换; $S_{gg^*}(u,v)$ 是 $g(x,y)$ 的相关函数 $R_{gg^*}(x,y)$ 的傅里叶变换; $S_{nn^*}(u,v)$ 是噪声 $n(x,y)$ 的相关函数 $R_{nn^*}(x,y)$ 的傅里叶变换; $H(u,v)$ 是点扩展函数 $h(x,y)$ 的傅里叶变换, 则

$$M(u, v) = \frac{H^*(u, v)S_{f^*f}(u, v)}{S_{g^*g}} = \frac{H^*(u, v)S_{f^*f}(u, v)}{H(u, v)H^*(u, v)S_{f^*f}(u, v) + S_{n^*n}(u, v)}$$

$$= \frac{|H(u, v)|^2}{H(u, v)[|H(u, v)|^2 + S_{n^*n}(u, v)/S_{f^*f}(u, v)]} \tag{4.3.14}$$

其中,

$$S_{f^*f}(u,v) = S_{ff^*}(-u, -v); S_{g^*g}(u,v) = S_{gg^*}(-u, -v); S_{n^*n}(u,v) = S_{nn^*}(-u, -v)$$

是维纳滤波的解; $S_{n^*n}(u,v)/[S_{f^*f}(u,v)]$ 是噪声和信号能量之比。

若噪声 $n(x,y) = 0$, 则式 (4.3.14) 变为 $M(u,v) = 1/[H(u,v)]$, 即为逆滤波。为了计算 S_{n^*n}, 可以令输入 $f(x,y) = 0$, 则 $g(x,y) = n(x,y)$, 由此计算 $R_{n^*n}(x,y)$, 并得 $S_{n^*n} = F[R_{n^*n}(x,y)]$。当解 $M(u,v)$ 满足式 (4.3.14) 时, 均方误差为

$$e^2 = \iint_{-\infty}^{\infty} \frac{S_{n^*n}(u, v)}{|H(u, v)|^2 + S_{n^*n}(u, v)/[S_{f^*f}(u, v)]}\mathrm{d}u\mathrm{d}v \tag{4.3.15}$$

4.4 离散情况下的退化模型

4.3 节讨论了在连续情况下, 对一个线性时不变系统而言, 退化模型可以用连续函数的卷积来表示。同样, 在离散情况下, 退化模型可以表示成离散卷积的形式。下面讨论一维和二维的情况。

4.4.1 一维信号退化模型

为使讨论简化, 不考虑噪声的存在, 这时退化模型可用下式离散卷积来表示。设离散序列 $f(m)$ 定义在 $m=0, 1, \cdots, N-1$ 各点上, 在其他 m 值上, $f(m) = 0$; $h(m)$ 定义在 $m=0, 1, \cdots, M-1$ 各点上, 在其他 m 值上, $h(m) = 0$, 且 $N > M$, 则它们的离散卷积为

$$g(m) = \sum_{k=0}^{N-1} f(k)h(m-k) = f(m) * h(m) \tag{4.4.1}$$

由此得到结果 $g(m)$ 在 $m=0,1,\cdots,M+N-2$ 上有确定的值,在其他 m 值上,$g(m)=0$。

式(4.4.1)还可以用矩阵的形式表示。

离散卷积还可用周期卷积来表示。首先将 $f(m)$ 和 $h(m)$ 分别做周期延拓,周期都为 $P=M+N-1$,即在一个周期内,有

$$f_e(m)=\begin{cases}f(m), & 0\leqslant m\leqslant N-1\\ 0, & N\leqslant m\leqslant P-1\end{cases} \quad (4.4.2)$$

$$h_e(m)=\begin{cases}h(m), & 0\leqslant m\leqslant M-1\\ 0, & M\leqslant m\leqslant P-1\end{cases} \quad (4.4.3)$$

周期延拓是为了避免卷积的各个周期产生交叠,则周期卷积可定义为

$$f_e(m)\otimes h_e(m)=\sum_{k=0}^{P-1}f_e(k)h_e(m-k)_P \quad (4.4.4)$$

式中:m 为任意值,$(k)_P=k \bmod P$,在一个周期内,有

$$f_e(m)\otimes h_e(m)=f(m)*h(m)=g(m)$$

即

$$g(m)=\sum_{k=0}^{P-1}f_e(k)h_e(m-k), \quad m=0,1,\cdots,P-1 \quad (4.4.5)$$

用矩阵可表示为

$$\begin{bmatrix}g(0)\\ g(1)\\ \vdots\\ g(P-1)\end{bmatrix}=\begin{bmatrix}h_e(0) & h_e(-1) & \cdots & h_e(-P+1)\\ h_e(1) & \cdots & & h_e(-P+2)\\ \vdots & \vdots & & \vdots\\ h_e(P-1) & h_e(P-2) & \cdots & h_e(0)\end{bmatrix}\begin{bmatrix}f_e(0)\\ f_e(1)\\ \vdots\\ f_e(P-1)\end{bmatrix} \quad (4.4.6)$$

因为 $h_e(m)$ 的周期为 P,所以 $h_e(m+P)=h_e(m)$,则

$$\begin{bmatrix}g(0)\\ g(1)\\ \vdots\\ g(P-1)\end{bmatrix}=\begin{bmatrix}h_e(0) & h_e(P-1) & \cdots & h_e(1)\\ h_e(1) & \cdots & & h_e(2)\\ \vdots & \vdots & & \vdots\\ h_e(P-1) & \cdots & & h_e(0)\end{bmatrix}\begin{bmatrix}f_e(0)\\ f_e(1)\\ \vdots\\ f_e(P-1)\end{bmatrix} \quad (4.4.7)$$

还可以写成更简洁的形式

$$\boldsymbol{g}=\boldsymbol{h}\boldsymbol{f} \quad (4.4.8)$$

式中:$\boldsymbol{g}$ 和 $\boldsymbol{f}$ 都是 P 维列向量;$\boldsymbol{h}$ 则是 $P\times P$ 阶矩阵。

由式(4.4.7)可知,矩阵 $\boldsymbol{h}$ 中的每行元素均相同,只是每行以循环方式右移一位,因此矩阵 $\boldsymbol{h}$ 称为循环矩阵。可以证明,循环矩阵相加还是循环矩阵;循环矩阵相乘还是循环矩阵。

4.4.2 二维信号退化模型

设一离散二维信号 $f(m,n)$,它在 $M\times N$ 大小的范围内有值,其他位置上为0,即

$$f(m,n)=\begin{cases}f(m,n), & 0\leqslant m\leqslant M-1, \quad 0\leqslant n\leqslant N-1\\ 0, & \text{其他}\end{cases}$$

设

$$h(m,n)=\begin{cases}h(m,n), & 0\leqslant m\leqslant J-1, \quad 0\leqslant n\leqslant K-1\\ 0, & \text{其他}\end{cases}$$

这时二维卷积可以写成

$$g(m, n) = \sum_{k=0}^{M-1} \sum_{l=0}^{N-1} h(m-k, n-l) f(k, l) = h(m, n) * f(m, n) \quad (4.4.9)$$

结果 $g(m, n)$ 在 $P \times Q$ 范围内有值，$P = M+J-1$，$Q = N+K-1$，即

$$g(m, n) = \begin{cases} g(m, n), & 0 \leq m \leq P-1, \quad 0 \leq n \leq Q-1 \\ 0, & \text{其他} \end{cases} \quad (4.4.10)$$

这说明卷积结果不为零的区域相当于在 f 的两个边上加上宽度为 $J-l$ 和 $K-l$ 的区域。

和一维情况一样，可以用二维周期卷积代表二维的线性卷积，这时同样要对 $f(m,n)$ 和 $h(m,n)$ 做周期延拓，延拓后的大小为 $P \times Q$，同样有

$$P = M + J - 1, \qquad Q = N + K - 1$$

即

$$f_e(m, n) = \begin{cases} f(m, n), & 0 \leq m \leq M-1, \quad 0 \leq n \leq N-1 \\ 0, & M \leq m \leq P-1, \quad N \leq n \leq Q-1 \end{cases}$$

$$h_e(m, n) = \begin{cases} h(m, n), & 0 \leq m \leq J-1, \quad 0 \leq n \leq K-1 \\ 0, & J \leq m \leq P-1, \quad K \leq n \leq Q-1 \end{cases} \quad (4.4.11)$$

则 $h_e(m,n)$ 和 $f_e(m,n)$ 的周期卷积为

$$\begin{aligned} g_e(m, n) &= \sum_{k=0}^{P-1} \sum_{l=0}^{Q-1} h_e[(m-k)_P, (n-1)_Q] f_e(k, 1) \\ &= h_e(m, n) \otimes f_e(m, n) \end{aligned} \quad (4.4.12)$$

式中：m，n 为任意值。

在一个周期内，即当 $0 \leq m \leq P-1$ 和 $0 \leq n \leq Q-1$，周期卷积的结果与线性卷积相同，即

$$g_e(m, n) = h(m, n) * f(m, n) = g(m, n) \quad (4.4.13)$$

现在用向量 $\boldsymbol{g}$ 和 $\boldsymbol{f}$ 来表示二维离散图像 $g(m,n)$ 和 $f(m,n)$，方法是将 $g(m,n)$ 和 $f(m,n)$ 中的元素按行堆砌成列向量：

$$\begin{aligned} \boldsymbol{g} = [&g(0, 0), g(0, 1), \cdots, g(0, Q-1), g(1, 0), \cdots, \\ &g(1, Q-1), \cdots, g(P-1, Q-1)]^T \end{aligned} \quad (4.4.14)$$

用同样的方法堆砌成 $\boldsymbol{f}$，就可以把式（4.4.12）写成矩阵形式：

$$\boldsymbol{g} = \boldsymbol{hf} \quad (4.4.15)$$

式中：$\boldsymbol{h}$ 是 $PQ \times PQ$ 矩阵，可以写成

$$\boldsymbol{h} = \begin{bmatrix} \boldsymbol{h}_0 & \boldsymbol{h}_1 \\ \boldsymbol{h}_1 & \boldsymbol{h}_2 \\ \vdots & \vdots \\ \boldsymbol{h}_{P-1} & \boldsymbol{h}_0 \end{bmatrix} \quad (4.4.16)$$

式中：$\boldsymbol{h}_j$ 为子矩阵，大小为 $Q \times Q$，即矩阵 $\boldsymbol{h}$ 由 $P \times P$ 个大小为 $Q \times Q$ 的子矩阵组成。

子矩阵的下标是以循环的方式排列的，其中，

$$\boldsymbol{h}_j = \begin{bmatrix} h_e(j, 0) & h_e(j, Q-1) & \cdots & h_e(j, 1) \\ h_e(j, 1) & h_e(j, 0) & \cdots & h_e(j, 2) \\ \vdots & \vdots & & \vdots \\ h_e(j, Q-1) & h_e(j, Q-2) & \cdots & h_e(j, 0) \end{bmatrix} \quad (4.4.17)$$

显然，矩阵 h_j 中元素的第二个下标也是以循环方式变化的，所以 h_j 也是循环矩阵。因此，矩阵 h 称为分块循环矩阵。

有关二维卷积的运算，这里不再多叙，望参考其他书籍。

4.5 离散情况下的复原

本节叙述的离散情况下的复原方法是建立在前面讨论的退化模型的基础上，它们的基本思想都是设法找出原始图像的估计值 $\hat{f}$，使预先确定的某个优化准则最小。这些方法可分为无约束条件复原和有约束条件复原。

4.5.1 无约束条件复原

这里仅讨论逆滤波复原的情况。前面已经证明，成像系统的输出图像和输入图像的关系可以用堆砌以后的向量方程来表示，即

$$g = hf + n \tag{4.5.1}$$

式中：h 为一分块循环矩阵。

式（4.5.1）比式（4.4.8）多了一项噪声项 n，这是考虑到实际情况而加上的。

现在求一个估值向量 $\hat{f}$，使 $g-h\hat{f}$ 的幅值最小，或看作使噪声最小。为此定准则函数为

$$\begin{aligned} J[\hat{f}] &= [g - h\hat{f}]^T[g - h\hat{f}] \\ &= g^Tg - \hat{f}^Th^Tg - g^Th\hat{f} + \hat{f}^Th^Th\hat{f} \end{aligned} \tag{4.5.2}$$

为了求得 $\hat{f}$，使准则函数最小，可将式（4.5.2）对向量 $\hat{f}$ 求导数，并令其等于0。下面用到对向量求导数的两个性质，设 a 和 b 为两个向量，A 为对称矩阵，J 为一标量。

（1）如果 $J = a^Tb = b^Ta$，则

$$\frac{\partial J}{\partial a} = b \tag{4.5.3}$$

（2）如果 $J = a^TAa$，则

$$\frac{\partial J}{\partial a} = 2Aa \tag{4.5.4}$$

现在对式（4.5.2）求导数，并令其等于0，则

$$\frac{\partial J}{\partial \hat{f}} = -h^Tg - [g^Th]^T + 2h^Th\hat{f} = 0$$

即

$$-h^Tg + h^Th\hat{f} = 0 \tag{4.5.5}$$

若 h 的逆 h^{-1} 存在，则

$$\{h^Th\}^{-1} = h^{-1}\{h^T\}^{-1}$$

将上式代入式（4.5.5）可得

$$\hat{f} = h^{-1}\{h^T\}^{-1}h^Tg = h^{-1}g$$

或

$$g = h\hat{f}$$

对上式做傅里叶变换，可得

$$G(u, v) = H(u, v)\hat{F}(u, v) \tag{4.5.6}$$

由此得离散情况下的逆滤波公式：

$$\hat{F}(u, v) = \frac{G(u, v)}{H(u, v)} \tag{4.5.7}$$

这是不考虑噪声情况下的逆滤波公式，它与连续情况下的结果有相同的形式。

4.5.2 有约束条件复原

维纳滤波是将图像看作一个平稳随机过程，以图像和噪声的相关矩阵为基础，在统计意义上求最小误差而得到的。因此它的结果在平均意义上最佳。现在讨论在确定意义上是最佳的，即把 f 看作一个确知解。为了求得合理解，需要加上一个约束条件，设 Q 为 f 的线性算子，使

$$\| Qf \|^2 = \{ Qf \}^T Qf = f^T Q^T Qf \tag{4.5.8}$$

最小，同时满足图像的噪声能量为常数的约束条件，即

$$\| g - h\hat{f} \|^2 = \{ g - h\hat{f} \}^T \{ g - h\hat{f} \} = C$$

为了得到符合上述要求的解，利用拉格朗日乘子法得准则函数为

$$J[\hat{f}] = \| Q\hat{f} \|^2 + \alpha [\| g - h\hat{f} \|^2 - C]$$

式中：α、C 为常数。

同样，将上式对 $\hat{f}$ 求导数，并令其为 0，就可得到要求的解：

$$\frac{\partial J}{\partial \hat{f}} = 2Q^T Q\hat{f} - 2\alpha h^T \{ g - h\hat{f} \} = 0$$

由此解得

$$f = \{ h^T h + \frac{1}{\alpha} Q^T Q \}^{-1} h^T g \tag{4.5.9}$$

与逆滤波一样，为简化计算，通常把它转到频率域，经过复杂的计算，由于篇幅有限，仅把结果列出如下：

$$\hat{F}(u, v) = \frac{H^*(u, v) G(u, v)}{|H(u, v)|^2 + \frac{1}{\alpha}|Q(u, v)|^2} \tag{4.5.10}$$

式中：α 是一个未定参数，与噪声有关。设 $\beta = 1/\alpha$，为待定的参量。为了满足约束条件 $\| g - h\hat{f} \|^2 = \| n \|^2$，应调整参量 β 直至这一条件得到满足。

以上有约束条件复原又被称为约束最小二乘方滤波复原。

4.5.3 受限制的自适应复原

利用维纳滤波和约束最小二乘方滤波复原的图像在灰度级值发生跳变的地方会出现振铃式寄生波纹。当点扩散函数的空间尺寸较大时，这种寄生波纹会变得更严重，受限制的自适应复原法正是为了克服这种振铃波纹。其主要思想是对复原和平滑加以局部的适应性控制，在图像的平坦区域加强平滑而减弱复原，在图像的棱边附近则加强复原减弱平滑。这体现了人的视觉特性对棱边敏感的要求。在平坦区域减弱了复原也就减弱了噪声的放大，总的复原效果可以得到改善。

为了得到更好的复原结果，规定两个限制：

$$\| g - hf \|^2 \leqslant \varepsilon^2, \qquad \| Cf \|^2 \leqslant E^2 \tag{4.5.11}$$

式中：ε 和 E 是两个指定的界，ε 的选取取决于退化图像的噪声能量，E 的选取则取决于容许的复原图像高频能量。

为了控制复原的局部适应性，引入两个加权矩阵对式（4.5.11）进行修改，式（4.5.11）变成

$$\|g - hf\|^2 = \{g - hf\}^T R \{g - hf\} \leq \varepsilon^2 \tag{4.5.12}$$

$$\|Cf\|^2 = \{Cf\}^T S \{Cf\} \leq E^2 \tag{4.5.13}$$

式中：R 和 S 是两个对角矩阵，它们包含了对每个像元发生作用的权系数 r_{ij} 和 s_{ij}。指定 r_{ij} 的值可以在复原过程中强调保持图像的棱边，可以控制噪声变化的非平稳性，还可以用来增强丢失数据的恢复。指定 s_{ij} 值局部地控制平滑性，以消除振铃式寄生波纹。

可以看出，在图像的平坦区域，必须使用大的 s_{ij} 和小的 r_{ij}。而在图像的棱边区域，情况正好相反。联立式（4.5.12）和式（4.5.13）得到单个不等式：

$$J\hat{f} = \{g - h\hat{f}\}^T R \{g - h\hat{f}\} + \alpha \{C\hat{f}\}^T S \{C\hat{f}\} \leq 2\varepsilon^2 \tag{4.5.14}$$

式中：$\alpha = \left(\dfrac{\varepsilon}{E}\right)^2$。

最小化 $J\hat{f}$ 得到下面的方程：

$$\{h^T R h + \alpha C^T S C\} \hat{f} = h^T R g \tag{4.5.15}$$

假设 h 和 C 是循环矩阵，由于 R 和 S 是对角矩阵，式（4.5.15）不能用循环矩阵对角化方法转换成频域计算公式，只能迭代求解。下面给出一种迭代：

$$\hat{f}_{k+1} = \hat{f}_k + \beta \{h^T R g - \{h^T R h + \alpha C^T S C\} \hat{f}_k\} \tag{4.5.16}$$

加权矩阵 R 和 S 的选取直接影响复原效果，前面已经说明了矩阵中值的选取原则，一种可能的选取方法如下：

$$s_{ij} = \frac{1}{1 + \mu \max[0, \sigma_g^2(i, j) - \sigma_\xi^2]} \tag{4.5.17}$$

$$r_{ij} = \frac{1}{1 + \{\mu \max[0, \sigma_g^2(i, j) - \sigma_\xi^2]\}^{-1}} \tag{4.5.18}$$

式中：μ 是一个可选参数，它决定 s_{ij} 的取值范围，s_{ij} 的最大值是 1，而最小值可以选择 0.01 或 0.001。其中 $\sigma_g^2(i, j)$ 是 g 的局部方差，它在像元 (i, j) 的 3×3 或 5×5 邻域上计算。

4.6 运动模糊图像的复原

在照相的曝光期间，如果物体和相机有相对运动，反映在底片上的图像就会有明显的移动，形成模糊的运动图像。

在图 4-3 中，设运动方向为 x 轴方向，则图像函数可以写成 $f[x - x_0(t), y]$，这里 $x_0(t)$ 是沿 x 的正方向运动的距离，设曝光时间为 $0 \leq t \leq T$，在此期间移动的距离是 a，所以 $x_0(t) = at/T$。形成的模糊图像为

$$g(x, y) = \alpha \int_0^T f\left(x - \frac{at}{T}, y\right) dt \tag{4.6.1}$$

式中：α 是与照片感光灵敏度有关的系数。现已知 $g(x, y)$ 和 α，求 $f(x, y)$。

由于模糊只有在 x 方向，而与 y 方向无关，所以可以一行一行地复原。在某一行 $y =$

y_0 时，把 $g(x, y_0)$ 和 $f(x, y_0)$ 简写成 $g(x)$ 和 $f(x)$，则

$$g(x) = \alpha \int_0^T f\left(x - \frac{at}{T}\right) dt \qquad (4.6.2)$$

做变量代换，令 $x' = x - \frac{at}{T}$，并对 $g(t)$ 求导数（过程略）可得

$$f(x) = \beta g'(x) + f(x - a) \qquad (4.6.3)$$

式中：$\beta = a/T\alpha$。

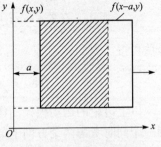

图 4-3 图像的运动模糊

式 (4.6.3) 说明 $f(x)$ 有递推性质。

模糊图像 $g(x)$ 的导数是可以求得的，所以已知 $f(x-a)$ 就可以推得 $f(x)$。实际只要求出总长度为 a 的区间上的图像值，就可以推得整个图像了。

设研究区域为 $0 \le x \le L$，$L = Ka$，K 为正整数，即将这一区域分成 K 段长度为 a 的子区域，m 是段的数目，通过推演可以得到，移动图像的一般表示式为

$$f(Z + ma) = \beta \sum_{k=0}^{m} g'(Z + ka) + \Psi(Z), \qquad 0 \le Z \le a \qquad (4.6.4)$$

式中：不论 m 为何值，$\Psi(Z)$ 总是存在的，因此它是一个周期函数。

当 $ma \le x \le (m+1)a$ 时，有

$$f(x) = \beta \sum_{k=0}^{m} g'(x - Ka) + \Psi(x - ma), \qquad 0 \le x \le L \qquad (4.6.5)$$

式中：g' 可以由模糊图像求得；$\Psi(Z)$ 是一未知函数，对于任何一个 $\Psi(Z)$，都有一个满足式 (4.6.1) 的解，所以只有确定了某一长度为 a 的区间的图像以后，才能确定 $\Psi(Z)$。下面介绍一种粗糙的近似方法。

由式 (4.6.4) 可得

$$\Psi(Z) = f(Z + ma) - \beta \sum_{k=0}^{m} g'(Z + ka)$$

式中：$m = 0, 1, \cdots, K-1$，共有 K 项，将上式以 K 项相加可得

$$K\Psi(Z) = \sum_{m=0}^{K-1} f(Z + ma) - \beta \sum_{m=0}^{K-1} \sum_{k=0}^{m} g'(Z + ka)$$

$$\Psi(Z) = \frac{1}{K} \sum_{m=0}^{K-1} f(Z + ma) - \frac{\beta}{K} \sum_{m=0}^{K-1} \sum_{k=0}^{m} g'(Z + ka) \qquad (4.6.6)$$

式中：第一项当 K 值较大时，趋向于 f 的平均值，因此可将它近似地看作一个常数，所以设

$$\frac{1}{K} \sum_{m=0}^{K-1} f(Z + ma) = A$$

则式 (4.6.6) 可以写成

$$\Psi(Z) = A - \frac{\beta}{K} \sum_{m=0}^{K-1} \sum_{k=0}^{m} g'(Z + ka)$$

$$= A - \frac{\beta}{K} \{Kg(Z) + (K-1)g'(Z + a) + \cdots + g'[Z + (k-1)a]\} \qquad (4.6.7)$$

式中：A 是一个未知数，要用实验方法确定。

将式 (4.6.7) 代入式 (4.6.4) 可得

$$f(Z+ma) \approx A + \beta \sum_{k=0}^{m} g'(Z+ka) - \frac{\beta}{K} \sum_{m=0}^{K-1} \sum_{k=0}^{m} g'(Z+ka)$$

最后可得

$$f(x) \approx A + \beta \sum_{k=0}^{m} g'(x-ka) - \frac{\beta}{K} \sum_{m=0}^{K-1} \sum_{k=0}^{m} g'(x-ka) \tag{4.6.8}$$

以上讨论的运动模糊图像的复原只考虑了 x 方向的匀速直线运动,利用上述原理不难得到一个同时考虑两个方向上匀速直线运动的去模糊表达式。

下面将讨论把运动模糊与前面的复原方法联系起来,以得到另一类运动模糊图像的复原方法。

图像退化的数学模型可以写为

$$g(x,y) = h(x,y) * f(x,y) + n(x,y)$$

它们的傅里叶变换可表示为

$$G(u,v) = H(u,v)F(u,v) + N(u,v)$$

式中:$n(x,y)$ 和 $N(u,v)$ 是噪声项,与运动无关。

现将图像按两个方向运动 $a_i + b_j = v$,可以将运动模糊图像表示成积分:

$$g(x,y) = \alpha \int_0^T f(x-at, y-bt) \mathrm{d}t + n(x,y) \tag{4.6.9}$$

其中,

$$\int_0^T f(x-at, y-bt) \mathrm{d}t$$

$$= \int_0^T \left[\iint_{-\infty}^{\infty} F(u,v) \exp\{j2\pi[u(x-at) + v(y-bt)]\} \mathrm{d}u\mathrm{d}v \right] \mathrm{d}t$$

$$= \iint_{-\infty}^{\infty} F(u,v) \frac{\mathrm{e}^{\mathrm{j}\pi(au+\beta v)} \sin[\pi(au+bv)T]}{\pi(au+bv)} \mathrm{e}^{\mathrm{j}2\pi(ux+vy)} \mathrm{d}u\mathrm{d}v$$

式(4.6.9)的频域可表示为

$$G(u,v) = F(u,v)H(u,v) + N(u,v)$$

其中,

$$H(u,v) = \alpha \mathrm{e}^{-\mathrm{j}\pi(au+bv)} \sin[\pi(au+\beta v)T] / [\pi(\alpha u+bv)] \tag{4.6.10}$$

有了 $H(u,v)$,就可以用维纳或逆滤波等方法来复原匀速直线运动形成的模糊图像,由式(4.6.10)可以看出,$H(u,v)$ 是一种常见的特殊函数 $\sin x/x$ 再加上移项组成的,从这一特点可以看出,它包含着运动方向和距离的信息。

4.7 非线性图像复原

4.7.1 最大后验复原

维纳滤波在复原中引入了统计方法,并使用了均方差判据。另一种统计方法是把原图像 $f(x,y)$ 和退化图像 $g(x,y)$ 都作为随机场,在已知 $g(x,y)$ 的前提下,求出后验条件概率密度函数 $P[f(x,y)/(g(x,y))]$。设 $\hat{f}$ 是当 $P(f/g)$ 取最大值时的 f,则 $\hat{f}(x,y)$ 就代表已

知退化图像 $g(x, y)$ 时最可能的原始图像 $f(x, y)$，也即它是 f 的最大后验估计。

当考虑到图像的非线性退化时，退化模型可表示为

$$g(x, y) = S[b(x, y)] + n(x, y) \tag{4.7.1}$$

$$b(x, y) = \iint_{-\infty}^{\infty} h(x, \alpha, y, \beta) f(\alpha, \beta) \mathrm{d}\alpha \mathrm{d}\beta \tag{4.7.2}$$

由贝叶斯准则知道 $P(f/g)P(g) = P(g/f)P(f)$，因此求 $P(f/g)$ 的最大值等效于求

$$\max_f \frac{P(g/f)P(f)}{P(g)} \approx \max_f P(g/f)P(f) \tag{4.7.3}$$

对式（4.7.3）可以做如下的比喻：假设 $P(g)$ 表示发生肝炎病的可能性，$P(f)$ 为由于某种原因引起肝炎病的可能性，则肝炎病发生后由某种原因引起肝炎病的条件概率 $P(f/g)$ 与 $P(f)$ 和 $P(g/f)$ 的乘积有关。$P(f)$ 是某种因素，如输血、环境和饮食等引起肝炎病发生的先验概率，$P(g/f)$ 是某因素会引发肝炎病的条件概率，$P(g)$ 一般为常数。在图像复原中，$P(f/g)$ 代表含噪图像中确认是信息图像 f 的可能性，要进行复原，就需要有关 f 的统计模型，通过适当选择 f 求出最大化的 $P(f/g)$ 来完成复原，这就是最大后验复原法的过程。

最大后验法把图像看作非平稳随机场，可以把图像模型表示成一个平稳随机过程对于一个不平稳的均值作零均值高斯起伏。这种高斯模型可导出一个简单的方程组来近似表示式（4.7.3）求最大值问题。最大值问题的解可通过迭代法求出最佳值。有多种迭代式可用，建议使用下面的迭代序列：

$$\hat{f}_{k+1} = \hat{f} - h * S_b\{\sigma_n^{-2}[g - S(h * \hat{f}_k)]\} - \sigma_f^{-2}(\hat{f}_k - \bar{f}) \tag{4.7.4}$$

式中：k 为迭代次数；S_b 为由非线性函数 S 的导数组成的函数；σ_f^{-2} 和 σ_n^{-2} 分别为 f 和 n 的方差的倒数；$\bar{f}$ 是随空间而变的均值，经验表明它是一个常数，但要经过多次迭代才收敛到最后的解。

式（4.7.4）表明，一个恢复图像可以通过一个序列的卷积（式中用符号 $*$）来估算，因此任何卷积空间滤波的程序都可用来估算式（4.7.4），此式也可以当作一个非线性维纳滤波通过迭代收敛到最后的解。即使 S 为线性时，有时使用式（4.7.4）也是有益的，由于我们通过序列卷积得到恢复的图像，可以在完全收敛之前选择一个合适的解。

有关最大后验估算法，还可以用广泛使用的组合优化算法、模拟退火算法来实现。

根据贝叶斯估计定理得到的后验概率公式为

$$P(X = x/Y = y) = \frac{P(Y = y/X = x) \cdot P(X = x)}{P(Y = y)} \tag{4.7.5}$$

式中：$P(X=x)$ 代表信息场 X 的联合概率分布，可表示为

$$P(X = x) = \frac{1}{Z}\exp\left\{-\frac{1}{T}\sum_{c \in C} V_c(x)\right\} \tag{4.7.6}$$

式中：Z 为配分函数，是一个归一化的常数；T 为温度，是一个控制参数；C 为所求像点周围邻域点的组合；$V_c(x)$ 为所有邻域点的势函数。

含噪图像的模型 $P(Y = y/X = x)$ 可写为

$$P(Y = y/X = x) = \prod_{(i, j) \in L} \frac{1}{\sqrt{2\pi}\sigma}\exp\left\{-\frac{1}{2\sigma^2}(y_{ij} - x_{ij})^2\right\} \tag{4.7.7}$$

式中：σ^2 为噪声方差。

将式（4.7.7）和式（4.7.6）代入式（4.7.5），可得

$$P(X=x/Y=y) = \frac{1}{Z_p} \exp[-E(x)] \qquad (4.7.8)$$

式中：Z_p 为归一化常数；$E(x)$ 为能量函数，可表示为

$$E(x) = -\frac{1}{T}\sum_{c \in C} V_c(x) + \sum_{(ij) \in L} \frac{1}{2\sigma^2}(y_{ij}-x_{ij})^2 = E_1(x) + E_2(x) \qquad (4.7.9)$$

式中：$E_1(x)$ 受图像本身子集的影响；$E_2(x)$ 受高斯噪声的影响。对一个信噪比固定的含噪图像而言，$E_1(x)$ 是固定不变的，影响后验概率的主要因素就是 $E_2(x)$，因此图像复原的过程就是寻找系统能量最小的过程。

模拟退火算法主要与物理中固体物质的退火过程类同，当系统的温度 T 缓慢降低时，其内能逐步地降低。当温度达到足够低时，系统将达到内能最小值。在图像复原的过程中，当式（4.7.8）中的系统内能达到最低值时，则系统的条件概率 $P(X=x/Y=y)$ 将达到最大值，此刻即为我们所求的图像复原的最大值。以上模拟退火进行图像复原的执行过程如下。

首先给出一个初始状态 $\{x\}$，计算它的能量 $E[\{x\}]$，让系统随机地变化到状态 $\{x_j\}$，计算 ΔE，以如下的概率接受新组态：

$$P = \begin{cases} 1, & \Delta E < 0 \\ e^{-\Delta E}, & \text{其他} \end{cases} \qquad (4.7.10)$$

式中：ΔE 为新组态 $\{x_j\}$ 与原组态 $\{x\}$ 的能量差。

以上过程循环多遍，系统温度降低得足够慢就可以得到很好的复原结果。图 4-4 中实验的条件是信噪比（SNR）为 1.25，方差 $\sigma^2 = 40$。含噪图像中，f 为图像的保真度，$f = \frac{M \times N - N_e}{M \times N} \times 100\% = \left(1 - \frac{N_e}{M \times N}\right) \times 100\%$。其中，$M \times N$ 为图像阵列点数；N_e 为误差像元的总数。

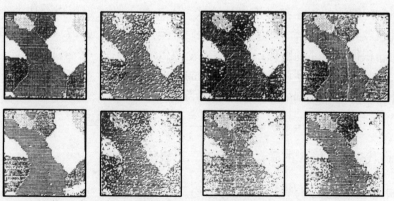

图 4-4　用模拟退火法进行图像复原的结果

4.7.2　最大熵复原

熵（Entropy）是一个古老的概念，它表征平均信息量的大小，在数字图像处理和模式

识别中也有很多的应用。如在图像编码中,用熵表示相应于编码器输入值集合的信息量,它提供了一个量度任何特定码性能的准则。如已知编码器的输入概率,则熵可作为这些输入值编码器所需平均比特数的下限,编码器所需平均比特数 R 接近于熵 H,则编码器最佳。在模式识别中往往需要估计表征随机变量的概率密度 $P(x)$,可用在一定约束条件下的最大熵原理来估计 $P(x)$,所获得的平均信息量最大,偏差最小。

熵的一般定义为

$$H = -\int_{-\infty}^{\infty} P(x)\ln P(x)\,\mathrm{d}x \tag{4.7.11}$$

式中:$P(x)$ 为随机变量 x 的概率密度。

对离散信号熵表示为

$$H = -\sum_{K=1}^{M} P(k)\ln P(k) \tag{4.7.12}$$

熵的概念是表征随机变量集合的随机程度的量度,最小随机情况是某一随机变量的概率为 1,那么结果是预先知道的,其熵 $H=0$。最大熵的情况是所有随机变量等可能性,即 $P_1 = P_2 = \cdots = P_m = \dfrac{1}{M}$,其熵最大,最大熵为 $H = \ln M$。因此,最大熵处于 $0 \sim \ln M$ 之间,此时 $P(x)$ 是 $0 \sim 1$ 之间的值,H 不可能出现负值,故最大熵准则能自动地引向全正的输出结果。

在二维数字图像中,熵定义为

$$H_f = -\sum_{m=1}^{M}\sum_{n=1}^{N} f(m,n)\ln f(m,n) \tag{4.7.13}$$

此时,熵的定义与式(4.7.12)略有不同,在式(4.7.12)中,熵定义为一个离散随机过程;而在二维数字图像中,熵定义为一个单一的确定的正值函数。可利用最大熵原理估计 $\hat{f}(x,y)$。

数字图像最大熵复原的基本原理是首先将 $f(x,y)$ 写成随机变量的统计模型;然后在一定的约束条件下,找出用随机变量形式表示的熵的表达式;最后用求极大值的方法,获得最优估计解 $\hat{f}(x,y)$,最大熵复原的含义是对 $\hat{f}(x,y)$ 起最大平滑估计。据 20 世纪 70 年代以来所发表的资料,最大熵复原基本上有两种方法:弗里登法(Friend)和伯格法(Burg)。这两种方法的基本原理相同,只是对模型的假设方法不同,导致了 $\hat{f}(x,y)$ 的不同解。

Friend 建议的最大熵模型(Max Entropy,ME)方法,假设图像函数具有非负值,即

$$f(x,y) \geq 0 \tag{4.7.14}$$

对于一幅 $N \times N$ 大小的图像,其总能量 E 是一个固定的数,即

$$E = \sum_{x=1}^{N}\sum_{y=1}^{N} f(x,y) \tag{4.7.15}$$

同时定义

$$H_f = -\sum_{x=1}^{M}\sum_{y=1}^{N} f(x,y)\ln f(x,y) \tag{4.7.16}$$

由于 H_f 的结构类似于信息论中的熵的表示法,所以称为图像的熵。类似地,可定义噪

声的熵 H_n，但考虑到图像中噪声值可正可负，为保证图像的非负性，定义噪声为

$$n'(m, n) = n(m, n) + B \tag{4.7.17}$$

式中：B 为最大的噪声负值。

H_n 可定义为

$$H_n = -\sum_{m=1}^{N}\sum_{n=1}^{N} n'(m, n)\ln n'(m, n) \tag{4.7.18}$$

ME 恢复就是在满足式（4.7.15）和图像退化模型的约束条件下使恢复后的图像熵和噪声熵达到最大。利用求条件极值的拉格朗日乘子法，引入函数

$$R = H_f + \rho H_n + \sum_{m=1}^{N}\sum_{n=1}^{N}\lambda_{mn}\left\{\sum_{x=1}^{N}\sum_{y=1}^{N}h(m-x, n-y)f(x, y) + n'(m, n) - \beta - g(m, n)\right\} + \beta\left\{\sum_{x=1}^{N}\sum_{y=1}^{N}f(x, y) - E\right\} \tag{4.7.19}$$

式中：$\lambda_{mn}(m, n = 1, 2, \cdots, N)$ 和 β 是 (N^2+1) 个拉格朗日乘子；ρ 是加权因子，用来强调 H_f 和 H_n 相互之间的分量，Friend 建议取 $\rho = 20$。

若 $\hat{f}(x, y)$ 和 $\hat{n}(m, n)$ 代表 $f(x, y)$ 和 $n'(m, n)$ 的估值，则

$$\left.\frac{\partial R}{\partial f(x, y)}\right|_{f=\hat{f}} = 0 \tag{4.7.20}$$

$$\left.\frac{\partial R}{\partial n'(m, n)}\right|_{n'=\hat{n}} = 0 \tag{4.7.21}$$

将式（4.7.19）代入式（4.7.20）和式（4.7.21），经运算和整理可得

$$\hat{f}(x, y) = e^{\left[-1+\beta+\sum_{m=1}^{N}\sum_{n=1}^{N}\lambda_{mn}h(m-x, n-y)\right]}, \quad x, y = 1, 2, \cdots, N \tag{4.7.22}$$

和

$$\hat{n}(m, n) = \exp(-1 + \lambda_{mn}/\rho), \quad m, n = 1, 2, \cdots, N \tag{4.7.23}$$

而且 $\hat{f}(x, y)$ 和 $\hat{n}(m, n)$ 满足下列约束条件：

$$\sum_{x=1}^{N}\sum_{y=1}^{N}\hat{f}(x, y) = E \tag{4.7.24}$$

$$\sum_{x=1}^{N}\sum_{y=1}^{N}h(m-x, n-y)f(x, y) + \hat{n}(m, n) - \beta = g(m, n), \quad m, n = 1, 2, \cdots, N \tag{4.7.25}$$

式（4.7.22）即为复原的图像函数。把式（4.7.22）和式（4.7.23）代入式（4.7.24）和式（4.7.25）可得 (N^2+1) 个方程，由此联立方程组可解得 (N^2+1) 个未知数 $\lambda_{mn}(m, n = 1, 2, \cdots, N)$ 和 β，从而可逐点求得 $\hat{f}(x, y)$ 的值。只要 β 取得足够大，保证 $n'(m, n) > 0$，使用 (N^2+1) 维的 Nowton-Raphson 方法总能求得 (N^2+1) 元联立方程组的解。

熵通常取决于 f 的形状，当图像具有均匀的灰度时，熵最大，因此用 ME 恢复的图像就具有某种平滑性。前面提到一个函数的内积可用作该函数平滑性的测度，自然地也可以把内积函数用于 ME 复原。

4.8 同态滤波复原

同态滤波复原的基本原理是先对降质图像取对数，再进行滤波处理，最后通过指数变换得到复原图像 $\hat{f}(x,y)$。

设退化图像 $g(x, y)$ 可以分为两部分乘积，即

$$g(x, y) = i(x, y)r(x, y) \tag{4.8.1}$$

对式（4.8.1）取对数可得

$$\lg g(x, y) = \lg i(x, y) + \lg r(x, y) \tag{4.8.2}$$

其复原过程如图 4-5 所示。

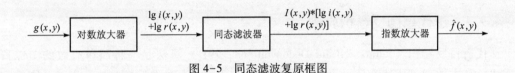

图 4-5 同态滤波复原框图

设同态滤波的冲激响应为 $I(x, y)$，其复原结果为 $\hat{f}(x, y)$，即

$$\hat{f}(x, y) = 10^{\{I(x, y) * [\lg I(x, y) + \lg r(x, y)]\}} \tag{4.8.3}$$

同态滤波在不考虑相位的情况下，也可用频域复原方法进行。其复原的准则是估计图像 $\hat{f}(x, y)$ 的功率谱 $S_{\hat{f}}(u, v)$ 与原图像 $f(x, y)$ 的功率谱 $S_f(u, v)$ 相等，即

$$S_{\hat{f}}(u, v) = S_f(u, v) \tag{4.8.4}$$

根据上述准则设计的同态滤波复原 $L(u, v)$ 可表示为

$$|L(u, v)| = \left[\frac{S_f(u, v)}{S_g(u, v)}\right]^{1/2} \tag{4.8.5}$$

式中：$S_g(u, v)$ 为降质图像的功率谱。

由此前讨论的图像退化模型如下：

$$g = Hf + n \tag{4.8.6}$$

式中：H 为降质系统的冲激响应；n 为噪声。

所对应的退化图像的功率谱为

$$\begin{aligned}S_g(u, v) &= E\{G(u, v)G(u, v)^*\} \\ &= E\{[H(u, v)F(u, v) + N(u, v)][H(u, v)F(u, v) + N(u, v)]^*\} \\ &= |H(u, v)|^2 S_f(u, v) + S_n(u, v)\end{aligned} \tag{4.8.7}$$

式中：$H(u, v)$ 为降质系统的传递函数；$S_f(u, v)$ 和 $S_n(u, v)$ 分别为原始图像和噪声的功率谱。

将式（4.8.7）代入式（4.8.5）后，可得同态滤波的传递函数的表示式为

$$\begin{aligned}|L(u, v)| &= \left[\frac{S_f(u, v)}{|H(u, v)|^2 S_f(u, v) + S_n(u, v)}\right]^{1/2} \\ &= \left[\frac{1}{|H(u, v)|^2 + \dfrac{S_n(u, v)}{S_f(u, v)}}\right]^{1/2}\end{aligned} \tag{4.8.8}$$

同态滤波的传递函数与维纳滤波的形式，除分子相差一项 $H^*(u,v)$ 以外，其他的基本相似，其求解的关键还是要预先知道功率谱 $S_n(u,v)$ 和 $S_f(u,v)$。

如噪声项为零，其滤波的传递函数为 $\dfrac{1}{H(u,v)}$，就是前面讨论过的逆滤波器。

4.9　图像的盲复原

前面几节介绍的都是传统的图像复原方法，需要已知图像的退化过程。然而实际应用中，有关图像退化的先验知识往往并不具备。为此，盲目图像复原技术应运而生，并已成为图像复原领域的研究热点。所谓图像的盲复原，是指在退化过程的信息全部或部分未知的情况下，仅利用退化图像的特征来估计真实图像和模糊算子的过程。

4.9.1　迭代盲目反卷积算法

迭代盲目反卷积（Iterative Blind Deconvolution，IBD）算法是一种简单有效的图像盲复原方法，基本原理可描述为从一个初始猜测的图像开始，通过迭代的方法分别估计图像和点扩散函数，并在迭代过程中施加图像域和频域的限制。图像域中包括正性限制、支持域限制和其他符合先验知识的限制。频域中的限制如下：

$$\tilde{H}_k(u,v) = \frac{G(u,v)\hat{F}^*_{k-1}(u,v)}{\|\hat{F}_{k-1}(u,v)\|^2 + \alpha / \|\tilde{H}_{k-1}(u,v)\|^2} \tag{4.9.1}$$

式中：α 代表加性噪声的能量。这种类似维纳滤波的形式能有效地抑制复原过程中噪声的放大和病态问题，并可在计算中使用快速傅里叶变换技术和快速傅里叶逆变换技术。图 4-6 所示为用 IBD 算法对 CT 图像的盲复原结果。计算式为

$$\tilde{F}_k(u,v) = \frac{G(u,v)\hat{H}^*_{k-1}(u,v)}{\|\hat{H}_{k-1}(u,v)\|^2 + \alpha / \|\tilde{F}_{k-1}(u,v)\|^2} \tag{4.9.2}$$

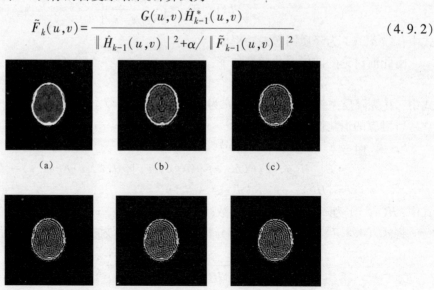

图 4-6　用 IBD 算法进行图像盲复原的结果

（a）模糊图像；（b）5 次迭代；（c）10 次迭代；（d）30 次迭代；（e）50 次迭代；（f）100 次迭代

4.9.2 非负有限支持域递归逆滤波算法

非负有限支持域递归逆滤波（NAS-RIF）算法属于具有确定约束的非参数化方法，是一种自适应滤波器系统。它仅需要原始图像的支持域范围作为先验条件，具有结构简单、计算复杂度较低和稳定性好等优点。算法的流程可描述为退化图像 $g(x,y)$ 输入到一个二维变系数有限长冲激响应（FIR）滤波器 $u(x,y)$ 中，得到的输出就是对真实图像的估计 $\hat{f}(x,y)$：

$$\mathrm{NL}(\hat{f}(x,y)) = \begin{cases} \hat{f}(x,y), & (x,y) \in D_{\sup}, \quad f(x,y) \geq 0 \\ 0, & (x,y) \in D_{\sup}, \quad f(x,y) < 0 \\ L_B, & (x,y) \in \overline{D}_{\sup} \end{cases} \quad (4.9.3)$$

式中：$D_{\sup}$ 为支持域内部所有像素的集合；$\overline{D}_{\sup}$ 为支持域外部所有像素的集合；L_B 为图像背景色灰度值。

这个估计值通过式（4.9.3）投影到真实图像空间，再以映射图像 $\hat{f}_{\mathrm{NL}}(x,y)$ 和 $\hat{f}(x,y)$ 之差 $e(x,y)$ 作为误差信号来修正滤波 $u(x,y)$ 的系数。这样经过若干次循环后，就可以得到复原的图像。

滤波 $u(x,y)$ 系数的修正是通过极小化下面代价函数实现的，即

$$J(u) = \sum_{(x,y) \in D_{\sup}} \hat{f}^2(x,y) \left\{ \frac{1 - \mathrm{sgn}[\hat{f}(x,y)]}{2} \right\} + \sum_{(x,y) \in \overline{D}_{\sup}} \left[\hat{f}(x,y) - L_B \right]^2 + \gamma \left[\sum_{\forall(x,y)} u(x,y) - 1 \right]^2 \quad (4.9.4)$$

式中：γ 只在 $L_B = 0$ 时（也就是背景为黑时）非零，用来防止 FIR 滤波系数为全零解。

可以证明代价函数 $J(u)$ 是关于 $u(x,y)$ 的凸函数，采用共轭梯度法使 $J(u)$ 收敛到全局极小点。式（4.9.4）关于 u 的梯度为

$$[\nabla J(u_k)]^{\mathrm{T}} = \left[\frac{\partial J(u_k)}{\partial u(1,1)} \quad \frac{\partial J(u_k)}{\partial u(1,2)} \quad \cdots \quad \frac{\partial J(u_k)}{\partial u(N_{xu},N_{yu})} \right] \quad (4.9.5)$$

其中，

$$u_k^{\mathrm{T}} = \left\{ u_k(1,1), \cdots, u_k[(N_{xu}+1)/2, (N_{yu}+1)/2], \cdots, u_k(N_{xu}, N_{yu}) \right\}$$

$$\frac{\partial J(u_k)}{\partial u(i,j)} = 2 \sum_{(x,y) \in D_{\sup}} \hat{f}_k(x,y) \left[\frac{1 - \mathrm{sgn}(\hat{f}(x,y))}{2} \right] \times \frac{\partial \hat{f}_k(x,y)}{\partial u(i,j)} + 2 \sum_{(x,y) \notin D_{\sup}} \left[\hat{f}_k(x,y) - L_B \right] \times \frac{\partial \hat{f}(x,y)}{\partial u(i,j)} + 2\gamma \sum_{\forall(x,y)} [u(x,y) - 1] \quad (4.9.6)$$

式中：$\dfrac{\partial \hat{f}_k(x,y)}{\partial u(i,j)} = g(x-i+1, y-j+1)$；$k$ 表示迭代次数。

对于一幅 $M \times N$ 的图像，用共轭梯度法寻优时，需要迭代 $M \times N$ 次才能收敛到 $J(u)$ 的最小值。为了简化问题，可以只迭代 m 步后就终止算法，而 $m \ll (M \times N)$，称为部分共轭梯度法。m 通常取一个大于代价函数 $J(u)$ 对应的海森（Hessian）矩阵的主特征值数目的整数。

4.10 超分辨率图像重构

在数字成像快速发展的今天，人们对数字图像的分辨率有着越来越高的要求。特别是在遥感图像、高清电视（HDTV）、视频监控等领域，由于相机所处环境的限制，或者是现有的物理器件尺寸的局限性，使得原有的线性采样的图像获取技术不能满足需求。例如，在遥感图像中，需要非常高的分辨率图像，但是由于奈奎斯特采样定理的限制，使得所需模/数（A/D）转换器的精度很高，而且巨大的CCD阵列也使获得超高分辨率图像变得十分困难，所以转换超高分辨率图像的获取方式显得十分重要。近年来，超高分辨率图像的获取变成一个活跃的研究课题。

传统超高分辨率图像的获得过程一般分为两部分：一部分是成像、采集与处理；另一部分是后期的算法重构。因此，要获得超高分辨率图像，主要有以下两种方法：① 改进硬件系统的性能，如提高CCD或CMOS传感器制造工艺水平，减小像元尺寸，采用高精度的光学系统，加大相机有限孔径，但是这些在技术方面很难实现突破，同时也会带来成本的增加；② 采用基于信号处理的软件方法对图像的空间分辨率进行提高，即超分辨率图像重构，即使用获得的一幅或者多幅低分辨率图像重构出一幅高分辨率图像。

4.10.1 基于类脑神经网络的超分辨率图像重构模型研究

随着深度学习和第三代人工智能技术类脑神经网络（Spiking Neural Network，SNN）的发展，超分辨率重构算法在此基础上得到了进一步的发展。本小节介绍一种基于类脑神经网络的超分辨率图像重构算法，旨在学习一个以低分辨率图像为输入，高分辨率图像为输出的端到端的非线性映射。这里将原始高分辨率图像设为 X，将 X 降采样后用 Bicubic 插值恢复到与 X 相同大小的低分辨图像设为 Y，通过 SNN 学习到的非线性映射关系设为 F，使得 $F(Y)$ 与原始超分辨率图像 X 尽可能相似。

SNN 主要结构包含三个改进的积分发放（Leaky Integrate-and-Fire，LIF）层，改进的积分发放层相当于一个卷积神经网络中的卷积层。由于超分辨率重构需要更好地保存图像特征信息并且其输出也是不需要降维的完整图像，因此不需要池化层和全连接层，如图 4-7 所示。

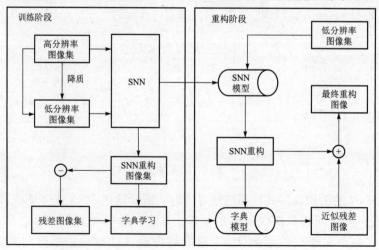

图 4-7　模型框架图

LIF 层负责特定的任务，分别与超分辨率卷积神经网络（SRCNN）算法中的三个过程相对应：

（1）图像特征提取和表示。该操作从经过插值预处理的低分辨率图像 Y 中提取多个特征块，并将每个特征块表示为高维度向量，这些向量构成第一层的特征图。传统方法中，这一步骤通常使用 PCA、DCT 等特征提取方法，本小节采用的方法是用改进的 LIF 层进行特征提取，并经过 ReLU 激活层，可以获取更为丰富的空时特征信息。

$$F_1(Y) = \text{ReLU}[\text{LIF}_1(Y)] \quad (4.10.1)$$

（2）非线性映射。这个操作是非线性地将来自第一层的每个高维向量映射到另一个高维向量上。每个映射向量都是一个高分辨率图像块的表示。这些映射向量构成了第二层的特征图。本小节采用的方法是用改进的 LIF 层增加网络的非线性程度，在上一层对每个图像块提取到一个 n_1 维的特征图，在本层中将这 n_1 维特征图非线性地映射为 n_2 维的特征图。计算式为

$$F_2(Y) = \text{ReLU}\{\text{LIF}_2[F_1(Y)]\} \quad (4.10.2)$$

（3）图像重构。这个操作集合了上一层的高分辨率图像块，来生成最终的高分辨率图像。这幅重构图像与原始高分辨率图像 X 近似。通过损失函数反向传播来学习整个模型的参数。计算式为

$$F_3(Y) = \text{LIF}_3[F_2(Y)] \quad (4.10.3)$$

上述操作在网络中的位置以及 SNN 模型网络结构如图 4-8 所示。

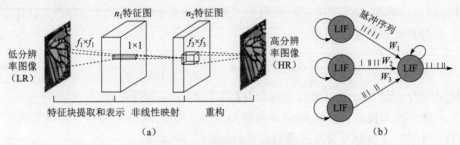

图 4-8　SNN 模型网络结构
（a）超分辨率重构结构示意；（b）SNN 示意

SNN 中改进的 LIF 神经元模型用于描述神经元的膜电位和积分发放过程的演化。在 LIF 神经元模型中，信息在时空域内传播，当前状态受时空域内历史的影响紧密，树突整合输入信息并更新膜电位，胞体执行泄漏和发放脉冲。进行时序处理时采用 LIF 神经元膜电位本征的时域表达能力，可在不增加额外参数、仅增加极少计算的情况下加入时域信息表达能力，显著降低计算复杂度。

将改进的 LIF 层构造为类似卷积层的形式，可表示为

$$u^t = \text{Conv}(I^t, W)$$
$$u_m^t = u^t + V_m^{t-1}$$

式中：u_m^t 为当前 t 时间步的神经元膜电位；I^t 为突触前神经元在当前时间步的输入脉冲序列；W 为突触前神经元的权重；V_m^{t-1} 为 $t-1$ 时间步的神经元膜电位。

改进的 LIF 层的输出 O^t 为膜电位 u_m^t 与发放阈值电位 V_{th} 之差，可表示为

$$O^t = u_m^t - V_{th}$$

SNN 训练通过随机梯度下降法与反向传播法（Back-Propagation，BP）优化参数，使重构图像 $F(Y,\theta)F(Y)$ 和其对应的原始高分辨率图像之间的损失函数达到最小值，此时的参数即为所需的参数。给定一组高分辨率图像集 $\{X_i\}$ 和一组与之对应的降质后的低分辨率图像集 $\{Y_i\}$，损失函数选择均方误差（MSE），其公式如下：

$$L = \frac{1}{n}\sum_{i=1}^{n} \|F(Y_i) - X_i\|^2$$

式中：n 为训练样本个数。

4.10.2 基于压缩感知测量矩阵和过完备库的超分辨率图像重构模型研究

4.10.2.1 压缩感知测量矩阵

目前，对观测矩阵的研究是压缩传感理论的一个重要方面。Donoho 在文献中给出了观测矩阵所必须具备的三个条件，并指出大部分一致分布的随机矩阵都具备这三个条件，均可作为观测矩阵。压缩传感中常用到的测量矩阵主要有以下几种类型。

（1）高斯随机测量矩阵为

$$H(i,j) = \frac{1}{M}h_{i,j}, h_{i,j} \sim N(0,1) \tag{4.10.4}$$

矩阵 $H \in \mathbb{R}^{M \times N}$，其优点在于它几乎与任意稀疏信号都不相关，因此所需的测量次数最小。但是，其主要缺点是矩阵元素所需存储空间很大，并且由于其非结构化的本质导致其计算复杂。

（2）伯努利随机测量矩阵为

$$G(i,j) = \frac{1}{M}g_{i,j}, g_{i,j} \sim \begin{pmatrix} 1 & -1 \\ 1/2 & 1/2 \end{pmatrix} \tag{4.10.5}$$

二值测量矩阵 $G \in \mathbb{R}^{M \times N}$，是指矩阵中每个值都服从对称伯努利分布。

（3）其他常见的能使传感矩阵满足线性等容性条件的测量矩阵有一致球矩阵、局部傅里叶矩阵、局部哈达玛矩阵以及托普利兹（Toeplitz）矩阵等。

① 一致球矩阵是指矩阵的列在球上是独立同分布随机一致的。方红等将亚高斯随机投影引入到压缩传感理论中，构造了两种新型的测量矩阵：稀疏投影矩阵和非常稀疏投影矩阵。

② 局部傅里叶矩阵可以首先从傅里叶矩阵中随机选择 M 行，再对列进行单位正则化得到。傅里叶矩阵的一个突出优点是可以利用快速傅里叶变换快速计算，大大降低采样系统的复杂性，但是通常由于该矩阵只与时域稀疏的信号不相关，因此应用范围受到了一定程度的限制。

③ 局部哈达玛矩阵是从 N 维哈达玛矩阵中随机选择 M 行得到的。当 $M \geq KNB(\lg N)^2$（其中 B 是块的维数）时，置乱块哈达玛矩阵可以极大概率准确重构信号。通过对一致球矩阵、二值矩阵、局部哈达玛矩阵以及局部傅里叶矩阵的性能进行比较，发现将这几类矩阵作为测量矩阵时，重构信号的误差都比较小，并且随着测量数目的增加，误差进一步减小。通过观察形式固定的托普利兹矩阵以及循环矩阵发现，当 $K \leq \lg(N/M)$ 时，这两种矩阵使传感矩阵以很大概率满足线性等容性条件，而且可以直接应用快速傅里叶变换得到快速的重构算法，能够很大程度上减少高维问题的计算和存储复杂度，所以对高维问题非常有效。Sebert 等提出将块托普利兹矩阵应用于压缩传感，并做了大量实验。实验结果表明，应用这种测量矩阵不但有很好的重构结果，而且可以明显加快运算速度和减少存储空间。

另外，Donoho 等提出了结构化随机矩阵，该矩阵具有与几乎所有其他正交矩阵（单位矩阵和极度稀疏矩阵除外）不相关的优点，还可以分解成定点、结构化分块对角矩阵与随机置换向量或伯努利向量点积的形式。这种矩阵可以看成是随机高斯/伯努利矩阵和部分傅里叶变换矩阵的混合模型，并保持了各自的优点。

4.10.2.2 OMP 改进方案

正交匹配追踪算法（Orthogonal Matching Pursuit，OMP）是一种用于寻找稀疏信号的贪婪算法，特别适用于解决压缩感知中的信号重构问题，旨在从一组给定的测量值中恢复出原始稀疏信号。OMP 算法的基本思想是在每次迭代中，从测量矩阵 A 中选择一个与当前残差最相关的列（或称为原子），将其加入到支持集中，并通过求解一个最小二乘问题来更新解向量 x，使得 Ax 尽可能接近观测信号 y。这个过程会重复进行，直到达到预设的稀疏度或满足某个停止准则。针对 OMP 重建耗时过长的问题，我们可以考虑减少单次运算规模以提高速度。因此提出了一种改进方案：将图像分块后再处理。

可将图像分成小块，如 16×16，这样进行处理时，由于可选用较小规模的传感矩阵，单次运算速度将会大为提高，总体运算时间将会减少。但是随着图像的分块，重建效果将会有所下降。当分块较小时，效果较差；当分块较大时，效果较好。按列处理也可视为一种分块处理，每块大小为 $M×1$。

例如，处理 512×512 图像时，若按列处理，则可视为分块大小是 512×1，对应的传感矩阵大小为 512×M，当使用 16×16 分块时，每次处理的大小可视为 256×1，这样在不改变采样率 M/N 的前提下，对应的传感矩阵大小则为 $(M/2)×256$，是前者的 1/4，规模明显变小，处理速度加快。当分块更小时，对应的矩阵规模更小，速度也会更快。图 4-9 所示为 16×16 分块处理与按列处理后的 Lena 像（512×512 图像）的对比，采样率 M/N 均为 0.5。

图 4-9 Lena 像图像的采样对比
(a) 原始图像；(b) 分块处理；(c) 按列处理

4.10.2.3 建立过完备库

在上述的重构过程中，怎样保证低分辨率的测量值与高分辨的测量值对应，需要给低分辨率图像也建立相应的过完备库，而且要和高分辨率库相互对应：

$$\min \|X-\Phi\alpha\|_2 \text{ st } \min |\alpha|_1$$
$$\min \|Y-IH\Phi\alpha\|_2 \text{ st } \min |\alpha|_1$$

怎样保证在同一系数下，高、低分辨率之间的对应关系最优，可使用优化的办法来解决。

（1）建立高分辨率图像库。

① 建立 Φ，将其设为高斯矩阵，每一列进行单位化。

② Φ 不变，根据下式优化 α：
$$\min \|X-\Phi\alpha\|_2 + \lambda |\alpha|_1$$
③ α 不变，根据下式再优化 Φ：
$$\Phi = \min \|X-\Phi\alpha\|_2^2 \text{ st } \|\Phi_i\|^2 < 1, \quad i=1,2,\cdots,K$$
④ 重复步骤②、③，直至收敛。

（2）建立相互对应的高、低分辨率库，根据已经选好的高分辨率库，依据低分辨率模型进行转换：
$$Y = HX + N$$

（3）关注相互之间的对应性和稀疏性：
$$\min \|X-\Phi\alpha\|_2 \text{ st } \min |\alpha|_1$$
$$\min \|Y-IH\Phi\alpha\|_2 \text{ st } \min |\alpha|_1$$

则
$$\min M \|X-\Phi\alpha\|_2^2 + N \|Y-IH\Phi\alpha\|_2 + \lambda |\alpha|$$

由此可以从建立好的高分辨率和低分辨率库中找到可以满足两者要求的库，如图 4-10 所示。

图 4-10 过完备库

4.11 图像复原在医学影像处理中的应用

在本章的前几节中，我们讨论了各种复原退化图像的技术。本节我们研究医学 X 射线 CT 投影重建图像的问题。这是最早且应用最广泛的 CT 类型，也是目前数字图像处理在医学中的主要应用之一。

重建问题在原理上很简单，并且可以直接用直观的定性方法加以描述。首先，如图 4-11（a）所示，它由均匀背景上的单一物体组成。它的物理意义可解释为假设该图像是人体三维区域的一个横断面，还假设图像中的背景表示均匀的软组织，它所环绕的物体是一个肿瘤，该肿瘤也是均匀的，但有较高的吸收特性。

如图 4-11（a）所示，假设用一束细的、平行的 X 射线从左到右扫描（通过图像平面），并且假设物体吸收的射线束能量比背景吸收的射线束能量多，这是典型的情况。利用放在该区域另一端的 X 射线吸收检测器带产生的信号（吸收断面图），该信号的幅度（亮度）与吸收成正比。我们能够观察到信号中的任意一点都是所穿过的相应空间点的该射线束中单一射线吸收值的和（通常称为射线和）。这时，有关物体的所有信息就是这个一维的吸收信号。

由单个投影，我们无法确定沿着射线路径处理的是单个物体还是多个物体，但我们可以仅基于这一信息来创造一幅图像的方法开始重建。如图 4-11（b）所示，该方法是沿着投影来的方向把一维信号反投影回去，将穿过二维区域的一维信号的反投影过程可想象为把投影穿过该区域并反"涂抹"回去。在数字图像中，这意味着沿垂直于射线方向复制横穿图像的相同的一维信号。例如，图 4-11（b）就是由复制矩形图像的所有列中的一维信号创建的，该描述的方法就称为反投影法。

假设把信号源-检测器对的位置旋转 90°，如图 4-11（c）所示。重复前段解释的步骤，在垂直方向生成一幅反投影图像，如图 4-11（d）所示。把这一结果加到前边的反投影图像上继续重建工作，结果如图 4-11（e）所示。现在可以说，我们感兴趣的物体已包含在所示的方形中了，其幅度是单个投影幅度的 2 倍。稍加思考后，就会了解使用刚刚讨论的方法得到更多的视图，我们应能得到关于物体形状的更多信息。事实上，如图 4-12 所示，所发生的情况说明这是正确的。随着投影数量的增加，不相交反投影的强度相对于多个反投影相交区域的强度将降低。最终结果是，较亮区域将支配结果，当为显示而调节亮度时，很少或没有相交的反投影将减弱为背景。

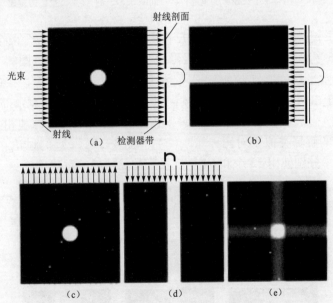

图 4-11　X 射线 CT 投影重建图像

(a) 显示一个简单物体的平组区域，一个是输入的平行射线束，另一个是检测器带；
(b) 感知条带数据的反投影的结果（一维吸收剖面）；(c) 旋转 90°后的射线束和检测器；(d) 垂直方向的反投影；
(e) 图 (b) 和图 (d) 的和，反投影相交处的亮度是各个反投影亮度的 2 倍

由 32 个投影形成的图 4-12（f）说明了这一概念。然而，尽管这幅重建的图像对原始物体形状有较好的近似，但该图像却被"晕环"效应所模糊，关于该信息可在图 4-12 中渐

近的步骤中看到。

例如，图 4-12（e）中"晕环"以星状形式出现，其亮度比物体低，但又比背景高。当视图数目增加时，"晕环"的形状变成一个圆，如图 4-12（f）所示。在 CT 重建中，模糊是一个重要问题，其解决办法将在 4.11.3 节讨论。从图 4-11 和图 4-12 的讨论中得出结论：相隔 180° 的投影互为镜像图像。因此，为了产生重建所要求的所有投影，我们只要按圆周的一半角度增量来考虑就可以了。

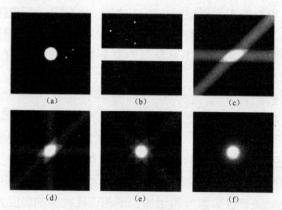

图 4-12　多投影重建效果图

（a）与图 4-11（a）相同的图像；（b）～（e）使用间隔为 45°
的 1、2、3、4 个反投影的重建；（f）间隔 5.625° 的 32 个反投影的重建

图 4-13 说明了稍微复杂一些的区域的反投影法重建，该区域包含两个具有不同吸收特性的物体：图 4-13（b）显示了用一个反投影的结果。我们注意到该图的三个主要特性，从下到上：一个细的水平灰色带与小物体还不能最后断定的部分相对应；在它上边较亮的条带（吸收更多）对应于由两个物体共享的区域；以及对应于椭圆物体剩余部分的上边的条带。图 4-13（c）和图 4-13（d）分别显示了使用相隔 90° 的两个投影源和相隔 45° 的 4 个投影的重建。这些图形的解释类似于对图 4-13（c）～图 4-13（e）的讨论。图 4-13（e）和图 4-13（f）显示了分别使用 32 个和 64 个反投影的更精确的重建。

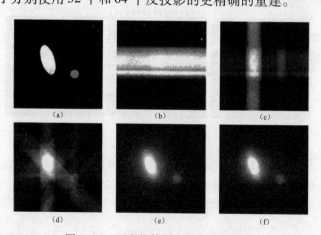

图 4-13　两个物体的多投影重建图像

（a）有两个物体的区域；（b）～（d）用相隔 90° 的 1、2 和相隔 45° 的 4 个反投影的重建；
（e）用相隔 5.625° 的 32 个反投影的重建；（f）用相隔 2.8125° 的 64 个反投影的重建

4.11.1 CT 原理

X 射线 CT 的目的是使用 X 射线从许多不同的方向穿过物体，而得到该物体内部结构的三维描述。传统的胸部 X 射线透视是把物体放在对 X 射线敏感的平板对面，并用圆锥形 X 射线束照射该个体得到的。X 射线平板产生一幅图像，该图像上一个点的亮度与 X 射线通过该物体后照射到该点上的 X 射线能量成正比。这幅图像就是在前节中我们讨论过的投影的二维图像。我们可以对整幅图像进行反投影，并创建一个三维物体：通过在许多角度重复该过程，并把反投影相加，就可产生胸腔结构的三维再现计算机断层，通过身体产生的切片视图得到相应的信息（或者其局部）。一个三维描述可以用堆积这些切片得到。CT 的实现要经济得多，因为得到高分辨率切片所需要的检测器数量要比产生相同分辨率的一个完整二维投影所需要的检测器数量少得多。计算负担和 X 射线的剂量同样要降低，使得一维投影 CT 成为一种更实际的方法。

CT 的理论基础可追溯至奥地利的数学家约翰·雷登，作为其线积分工作的一部分，他于 1917 年推导了一种沿着平行射线对一个物体投影的方法。现在，该方法就是通常所指的雷登变换。1962 年，塔夫茨（Tufts）大学的物理学者埃兰·M. 考玛克（Allan M. Cormack）部分地重新发现了这些概念，并把它们应用到 CT 上。考玛克在 1963 年和 1964 年发表了他的最初发现，并且说明了如何从不同角度方向得到的 X 射线图像重建人体横截面图像，他给出了重建所需要的数学公式，并且构建了一个用于展示其概念的实际 CT 原型。作为独立的工作，位于伦敦的 EMI 公司的电子工程师高德弗里·N. 豪斯菲尔德（Godfrey N. Hounsfield）及其同事们明确地表达了类似的解决方法，并建立了第一台医学 CT 机。由于他们对医学断层的贡献，考玛克和豪斯菲尔德共同获得了 1979 年诺贝尔医学奖。

第一代（G1）CT 扫描器采用"铅笔"形 X 射线束和一个单检测器，如图 4-14（a）所示。对于一个给定的旋转角度，源—检测器对沿着所示的线性方向增量式地平移投影（类似于图 4-11），由测量每一个增量平移处检测器的输出产生。完成了线性平移之后，旋转源—检测器对组合，并重复该过程以产生在不同角度上的另一个投影，该过程在 0°~180°内对所有期望的角度重复，以生成一组完整的投影，就像前面解释的那样，用反投影产生一幅图像。物体顶部的十字标记表明与源—检测器对构成的平面相垂直的方向的运动。通过增量地将物体移过源—检测器对平面（每完成一次扫描后），产生一组横截面图像（切片）。堆积这些图像就可生成人体截面的三维体。医学成像的第一代扫描仪不久就不再制造了，但由于它们可产生平行的射线束（见图 4-11），它们的几何学原理作为介绍 CT 成像的基础是有优势的。正如 4.11.2 节要讨论的那样，该几何学原理是推导由投影实现图像重建所需公式的起点。

第二代（G2）CT 扫描器［见图 4-14（b）］与 G1 CT 扫描器以相同的原理工作，但所用的射线束是扇形的。这就允许使用多个检测器，源—检测器对的平移较少。

第三代（G3）CT 扫描器较早期的前两代 CT 在几何原理上有较大的改进。如图 4-14（c）所示，G3 CT 扫描器使用足够长的一簇检测器（约有 1 000 个独立的检测器）来覆盖一个更宽射线束的整个视野。因此，每个角度的增量都会产生一个完整的投影，从而消除了如 G1 CT 和 G2 CT 扫描器那样对源—检测器对的平移的需要。

第四代（G4）CT 扫描器更进一步，它使用一个圆环检测器（约有 5 000 个独立的检测

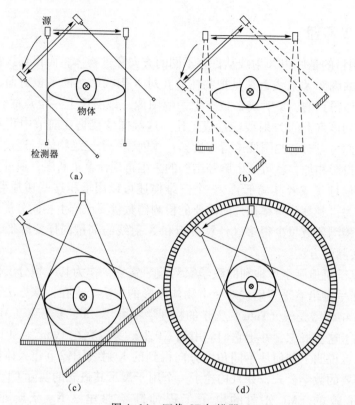

图 4-14 四代 CT 扫描器
(a) G1 CT 扫描器；(b) G2 CT 扫描器；(c) G3 CT 扫描器；(d) G4 CT 扫描器
注：箭头直线表示增量线性运动，箭头弧线表示增量旋转，图 (a) 和图 (b) 中的双箭头表示源—检测器对被平移后又回到了其原始位置。

器），仅仅射线源做旋转。G3 CT 和 G4 CT 扫描器的主要优点是速度快；主要缺点是造价高和产生较大的 X 射线散射，要比 G1 CT 和 G2 CT 扫描器更高的剂量才能达到可比拟的信噪比特性。

新的扫描模式正在开始使用，如第五代（G5）CT 扫描器，即所知道的电子束计算机断层（EB CT）扫描器，该扫描器排除了所有的机械运动，而使用电磁控制电子束。首先，通过触发环绕着病人的钙极板，这些电子束产生 X 射线；然后，X 射线被整形为通过病人的扇形射线束，并激发如 G4 CT 扫描器那样的检测器环。

传统方法得到的 CT 图像在扫描期间要求病人保持稳定，以产生一幅图像。首先，病人在垂直于成像平面上用机动工作台递增移动位置的时候扫描停止；然后，得到下一幅图像，重复该过程多次，直到覆盖人体一个特定的截面所要求的数量为止。虽然在不足 1 s 就可以得到一幅图像，但在图像获取期间有要求病人屏住呼吸的过程（如腹部和胸部扫描）。完成 30 幅图像的采集过程可能需要几分钟时间。针对该问题，所用的一种方法是螺旋 CT，有时也称为第六代（G6）CT 扫描器。在该方法中，G3 CT 和 G4 CT 扫描器使用一种所谓的滑动环来配置，它不需要在源—检测器对与处理单元之间的电气和信号连接。源—检测器对连续旋转 360°，同时病人在垂直于扫描的方向恒速移动。结果是连续的螺旋数值，这些数据经处理后就可得到各幅切片图像。

第七代（G7）CT 扫描器（也称为多切片 CT 扫描器）将要问世，这种扫描器使用"厚"的扇形射线束与平行检测器簇相配合同时收集人体 CT 数据，即三维横截"厚片层"，而不是每个 X 射线脉冲产生单一的横截面图像。除了有效地增加了细节之外，这种方法的优点是它使用的 X 射线管更经济，从而降低了成本和剂量。

在下一小节开始，为系统阐述图像投影，我们将推导一些必要的数学工具和重建算法。我们的关注点是图像处理的基本原理，它是我们刚刚讨论过的所有 CT 方法的支撑。

4.11.2 投影和雷登变换

下面详细推导根据 X 射线计算机断层重建图像所需的数学问题，但是，相同的基本原理在其他 CT 成像模式也可用，如 SPECT（单电子发射断层）、PET（正电子发射断层）、MRI（核磁共振成像）和超声成像的某些模式。

二维函数 $f(x,y)$ 的雷登（Radon）变换是该函数沿包含该函数的平面内的一组直线的线积分，定义为

$$P(r,\theta) = R(r,\theta)\{f(x,y)\}$$
$$= \iint f(x,y)\delta(r - x\cos\theta - y\sin\theta)\mathrm{d}x\mathrm{d}y$$

式中：$|r|$ 代表坐标原点 O 到直线的距离；$\theta \in [0,\pi)$ 代表直线与 y 轴之间的夹角（或直线的法线与 x 轴的夹角）。Radon 变换示意如图 4-15 所示。

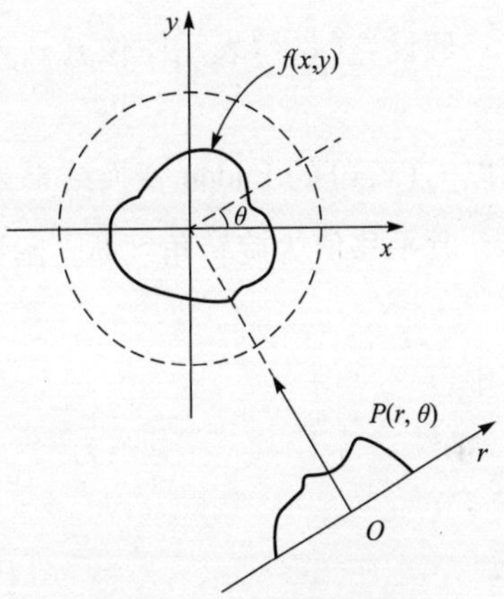

图 4-15 Radon 变换示意

下面介绍 Radon 变换的性质。

1. 平移性质

原函数 $f(x,y)$ 产生平移因子为 (x_0,y_0)，由平移生成的新函数 $f(x-x_0,y-y_0)$ 的 Radon 变换是原函数 $f(x,y)$ 的 Radon 变换 $P(r,\theta)$ 沿 r 轴的平移，平移值为 $r_0 = x_0\cos\theta + y_0\sin\theta$。

证明：函数 $f(x-x_0,y-y_0)$ 的 Radon 变换为

$$R(r,\theta)\{f(x-x_0,y-y_0)\} = \iint f(x-x_0,y-y_0)\delta(r - x\cos\theta - y\sin\theta)\mathrm{d}x\mathrm{d}y$$

令 $x_1 = x-x_0$，$y_1 = y-y_0$，有

$$R(r,\theta)\{f(x-x_0,y-y_0)\} = \iint f(x_1,y_1)\delta[r - (x_1+x_0)\cos\theta - (y_1+y_0)\sin\theta]\mathrm{d}x_1\mathrm{d}y_1$$
$$= \iint f(x_1,y_1)\delta(r - x_1\cos\theta - y_1\sin\theta - x_0\cos\theta - y_0\sin\theta)\mathrm{d}x_1\mathrm{d}y_1$$

(4.11.1)

令 $r_0 = x_0\cos\theta + y_0\sin\theta$，有

$$R(r,\theta)\{f(x-x_0,y-y_0)\} = \iint f(x_1,y_1)\delta(r - r_0 - x_1\cos\theta - y_1\sin\theta)\mathrm{d}x_1\mathrm{d}y_1$$
$$= P(r-r_0,\theta)$$

(4.11.2)

2. 旋转性质

原函数 $f(x,y)$ 围绕图像中心旋转角度 ϕ 产生的新函数的 Radon 变换是原函数 $f(x,y)$ 的 Radon 变换 $P(r,\theta)$ 沿 θ 轴的循环平移，其平移的值为旋转角度 ϕ。

证明：由
$$P(r,\theta+\pi) = \iint f(x,y)\delta[r - x\cos(\theta+\pi) - y\sin(\theta+\pi)]dxdy$$
$$= P(-r,\theta)$$

由于 Radon 变换的 $\theta \in [0,\pi)$，所以定义一个函数
$$\hat{P}(r,\theta) = \begin{cases} P(r,\theta), & \theta \in [0,\pi) \\ P(-r,\theta), & \theta \in [\pi,2\pi) \end{cases}$$

由此，$\hat{P}(r,\theta)$ 是周期为 2π 的函数，有
$$\hat{P}(r,\theta) = \hat{P}(r,\theta+2k\pi)$$

假设 $f_\phi(x,y)$ 表示图像 $f(x,y)$ 旋转角度为 ϕ 的结果，那么
$$R\{f_\phi(x,y)\} = \hat{P}(r,\theta+\phi)$$

所以 $f_\phi(x,y)$ 的 Radon 变换结果是原图像 $f(x,y)$ 的 Radon 变换结果 $P(r,\theta)$ 沿 θ 轴的线性平移，其平移值为旋转角度 ϕ。函数 $\overline{P}(r,\theta)$ 定义为
$$\overline{P}(r,\theta) = \hat{P}(r,\theta)\omega_{2\pi}(\theta)$$

其中，
$$\omega_{2\pi} = \begin{cases} 1, & \theta \in [0,2\pi) \\ 0, & \text{其他} \end{cases}$$
$$\overline{P}(r,\theta+\phi) = \hat{P}(r,\theta+\phi)\omega_{2\pi}(\theta)$$

根据上式 Radon 变换将 $f(x,y)$ 旋转转换成沿 θ 轴上的循环平移，其平移的值为旋转角度 ϕ，如图 4-16 所示。

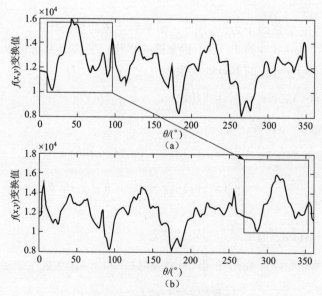

图 4-16 Radon 变换旋转性质
（a）原图片的 Radon 变换 $[r=100, \theta \in [0,\pi)]$
（b）旋转 90° 后图片的 Radon 变换 $[r=100, \theta \in [0,\pi)]$

3. 尺度变换性质

当 $f(x,y)$ 发生因子为 $\lambda(\lambda\neq 0)$ 的尺度变换，表示为 $f(x/\lambda,y/\lambda)$，其对应的 Radon 变换为 $\lambda P(r/\lambda,\theta)$。

证明：

$$R(r,\theta)\{f(x/\lambda,y/\lambda)\} = \iint f(x/\lambda,y/\lambda)\delta(r - x\cos\theta - y\sin\theta)\mathrm{d}x\mathrm{d}y$$

令 $x_1=x/\lambda$，$y_1=y/\lambda$，则 $\mathrm{d}x=\lambda\mathrm{d}x_1$，$\mathrm{d}y=\lambda\mathrm{d}y_1$，将其代入上式可得

$$R(r,\theta)\{f(x/\lambda,y/\lambda)\} = \iint f(x_1,y_1)\delta(r - \lambda x_1\cos\theta - \lambda y_1\sin\theta)\lambda^2\mathrm{d}x_1\mathrm{d}y_1$$

$$= \iint f(x_1,y_1)\delta(r/\lambda - x_1\cos\theta - y_1\sin\theta)\lambda\mathrm{d}x_1\mathrm{d}y_1$$

$$= \lambda P(r/\lambda,\theta)$$

(4.11.3)

Radon 变换是投影重建的基石，计算机断层是其在图像处理领域的主要应用。当雷登变换以 ρ 和 θ 作为直线坐标显示为一幅图像时，结果称为正弦图 (Sinogram)。类似于傅里叶变换，正弦图包含重建 $R(x,y)$ 所需的数据，如同显示的傅里叶谱一样，正弦图对于简单区域很容易解释，但是作为一个变得很复杂的投影区域去"读取"会变得很困难。

CT 的关键目的是从投影得到物体的三维表示。正如 4.11.1 节直观介绍的那样，其方法是反投影每个投影，然后对反投影求和以产生一幅图像（切片）。堆积所有的结果图像产生三维物体的再现。为了得到来自雷登变换的反投影图像的形式化表达，让我们从单点开始，$g(\rho_j,\theta_k)$ 是全部投影 $g(\rho,\theta)$ 的一个固定旋转值 θ_k 的投影（见图 4-17）。由该单点的反投影形成的一幅图像的部分与将线 $L(\rho_j,\theta_k)$ 复制到图像上相比，没有更多的信息。其中线上每点的值是 $g(\rho_j,\theta_k)$。对投影信号中的所有 ρ 值重复这一过程（保持值 θ_k），可得到如下表达式：

$$f_{\theta_k}(x,y) = g(\rho,\theta_k) = g(x\cos\theta_k + y\sin\theta_k,\theta_k)$$

(4.11.4)

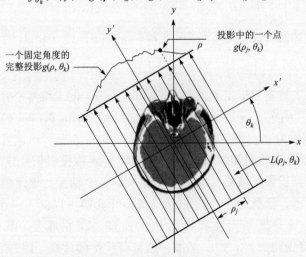

图 4-17　平行射线束的几何描述

对固定角度投影进行反投影所得到的图像示于图 4-11 (b) 中。式 (4.11.4) 对于任意 θ 值均成立，因此一般可以把由角度 θ 处得到的单个反投影形成的图像写为

$$f_\theta(x,y) = g(x\cos\theta + y\sin\theta, \theta) \tag{4.11.5}$$

通过对所有的反投影图像积分，我们得到最终图像：

$$f(x,y) = \int_0^\pi f_\theta(x,y)\,d\theta \tag{4.11.6}$$

在离散情况下，积分变成对所有反投影图像求和：

$$f(x,y) = \sum_{\theta=0}^\pi f_\theta(x,y) \tag{4.11.7}$$

式中：x、y 是离散值。

由于在 0° 和 180° 处的投影互为镜像图像，因此求和执行最后的角度增量在 180° 之前。例如，如果使用 0.5° 的增量，则求和操作是从 0° ~ 179.5° 以 0.5° 为增量，用上面讨论的方法形成的反投影图像称为层图。

4.11.3　傅里叶切片定理

下面将推导与投影的一维傅里叶变换和得到投影区域的二维傅里叶变换相关的基本结果，这一关系是能处理刚才讨论的模糊问题的重建方法的基础。

关于 ρ 投影的一维傅里叶变换为

$$G(\omega,\theta) = \int_{-\infty}^\infty g(\rho,\theta)\,e^{-j2\pi\omega\rho}\,d\rho \tag{4.11.8}$$

为式（4.11.8）代入 $g(\rho,\theta)$ 的积分形式，可得

$$G(\omega,\theta) = \int_{-\infty}^\infty \int_{-\infty}^\infty \int_{-\infty}^\infty f(x,y)\delta(x\cos\theta + y\sin\theta - \rho)\,e^{-j2\pi\omega\rho}\,dx\,dy\,d\rho$$

$$= \int_{-\infty}^\infty \int_{-\infty}^\infty f(x,y)\left[\int_{-\infty}^\infty \delta(x\cos\theta + y\sin\theta - \rho)\,e^{-j2\pi\omega\rho}\,d\rho\right]dx\,dy \tag{4.11.9}$$

$$= \int_{-\infty}^\infty \int_{-\infty}^\infty f(x,y)\,e^{-j2\pi\omega(x\cos\theta + y\sin\theta)}\,dx\,dy$$

其中，最后一步遵循冲激特性。令 $u = \omega\cos\theta$ 和 $v = \omega\sin\theta$，式（4.11.9）变为

$$G(\omega,\theta) = \left[\int_{-\infty}^\infty \int_{-\infty}^\infty f(x,y)\,e^{-j2\pi(ux+vy)}\,dx\,dy\right]_{u=\omega\cos\theta;\,v=\omega\sin\theta} \tag{4.11.10}$$

我们可看出，该表达式与指定 u 值和 v 值时 $f(x,y)$ 的二维傅里叶变换等价，即

$$G(\omega,\theta) = [F(u,v)]_{u=\omega\cos\theta;\,v=\omega\sin\theta} = F(\omega\cos\theta, \omega\sin\theta) \tag{4.11.11}$$

通常，$F(u,v)$ 表示 $f(x,y)$ 的二维傅里叶变换。

式（4.11.11）就是众所周知的傅里叶切片定理（或称投影切片定理）。它说明一个投影的傅里叶变换是得到投影区域的二维傅里叶变换的一个切片。该术语的来源可用图 4-18 来解释，正如该图所示，任意一个投影的一维傅里叶变换可以沿着一个角度提取一条线的 $F(u,v)$ 的值来得到，该角度是产生投影所用的角度。在原理上，我们可以简单地使用 $F(u,v)$ 的傅里叶反变换得到 $f(x,y)$。然而，这是高代价的计算，因为它涉及二维变换的反变换。在 4.11.4 节中讨论的方法将有效得多。

4.11.4　使用平行射线束滤波反投影的重建

从图 4-12 和图 4-13 可以看出，直接获取反投影会生成不可接受的模糊结果。所幸的

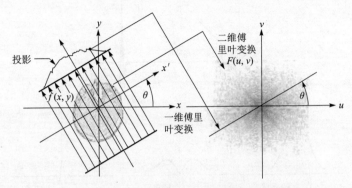

图 4-18 傅里叶切片定理说明

是，该问题有一种简单的解决办法，就是在计算反投影之前对投影做简单的滤波。从式（4.11.11）可知，$F(u,v)$ 的二维反傅里叶变换为

$$f(x,y) = \int_{-\infty}^{\infty}\int_{-\infty}^{\infty} F(u,v)\, e^{j2\pi(ux+vy)}\, du dv \tag{4.11.12}$$

如式（4.11.10）和式（4.11.11）所示，如果令 $u = \omega\cos\theta$ 和 $v = \omega\sin\theta$，则微分变为 $du dv = \omega d\omega d\theta$，我们可以把式（4.11.12）表达为极坐标形式：

$$f(x,y) = \int_0^{2\pi}\int_0^{\infty} F(\omega\cos\theta, \omega\sin\theta)\, e^{j2\pi\omega(x\cos\theta+y\sin\theta)}\, \omega d\omega d\theta \tag{4.11.13}$$

然后，利用傅里叶切片定理，有

$$f(x,y) = \int_0^{2\pi}\int_0^{\infty} G(\omega,\theta)\, e^{j2\pi\omega(x\cos\theta+y\sin\theta)}\, \omega d\omega d\theta \tag{4.11.14}$$

把式（4.11.14）积分分离为两个表达式：一个 θ 的范围为 $0°\sim180°$；另一范围为 $180°\sim360°$。并利用 $G(\omega,\theta+180°) = G(-\omega,\theta)$，可以把式（4.11.14）表示为

$$f(x,y) = \int_0^{\pi}\int_{-\infty}^{\infty} |\omega|\, G(\omega,\theta)\, e^{j2\pi\omega(x\cos\theta+y\sin\theta)}\, d\omega d\theta \tag{4.11.15}$$

考虑关于 ω 的积分项，$x\cos\theta+y\sin\theta$ 是常数。因此，式（4.11.15）可写为

$$f(x,y) = \int_0^{\pi}\left[\int_{-\infty}^{\infty} |\omega|\, G(\omega,\theta)\, e^{j2\pi\omega\rho} d\omega\right]_{\rho=x\cos\theta+y\sin\theta} d\theta \tag{4.11.16}$$

式中：方括号内的表达式是一维傅里叶反变换形式附加了一个 ω 项。

基于之前的讨论，我们可以看出它是一个一维滤波函数。显然，$|\omega|$ 是一个斜坡滤波器，这个函数是不可积的，因为其幅度在两个方向上都扩展到 $+\infty$，所以其傅里叶反变换没有定义。实践中，该方法是对斜坡加窗，使它在定义的频率范围之外为 0，也就是加窗限制带宽的斜坡滤波器。

限制一个函数的带宽的最简单方法是在频率域中使用一个盒状窗，然而盒状窗有我们不希望出现的"振铃"性质。因此，用一个平滑窗来代替。图 4-19（a）所示为使用一个盒状窗限制带宽后的斜坡滤波器，图 4-19（b）所示为通过计算该滤波器的傅里叶反变换得到的空间域表示。如预期的那样，加窗滤波的结果在空间域中呈现出了明显的"振铃"。由于频率域的滤波等于空间域的卷积，因此，使用存在"振铃"的函数进行空间滤波也将产生被"振铃"污染的结果。使用一个平滑函数加窗对这一情况有帮助。常常用于实现一维快

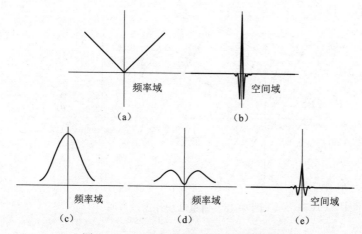

图4-19 汉明窗去"振铃"现象演示图
(a) 使用一个盒状窗限制带宽后的斜坡滤波器；
(b) 空间域表示；(c) 汉明窗函数曲线；(d) 由图(a)和图(c)的乘积形成的加窗后的斜坡滤波器；
(e) 乘积的空间域表示

速傅里叶变换的 M 点离散窗函数由下式给出：

$$h(\omega) = \begin{cases} c+(c-1)\cos\dfrac{2\pi\omega}{M-1}, & 0 \leq \omega \leq (M-1) \\ 0, & \text{其他} \end{cases} \quad (4.11.17)$$

当 $c=0.54$ 时，该函数称为汉明窗；当 $c=0.5$ 时，该函数称为韩窗。汉明窗和韩窗间的主要区别是后者末尾的一些点为零。通常，两者间的差别在图像处理应用中是觉察不到的。

图4-19 (c) 所示为汉明窗函数曲线，图4-19 (d) 所示为窗 (a) 和图 (c) 的乘积形成的加窗后的斜坡滤波器，图4-19 (e) 所示为该积的空间域表示，该表示通常是通过计算其反快速傅里叶变换得到的。很明显，该图与图4-19 (b) 相比，加窗斜坡中的"振铃"现象减少了［图4-19 (b) 和图4-19 (e) 中的峰值比分别为2.5和3.4］。另外，因为图4-19 (e) 中的中心瓣比图4-19 (b) 中的中心瓣稍宽，我们可以预期，使用汉明窗的反投影有较小的"振铃"，但稍微多一点模糊。

回顾式 (4.11.8)，$G(\omega,\theta)$ 是 $g(\rho,\theta)$ 的一维傅里叶变换，这是在一个固定角度 θ 得到的单一投影，式 (4.11.16) 说明完全的反投影图像 $f(x,y)$ 是由如下步骤得到的。

(1) 计算每个投影的一维傅里叶变换。
(2) 用滤波函数乘以傅里叶变换，就是乘以一个合适的窗（如汉明窗）。
(3) 得到每个滤波后的变换的一维傅里叶反变换。
(4) 对步骤 (3) 得到的所有一维傅里叶反变换积分（求和）。

因为使用了滤波函数，所以该图像重建方法称为滤波反投影。实践中，由于数据是离散的，因此，所有频率域计算是使用一维快速傅里叶变换算法来执行的。并且，对于二维函数，滤波是使用二维频域滤波的相同基本过程实现的。另外，我们也可以在空间域使用卷积来实现滤波。

前面的讨论是以通过一个快速傅里叶变换实现得到滤波反投影为基础的。然而由卷积理论可知，使用空间卷积也可得到相同的结果。特别地，式 (4.11.16) 中方括号内的项是两个频率域函数乘积的反傅里叶变换，根据卷积定理，我们知道它等于这两个函数的空间表示（反傅

里叶变换)的卷积。换句话说,令 $s(\rho)$ 表示反傅里叶变换,式 (4.11.16) 可写为

$$f(x,y) = \int_0^\pi \left[\int_{-\infty}^\infty |\omega| G(\omega,\theta) e^{j2\pi\omega\rho} d\omega\right]_{\rho=x\cos\theta+y\sin\theta} d\theta$$

$$= \int_0^\pi [s(\rho) \times g(\rho,\theta)]_{\rho=x\cos\theta+y\sin\theta} d\theta \qquad (4.11.18)$$

$$= \int_0^\pi \left[\int_{-\infty}^\infty g(\rho,\theta) s(x\cos\theta + y\sin\theta - \rho) d\rho\right] d\theta$$

式 (4.11.18) 的后两行描述了相同的事情:角度 θ 处的各个反投影可以用相应的投影 $g(\rho,\theta)$ 和斜坡滤波器 $s(\rho)$ 的傅里叶反变换的卷积操作得到。与以前一样,全部的反投影图像可以通过对所有单独的反投影图像的积分(求和)得到。除了计算上的舍入差别外,使用卷积的结果与使用快速傅里叶变换的结果是一样的。在实际的 CT 实现中,已证明卷积通常在计算上更有效,因此,多数现代 CT 系统使用这种方法。傅里叶变换在理论表示和算法开发中确实扮演了重要角色(如 MATLAB 中的 CT 图像处理就是基于快速傅里叶变换的)。另外,我们注意到,在重建的过程中并不需要存储所有的反投影图像。相反,单一的求和运算只是被最后的反投影图像更新。在该过程的末尾,求和运算将等于所有反投影的总和。

需要指出的是,因为斜坡滤波器(即使它被加窗)在频率中的直流项为零,因此每幅反投影图像的均值为零。这就意味着每幅反投影图像都将有负像素和正像素。当所有的反投影图像相加形成最终图像时,一些负位置可能变成正的,而平均值可能不是零。但是,最终图像将还是有负像素。

有些方法可以处理这个问题。当平均值信息未知时,最简单的方法是接受在该方法中负值是固有的这样一个事实,将该投影都减去最小值并在 0~255 范围内进行缩放处理,这是本小节遵循的方法。当典型的平均值信息是可用的时候,可将该值加到频率域的滤波器上,从而抵消斜坡并防止直流项为零。当在空间域中使用卷积时,截断空间滤波器的长度(斜坡的傅里叶反变换)的真正效果都将防止其有零均值。

4.11.5 使用扇形射线束滤波反投影的重建

到目前为止的讨论都集中于平行射线束。因为它简单而直观,这是传统上介绍计算机断层成像的成像几何原理。然而,现代 CT 系统却使用扇形射线束的几何原理(见图 4-14),本小节其余的部分将讨论该话题。

图 4-20 所示为一个基本的扇形射线束成像几何原理。其中,检测器被安放在一个圆弧上,并且假设源的角度增量是相等的。令 $p(\alpha,\beta)$ 表示一个扇形射线束投影,其中 α 是相对于中心射线测量特定检测器的角度,β 是相对于 y 轴测量的源的角度位移。在图 4-20 中,扇形射线束中的一条射线可用一条线 $L(\rho,\theta)$ 来表示。在标准形式中,它是 4.11.4 节讨论平行射线束成像几何原理中用以描述

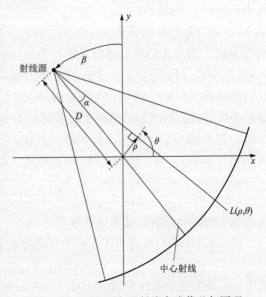

图 4-20 基本的扇形射线束成像几何原理

一条射线的方法。这就允许我们用平行射线束的结果作为推导扇形射线几何公式的起点。我们继续以卷积为基础推导扇形射线滤波反投影的方法。

由图 4-20 中可以看出，线 $L(\rho,\theta)$ 的参数与扇形射线参数的关系为

$$\theta = \beta + \alpha \tag{4.11.19}$$

和

$$\rho = D\sin \alpha \tag{4.11.20}$$

式中：D 是从源的中心到 xOy 平面的原点的距离。

平行射线成像几何的卷积反投影公式已由式（4.11.18）给出。不失一般性，假设我们集中注意这样的物体，它们被包围在一个以平面原点为中心、以 T 为半径的圆形区域内。那么对于 $|\rho|<T$，有 $g(\rho,\theta)=0$，且式（4.11.18）变为

$$f(x,y) = \frac{1}{2}\int_0^{2\pi}\int_{-T}^{T} g(\rho,\theta)s(x\cos\theta + y\sin\theta - \rho)\mathrm{d}\rho\mathrm{d}\theta \tag{4.11.21}$$

其中，相隔 180° 的投影互为镜像。在这种方法中，式（4.11.21）中的外积分限扫过整个圆，正如扇形射线束配置所要求的那样。

我们感兴趣的是关于 α 和 θ 的积分，为此，将它改为极坐标 (r,φ)，即令 $x=r\cos\varphi$ 和 $y=r\sin\varphi$，由此式（4.11.21）变为

$$x\cos\theta + y\sin\theta = r\cos\varphi\cos\theta + r\sin\varphi\sin\theta = r\cos(\theta-\varphi) \tag{4.11.22}$$

利用这一结果，可以把式（4.11.21）表示为

$$f(x,y) = \frac{1}{2}\int_0^{2\pi}\int_{-T}^{T} g(\rho,\theta)s[r\cos(\theta-\varphi) - \rho]\mathrm{d}\rho\mathrm{d}\theta$$

这个表达式并不比平行射线束重建写成极坐标的公式有更多的内容，用式（4.11.19）和式（4.11.20）进行坐标变换：

$$f(r,\varphi) = \frac{1}{2}\int_{-\alpha}^{2\pi-\alpha}\int_{\arcsin(-T/D)}^{\arcsin(T/D)} g(D\sin\alpha,\alpha+\beta)s[r\cos(\beta+\alpha-\varphi) - D\sin\alpha]D\cos\alpha\mathrm{d}\alpha\mathrm{d}\beta$$

$$\tag{4.11.23}$$

其中，使用了 $\mathrm{d}\rho\mathrm{d}\theta = D\cos\alpha\mathrm{d}\alpha\mathrm{d}\beta$。

式（4.11.23）可以进一步化简：首先，注意积分限从 $-\alpha$ 到 $2\pi-\alpha$，对 β 来说，扫过了全部 360°。因为 β 的所有函数是周期为 2π 的周期函数，外积分限可分别用 0 和 2π 来代替，$\arcsin(T/D)$ 对应于 $|\rho|>T$ 有一个最大值 α_m，超过该值则有 $g=0$（见图 4-21）。因此，我们可以把内积分的积分限分别用 $-\alpha_m$ 和 α_m 来代替。其次，考虑图 4-20 中的线 $L(\rho,\theta)$，沿着这条线的扇形射线和必须等于沿着同一条线的平行射线和。令 $p(\alpha,\beta)$ 表示一个扇形射线投影，它遵循 $p(\alpha,\beta)=g(\rho,\theta)$，且由式（4.11.19）和式（4.11.20）有 $p(\alpha,\beta)=g(D\sin\alpha,\alpha+\beta)$。合并式（4.11.19）和式（4.11.20）为式（4.11.23），则

$$f(r,\varphi) = \frac{1}{2}\int_0^{2\pi}\int_{-\alpha_m}^{\alpha_m} p(\alpha,\beta)s[r\cos(\beta+\alpha-\varphi) - D\sin\alpha]D\cos\alpha\mathrm{d}\alpha\mathrm{d}\beta \tag{4.11.24}$$

这是基于滤波反投影的基本扇形重建公式。

式（4.11.24）可进一步变换为更熟悉的卷积形式。参考图 4-22，它可表示为

$$r\cos(\beta+\alpha-\varphi) - D\sin\alpha = R\sin(\alpha'-\alpha) \tag{4.11.25}$$

式中：R 是在扇形射线中源到任何一点的距离；α' 是该条射线与中心射线的夹角。

注意，R 和 α' 由 φ 和 β 的值决定。将式（4.11.25）代入式（4.11.24）可得

$$f(r,\varphi) = \frac{1}{2}\int_0^{2\pi}\int_{-\alpha_m}^{\alpha_m} p(\alpha,\beta) s[R\sin(\alpha'-\alpha)] D\cos\alpha \, d\alpha \, d\beta \tag{4.11.26}$$

可以证明

$$s(R\sin\alpha) = \left(\frac{\alpha}{R\sin\alpha}\right)^2 s(\alpha) \tag{4.11.27}$$

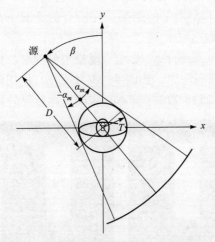
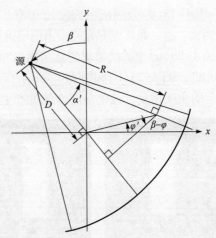

图 4-21　包围感兴趣区域所需的最大值 α_m　　　图 4-22　扇形射线上任意一点的极坐标表示

利用式（4.11.27），可将式（4.11.26）写为

$$f(r,\varphi) = \int_0^{2\pi} \frac{1}{R^2}\left[\int_{-\alpha_m}^{\alpha_m} q(\alpha,\beta) h(\alpha'-\alpha) \, d\alpha\right] d\beta \tag{4.11.28}$$

其中，

$$h(\alpha) = \frac{1}{2}\left(\frac{\alpha}{\sin\alpha}\right)^2 s(\alpha) \tag{4.11.29}$$

和

$$q(\alpha,\beta) = p(\alpha,\beta) D\cos\alpha \tag{4.11.30}$$

可以看出式（4.11.28）中方括号内的积分是一个卷积表达式，这样，式（4.11.24）中的图像重建公式就可以如同用函数 $q(\alpha,\beta)$ 和 $h(\alpha)$ 的卷积那样来实现。

直接代替式（4.11.28）的实现，特别是在软件模拟中一种常用的方法是：① 使用式（4.11.19）和式（4.11.20）把扇形射线几何转换为平行射线几何；② 使用 4.11.4 节中开发的平行射线重建方法。如早些时候指出的那样，以角度 θ 获取的一个扇形射线投影，有一个相应的以角度 θ 获取的平行射线投影 g，则

$$p(\alpha,\beta) = g(\rho,\theta) = g(D\sin\alpha, \alpha+\beta) \tag{4.11.31}$$

令 $\Delta\beta$ 表示连续扇形投影的角度增量，并令 $\Delta\alpha$ 是射线之间的角度增量，它决定每一个投影中的样本数量。先利用约束

$$\Delta\beta = \Delta\alpha = \gamma \tag{4.11.32}$$

再利用 $\beta = m\gamma$ 和 $\alpha = n\gamma$，其中 m 和 n 是整数，可以把式（4.11.31）写成

$$p(n\gamma, m\gamma) = g[D\sin n\gamma, (m+n)\gamma] \tag{4.11.33}$$

式（4.11.33）指出第 m 个射线投影中的第 n 条射线等于第 $m+n$ 个平行投影中的第 n 条射线，式（4.11.33）右边的 $D\sin n\gamma$ 项意味着从扇形射线投影转换为平行射线投影是不均匀采样，如果采样间隔 $\Delta\alpha$ 和 $\Delta\beta$ 太粗，则可能导致模糊、"振铃"和混淆的问题，正如下面的例子说明的那样。

图 4-23（a）所示，① 使用 $\Delta\beta=\Delta\alpha=1°$ 产生矩形图像的扇形投影；② 使用式（4.11.33）将每一个扇形射线转换为相应的平行射线；③ 把滤波反投影方法用于平行射线。图 4-23（b）~图 4-23（d）分别所示为使用 $0.5°$、$0.25°$ 和 $0.125°$ 增量的结果。在所有的情况下都使用汉明窗。这一角度增量的变化用于说明欠采样的效应。

图 4-23（a）中的结果清楚地指出，$1°$ 的增量太粗，模糊和"振铃"现象十分明显。即使增加角度，图 4-23（b）和图 4-23（c）的重建效果也都不理想。如图 4-23（d）所示，使用约为 $0.125°$ 的角度增量，这个角度增量可产生 $180×(1/0.25)=720$ 个样本，表明重构效果较好。

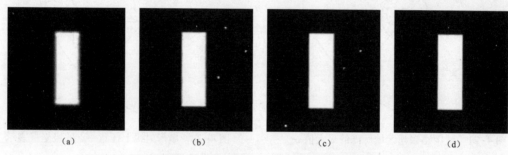

图 4-23 使用滤波扇形反投影的矩形图像的重建
（a）α 和 β 的增量为 $1°$ 的结果；（b）增量为 $0.5°$ 的结果；
（c）增量为 $0.25°$ 的结果；（d）增量为 $0.125°$ 的结果

除了如正弦干扰的混淆更为可见外，类似的结果使用头部幻影也可以得到。在图 4-24（c）中我们看到，即使使用 $\Delta\beta=\Delta\alpha=0.125°$，严重的失真也依然存在，特别是在椭圆的外围。当使用矩形时，使用 $0.125°$ 的增量最终产生了较好的重构结果。这些结果说明了在现代 CT 系统的扇形射线几何原理中必须使用数以千计的检测器来减少混淆效应的原因。

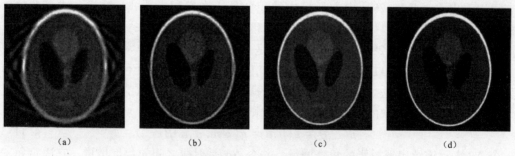

图 4-24 使用滤波扇形反投影的头部幻影图像的重建
（a）α 和 β 的增量为 $1°$ 的结果；（b）增量为 $0.5°$ 的结果；
（c）增量为 $0.25°$ 的结果；（d）增量为 $0.125°$ 的结果

习 题

4-1 如成像过程只有 y 方向的匀速直线运动,其速率为 $y_0 = b_t/T$。其中,T 为曝光时间,b 为像移距离。试求该运动引起的降质系统的传递函数 $H(u,v)$ 和相应的点扩展函数 $h(x,y)$。

4-2 设两个系统的点扩展函数都是 $h_1(x, y)$,其大小为

$$h_1(x, y) = \begin{cases} e^{-(x+y)}, & x \geq 0; y \geq 0 \\ 0, & \text{其他} \end{cases}$$

若将此两个系统串联,试求此系统的总的冲激响应 $h(x, y)$。

4-3 在连续线性位移不变系统的维纳滤波器中,如果假设噪声与信号的功率谱之比为 $S_n(u,v)/[S_f(u,v)] = |H(u, v)|^2$,试求最佳估值 $\hat{f}(x, y)$ 的表达式。

参 考 文 献

[1] ZHANG X, et al. Deep Learning-based Image Restoration: A Comprehensive Review. [J]. IEEE Transactions on Pattern Analysis and Machine Intelligence, 2020.

[2] LI H, et al. Image Restoration via Improved Simulated Annealing Algorithm with Adaptive Parameters. [J]. Pattern Recognition and Image Analysis, 2019.

[3] 冈萨雷斯,伍兹. 数字图像处理 [M]. 4版. 阮秋琦,等译. 北京:电子工业出版社,2020.

[4] 胡宇,沈庭芝,刘朋樟,等. 基于局部像素嵌入的人脸图像超分辨率重构 [J]. 北京理工大学学报自然版,2011,(2):201-205.

[5] 崔宇,沈庭芝. 图像恢复算法的研究 [D]. 北京:北京理工大学,2006.

[6] 陈迪,沈庭芝. 医学体数据可视化理论研究及算法实现 [D]. 北京:北京理工大学,2006.

第5章
数字图像的压缩编码

5.1 概 述

为了研制电视和传真传输用的数字图像压缩编码系统,人们已经作出了很大的努力,它的设计是要有一定的逼真度,并使用尽可能少的代码比特数(bit)来表达图像,以压缩图像的存储量,扩大传输容量,提高传输速度。从图像处理的研究中可以看到图像的像素之间有很大的相关性,因此它有很强的冗余性可以进行压缩。为此进行图像的编码与压缩是具有很大潜力的。

我们这里指的图像信息都是数字化了的,它可以是物体的自然景象或称二维视觉图像,也可以是雷达的距离与速度数据阵列,它们可以是单色的、彩色的、多光谱的,也可以是二值的,如计算机图形、文字显示图像,也可以是连续色调的,如照相、印刷、电视图像等。但是,在数字化图像出现之前就已经有图像压缩编码方法的存在,其中最典型的是彩色电视系统。目前世界上有三种电视制式标准:美国国家电视标准委员会(NTSC)制定的标准、德国的逐行倒相制式(PAL)和法国的按顺序传送彩色与存储制式(SECAM)。

从各种彩色电视系统中可以知道,彩色电视信号都是利用其频谱的不连续性,把色度信号插到亮度信号频谱的低能量间隔区中,从而使彩色电视信号所占频谱几乎与黑白电视信号相同,并且实现了彩色和黑白电视的兼容。这就是早期图像频带压缩工作的成果。

本章主要讨论数字图像的压缩编码方法。数字图像的传输有其显著的特点,那就是数字图像的质量高,具有比较高的抗干扰性能,所以数字图像传输在未来的信息社会中,便于和数字电话、计算机数据传输结合起来形成综合服务的信息网。由于数字计算技术的飞速发展,数字图像压缩技术在实现上有了许多新的方法。数字图像信息的压缩,在理论研究和具体实现上都已经有了许多实践,这里只能做一些重点的介绍,以了解重要情况。

数字图像压缩不但在传输上有其重要性,而且在图像数据的存储方面也越来越显出其必要性。尤其是陆地卫星发射以后。陆地卫星是一颗地球资源卫星,它所获取的信息量非常大,每天要录取3 000多张图像,每张图为2 340×3 240个像素,每像素6~8 bit,代表185 km×185 km大小的一块地球表面。每张图有4~7个波段,因此每天要录取11 000多张图,具有 1×10^{12} bit 左右的信息量。这些图像数据要保存几年供使用单位索取转录。如果能压缩一半,有很大的经济价值。

图像信息压缩的可能性存在于图像本身之中,其中,明显可以利用的一点是图像各像素点之间的相关性。由于图像是一些物体的再现,而图像上各像素的灰度值之间有着极大的相关性,如把这些像素之间的关系信息提取出来,以一定的方法加以清除,那就可以压缩总的信息量,从统计的观点来说,各像素的灰度分布远非独立的,图像信息的这种压缩潜力是很大的,当前所采用的各种压缩方法离压缩的极限还很远。这一点在以后还将讨论。

5.2 基础知识

5.2.1 引言

术语"数据压缩"是指减少表示给定信息所需的数据量。数据和信息之间必须给予明确的区分。这两个概念的意义是不相同的。实际上,数据是信息传送的手段。对相同数量的信息可以不同数量的数据表示。比如,有这样一种可能情况:对于同一个故事,可以叙述得冗长啰唆,也可以说得简明扼要。这里,感兴趣的信息是这个故事,词句是用于表达信息的数据,如果两个不同的人用不同数量的词句讲述同样的故事,那么这个故事就有了两个不同的版本,且至少有一个版本包含了不必要的数据,即这个版本的故事所包含的数据中(词句)有与故事无关联的信息或只是重述已经知道了的信息,称为包含了数据冗余。

数据冗余是数字图像压缩的主要问题。它不是一个抽象的概念,而是一个在数学上可以进行量化的实体。如果 n_1 和 n_2 代表两个表示相同信息的数据集合中所携载信息单元的数量,则第一个数据集合(用 n_1 表示的集合)的相对数据冗余 R_D 可定义为

$$R_D = 1 - \frac{1}{C_R} \tag{5.2.1}$$

式中:C_R 通常称为压缩率,可定义为

$$C_R = \frac{n_1}{n_2} \tag{5.2.2}$$

对于 $n_2 = n_1$ 的情况,$C_R = 1$,$R_D = 0$,表示(相对于第二个数据集合)信息的第一种表达方式不包含冗余数据。当 $n_2 \ll n_1$ 时,$C_R \to \infty$,$R_D \to 1$,意味着显著的压缩和大量的冗余数据。当 $n_2 \gg n_1$ 时,$C_R \to 0$,$R_D \to -\infty$,表示第二个集合中含有的数据大大超过原表达方式的数据量。当然通常这种数据扩展不是希望出现的情况。通常情况下,C_R 和 R_D 分别在开区间(0,∞)和(-∞,1)内取值。比较实际的压缩率,如 10(或者 10:1),意味着对应第二个集合或压缩过的数据集合的每一个单元,第一个数据集合中有 10 个信息携载单元(如比特)。相应的冗余度为 0.9,这表示在第一个数据集合中有 90% 的数据是冗余数据。

在数字图像压缩中,可以确定三种基本的数据冗余并加以利用:编码冗余、像素间冗余和心理视觉冗余。当这三种冗余中的一种或多种得到减少或消除时,就实现了数据压缩。

5.2.2 编码冗余

在第 3 章中,探讨了在假设图像的灰度级为随机量的基础上通过直方图处理进行图像增强的技术,说明了可以通过图像灰度级的直方图得到关于图像外观的大量信息。本节将利用相似的表示方法说明如何通过图像的灰度级直方图深入了解编码[①]结构,从而减少表达图

[①] 编码是符号系统(字符、数字、位及类似符号)。它用于表示信息的主体或事件的集合。每个信息或事件都被赋予一个编码符号序列,称为码字。每个码字中符号的个数是这个码字的长度。

像所需的数据量。

假设区间 [0, 1] 内的一个离散随机变量 r_k 表示图像的灰度级,并且每个 r_k 出现的概率为 $P_r(r_k)$。与第 3 章中一样,有

$$P_r(r_k) = \frac{n_k}{n}, \quad k = 0, 1, 2, \cdots, L-1 \tag{5.2.3}$$

式中:L 是灰度级数;n_k 是第 k 个灰度级在图像中出现的次数;n 是图像中的像素总数。

如果用于表示每个 r_k 值的比特数为 $l(r_k)$,则表达每个像素所需的平均比特数为

$$L_{avg} = \sum_{k=0}^{L-1} l(r_k) P_r(r_k) \tag{5.2.4}$$

也就是说,将表示每个灰度级值所用的比特数和灰度级出现的概率相乘,将所得乘积相加后得到不同灰度级值的平均码字长度。因此,对 $M \times N$ 大小的图像进行编码所需的比特数为 MNL_{avg}。

使用 m 比特(由图像中灰度级数目决定)自然二进制编码表示图像的灰度级,将式 (5.2.4) 右边减少到 m bit。也就是说,当使用 m 来替代 $l(r_k)$ 时,$L_{avg} = m$。常数 m 可以提到和式的外面,只剩下 $P_r(r_k)$ 在 $0 \leq k \leq L-1$ 时的和,当然其结果为 1。

例如,变长编码示例如表 5-1 所示,为一幅具有 8 个灰度级的图像的灰度级分布。如果将 3 bit 自然二进制编码 [表 5-1 中的编码 1 和 $l_1(r_k)$] 用于表示 8 个可能的灰度级,则 L_{avg} = 3 bit,因为对所有 r_k,$l_1(r_k)$ = 3 bit。如果使用表 5-1 中的编码 2,表示图像所需编码的平均比特数就减少为

$$\begin{aligned} L_{avg} &= \sum_{k=0}^{7} l_2(r_k) P_r(r_k) \\ &= 2 \times 0.19 + 2 \times 0.25 + 2 \times 0.21 + 3 \times 0.16 + 4 \times 0.08 + \\ &\quad 5 \times 0.06 + 6 \times 0.03 + 6 \times 0.02 \\ &= 2.7 \text{ (bit)} \end{aligned}$$

表 5-1 变长编码的例子

r_k	$P_r(r_k)$	编码 1	$l_1(r_k)$	编码 2	$l_2(r_k)$
$r_0 = 0$	0.19	000	3	11	2
$r_1 = 1/7$	0.25	001	3	01	2
$r_2 = 2/7$	0.21	010	3	10	2
$r_3 = 3/7$	0.16	011	3	001	3
$r_4 = 4/7$	0.08	100	3	0001	4
$r_5 = 5/7$	0.06	101	3	00001	5
$r_6 = 6/7$	0.03	110	3	000001	6
$r_7 = 1$	0.02	111	3	000000	6

根据式（5.2.2），得到的压缩率是 3/2.7 或 1.11。因此使用编码 1 有大约 10% 的数据是冗余的。根据式（5.2.1）可以确定准确的冗余水平：

$$R_D = 1 - \frac{1}{1.11} = 0.099$$

图 5-1 所示为用变长编码 2 实现数据压缩的基本原理。它显示了图像的直方图 $[P_r(r_k)$ 与 r_k 的曲线$]$ 或 $l_2(r_k)$。因为这两个函数成反比。也就是说，当 $P_r(r_k)$ 减少时，$l_2(r_k)$ 增加——编码 2 中最短的码字赋予图像中出现频率最高的灰度级。

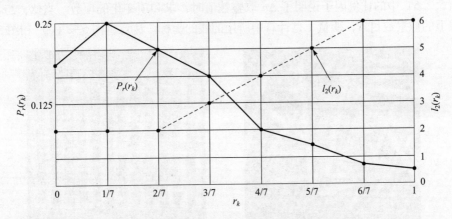

图 5-1　用变长编码 2 实现数据压缩的基本原理

在前述的例子中，通过用尽量少的比特数表达尽可能多的灰度级以实现数据的压缩，这种处理通常称为变长编码。如果图像的灰度级在编码时用的编码符号数多于表示每个灰度级实际所需的符号数［也就是说，这个编码无法使式（5.2.4）得到最小值］，则用这种编码得到的图像包含编码冗余。通常，当被赋予事件集的编码（如灰度级值）如果没有充分利用各种结果出现的概率去选择，就会存在编码冗余。当一幅图像的灰度级直接用自然二进制编码来表示时，冗余总会存在。在这种情况下，处理编码冗余的原则就是：图像是由具有规则的、在某种程度上具有可预测的形态（形状）和反射的对象组成的，并且通常对图像进行采样以便描述的对象远大于图像元素。在大多数图像中，正常情况下的结果是某个灰度级比其他灰度级有更大的出现可能性（多数图像的直方图是不均匀的）。它们灰度级的自然二进制编码对有最大和最小可能性的值分配相同的比特数，因此无法得到式（5.2.4）的最小值，产生了编码冗余。

5.2.3　像素间冗余

图 5-2（a）和图 5-2（b）所示图像的灰度级直方图如图 5-2（c）和图 5-2（d）所示。由图可以看出，这些图像实质上有同样的直方图。同时，注意这两幅直方图都是具有三个波峰的，表明灰度级存在三个主要的值域。因为这些图像中的灰度级的出现概率不是等可能性的，所以可以使用变长编码减少由于对像素进行统一长度的编码或自然二进制编码带来的编码冗余。然而，编码处理不会改变图像的像素之间的相关性。换句话说，用于表示每幅图像的灰度级的编码与像素之间的相关性无关。这些相关来自图像中对象之间的结构或几何关系。

图 5-2（e）和图 5-2（f）所示为沿着每幅图像的某条线计算得到的各自的自相关系数，即

$$\gamma(\Delta n) = \frac{A(\Delta n)}{A(0)} \tag{5.2.5}$$

其中，

$$A(\Delta n) = \frac{1}{N - \Delta n} \sum_{y=0}^{N-1-\Delta n} f(x, y) f(x, y + \Delta n) \tag{5.2.6}$$

式（5.2.6）中的比例因子说明了 Δn 取整数值时，求和项变化的项数。当然，Δn 必须严格小于线上的像素数目 N，变量 x 是计算中所用的线的坐标。注意，图 5-2（e）和图 5-2（f）

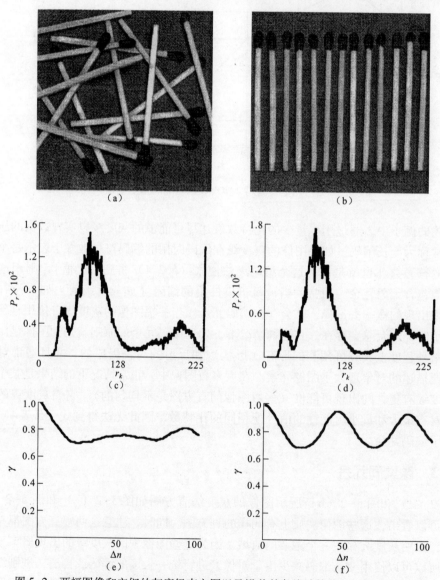

图 5-2 两幅图像和它们的灰度级直方图以及沿着某条线计算的归一化自相关系数
(a) 图像 1；(b) 图像 2；(c) 图像 1 的直方图；(d) 图像 2 的直方图；
(e) 图像 1 的自相关系数；(f) 图像 2 的自相关系数

中的函数形状之间的差异，它们在形状上的差异可以被定性地同图 5-2（a）和图 5-2（b）联系起来。这种关系在图 5-2（f）中是显而易见的，这里被 45 和 90 个样本分开的像素之间的高度相关可以直接同图 5-2（b）中垂直方向的火柴之间的间隔联系起来。另外，两幅图像中相邻的像素具有高度相关性。当 $\Delta n=1$ 时，对于图 5-2（a）和图 5-2（b）的图像，γ 分别为 0.992 2 和 0.992 8。这些值大多数是对电视图像进行适当的采样得到的典型值。

这些说明反映了另一种数据冗余的重要形式——一种图像中与像素间相关的直接关系。因为任何给定像素的值可以根据与这个像素相邻的像素进行适当的预测，所以由单个像素携带的信息相对较少。单一像素对于一幅图像的多数视觉贡献是多余的；它的值可以通过与其相邻的像素值进行推测。许多命名，包括空间冗余、几何冗余和帧间冗余都用来表示这些像素间的依赖性。使用术语"像素间冗余"来代表上述所有的名称。

5.2.4 保真度准则

在消除各种冗余数据的同时，必然导致信息的丢失，所以迫切需要一种可重复或可再生的对于丢失信息的性质和范围定量的方法。作为这种评估基础的两类准则是：客观保真度准则；主观保真度准则。

5.2.4.1 客观保真度准则

当信息损失的程度可以表示成初始图像或输入图像以及先被压缩而后被解压缩的输出图像的函数时，就说这个函数是基于客观保真度准则的。输入图像和输出图像之间的均方根误差就是最好的例子。令 $f(x,y)$ 表示输入图像，并令 $\hat{f}(x,y)$ 表示是对输入先压缩后解压缩得到的 $f(x,y)$ 的估计量或近似量。对 x 和 y 的所有值，$f(x,y)$ 和 $\hat{f}(x,y)$ 之间的误差 $e(x,y)$ 可以定义为

$$e(x,y) = \hat{f}(x,y) - f(x,y) \tag{5.2.7}$$

从而使两幅图像的总体误差为

$$\sum_{x=0}^{M-1}\sum_{y=0}^{N-1}[\hat{f}(x,y) - f(x,y)]$$

其中，图像大小为 $M\times N$ 像素。$f(x,y)$ 和 $\hat{f}(x,y)$ 之间的均方根误差 e_{ms} 则成为在 $M\times N$ 像素上平方误差平均值的平方根，或写为

$$e_{ms} = \left[\frac{1}{MN}\sum_{x=0}^{M-1}\sum_{y=0}^{N-1}[\hat{f}(x,y) - f(x,y)]^2\right]^{1/2} \tag{5.2.8}$$

一种关系更为紧密的客观保真度准则是先压缩后解压缩图像的均方信噪比。如果认为 $\hat{f}(x,y)$ 是初始图像和噪声信号 $e(x,y)$ 的和，则输出图像的均方根信噪比用 SNR_{ms} 表示，可定义为

$$\text{SNR}_{ms} = \frac{\sum_{x=0}^{M-1}\sum_{y=0}^{N-1}\hat{f}(x,y)^2}{\sum_{x=0}^{M-1}\sum_{y=0}^{N-1}[\hat{f}(x,y) - f(x,y)]^2} \tag{5.2.9}$$

5.2.4.2 主观保真度准则

尽管客观保真度准则提供了一种简单便捷的评估信息损失的方法，但大部分解压缩图像最终还是由人来进行观察的。所以，使用观察者的主观评估衡量图像品质通常是更为适当

的。主观评估是通常向典型的观察者显示典型的解压缩图像并将评估结果进行平均得到的。评估可能采取绝对等级或并排对比 $f(x,y)$ 和 $\hat{f}(x,y)$ 的形式。表 5-2 所示为电视图像的等级量表。并排对比可以使用如 $\{1,2,3,4,5,6\}$ 这样的标度分别表示主观评估 {极好、好、过得去、勉强可以、差、不可用}。不管使用何种形式，这些评估都被称为基于主观保真度准则。

表 5-2 电视图像的等级量表（Frendendall 和 Behrend）

值	等 级	描 述
1	极好	具有极高品质的图像，和希望的一样好
2	好	高品质的图像，感觉良好，其中的干扰可以接受
3	过得去	具有可接受的品质。其中的干扰不是不可接受的
4	勉强可以	品质不良的图像；希望能得到改进。干扰在某种程度上难于接受
5	差	非常不好的图像，但还可以看。有明显不能接受的干扰
6	不可用	差到无法观看的图像

5.3 熵编码方法

5.3.1 基本概念

5.3.1.1 图像熵、平均码字长度和编码效率

1. 图像熵

设图像像素灰度级集合为 $(w_1, w_2, \cdots, w_k, \cdots, w_m)$，其对应的概率分别为 $P_1, P_2, \cdots, P_k, \cdots, P_m$。按信息论中信源信息熵定义，数字图像的熵为

$$H = -\sum_{k=1}^{m} P_k \log_2 P_k \quad (\text{bit}) \tag{5.3.1}$$

由式（5.3.1）可见，图像熵 H 是表示各个灰度级比特数的统计平均值。

2. 平均码字长度

设 B_k 为数字图像第 k 个码字 C_k 的长度（二进制代数的位数）。其相应出现的概率为 P_k，则该数字图像所赋予的平均码字长度为

$$R = \sum_{k=1}^{m} B_k P_k \quad (\text{bit}) \tag{5.3.2}$$

3. 编码效率

一般情况下，编码效率往往用下式表示：

$$\eta = \frac{H}{R} \quad (\%) \tag{5.3.3}$$

式中，H 为图像熵；R 为平均码字长度。

根据信息论中信源编码理论，可以证明在 $R \geq H$ 的条件下，总可以设计出某种无失真编码方法。当然如果编码结果使 $R \gg H$，表明这种编码方法效率很低，占用比特数太多。例如，对图像样本量化值直接采用 PCM 编码，其结果是平均码字长度 R 就远比图像熵 H 大。最好的编码结果

是使 R 等于或很接近于 H，这种状态的编码方法称为最佳编码，它既不由于丢失信息而引起图像失真，又占用最少的比特数。例如，下面要介绍的哈夫曼编码方法即属于最佳编码方法。若要求编码结果 $R<H$，则必然丢失信息而引起图像失真，这就是在允许失真条件下的一些失真编码方法。

熵编码的目的就是要使编码后的图像平均比特数 R 尽可能接近图像熵。一般是根据图像灰度级出现的概率大小赋予不同长度码字，概率大的灰度级用短码字；反之，用长码字。可以证明，这样的编码结果所获得的平均码字长度最短，这就是下面要介绍的变长最佳编码定理。

5.3.1.2 变长最佳编码定理

定理 在变长编码中，对出现概率大的信息符号赋予短码字，而对于出现概率小的信号符号赋予长码字。如果码字长度严格按照所对应符号出现概率大小逆序排列，则编码结果平均码字长度一定小于其他任何排列方式。

以上定理就是下面的哈夫曼编码方法的理论基础。通过对其证明进一步加深认识。

设图像灰度级为 W_1, W_2, $\cdots$, W_i, $\cdots$, W_n；各灰度级出现概率分别为 P_1, P_2, $\cdots$, P_i, $\cdots$, P_N；编码所赋予的码字长度分别为 t_1, t_2, $\cdots$, t_i, $\cdots$, t_n，则编码后图像平均码字长度为

$$R = \sum_{i=1}^{n} P_i t_i \tag{5.3.4}$$

按照定理规则进行编码，其结果平均码字长度为 R_1，R_2 为将其中任两个灰度级不按定理规则编码（概率大的灰度级赋予长码字，反之，则赋予短码字），而其他所有灰度级按定理规则编码所得图像的平均码字长度。那么 R_2 应等于 R_1 加上"不按定理规则编码所增加的平均码字长度" ΔR。只要证明 $\Delta R>0$，就可以证明上述定理。

令第 m 和第 n 个灰度级出现的概率分别为 P_m 和 P_n，且 $P_m>P_n$。与这两个灰度级对应的码字长度分别为 t_m 和 t_n。如果不按定理规则赋予这两个码字长度，即 $t_m>t_n$，则

$$(P_m t_m + P_n t_n)^2 - (P_m t_n + P_n t_m)^2$$
$$= P_m^2 t_m^2 + P_n^2 t_n^2 + 2P_m P_n t_m t_n - P_m^2 t_n^2 - P_n^2 t_m^2 - 2P_m P_n t_m t_n$$
$$= P_m^2 t_m^2 + P_n^2 t_n^2 - P_m^2 t_n^2 - P_n^2 t_m^2$$
$$= (P_m^2 - P_n^2)(t_m^2 - t_n^2)$$

由前面假设条件 $P_m>P_n$，$t_m>t_n$ 可知，这个演算式结果一定大于零。将开始式展开可以得到

$$(P_m t_m + P_n t_n) - (P_m t_n + P_n t_m) = \Delta R > 0$$

由于上式左边第一项是对这两个灰度级不按定理规则编码获得的码字长度统计平均值，而第二项是按照定理规则编码获得的码字长度统计平均值，两项之差当然就是前面定义的 ΔR。到此就直观地证明了变长编码定理。

5.3.1.3 变长最佳编码的平均码字长度

设变长编码所用码元进制为 D，被编码的信息符号总数为 N，第 i 个符号出现的概率为 P_i，与其相对应的码字长度为 t_i，则可以证明，这种编码结果的平均码字长度 R 落在下列区间内，即

$$\frac{H}{\lg D} \leq R \leq \frac{H}{\lg D} + 1$$

其中，

$$H = -\sum_{i=1}^{N} P_i \lg P_i$$

由此可以推导出某一个信息符号为

$$-\frac{\lg P_i}{\lg D} \leq t_i < -\frac{\lg P_i}{\lg D} + 1 \tag{5.3.5}$$

对二进制码可以进一步化简为

$$-\log_2 P_i \leq t_i < -\log_2 P_i + 1 \tag{5.3.6}$$

由此可见，码字的长度是由信息符号出现的概率决定的，这就是在5.33小节中介绍的香农编码方法的理论基础。

5.3.1.4 唯一可译编码

有些情况下，为了减少表示图像的平均码字长度，往往对码字之间不加同步码，但是，这样就要求所编码字序列能被唯一地译出来。满足这个条件的编码称为唯一可译编码，也常称为单义可译码，单义可译码往往采用非续长代码。

1. 续长代码和非续长代码

若代码中任何一个码字都不是另一个码字的续长，也就是不能在某一码字后面添加一些码元而构成另一个码字，称为非续长代码。反之，称其为续长代码。如二进制代码 [0, 10, 11] 即为非续长代码，而 [0, 01, 11] 则为续长代码。因为码字01可由码字"0"后加一个码元"1"构成。

2. 单义代码

任意有限长的码字序列，只能被唯一地分割成一个个码字，则这样的码字序列称为单义代码。单义代码的主要条件是满足克劳夫特（Kraft）不等式，即

$$\sum_{i=1}^{n} D^{-t_i} \leq 1 \tag{5.3.7}$$

式中：D 为代码中的码元种类，对于二进制码，$D=2$；n 为代码中的码字个数；t_i 为代码中第 i 个码字的长度（码元个数）。

如代码 $C=[00,10,001,101]$，因为是二进制码，$D=2$，因此共有四个码字：$c_1=00$，$c_2=10$，$c_3=001$，$c_4=101$。其相应的长度为 $t_1=2$, $t_2=2$, $t_3=3$, $t_4=3$。将 t_i 值代入式（5.3.7）可得

$$\sum_{i=1}^{4} 2^{-t_i} = \frac{1}{2^2} + \frac{1}{2^2} + \frac{1}{2^3} + \frac{1}{2^3} = \frac{6}{8} < 1$$

因此可以证明代码 C 是单义代码。

5.3.2 哈夫曼编码方法

哈夫曼（Huffman）编码是根据变长最佳编码定理，应用哈夫曼算法而定的一种编码方法。它的平均码字长度在具有相同输入概率集合的前提下，比其他任何一种唯一可译码都小，因此，也常称其为紧凑码。下面以一个具体例子来说明其编码方法。

5.3.2.1 编码步骤

（1）将输入灰度级按出现的概率由大到小顺序排列（对概率相同的灰度级可以任意颠倒排列位置）。

（2）将最小两个概率相加，形成一个新的概率集合。再按第（1）步方法重排（此时的

概率集合中，概率个数已减少一个），如此重复进行，直到只有两个概率为止。

（3）码字分配。码字分配从最后一步开始反向进行，对于最后两个概率，一个赋予"0"码，另一个赋予"1"码。如概率0.60赋予"0"码，0.40赋予"1"码（也可以将0.60赋予"1"码，0.40赋予"0"码），如此反向进行到开始的概率排列。在此过程中，若概率不变，则仍用原码字。表5-3第六步中概率0.40在第五步中仍用"1"码，若概率分裂为两个，其码字前几位码元仍用原来的。码字的最后一位码元赋予"0"码元，另一个赋予"1"码元。表5-3第六步中概率0.60到第五步中分裂为0.37和0.23，则所得码字分别为"00"和"01"。

表5-3 输入灰度级出现概率表

输入图像灰度级	灰度级出现概率	第一步	第二步	第三步	第四步	第五步	第六步
W_1	0.40 (1)	0.40 (1)	0.40 (1)	0.40 (1)	0.40 (1)	0.40 (1)	0.60 (0)
W_2	0.18 (001)	0.18 (001)	0.18 (001)	0.19 (000)	0.23 (01)	0.37 (00)	0.40 (1)
W_3	0.10 (011)	0.10 (011)	0.13 (010)	0.18 (001)	0.19 (000)	0.23 (01)	
W_4	0.10 (0000)	0.10 (0000)	0.10 (011)	0.13 (010)	0.18 (001)		
W_5	0.07 (0100)	0.09 (0001)	0.10 (0000)	0.10 (011)			
W_6	0.06 (0101)	0.07 (0100)	0.09 (0001)				
W_7	0.05 (00010)	0.06 (0101)					
W_8	0.04 (00011)						

5.3.2.2 前例哈夫曼编码的编码效率计算

根据式（5.3.1）求出前例信源熵为

$$H = -\sum_{i=1}^{8} P_i \log_2 P_i$$

$$= -(0.40\log_2 0.40 + 0.18\log_2 0.18 + 2 \times 0.10\log_2 0.10 + 0.07\log_2 0.07 + 0.06\log_2 0.06 + 0.05\log_2 0.05 + 0.04\log_2 0.04)$$

$$= 2.55$$

根据式（5.3.2）求出平均码字长度为

$$R = \sum_{i=1}^{8} B_i P_i = 0.40 \times 1 + 0.18 \times 3 + 0.10 \times 3 + 0.10 \times 4 + 0.07 \times 4 + 0.06 \times 4 + 0.05 \times 5 + 0.04 \times 5 = 2.61$$

根据式（5.3.3）求出编码效率为

$$\eta = \frac{H}{R} = \frac{2.55}{2.61} \approx 97.7\%$$

5.3.3 香农编码方法

香农（Shannon）编码方法根据式（5.3.4）、式（5.3.5），按下列步骤进行。

（1）将输入灰度级（信息符号）按出现的概率由大到小顺序排列（相等者可以任意颠

倒排列位置)。

(2) 按式 (5.3.5) 或式 (5.3.6) 计算各概率对应的码字长度 t_i。

(3) 计算各概率对应的累加概率 a_i，即

$$\begin{cases} a_1 = 0 \\ a_2 = P_1 \\ a_3 = P_2 + a_2 = P_2 + P_1 \\ a_4 = P_3 + a_3 = P_3 + P_2 + P_1 \\ \vdots \\ a_i = P_{i-1} + P_{i-2} + \cdots + P_1 \end{cases}$$

(4) 把各个累加概率由十进制数转换成二进制数。

(5) 将二进制表示的累加概率去掉多于第 (2) 步中计算的 t_i 的尾数，即获得各个信息符号的码字。

为了能与哈夫曼码比较，我们仍用前例进行香农编码，具体步骤和结果如表 5-4 所示。

表 5-4 香农编码步骤列表

输入图像灰度级	(1) 灰度级出现概率	(2) 计算 t_i	(3) 计算 a_i	(4) 由十进制数变为二进制数	(5) 去掉多于 t_i 尾数（码字）
W_1	0.40	2	0	0	00
W_2	0.18	3	0.40	01100	011
W_3	0.10	4	0.58	10010	1001
W_4	0.10	4	0.68	10100	1010
W_5	0.07	4	0.78	11000	1100
W_6	0.06	5	0.85	1101100	11011
W_7	0.05	5	0.91	1110100	11101
W_8	0.04	5	0.96	1111010	11110

平均码字长度为

$$R = \sum_{i=1}^{8} P_i t_i = 0.40 \times 2 + 0.18 \times 3 + 0.10 \times 4 + 0.10 \times 4 + 0.07 \times 4 + 0.06 \times 5 + 0.05 \times 5 + 0.04 \times 5 = 3.17$$

计算其编码效率为

$$\eta = H/R = 2.55/3.17 \times 100\% \approx 80.4\%$$

由此可见，使用香农编码方法的效率比哈夫曼编码方法的效率低些，但还算是一种高效编码方法。

5.4 轮廓编码

5.4.1 轮廓编码的概念

一幅图像中总是存在许多大小不等的灰度级相同的区域，尤其是一些特写图像，或某些几

何图案的物体的照片等由少数恒定灰度级区域组成的图像。这类图像经过数字化以后，所得到的数字图像同样存在着少数灰度级量化级相同、大小不等的区域。假若我们能够将这些灰度级相同的区域从图像中找出来并给予不同的标志，那么我们只要对能够唯一确定这些区域的一些因素进行编码，也就等于对整个图像进行编码了。很明显，唯一确定某一区域只要三个因素。

（1）包围这个区域的外围边界即轮廓的方向序列。
（2）轮廓的起始点位置（行和列数）。
（3）轮廓所包围区的灰度级值。

可以看出，对每一个轮廓的三个因素编码，要比对轮廓包围区内每个像素都分配以码字节约很多比特数，而且图像细节越少，采用轮廓编码节省的比特数越多。

有三幅细节不同的图像：一是女孩面部特写，图像细节少；二是摄影师半身工作环境照片，其图像细节中等；三是群众大会场面，照片上有很多人头像，具有丰富的图像细节。对三幅不同细节图像采用轮廓编码的结果见表 5-5。

表 5-5 对三幅不同细节图像采用轮廓编码的结果

原灰度级数	比特数/像素	轮廓编码后图像的平均比特数		
		女孩面部特写	摄影师半身工作环境照片	群众大会场面
16	4	1.4	2.1	3.8
32	5	2.4	3.5	4.9
64	6	3.5	4.9	5.8
128	7	4.6	5.8	6.7

5.4.2 轮廓算法

对图像进行轮廓编码，首先得找出图像中的轮廓，用来寻找轮廓的方法称为轮廓算法。

轮廓算法由两部分组成：一个是计算轮廓方向序列的方法，称为 T 算法；另一个是计算轮廓起始点的方法，称为 IP（Initial Point）算法。

轮廓算法的步骤是由这两个算法依次交叉进行，即第一个轮廓起始点找到后，进行第一个轮廓方向序列的计算，算完后再寻找第二个轮廓起始点，接着计算第二个轮廓方向序列，如此依次交叉地进行，直到计算完图中所有轮廓为止。

下面分别介绍轮廓方向序列及轮廓起始点算法。

5.4.2.1 轮廓方向序列

1. 轮廓方向序列的计算——T 算法

轮廓方向序列就是由轮廓起始点开始到轮廓上的第二点，第三点，……，直到最后一点再返回起始点为止方向所组成的方向序列。

确定轮廓上一点走向下一点的方向是用"最先左看规则"，即从进入轮廓点（如 A 点）的方向看去（见图 5-3），最先向左方向寻找，若遇到灰度级和 A 点相同的邻点，则轮廓由 A 点走向这一点，若左看没有灰度级和 A 点相同的邻点，再按向上看、向右看、向下看的顺序寻找，直到找到有灰度级相同的点时，将轮廓由 A 点移向该点。若四个方向都没有，表示这个轮廓只是由一个像素构成的。

例如，应用"最先左看规则"（假设四个轮廓起始点 IP_1、IP_2、IP_3、IP_4 都为已知）计算图 5-4 中四个轮廓走向序列 T_1、T_2、T_3、T_4。

图 5-3 最先左看规则

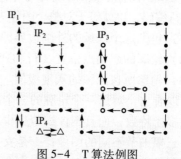

图 5-4 T 算法例图

2. 轮廓方向序列的标记

（1）一个轮廓方向序列应用"最先左看规则"找出来以后，这个轮廓就被确定了。对于轮廓上的每一个点，根据进入和离开的方向再按所谓"方向标记规则表"给予不同的标记。方向标记规则表见表 5-6。

表 5-6 方向标记规则表

方向		离开轮廓点方向	
		↑ →	↓ ←
进入轮廓点方向	↑ ←	A	R
	↓ →	R	D

例如，用"方向标记规则表"标记图 5-4 中的轮廓方向序列，见图 5-5。

（2）若遇一个轮廓点有两对进出方向时，即按"方向标记规则表"标记；若标记后有两个标志，则按"合并规则表"合并两个标志为一个标志，见表 5-7。

表 5-7 合并规则表

第一次、第二次通过的方向标记	DA AD RR	DR RD DD	AR RA AA
合并后的标记	R	D	A

例如，按"合并规则表"，将图 5-5 中标志合并，见图 5-6。

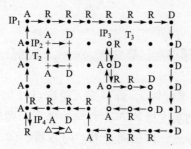

图 5-5 "方向标记规则表"例图

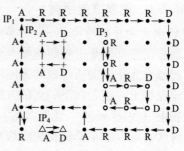

图 5-6 "合并规则表"例图

(3) 不是轮廓上的像素一律给予 I 标志, 可见当数字图像标记完毕后存入存储器时, 要对每一像素额外分配两个比特来表示其标志符号 A、D、R、I。

5.4.2.2 轮廓起始点的寻找——IP 算法

为了寻找轮廓起始点 IP, 我们使用顺序扫描搜索方法, 也就是从数字图像的左角上 (第一行, 第一列) 的像素开始, 按行从左到右, 按列从上到下逐点顺序扫描, 直到右下角最后一个像素为止, 对扫描遇到的每一个像素, 进行判别是否为轮廓起点 IP。如何判别每一像素是否为 IP 呢? 先来介绍"扫描搜索比较表构成规则"和"轮廓起始点判别准则"。

1. 扫描搜索比较表构成规则 (CPL)

(1) 每扫一行制一个表, 当然在开始扫描前, 表应是空的。

(2) 对每行扫描从左到右逐点进行判别。若遇到点标志为 A, 则将该点的灰度级值从表的右端依次填入表中。

若遇到点标志是 D, 将表中最靠边标志为 A 的灰度级画去。若遇到点标志是 R 或 I, 表不变化, 既不填也不画去什么。

(3) 每行扫描完毕, 表也一定是空的, 因为轮廓总是封闭的, 轮廓通过某一行有向下的点 D, 必有向上的点 A, 即 A 点数一定等于 D 点数。

2. 轮廓起始点判别准则

在扫描搜索过程中, 凡是符合下列两个条件的, 就判定为轮廓起始点 IP。

(1) 它的标志是 I (不是已确认过的轮廓上的点)。

(2) 它的灰度级值不等于扫描搜索表构成规则中最靠近的标记为 A 的点的灰度级值。

这里要注意的是, 一幅数字图像的左上角的点 (第一行, 第一列) 总认为是第一轮廓起始点, 这是不难理解的。

5.4.3 应用轮廓算法的一个示例

若给定一幅数字图像如图 5-7 所示, 对其进行轮廓算法的步骤如下。

(1) 先将图像各像素都标志为 I, 如图 5-7 所示。

(2) 以图 5-7 左上角点 (第一行, 第一列) 作为起始点 IP。有了 IP_1, 根据"最先左看规则"找出第一轮廓走向序列 T_1, 同时按"方向标记规则表"以及"合并规则表"将轮廓 T_1 上各点标志改为 A、D 或 R 等, 如图 5-8 所示。

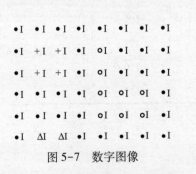

图 5-7 数字图像

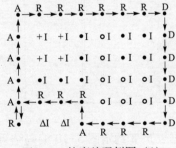

图 5-8 轮廓编码例图 (1)

(3) 按 IP 算法寻找第二个轮廓起始点 IP_2。

如图 5-8 所示, 第一行扫描的搜索表为: 扫描的第 1 点标志为 A, 其灰度级为"0", 填入表的末尾。扫描第 2~6 点标志为 R, 不填入表内, 即表不变。第 8 点标志为 D, 将表中刚才填入的"0"画去。可见第一行扫完后，CPL表是空的，表内没有起始点。

第二行扫描搜索表为：扫描的第1点标志为A，其灰度级为"0"，填入表的末尾。扫描第2点标记为I，它的灰度级为"+"，与表中相邻的标记为A的灰度级值"0"不同，因此确定为新的轮廓起始点，记为IP_2。

按T算法找出T_2，并标记好，如图5-9所示。再按IP算法找出IP_3，进而找出T_3，如此继续下去，直到找完全图为止，如图5-10所示。

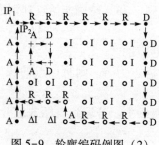
图5-9 轮廓编码例图（2）

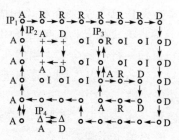
图5-10 轮廓编码例图（3）

5.4.4 编码方法

一幅数字图像轮廓全部找出并标记完毕后，尚须给各轮廓分配码字。假设：① 轮廓起始点位置（行和列数）用自然码；② 轮廓包围区的灰度级值也用自然码（也可用哈夫曼码）；③ 轮廓方向序列用链码表示。

根据上述假设，我们作下列约定，根据表5-8对图5-10分配码字。

表5-8 分配码字

轮廓号	码字 自然码	灰度级	码字 自然码	行或列	码字 自然码	方向	码字 链码
1	00	·	00	1	000	↑	00
2	01	+	01	2	001	→	01
3	10	0	10	3	010	↓	10
4	11	△	11	4	011	←	11
				5	100		
				6	101		
				7	110		
				8	111		

根据表5-8约定图5-10编码结果见表5-9。

表 5-9　编码结果

轮廓号	灰度级	起始点		方　向　序　列		
		行	列	第一个方向	第二个方向……	
00	00	000	000	01	01	0101……
01	01	001	001	01	10	1100
10	10	001	100	10	10	01 01 10 11 11 00 00 00
11	11	101	001	01	11	

5.5　变换编码与小波变换编码

5.5.1　变换编码

如果不是对图像数据本身进行编码，而是对它的二维变换进行编码和传输，也可以实现对图像的压缩传输。其基本概念是，大多数自然图像的变换函数有许多项的幅度很小，这些系数往往可以完全舍弃，这样就可以用很少的码位来编码，而引起的图像失真往往可以忽略不计。这些变换中能提供最小均方误差的是离散的 K-L 变换。

从消除图像像素之间的相关性来说，希望在一个图像经二维变换后各元之间变得互不相关，也就是每一个元都是不可预测的，这样可以预计得到最佳的能量集中。

一个二维图像函数 $f(x,y)$ 的正交函数展开为

$$f(m, n) = \sum_{\mu=0}^{N-1}\sum_{\nu=0}^{N-1} F(\mu, \nu)\varphi^{(\mu,\nu)}(m, n)$$

$$= \sum_{\mu=0}^{N-1}\sum_{\nu=0}^{N-1} F(\mu, \nu)P(m, \mu)Q(\nu, n) \qquad (5.5.1)$$

式中：$\varphi^{(\mu,\nu)}(m,n)$ 是正交函数集。

当 $\varphi^{(\mu,\nu)}(m,n)$ 可分离时，可写成 $\varphi^{(\mu,\nu)}(m,n)=P(m,\mu)Q(\nu,n)$。这时式 (5.5.1) 可写成矩阵形式，$f$ 为 $N\times N$ 矩阵，F 也一样，即

$$f = PFQ \qquad (5.5.2)$$

或重写为

$$f = \sum_{\mu=0}^{N-1}\sum_{\nu=0}^{N-1} F(\mu, \nu)[\varphi^{(\mu,\nu)}]$$

$f(m,n)$ 的自相关函数为

$$R(m,n;p,q) = E\{f(m,n)f(p,q)\}$$

如果 $E\{f(m,n)\}=0$ 而要求变换后的 $F(\mu,\nu)$ 各元函数不相关，可得

$$\sum_{p=0}^{N-1}\sum_{q=0}^{N-1} R(m, n; p, q)\varphi^{(\mu,\nu)}(p, q) = \gamma_{\mu\nu}\varphi^{(\mu,\nu)}(m, n) \qquad (5.5.3)$$

即此时的 $\varphi^{(\mu,\nu)}(p,q)$ 为自相关函数的特征函数，而

$$\gamma_{\mu,\nu} = E\{|F(\mu,\nu)|^2\}$$

式（5.5.2）的证明：由正交变换的特性可得

$$F(\mu, \nu) = \sum_{m=0}^{N-1}\sum_{n=0}^{N-1} f(m, \nu)\varphi^{(\mu, \nu)*}(m, n)$$

$$E\{F(\mu, \nu)\} = \sum_{m=0}^{N-1}\sum_{n=0}^{N-1} E\{f(m, n)\}\varphi^{(\mu, \nu)*}(m, n)$$

由于 $E\{f(m,n)\}=0$ 得 $E\{F(\mu,\nu)\}=0$。由于要求 $F(\mu, \nu)$ 是非相关的，则

$$E\{F(\mu,\nu)F^*(\mu',\nu')\} = E\{F(\mu,\nu)\}E\{F^*(\mu',\nu')\} = 0$$

由式（5.5.1）可得

$$E\{f(m, n)F^*(\mu', \nu')\} = \sum\sum E\{F(\mu, \nu)F^*(\mu', \nu')\}\varphi^{(\mu, \nu)}(m, n)$$
$$= E\{|F(\mu', \nu')|^2\}\varphi^{(\mu', \nu')}(m, n)$$

由于

$$F^*(\mu', \nu') = \sum_{p=0}^{N-1}\sum_{q=0}^{N-1} f(p, q)\varphi^{(\mu', \nu')}(p, q)$$

对上式两边乘 $f(m, n)$ 并取其期望值，可得

$$E\{f(m, n)F^*(\mu', \nu')\} = \sum_{p=0}^{N-1}\sum_{q=0}^{N-1} R(m, n; p, q)\varphi^{(\mu', \nu')}(p, q)$$

则

$$\sum_{p=0}^{N-1}\sum_{q=0}^{N-1} R(m, n; p, q)\varphi^{(\mu', \nu')}(p, q) = E\{|F(\mu', \nu')|^2\} \cdot \varphi^{(\mu', \nu')}(m, n)$$

式（5.5.2）也可表示成矩阵形式，把 f 写成列串接向量形式 $\boldsymbol{f}$，$\boldsymbol{f}$ 为 $N^2 \times 1$ 向量，则基函数矩阵 $\boldsymbol{\varphi}^{(\mu,\nu)}$ 也可写成向量形式 $\boldsymbol{\varphi}^s$，s 为 (μ, ν) 之和。这时自相关函数 $R(m, n; p, q)$ 可写成 $k(i, j)$（为 $N^2 \times N^2$ 矩阵），i 代表 (m, n)，j 代表 (p, q)。$k(i, j) = E\{f_i f_j\}$ ($i=0,1,\cdots,N^2-1$; $j=0, 1, \cdots, N^2-1$)。

特征方程为

$$\sum_{j=0}^{N^2-1} k(i, j)\varphi_j^s = \gamma_s \varphi_1^s \quad (共 N^2 个, s=0,1,\cdots,N^2-1; i=1,2,\cdots,N^2-1)$$

式中：$\boldsymbol{\varphi}_j^s = [\varphi_0^s, \varphi_1^s, \cdots, \varphi_{N^2-1}^s]^T$，为 $\boldsymbol{k}$ 的特征向量；γ_s 为特征值，因此 $\boldsymbol{\varphi}_j^s$ 使 $\boldsymbol{f}$ 变换成由互不相关元组成的 $\boldsymbol{F}$。

当自相关函数为可分离时，有

$$\boldsymbol{k} = \boldsymbol{k}_y \otimes \boldsymbol{k}_x$$
$$\boldsymbol{k}_x = \boldsymbol{\varphi}_x \boldsymbol{\Lambda}_x \boldsymbol{\varphi}_x^T,$$
$$\boldsymbol{k}_y = \boldsymbol{\varphi}_y \boldsymbol{\Lambda}_y \boldsymbol{\varphi}_y^T$$

式中：$\boldsymbol{\Lambda}_x$ 和 $\boldsymbol{\Lambda}_y$ 为 $N \times N$ 对角矩阵，则

$$\boldsymbol{F} = \boldsymbol{\varphi}_x^T \boldsymbol{f} \boldsymbol{\varphi}_y \tag{5.5.4}$$

K-L 变换可以保证变换后各元互不相关，在丢舍一些小值项后能保证均方误差最小，但它要求知道图像的统计参数，即要求知道被变换图像的自相关矩阵，而且没有快速算法。经近年来研究证明，余弦变换的性能与 K-L 变换相近似，并有快速算法。当图像的自相关函数是可分离的且是一阶马尔可夫过程时，相关函数可以表示成

$$E[f(m,n)f(p,q)] = e^{-\alpha|m-p|}e^{-\beta|n-q|}$$

这时的 K-L 变换具有快速算法，$\varphi^{(\mu,\nu)}(m,n)$ 为正弦函数，即

$$\varphi^{(\mu)}(m) = \sqrt{\frac{2}{N+\gamma_\mu}} \sin\left[\omega_n\left(m-\frac{N-1}{2}\right) + \frac{\mu+1}{2}\pi\right] \tag{5.5.5}$$

其中
$$\gamma_\mu = \frac{1-\alpha^2}{1-2\alpha\cos\omega_n + \alpha^2}$$

在第 2 章中所述的其他各种二维变换，如傅里叶变换、余弦变换、哈达玛变换、沃尔什变换等都有其计算上的特点，而且都是采用固定的变换基，不必知道图像的统计参数。各种变换的公式和计算量如表 5-10 所示。

表 5-10 各种变换列表

变换名称	表达式	未知参数	计算量	注
K-L 变换	$k_x = \varphi_x \Lambda_x \varphi_x^T$ $k_y = \varphi_y \Lambda_y \varphi_y^T$ $F = \varphi_x^T f \varphi_y$	变换系数	$N^3 \to 2N^3$	当图的统计参数固定时，只需计算一次
傅里叶变换	$F = WfW$	变换系数	$2N^2\log_2 N$ （复数）	当 $N \neq 2^K$ 时，计算量增加
余弦变换	$F = C^T f C$	变换系数	$2N^2\log_2 N$ （实数）	当 $N \neq 2^K$ 时，计算量增加
哈达玛变换	$F = HfW$	变换系数	$2N^2\log_2 N$	当 $N \neq 2^K$ 时，计算量增加
沃尔什变换变换	$e = PfQ$	—		

变换后的图像的编码方法有两种，即区域编码法和阈值编码法。

1. 区域编码法

图像矩阵 f 经二维变换后的 $N \times N$ 二维矩阵 F 表现出能量集中，但是 N 很大时，进行二维变换的计算量是很大的，实际进行的是用分块变换的办法，即把 f 分为 $n \times n$ 的许多小块。每块不能太小，也不能太大，一般用 16×16 方块即可。分块后的问题是吉布斯效应，它主要发生在每块的边缘像素处。区域编码法就是对一个区域中变换后的 16×16 个系数中的每一系数给以不同的二进码位数。典型的码位赋值如图 5-11 所示。

对变换后的一半以上的元赋以 0 位，即舍弃之。当然，对各种变换可以赋以不同的码位分布，所得到的均方误差也不同。按图 5-11 表示的码位分布为平均每像素 1.5 码位。

2. 阈值编码法

在阈值编码法中，变换后各元的值若超过某一给定的阈值，就给以一定的量化层数，并对其幅值编码。对变换的每个元的位置都必须在编码后传输到接收端。一种比较简单的方法是对阈值以下丢弃的无效样本数目进行编码，这也是一种行程长度编码方案。由于阈值编码法是自适应的，即根据各个不同图像选取不同的传输元。因此，它的性能要比区域编码法好

些。但在阈值固定的情况下，传输系数的数目和码位数是与图像有关的。这对固定传输率的通信干线是不能适应的。

8	8	8	7	7	7	5	5	4	4	4	4	4	4	4	4
8	8	7	6	5	5	3	3	3	3	3	3	2	2	2	2
8	7	6	4	4	4	3	3	2	2	2	2	2	2	2	2
7	6	4	3	2	2	2	2	1	1	1	0	0	0	0	0
7	5	4	2	2	2	2	1	1	1	0	0	0	0	0	0
7	5	4	2	2	2	1	1	0	0	0	0	0	0	0	0
5	3	3	2	2	1	1	0	0	0	0	0	0	0	0	0
5	3	3	2	2	1	0	0	0	0	0	0	0	0	0	0
4	3	2	2	1	1	0	0	0	0	0	0	0	0	0	0
4	3	2	1	1	0	0	0	0	0	0	0	0	0	0	0
4	3	2	1	0	0	0	0	0	0	0	0	0	0	0	0
4	3	2	1	0	0	0	0	0	0	0	0	0	0	0	0
4	2	2	0	0	0	0	0	0	0	0	0	0	0	0	0
4	2	2	0	0	0	0	0	0	0	0	0	0	0	0	0
4	2	2	0	0	0	0	0	0	0	0	0	0	0	0	0
4	2	2	0	0	0	0	0	0	0	0	0	0	0	0	0

图 5-11　区域编码法典型的码位赋值

在图像变换编码中，主要的压缩技术是只传输变换域中的某些系数，而把一些幅值小的系数丢弃掉，在接收端对这些丢弃的系数以 0 代替，也可以在接收端采用频谱外插估计的方法对这些系数进行估计。实践证明，用外插估计的方法对图像质量的改善是明显的。变换压缩的优点是压缩比较大，抗干扰能力强。因为干扰成分在接收端反变换后分散到全图中，所以对每一个像素的影响不会太大。传输中产生的误差也不会积累。变换压缩的缺点是计算复杂，难以实时实现。采用变换编码和脉冲差分编码调制（DPCM）相结合的办法可以得到比较好的结果。例如，首先对 $N\times N$ 图像阵列 $f(m, n)$ 的每行作一维变换；然后对变换系数进行预测编码，令

$$F_m(\nu) = \sum_{n=0}^{N-1} f(m, n) A(n, \nu)$$

DPCM 产生的差值信号为

$$d(\nu) = F_m(\nu) - \hat{F}_m(\nu)$$

而系数估值是由前一行的系数加权形成的，即

$$\hat{F}_m(\nu) = \alpha_m \hat{F}_{m-1}(\nu)$$

变换核可以采用多种形式，如余弦变换、傅里叶变换、哈达玛变换等。

5.5.2　小波变换编码

小波变换编码也是一种变换编码方式，其基本思路也是通过变换减少像素间的相关性以获得数据压缩的效果。典型的小波变换编解码系统框图见图 5-12。在图 5-12 中，小波变换替代了正交变换（如 DCT）。因为小波变换将图像分解为低频子图像和许多（对应水平方向和垂直方向的）高频子图像，而对应高频子图像的系数多数仅含有很少的可视信息（它们

具有零均值和类似拉普拉斯概率密度函数的分布），所以可通过量化等来获得需要的数据压缩效果。

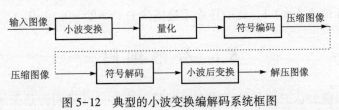

图 5-12　典型的小波变换编解码系统框图

由图 5-12 可见，与采用正交变换的编解码系统不同，小波变换编解码系统中没有图像分块的模块。这是因为小波变换的计算效率很高，且本质上具有局部性（小波基在时空上有限），对图像的分块就不需要了。这样小波变换编码就不会产生，如果使用 DCT 变换而在高压缩比时出现块效应，更适合于需要高压缩比的应用。实验表明，采用小波变换编码不仅比一般的变换编码在给定压缩率的情况下有较小的重建图像误差，而且能明显提高重建图像的主观质量。

下面讨论小波变换编码中需要考虑的影响因素。

1. 小波的选择

小波的选择会影响小波变换编码系统设计和性能的各个方面。小波的类型直接影响变换计算的复杂性，并间接地影响系统压缩和重建可接受误差图像的能力。当变换小波带有尺度函数时，变换可通过一系列数字滤波器操作来实现。另外，小波将信息集中到较少的变换系数上的能力决定了用该小波进行压缩和重建的能力。

基于小波的压缩中，最广泛使用的小波包括 Haar 小波、Daubechies 小波和双正交小波。

2. 分解层数的选择

分解层数也影响小波编码计算的复杂度和重建误差。由于 P 个尺度的快速小波变换包括 P 个滤波器组的迭代，正反变换的计算操作次数均随着分解层数的增加而增加。另外，随着分解层数的增加，对低尺度系数的量化也会逐步增加，而这将会对重建图像越来越大的区域产生影响。在很多实际应用中（如图像数据库搜索，为渐近重建而传输图像等），为确定变换的分解层数，常需要根据存储或传输图像的分辨率以及最低可用近似图像的尺度综合考虑。

3. 量化设计

对小波编码压缩和重建误差影响最大的是对系数的量化。尽管最常用的量化器是均匀进行量化的，但量化效果还可通过以下两种方法进一步改进。

（1）引入一个以 0 为中心的扩大的量化间隔，以这个量化间隔为半径而确定的区域可称为"死区"。因为量化间隔增大会使截除的变换系数的数量也增加，但这会有一定的极限。当量化间隔增大到一定程度时，可截除的变换系数的数量几乎不变化，此时的量化间隔就对应死区。采用接近于死区的量化间隔可取得较好的压缩率。

（2）在不同尺度间调整量化间隔。小波变换的不同分解层次对应图像的不同尺度，不同尺度图像的灰度分布和动态范围都不同，所以最合适的量化间隔也应不同。

在这两种情况下，所选择的量化间隔都必须随着编码图像的比特流传输给解码器。量化间隔本身可以根据待压缩图像的内容特点通过启发性试探或自动计算来确定。例如，可用第 1 级细节系数的绝对值的中值作为一个全局的系数阈值，也可根据舍去的 0 的数目和保留在重建图像中的能量来计算这样一个全局系数阈值。以 512×512 的 Lena 图像为例，如果对它进行 7 级 Daubechies 9/7 小波变换并取阈值为 8，则在 262 144 个小波系数中只有 32 498 个系数需要保留，压缩率为 8∶1，此时压缩重建图像的 PSNR = 39.14 dB。

5.6　分形编码

　　分形编码是目前公认的三种最有前途的编码方法之一（另两种是子波变换编码、模型法编码）。分形编码是将分形理论应用于图像编码之中。Mandelbrot 创立了分形学，在他眼里，分形就是无穷之路。1967 年，Mandelbrot 研究了"英国的海岸线有多长"这个数学家的难题。他认为：海岸线的长度，取决于所用的测量标尺的长度。标尺越短，可测出的海岸线的弯曲便增多，测出的长度也就越长。海岸线长度的增长率，就是它的分维数。用分形的观点看，分形集具有任意小的比例细节，或者说具有精细的结构；分形集具有某种自相似的形式，可能是近似的自相似或统计的自相似。在大多数令人感兴趣的情形下，分形集是通过迭代方式产生的。1985 年，Barnsley 正式提出了迭代函数系统（Iterated Function Systems，IFS）理论，并将其用于给自然景物如云、海岸线、蕨类植物建立比较逼真的分形模型上获得了巨大的成功。既然分形几何能非常逼真地产生许多自然图像，那么，反过来，能否用来对图像实行压缩呢？更确切地说，即给定一幅图像，如何寻找一个迭代函数系统，这个迭代函数系统的吸引子能够很好地逼近原图像？Barnsley 领导的研究小组于 1986 年提出了著名的"拼贴定理"，从理论上解决了分形图像压缩这一问题，为分形图像压缩编码奠定了理论基础。1987 年，Barnsley 成立了迭代公司，分形图像压缩编码理论研究开始与实际相结合。

　　Mandelbrot 在数学领域的主要贡献就是认识到通过递归定义的形状在自然界确实是普遍存在的。Hutchinson 经过更详细的研究后提出几何对象的全貌与局部，在仿射变换的意义下，具有自相似结构。Barnsley 发展了 Hutchinson 的工作，并将其系统化和公式化，正式命名为迭代函数系统（IFS），从而可以解析地构造分形。目前，IFS 已成为研究分形最成功、最普及的数学模型之一，在计算机图形学、生命科学、图像压缩编码等许多领域都取得了巨大的成功。如果我们建立了自然景物，那么我们就很容易地在计算机上实现它。从任意初始图像出发，经过简单的 IFS 迭代，直至收敛。反过来，对于一幅给定的图像，如何去求得它的 IFS 呢？Barnsley 提出的"拼贴定理"提供了解决的方案。

　　要编码图像 X，我们可以用 X 的有限个子图经过适当的压缩映射后去覆盖它。所用子图数目越少越好，而拼贴结果与 X 越接近越好。如果它们完全一致，则 IFS 吸引子与 X 将相同；否则，IFS 的吸引子只能以一定的精度逼近编码图像 X。因为任何实际物理信号都可以利用欧氏空间上的紧集来抽象，所以利用 IFS 吸引子可以对任意信号逼近到任意精度，但没有保证一定能取得压缩效果。只是靠简单地引入大量的变换来提高逼近精度，而几乎没有用到吸引子精细结构性质。为了得到比较好的压缩效果，我们总希望用尽可能少的相似或仿射变换的结果去覆盖原图。

　　最初的分形图像编码是通过人机交互的方式实现的。即使一名熟练的操作者，在图形工作站上压缩一幅典型的图像需要 100 h，解码过程需 30 min 左右。1989 年，分形编码取得突破性的进展。Barnsley 的博士生 Jacquin 提出一种基于分块的全自动分形图像压缩编码方法，坚冰从此被打破，分形图像压缩编码的研究迅速在全球范围内展开。Jacquin 提出的分形编码方法构成了后来绝大多数分形编码方案的基础。

Jacquin 算法原理框图如图 5-13 所示。

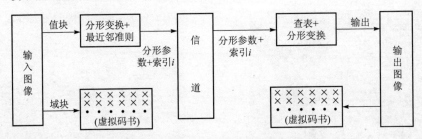

图 5-13　Jacquin 算法原理框图

　　Jacquin 算法首先将编码图像划分成值块和域块两类。其中，所有值块互不重叠，而它们的并集就是编码图像本身；域块之间可以重叠，其尺寸比值块大 1。然后，每个域块通过取平均的办法，得到与值块尺寸相同的图像块。所有尺寸缩小的域块的集合构成了虚拟码书。最后，对每个值块，在虚拟码书中寻找距离最近的码字。在进行距离比较时，还对码字进行分形变换。其中包括对码字进行旋转、对折和镜像等几何变换并乘以一个合适的比例因子，作灰度平移操作。编码的结果除最佳码字的索引外，还包括相应的分形变换参数。解码时，在虚拟码书中找到最佳码字，再对它实施相应的分形变换，即完成一个图和块的解码过程。但分形解码是一个迭代过程，要进行多个输入图像—虚拟码书—输出图像的循环。

　　Jacquin 在提出全自动分形压缩编码的同时，已经注意到了计算量大这个问题。为了降低计算量，他将图像块分成三类：平坦块、一般块和边缘块。对不同类型采取不同的编码策略，这些措施降低了计算量，但效果不是很明显。

　　快速分形压缩编码沿着两条思路展开。第一条思路是通过合理组织域块，一般是以树结构的形式存放，实现域块的快速定位来减少编码计算量。利用这一技术，可以在编码图像质量损失不大的情况下将编码速度最大提高 50 倍。第二条思路是基于块分类的快速分形压缩编码研究，设图像总共有 K 个域块，顺序搜索一遍需 K 次块距离比较运算。如将其分成 m 大类，每大类包含几小类，这里 $K=m×n$，此时要找到最佳匹配域块，只需 $m+n$ 次块距离比较。明显地，对较大的 m 和 n，$m+n$ 还小于 $m×n$，因而能较大地提出编码速度。由于各类之间的几何变换关系可以事先通过人工确定，因而一旦知道值块和域块的分类结果，就可以立即知道它们之间应实行的几何变换，避免了各种几何变换都需要尝试的缺点。还可以通过限定只有相同或相近类型的块才进行比较的办法来进一步提高压缩速度。

　　自 Barnsley 提出分形图像压缩编码的概念以来，国内外在快速分形压缩编码方面进行了很多的探索。目前国内提出的基于 DCT 的块分类的快速分形编码方案是国内较好的一种算法，该算法在其损失 0.56~0.99 dB 峰值信噪比的情况下，可以将传统的分形图像压缩速度提高 4.8~6.2 倍。图 5-14 所示为采用分形压缩编码方法前后的图像。

　　另外，基于 DCT 和自组织特征映射神经网络的块分类的分形压缩编码算法的性能较基于 DCT 的块分类的分形编码等算法有较大的提高，可以达到国外典型的快速分形压缩编码的性能指标。分形-JPEG 混合编码是一种新的编码方法，它利用了 JPEG 和分形压缩编码各自的优势，取长补短，使其性能较 JPEG 和常规分形压缩编码方法有明显提高。

总之，分形压缩编码是一门相当新的学科，其理论还在不断发展和完善之中，分形编码有其优越的一面，但要实际应用，还需要不断地探索。

(a)

(b)

图 5-14　Lena 原图（512×512×8 bit）及采用分形压缩编码方法后的图像
（33.54 dB，13.60 倍，55 min）

5.7　图像压缩标准

图像编码技术的发展和广泛应用促进了许多有关国际标准的制定。这方面的工作主要是由国际标准化组织（International Standardization Organization，ISO）、国际电子学委员会（International Electronics Committee，IEC）和国际电信联盟（International Telecommunication Union，ITU）进行的。上述三个国际组织于 20 世纪 90 年代领导制定了三个有关视频压缩编码的国际标准：JPEG 和 JPEG 2000 标准、MPEG-X 标准和 H.26X 标准。

5.7.1　JPEG 和 JPEG 2000

JPEG 是联合图像专家小组（Joint Photographic Experts Group）的英文缩写，其中"联合"的含义是指国际电话与电报咨询委员会（Consultative Committee of the International Telephone and Telegraph，CCITT）和国际标准化组织联合组成的一个图像专家小组。联合图像专家小组多年来一直致力于标准化工作，他们开发研制出连续色调、多级灰度、静态图像的数字图像压缩编码方法，这个编码方法被称为 JPEG 算法。

5.7.1.1　JPEG 标准

JPEG 标准被确定为 JPEG 国际标准，它是彩色、灰度、静止图像的第一个国际标准。JPEG 标准是一个适用范围广泛的通用标准。它不仅适用于静止图像的压缩，也适用于电视图像序列的帧内图像的压缩。

JPEG 标准的目的是给出一个适用于连续色彩图像的压缩方法，使之能满足以下要求。

（1）达到或接近当前压缩比与图像保真度的技术水平，能覆盖一个较宽的图像质量等级范围，能达到"很好"到"极好"的评估，与原始图像相比，人的视觉难以区分。

（2）能适用于任何种类的连续色调的图像，且长宽比都不受限制，同时也不受限于景物内容、图像的复杂程度和统计特性等。

（3）计算的复杂性是可以控制的。

JPEG 标准具有以下四种操作方式。

（1）顺序编码。每个图像分量按从左到右，从上到下扫描，一次扫描完成编码。

（2）累进编码。图像编码在多次扫描中完成。累进编码传输时间长，接收端收到的图像是多次扫描且由粗糙到清晰的累进过程。

（3）无失真编码。无失真编码方法能保证在解码后，完全精确地恢复源图像的采样值，其压缩比低于有失真压缩编码方法。

（4）分层编码。图像在多个空间分辨率进行编码。在信道传送速率低，接收端显示器分辨率也不高的情况下，只需要做低分辨率图像编码。

与相同图像质量的其他常用文件格式（如 GIF、TIFF、PCX）相比，JPEG 是目前静态图像中压缩比最高的。正是由于 JPEG 的高压缩比，使得它广泛地应用于多媒体和网络程序中，如超文本标记语言（HTML）中选用的图像格式之一就是 JPEG（另一种是 GIF）。

基本的 JPEG 编码器和解码器（基于 DCT）的结构如图 5-15 和图 5-16 所示，这种基本系统是有损的。它的算法流程：DCT 函数通过把数据从空间域变换到频率域，从而去除数据的冗余度；量化器用加权函数来产生对人眼优化的量化 DCT 系数，同时熵编码器将量化 DCT 系数的熵最小化。简单地说，这种方法的目的在于：把大量的数据简化为较小的、真正有意义的数据，删除只带有极少视觉效果的信息，并且利用数据的空间特性进一步压缩数据。

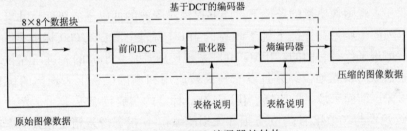

图 5-15　JPEG 编码器的结构

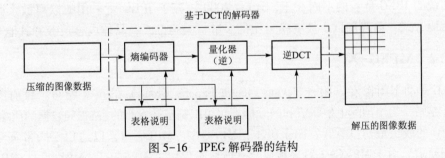

图 5-16　JPEG 解码器的结构

基本的 JPEG 编码方法为顺序编码。其步骤是：首先，将图像分为 8×8 个数据块，根据从左到右、从上到下的光栅扫描方式进行排序。DCT 对 8×8 个数据块进行计算，再对 64 个 DCT 系数用均匀量化表进行标量量化，均匀量化表是依据心理视觉的实验得出的。这种均匀的标量量化可以作为 JPEG 标准的一部分，但不是必需的。将 DCT 系数量化后，块中的系数再根据 Z 字形扫描方式排序，得到的比特流用行顺序编码生成中间的符号序列，然后这些符号经过哈夫曼编码用于传输或存储。

由以上的叙述可以得到，基于 DCT 编码的 JPEG 压缩算法可由以下步骤实现。

（1）颜色模式转换及采样；

（2）正向离散余弦变换（FDCT）；

（3）量化（Quantization）；

（4）Z 字形编码（Zigzag Scan）；

（5）使用脉冲差分编码调制（DPCM）对直流（DC）系数进行编码；

（6）使用行程编码（RLE）对交流（AC）系数进行编码；

（7）熵编码（Entropy Coding）。

JPEG 中的关键技术包括离散余弦变换、量化和 Z 字形序列、熵编码、哈夫曼编码等，这里不再赘述。

5.7.1.2 JPEG 2000

随着多媒体应用的扩大，传统 JPEG 压缩技术已无法满足人们对多媒体图像资料的要求。因此，更高压缩比以及更多功能的新一代静态图像压缩技术——JPEG 2000 诞生了。

JPEG 2000 的原始提案最早出现在 1996 年瑞士日内瓦会议上，它的目标是建立一个能够适用于不同类型（二值图像、灰度图像、彩色图像和多分量图像等）、不同性质（自然图像，科学、医学、遥感图像，文本及绘制图形等）及不同成像模型（客户机/服务器、实时传送、图像图书检索、有限缓存和带宽资源等）的统一图像编码系统。该压缩编码系统在保证失真率低和主观图像质量的条件下，能够提供对图像的低码率的压缩，并且在速率畸变的情况下，主观图像质量在性能上优于现行的 JPEG 标准。JPEG 2000 标准是与 JPEG 标准兼容的，而不是用来代替它们的。JPEG 2000 系统使用了基于小波的先进压缩技术，在多年占据图像压缩领域的领先地位，并且以它在高端应用和成像设备上表现出的优秀性能为基础，开拓了图像压缩尚未涉足的市场。JPEG 2000 标准的主要特点：① 低码率下的超级压缩性能；② 连续色调与二值压缩；③ 有损和无损压缩；④ 根据像素精度和分辨率的层次进行传输；⑤ 固定码率、固定大小等。

与传统的 JPEG 最大的不同在于，JPEG 2000 放弃了 JPEG 所采用的以离散余弦变换为主的块编码方式，而改用以小波变换为主的多解析编码方式，具体内容请参考其他书籍。

5.7.2 MPEG-X

MPEG 是动态图像专家组（Moving Picture Experts Group）的英文缩写。目前所泛指的 MPEG-X 是指一组由国际电信联盟和国际标准化组织制定并发布的音/视频数据的压缩标准。

MPEG 的成员最初打算开发四个版本：MPEG-1~MPEG-4，以适用不同带宽和数字影像质量的要求。由于 MPEG-3 后来被放弃，所以只保留了 MPEG-1、MPEG-2、MPEG-4 三个版本。其后又提出了 MPEG-7。下面首先简单介绍 MPEG-X 的功能特点和应用领域。

5.7.2.1 MPEG-X 的功能特点

总体来说，MPEG-X 在以下三个方面优于其他的压缩、解压缩方案。

（1）兼容性好，主要是因为它在一开始就被作为一个国际化的标准来研究制定；

（2）能够达到更高的压缩比，最高可达到 200∶1；

（3）在提供高压缩比的同时，数据损失造成的音/视频失真很小。

下面逐个介绍四个 MPEG 版本的特点。

1. MPEG-1

MPEG-1 在 1992 年为工业级而设计，适用于不同带宽的设备，如 CD-ROM、Video-CD 等。针对 SIF 标准的分辨率（NTSC 制为 352×240 像素、PAL 制为 352×288 像素）的图像进行压缩时，有如下性能。

（1）传输速率达 1.5 Mb/s，每秒播放 30 帧（NTSC 制式）或 25 帧（PAL 制式）。

（2）具有 CD（激光唱盘）音质，质量级别基本与 VHS 相当。

MPEG 的编码速率最高可达 4~5 Mb/s，但随着速率的提高，其解码后的图像质量有所下降。

MPEG-1 可用于数字电话网络上的视频传输，如非对称数字用户环形线（Asymmetrical Digital Subscriber Loop，ADSL）、视频点播（Video-On-Demand，VOD）以及教育网络等。同时，MPEG-1 也可用作记录媒体或是在 Internet 上传输音频。

MPEG-1 由于采用较低的分辨率，以及采用了运动补偿、DCT、可变字长等编码方式，可达到较高的压缩比。

2. MPEG-2

MPEG-2 制定于 1994 年，其目的是保障高级工业标准的图像质量以及更高的传输率。其性能如下。

（1）传输率为 3~10 Mb/s。

（2）在 NTSC 制式下的分辨率可达 720×486 像素。

（3）音频编码可提供左边、右边和中间及两个环绕声道，以及一个加重低音声道和多达 7 个伴音声道（这就是 DVD 可以有 8 种语言配音的原因）。

（4）可提供一个较大范围的压缩比，以适应不同画面质量、存储容量以及带宽的要求。

MPEG-2 表现出色，已能适用于数字高清晰度电视（High-Definition TV，HDTV），从而使 MPEG-3（原本为 HDTV 设计的）未发布就被放弃了。

MPEG-2 除了作为 DVD 的指定标准外，还可用于广播、有线电视网、电缆网络以及为卫星直播（Direct Broadcast Satellite）提供广播级的数字视频。

由于 MPEG-2 在设计时的巧妙处理，使得大多数 MPEG-2 解码器也可以播放 MPEG-1 格式的数据，如 VCD。

对于电视用户来说，由于现存电视机分辨率的限制，MPEG-2 所带来的高清晰度画面质量（如 DVD 画面）在电视上的效果并不明显，倒是其音频特性（如加重低音、多伴音声道等）更引人注目。

MPEG-2 采用了更多的和更细的压缩编码技术，主要有 DCT、运动预测、运动补偿和哈夫曼编码。DCT 技术大大减少了图像中的空间冗余；运动预测和运动补偿大大减少了时间方面的冗余；而哈夫曼编码在信息表示方面提高了编码效率。

在压缩编码方面，MPEG-1 和 MPEG-2 的不同点在于，MPEG-1 主要以帧处理为主，而 MPEG-2 可以在场和帧两种方式中进行自适应处理。

3. MPEG-4

MPEG 的专家们仍然在为 MPEG-4 的修改和完善而努力工作。此标准主要应用于视频电话（Video Phone）、视频电子邮件（Video Email）和电子新闻（Electronic News）等领域。其性能如下。

（1）传输速率要求较低，为 4.8~64 Kb/s。

（2）分辨率为 176×144 像素。

MPEG-4 利用很窄的带宽，通过帧重建技术压缩和传输数据，使得能够以最小的数据获得最佳的图像质量。

与 MPEG-1 和 MPEG-2 相比，MPEG-4 具有以下特点。

（1）交互性：MPEG-4 是第一个使用户由被动变为主动（不再只是观看，允许用户加入其中）的动态图像标准，更适于交互式音/视频服务以及远程监控。

（2）综合性：MPEG-4 试图将自然物体与人造物体相融合（视觉效果意义上的）。

（3）更广泛的适应性和可扩展性。

MPEG-4 于 1999 年形成国际标准，它是以视频、音频、文字、数据为对象的多媒体压缩编码标准，它包括了 MPEG-1、MPEG-2 标准，人们还可以在系统中加入许多新的算法，使软件编、解码更方便。

它采用了基于对象的编码技术，可以对场景中的不同目标进行单独编码，重要的对象采用高分辨率编码，非重要背景采用低分辨率编码，达到降低码率的同时获得更好的主观评价的效果。

4. MPEG-7

继 MPEG-4 之后，要解决的问题就是对日渐庞大的图像和声音信息的管理和迅速搜索。1998 年 10 月，基于这种设想的 MPEG-7 标准被提出，其正式名称是"多媒体内容描述接口"，它将对各种不同类型的多媒体信息进行标准化的描述，并将该描述与所描述的内容相联系，以实现快速有效的搜索。

由于该标准不包括对描述特征的自动提取，也没有规定利用描述进行搜索的工具或程序。因此，它可以独立于其他 MPEG 标准使用。同时，MPEG-4 中所定义的对音/视频对象的描述仍然适用于 MPEG-7，这种描述是分类的基础，也可以利用 MPEG-7 的描述来增强其他 MPEG 标准的功能。

MPEG-7 的应用范围很广泛，既可应用于存储（在线或离线），也可用于流式应用（如广播、将模型加入互联网等）。它还可以在实时或非实时环境下应用，如数字图书馆（图像目录、音乐字典等）、多媒体名录服务（如黄页）、广播媒体选择（无线电信道、TV 信道等）等。

5.7.2.2 MPEG-X 的适用领域

音/视频压缩技术被广泛应用于现实生活，现将其主要的应用领域简要列举如下。

（1）数字激光视盘（VCD）。其是各种数字电视产品中投入市场最多的产品之一，在国内已经非常普及。

（2）数字低清晰度电视（LDTV）。其是一种普及型数字电视，采用的仍然是 MPEG-1 技术。与数字标准清晰度电视相比，它的成本较低，因而更适于我国国情。它可用于有线电视网中，以改善电视图像质量。其传输介质包括同轴电缆、光缆、卫星等。

（3）会议电视和可视电话。会议电视系统的图像编码采用 ITU-T.261 标准（压缩理念与 MPEG 相近），码率在 64 b/s~2 Mb/s。

(4) 高密度数字通用光盘（DVD）。它采用 MPEG-2 标准，其分辨率比上述三种产品高一个档次，为 704×576 像素，因而图像质量得到明显提高，其码率可达专业级，为 4~6 Mb/s。

(5) 数字标准高清晰度电视（SDTV）。它所采用的视频压缩编码技术同 DVD 一样，也是 MPEG-2 建议的，但它不是用于录像机，而是用于卫星和有线电视地面广播。由于具有图像质量好、易于加密、易于编辑、占用频带窄等许多优点，因此受到高度的重视。

(6) 数字高清晰度电视（HDTV）。在经历了模拟、模拟/数字混合体制和数字压缩体制的比较后，已确立了数字体制在 HDTV 体系中的地位，利用数字压缩技术可以把 HDTV 的地面广播谱压缩到现有的模拟电视频段范围内（6 MHz 或 8 MHz）。HDTV 技术的进展将带动许多方面的技术进步和革命，它是新世纪的电视。

(7) 视频电视点播（VOD）和准点播电视（NVOD）。它们被用于有线电视广播，用户通过反向信道点播想要看的节目，从中央数据库检索到所需的节目，经压缩后由正向信道传给用户。视频压缩技术和视频传输技术是 VOD 的技术源动力。

(8) 多媒体出版物，包括电子图书、电子报刊、各种图像信息系统（如遥感图像数据库）等。

MPEG-1 的出现使 VCD 取代了录像带，MPEG-2 的出现使数字电视逐步取代模拟电视，MPEG-4 的出现使多媒体系统的交互性和灵活性大为加强，而 MPEG-7 的出现带我们进入了一个互动多媒体的时代。

5.7.3 H.26X

20 世纪 80 年代，ISO/IEC 制定的 MPEG-X 和 ITU-T 制定的 H.26X 两大系列视频编码国际标准，开创了视频通信和存储应用的新纪元。从 H.261 视频编码建议，到 H.262/3、MPEG-1/2/4 等都有一个共同的目标，即在尽可能低的码率（或存储容量）下获得尽可能好的图像质量。另外，随着市场对图像传输需求的增加，如何适应不同信道传输特性的问题也日益显现出来。因此，ISO/IEC 和 ITU-T 两大国际标准化组织联手制定了视频新标准 H.264 来解决这些问题。

5.7.3.1 H.26X 的发展

H.261 是最早出现的视频编码建议，目的是规范 ISDN 网上的会议电视和可视电话应用中的视频编码技术。它采用的算法结合了可减少时间冗余的帧间预测和可减少空间冗余的 DCT 变换的混合编码方法。与 ISDN 信道相匹配，其输出码率是 $p×64$ Kb/s。p 取值较小时，只能传清晰度不太高的图像，适合于面对面的电视电话；p 取值较大时（如 $p>6$），可以传输清晰度较好的会议电视图像。H.263 建议的是低码率图像压缩标准，在技术上是 H.261 的改进和扩充，支持码率小于 64 Kb/s 的应用。但是，实质上 H.263 以及后来的 H.263+ 和 H.263++ 已发展成支持全码率应用的建议，从它支持众多的图像格式这一点就可看出，如 Sub-QCIF、QCIF、CIF、4CIF 甚至 16CIF 等格式。

总之，H.261 建议是视频编码的经典之作，H.263 是其发展，并将逐步在实际上取而代之。H.263 主要应用于通信方面，但 H.263 众多的选项往往令使用者无所适从。MPEG 系列标准从针对存储媒体的应用发展到适应传输媒体的应用，其核心视频编码的基本框架是和 H.261 一致的，其中引人注目的 MPEG-4 的"基于对象的编码"部分由于尚有技术障碍，目前还难以普遍应用。因此，在此基础上发展起来的新的视频编码建议 H.264 克服了两者的弱点，在混合编码的框架下引入了新的编码方式，提高了编码效率，面向实际应用。同时，它是两大国际标准化组织共同制定的，其应用前景是不言而喻的。

5.7.3.2 JVT 的 H.264

H.264 是 ITU-T 的 VCEG（视频编码专家组）和 ISO/IEC 的 MPEG（运动图像编码专家组）的联合视频组（Joint Video Team，JVT）开发的一个新的数字视频编码标准。

H.264 和以前的标准一样，也是 DPCM 加变换编码的混合编码模式。但它采用"回归基本"的简洁设计，不用众多的选项，即可获得比 H.263++好得多的压缩性能；加强了对各种信道的适应能力，采用"网络友好"的结构和语法，有利于对误码和丢包的处理；应用目标范围较宽，以满足不同速率、不同解析度以及不同传输（存储）场合的需求；它的基本系统是开放的，使用时无须版权。

在技术上，H.264 标准中有多个闪光之处，如统一的 VLC 符号编码，高精度、多模式的位移估计，基于 4×4 块的整数变换、分层的编码语法等。这些措施使得 H.264 算法具有很高的编码效率，在相同的重建图像质量下，能够比 H.263 节约 50% 的码率。H.264 的码流结构网络适应性强，增加了差错恢复能力，能够很好地适应 IP 和无线网络的应用。

H.264 的技术特点如下。

（1）分层设计。H.264 的算法在概念上可以分为两层：视频编码层（Video Coding Layer，VCL），负责高效的视频内容表示；网络提取层（Network Abstraction Layer，NAL），负责以网络所要求的恰当的方式对数据进行打包和传送。在 VCL 和 NAL 之间定义了一个基于分组方式的接口，打包和相应的信令属于 NAL 的一部分。这样，高编码效率和网络友好性的任务分别由 VCL 和 NAL 来完成。

（2）高精度、多模式运动估计。H.264 支持 1/4 或 1/8 像素精度的运动向量。在 1/4 像素精度时，可使用 6 抽头滤波器来减少高频噪声，对于 1/8 像素精度的运动向量，可使用更为复杂的 8 抽头的滤波器。在进行运动估计时，编码器还可选择"增强"内插滤波器来提高预测的效果。

（3）4×4 块的整数变换。H.264 与先前的标准相似，对残差采用基于块的变换编码，但变换是整数操作而不是实数运算，其过程和 DCT 基本相似。这种方法的优点在于：在编码器中和解码器中允许精度相同的变换和反变换，便于使用简单的定点运算方式。也就是说，这里没有"反变换误差"。变换的单位是 4×4 块，而不是以往常用的 8×8 块。由于用于变换块的尺寸缩小，运动物体的划分更精确，这样，不但变换计算量比较小，而且在运动物体边缘处的衔接误差也大为减小。为了使小尺寸块的变换方式对图像中较大面积的平滑区域不产生块之间的灰度差异，可对帧内宏块亮度数据的 16 个 4×4 块的 DC 系数（每个小块一个，共 16 个）进行第二次 4×4 块的变换，对色度数据的 4 个 4×4 块的 DC 系数（每个小块一个，共 4 个）进行 2×2 块的变换。

（4）统一的 VLC。H.264 中熵编码有两种方法：一种是对所有的待编码的符号采用统一的 VLC（Universal VLC，UVLC）；另一种是采用内容自适应二进制算术编码（Context-Based Adaptive Binary Arithmetic Coding，CABAC）。CABAC 是可选项，其编码性能比 UVLC 稍好，但计算复杂度也高。UVLC 使用一个长度无限的码字集，设计结构非常有规则，用相同的码表可以对不同的对象进行编码。这种方法很容易产生一个码字，而解码器也很容易地识别码字的前缀，UVLC 在发生比特错误时能快速获得重同步。

(5) 帧内预测。在先前的 H.26X 系列和 MPEG-X 系列标准中，采用的都是帧间预测的方式。在 H.264 中，当编码帧内图像时可用帧内预测。对于每个 4×4 块（除了边缘块特别处置以外），每个像素都可用 17 个最接近的先前已编码的像素的不同加权和（有的权值可为 0）来预测，即此像素所在块的左上角的 17 个像素。显然，这种帧内预测不是在时间域内进行的，而是在空间域进行的预测编码算法，可以除去相邻块之间的空间冗余度，取得更为有效的压缩。

(6) 面向 IP 和无线环境。H.264 草案中包含了用于差错消除的工具，便于压缩视频在误码、丢包多发环境中传输，如移动信道或 IP 信道中传输的健壮性。

在无线通信的应用中，可以通过改变每一帧的量化精度或空间/时间分辨率来支持无线信道的大比特率变化。可是，在多播的情况下，要求编码器对变化的各种比特率进行响应是不可能的。因此，不同于 MPEG-4 中采用的精细分级编码（Fine Granular Scalability，FGS）的方法（效率比较低），H.264 采用流切换的 SP 帧来代替分级编码。

5.7.3.3　H.265/HEVC 视频编码原理

H.264/AVC 视频编码标准自 2003 年 3 月被推出以后，在业界受到了广泛关注，无论是编码效率、图像质量还是网络的适应性，都达到了令人满意的效果。然而随着网络技术和硬件设备的快速发展，人们对视频编码的要求也在不断地提高，尤其对于高清分辨率甚至超高清分辨率视频，现有的视频编码技术已经远远不能满足消费者的需求。以色度分辨率最低的 4∶2∶0 采样格式为例，4K 模式超高清数字电视信号图像的原始数据率为 3 840×2 160 像素/f ×12 bit/像素×30 f/s，即约为 2.78 Gb/s，8K 模式超高清数字电视信号图像的原始数据率约为 11 Gb/s。如采用 H.264/AVC 视频压缩方法，可将 4K 模式原始数据率压缩至 20 Mb/s 以内，但这对目前的带宽要求仍然很高，因此必须研究新的视频压缩标准对原始数据进行高效的压缩。为此，ITU-T 视频编码专家组（VCEG）和 ISO/IEC 运动图像专家组（MPEG）联合成立了视频编码协作小组（JCT-VC），致力于研制下一代视频编码标准 HEVC（High Efficiency Video Coding）。

高效视频编码（HEVC）标准仍然采用了与先前的视频编码标准 H.261、MPEG-2、H.263 以及 H.264/AVC 一样的混合编码的基本框架，如图 5-17 所示。其核心编码模块包括帧内预测，基于运动估计与补偿的帧间预测，变换、伸缩与量化，环路滤波，熵编码和编码器控制等。编码器控制模块根据视频帧中不同图像块的局部特性，选择该图像块所采用的编码模式（帧内或帧间预测编码）。对帧内预测编码的块进行频域或空域预测，对帧间预测编码的块进行运动补偿预测，预测的残差再通过变换和量化处理形成残差系数，最后通过熵编码器生成最终的码流。为避免预测误差的累积，帧内或帧间预测编码的参考信号是通过编码端的解码模块得到的。

变换和量化后的残差系数经过反量化和反变换重建残差信号，再与预测的参考信号相加得到重建的图像。值得注意的是，对于帧内预测，参考信号是当前帧中已编码的块，因此是未经过环路滤波的重建图像；而对于帧间预测，参考信号是解码重构图像缓存区中的参考帧，是经过环路滤波的重建图像。环路滤波的作用是去除分块处理所带来的块效应，以提高解码图像的质量。

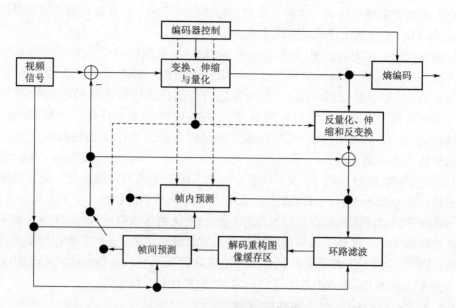

图 5-17 HEVC 的基本编码框架

针对目前视频信号分辨率不断提高以及并行处理的普及应用，HEVC 定义了灵活的基于四叉树结构的编码单元划分，同时对各个编码模块进行了优化与改进，并增加了一些新的编码工具，其中具有代表性的技术包括多角度帧内预测、自适应运动参数（Adaptive Motion Parameter，AMP）编码、运动合并（Motion Merge）、高精度运动补偿、自适应环路滤波以及基于语义的熵编码等，使得视频编码效率得到显著提高，在同等视频质量的条件下，HEVC 的压缩效率要比 H.264/AVC 提高 1 倍。除此之外，HEVC 还引入了很多并行运算的优化思路，为并行化程度非常高的芯片实现提供了技术支持。

1. 基于四叉树结构的编码单元划分

视频帧中图像的不同区域有着不同的局部特性，如颜色、纹理结构、与参考帧的相关性（运动信息）等。因此，在编码时，通常需要进行分块处理，对不同的图像区域采用不同的编码模式，从而达到较高的压缩效率。为了更好地适应编码图像的内容，HEVC 采用了灵活的块（Block）结构来对图像进行编码，即块的大小是可以自适应改变的。在 HEVC 标准中，摒弃了"宏块"（MB）的概念而采用"单元"的概念。

根据功能的不同，在 HEVC 中定义了编码树单元（Coding Tree Unit，CTU）、编码单元（Coding Unit，CU）、预测单元（Prediction Unit，PU）和变换单元（Transform Unit，TU）四种类型的单元。CTU 是基本处理单元，其作用与 H.264/AVC 中的宏块相类似；CU 是进行帧内或帧间编码的基本单元；PU 是进行帧内或帧间预测的基本单元；TU 是进行变换和量化的基本单元。一帧待编码的图像被划分成若干个互不重叠的 CTU，一个 CTU 可以由一个或多个 CU 组成，一个 CU 在进行帧内或帧间预测时可以划分成多个 PU，在进行变换和量化时又可以划分成多个 TU。这 4 种不同类型单元分离的结构，使得变换、预测和编码各个环节的处理更加灵活，更加符合视频图像的纹理特征，有利于各个单元更优化地完成各自的功能。

（1）编码单元和编码树单元。HEVC 标准采用了灵活的编码单元划分，其划分方式是内容自适应的，即将图像纹理比较平坦的区域划分成较大的编码单元；而将图像纹理存在较多细节的区域划分成较小的编码单元。CU 的大小可以是 64×64、32×32、16×16 或 8×8。最大尺寸（比如 64×64）的 CU 称为最大编码单元（Largest Coding Unit，LCU）；最小尺寸（比如 8×8）的 CU 称为最小编码单元（Smallest Coding Unit，SCU）。

每个 CU 由一个亮度编码块（Coding Block，CB）和相应的两个色度 CB 及其对应的语法元素（Syntax Elements）构成。CB 的形状必须是正方形的。对于 4：2：0 的采样格式，如果一个亮度 CB 包含 2N×2N 亮度分量样值，则相应的两个色度 CB 分别包含 N×N 色度分量样值。N 的大小，可以取 32、16、8 或 4，其值在序列参数集（Sequence Parameter Set，SPS）的语法元素中声明。

一帧待编码的图像首先被划分成若干个互不重叠的 LCU，然后从 LCU 开始以四叉树（Quad-Tree）结构的递归分层方式划分成一系列大小不等的 CU。最大的划分深度（Depth）由 LCU 和 SCU 的大小决定。同一分层上的 CU 具有相同的划分深度，LCU 的划分深度为 0。一个 CU 是否继续被划分成四个更小的 CU，取决于划分标志位 split_flag。如果一个划分深度为 d 的编码单元 CU^d 的 split_flag 值为 0，则该 CU^d 不再被划分；反之，该 CU^d 被划分成 d 个，划分深度为 $d+1$ 的编码单元 CU^{d+1}。图 5-18 所示的是划分深度为 3 时的四叉树结构编码单元划分示意，图中的数字表示编码单元的序号，也是编码单元的编码次序。

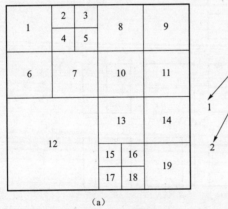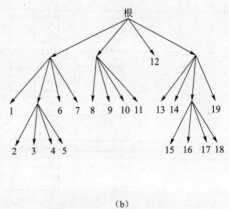

图 5-18　划分深度为 3 时的四叉树结构编码单元划分示意
(a) 编码方式；(b) 四叉树结构

每个 LCU 经四叉树结构的递归分层方式划分后，形成一系列大小不等的 CU。顾名思义，编码树单元就是由这些树状结构的编码单元构成的。每个 CTU 包含一个亮度编码树块和两个色度 CB 以及与它们相对应的语法元素。

在 H.264/AVC 中，对宏块的编码是按光栅扫描顺序进行的，即从左往后、从上往下，逐行扫描。然而，HEVC 采用四叉树结构的递归分层方式来划分 CU，如果还是采用光栅扫描顺序，对于编码单元的寻址将会很不方便，因此，HEVC 采用了划分深度优先、Z 扫描的顺序进行遍历，如图 5-18（b）所示。图 5-18（b）中的箭头指示编码单元的遍历顺序。这样的遍历顺序可以很好地适应四叉树的递归结构，保证了在处理不同尺寸的编码单元时的一致性，从而降低解析码流的复杂度。

（2）预测单元。对于每个 CU，HEVC 使用 PU 来实现该 CU 的预测过程。PU 是进行帧内或帧间预测的基本单元，一切与预测有关的信息都在预测单元中定义。例如，帧内预测的模式选择信息（预测方向）或帧间预测的运动信息（选择的参考帧索引号、运动向量等）都在 PU 中定义。每个 PU 包含亮度预测块（Prediction Block，PB）、色度 PB 以及相应的语法元素。

每一个 CU 可以包含一个或者多个 PU，PU 的划分从 CU 开始，从 CU 到 PU 仅允许一层划分 PU 的大小受限于其所属的 CU。依据基本预测模式判定，亮度 CB 和色度 CB 可以进一步分割成亮度 PB 和色度 PB，PB 的大小为 4×4~64×64。通常情况下，为了和实际图像中物体的轮廓更加匹配，从而得到更好的划分结果，PU 的形状并不局限于正方形，它可以长宽不一样，但是为了降低编码复杂度，PU 的形状必须是矩形的。在 HEVC 中，预测类型有三种，即跳过（Skip）、帧内（Intra）和帧间（Inter）预测。PU 的划分是根据预测类型来确定的，对于一个大小为 $2N×2N$（N 可以是 32、16、8、4）的编码单元来说，PU 的划分方式如图 5-19 所示。

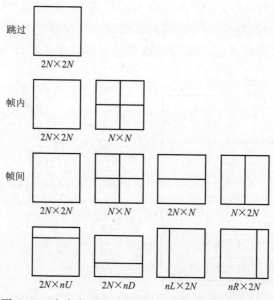

图 5-19　大小为 $2N×2N$ 的 CU 划分成 PU 的不同方式

① 跳过预测模式是帧间预测的一种。当需要编码的运动信息只有运动参数集索引（采用运动合并技术），而残差信息不需要编码时，就采用跳过预测模式。当编码单元采用跳过预测模式时，PU 的划分只允许选择 $2N×2N$ 方式。

② 当编码单元采用帧内预测模式时，PU 的划分只允许选择 $2N×2N$ 或 $N×N$ 方式，但对于 $N×N$ 这种划分方式，只有当 CU 的大小为最小 CU 时才能使用。

③ 当编码单元采用帧间预测模式时，PU 的划分可以选择 8 种划分方式的任意一种，其中 $2N×2N$、$N×N$、$2N×N$ 和 $N×2N$ 四种划分方式是对称的；$2N×nU$、$2N×nD$、$nL×2N$ 和 $nR×2N$ 四种划分方式是非对称的，为可选模式，可以通过编码器配置开启或关闭。在非对称划分方式中，将 CU 分为两个大小不同的 PU，其中一个 PU 的宽或长为 CU 的 1/4，另一个 PU 对应的宽或长为 CU 的 3/4。非对称划分方式只用于大小为 32×32、16×16 的 CU 中。对称的

$N \times N$ 划分方式只用于大小为 8×8 的 CU 中。

上述中，PU 的划分是针对亮度像素块来说的，色度像素块的划分在大部分情况下与亮度像素块一致。然而，为避免 PU 的尺寸小于 4×4，当 CU 的尺寸为 8×8 且 PU 的划分方式为 $N \times N$ 时，尺寸为 4×4 的色度像素块不再进行分解。

采用上述划分方式考虑了大尺寸区域可能的纹理分布，可以有效提高大尺寸区域的预测效率。

（3）变换单元。一个 CU 以 PU 为单位进行帧内/帧间预测，预测残差通过变换和量化来实现进一步压缩。TU 是对预测残差进行变换和量化的基本单元。在 H.264/AVC 标准中采用了 4×4 和 8×8 整数变换，然而对于一些尺寸较大的 CU，采用相应的大尺寸的变换更为有效。尺寸大的变换有较好的频率分辨率，而尺寸小的变换有较好的空间分辨率，因此，需要根据残差信号的时频特性自适应地调整变换单元的尺寸。

一个 CU 中可以有一个或多个 TU，允许一个 CU 中的预测残差通过四叉树结构的递归分层方式划分成多个 TU 分别进行处理。这个四叉树称为残差四叉树（Residual Quadtree，RQT）。与编码单元四叉树类似，残差四叉树采用划分深度优先、Z 扫描的顺序进行遍历。

变换单元的最大尺寸以及残差四叉树的层级可以根据不同的应用进行相应的配置，对实时性或复杂度要求较低的应用可以通过增加残差四叉树的层级来提高编码效率。

2. 帧内预测

帧内预测就是利用当前 PU 像素与其相邻的周围像素的空间相关性，以空间相邻像素值来预测当前待预测单元的像素值。HEVC 的帧内预测是在 H.264/AVC 帧内预测的基础上进行扩展的，采用的是多角度帧内预测技术。

（1）预测模式。在 H.264/AVC 中，亮度块的帧内预测分为 4×4 块预测模式和 16×16 块预测模式两类。4×4 块预测模式以 4×4 大小的子块作为一个单元，共有 9 种预测模式，由于它分块较小，因此适合用来处理图像纹理比较复杂、细节比较丰富的区域；而 16×16 块预测模式把整个 16×16 的宏块作为一个预测单元，有 4 种预测模式，适合处理比较平坦的图像区域。

HEVC 沿用 H.264/AVC 帧内预测的整体思路，但在具体实现过程中有了新的改进和深入。为了能够捕捉到更多的图像纹理及结构信息，HEVC 细化了帧内预测的方向，提供了 35 种帧内预测模式。其中，模式 0、模式 1 分别为 Intra_Planar 和 Intra_DC 两种非方向性预测模式，模式 2~模式 34 为 33 种不同角度的方向性预测模式。

HEVC 中的 Intra_DC 预测模式与 H.264/AVC 中的类似，预测像素的值由参考像素的平均值得到。与 H.264/AVC 相比，HEVC 中定义的方向性预测模式的角度划分更加精细，能够更好地描述图像中的纹理结构，提高帧内预测的准确性。此外，Intra_Planar 预测模式解决了 H.264/AVC 中 Plane 模式容易在边缘造成不连续性的问题，对具有一定纹理渐变特征的区域可进行高效的预测。另一个重要的区别是，HEVC 中帧内预测模式的定义在不同块大小上是一致的，这一点在 HEVC 的分块结构和其他编码工具上也有体现。

33 种方向性预测模式的预测方向如图 5-20 所示。其中，靠近水平向左或垂直向上方向时，角度的间隔小；而在靠近对角线方向时，角度的间隔大。

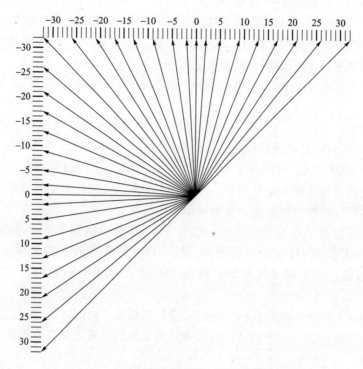

图 5-20 33 种方向性预测模式的预测方向

在图 5-20 中，预测方向并没有用几何角度来表示，而是用偏移值 d 来表示，d 的单位为 1/32 像素。在横轴上，数字部分表示预测方向相对于垂直向上方向的偏移值 d，向右偏移时，d 的值为正，向左偏移时，d 的值为负，预测方向与垂直向上方向夹角的正切值等于 $d/32$；在纵轴上，数字部分表示预测方向相对于水平向左方向的偏移值 d，向下偏移时，d 的值为正，向上偏移时，d 的值为负，预测方向与水平向左方向夹角的正切值等于 $d/32$。

35 种帧内预测模式都有相应的编号，Intra_Planar 预测模式的编号为 0，Intra_DC 预测模式的编号为 1，其余 33 种方向性预测模式的编号为 2~34，它们与预测方向的对应关系如图 5-21 所示。图中的数字 2~34 表示各个预测方向对应的模式编号。

由图 5-21 可以看出，模式 2~模式 17 为水平方向上的预测模式，模式 18~模式 34 为垂直方向上的预测模式。模式编号和偏移值 d 的对应关系如表 5-11 所示。

表 5-11 模式编号和偏移值 d 的对应关系

模式编号	2	3	4	5	6	7	8	9	10	11	12	13	14	15	16	17	18
偏移值 d	32	26	21	17	13	9	5	2	0	-2	-5	-9	-13	-17	-21	-26	-32
模式编号	19	20	21	22	23	24	25	26	27	28	29	30	31	32	33	34	—
偏移值 d	-26	-21	-17	-13	-9	-5	-2	0	2	5	9	13	17	21	26	32	—

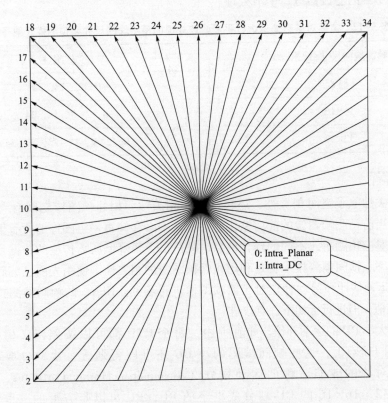

图 5-21　33 种方向性预测模式的编号与预测方向的对应关系

在 HEVC 的帧内预测过程中，编码图像块将预测图像块的左边一列和上面一行的图像像素作为参考像素进行预测。每个给定的帧内预测方向都存在两个预测方向，如果预测方向靠近水平轴，那么左边一列的图像像素作为主要参考像素，上面一行的图像像素作为次要参考像素；如果预测方向是靠近垂直轴的，那么上面一行的图像像素作为主要参考像素，左边一列的图像像素作为次要参考像素。HEVC 将图 5-20 的 33 个预测方向分成两类：第一类是正方向，即偏移值 d 是正数，体现在图中是垂直轴右边和水平轴下方的两个方向；第二类是负方向，即偏移值 d 是负数，体现在图中是垂直轴左边和水平轴上方的两个方向。在 HEVC 中，对不同的预测方向，采用的处理方式是不一样的。当采用正方向预测时，当前编码块只需要将主要参考像素作为预测像素；当采用负方向预测时，当前编码块不仅需要将主要参考像素作为预测像素，还要判断是否需要将次要参考像素作为预测像素。

（2）平滑滤波处理。为了降低噪声对预测的影响，提高帧内预测的精度和效率，HEVC 标准根据预测块的尺寸和帧内预测模式的不同，选择性地对参考像素进行平滑滤波处理。其总的原则是：Intra_DC 预测模式不需要对参考像素进行平滑滤波处理；对于 4×4 大小的预测块，所有帧内预测模式都不用对参考像素进行平滑滤波处理；较大的预测块以及偏离垂直方向和水平方向的预测模式更需要对参考像素进行平滑滤波处理。具体地，需要对参考像素进行平滑滤波处理的预测块的尺寸和预测模式编号如表 5-12 所示。进行平滑滤波处理时，将参考像素看成一个数列，它的第一个元素和最后一个元素保持不变，其余元素通过滤波系数为 1/4、1/2、1/4 的滤波器进行平滑处理。

表 5-12　需要对参数像素进行平滑滤波处理的预测块的尺寸和预测模式编号

预测块的尺寸/像素	模 式 编 号
8×8	0，2，18，34
16×16	0，2~8，18，34
32×32	0，2~9，11~25，27~34

3. 帧间预测

图像的相关性除了空间相关性，还包括时间相关性。相邻帧图像之间有着极强的相关性，如果利用当前预测帧图像的前后帧作为参考，不必存储每一组图像的所有信息，只需要存储与相邻帧对应预测单元不同的变化信息，就可以大幅降低所需传输的数据量，显著地提高图像的压缩率。帧间预测技术就是利用相邻帧图像的相关性，使用先前已编码重建帧作为参考帧，通过运动估计和运动补偿对当前帧图像进行预测。HEVC 的帧间预测技术总体上和 H.264/AVC 相似，但进行了如下三点改进。

（1）可变大小 PU 的运动补偿。如前所述，每个 CTU 都可以按照四叉树结构递归地划分为更小的方形 CU，这些帧间编码的小 CU 还可以再划分一次，分成更小的 PU。CU 可以使用对称的或非对称的运动划分（Asymmetric Motion Partitions，AMP），将 64×64、32×32、16×16 的 CU 划分成更小的 PU，PU 可以是方形的，也可以是矩形的，如图 5-22 所示。每个采用帧间预测方式编码的 PU 都有一套运动参数（Motion Parameters，MP），包括运动向量、参考帧索引和参考表标志。因为非对称的运动划分使得 PU 在运动估计和运动补偿中更精确地符合图像中运动目标的形状，而不需要通过进一步的细分来解决，因此可以提高编码效率。

（2）运动估计的精度。

① 亮度分量亚像素样点内插。与 H.264/AVC 类似，HEVC 亮度分量的运动估计精度为 1/4 像素。为了获得亚像素样点的亮度值，不同位置的亚像素样点亮度的内插滤波器的系数是不同的，1/2 像素内插点的亮度值采用一维 8 抽头的内插滤波器产生，1/4 像素内插点的亮度值采用一维 7 抽头的内插滤波器产生。用内插点周围的整像素样点值产生亚像素样点值示意如图 5-22 所示。

与整像素样点在同一水平线上的内插点的亮度值用水平方向内插滤波器产生，1/4 像素内插点所用的 7 抽头内插滤波器系数为 -1、+4、-10、+58、+17、-5、+1；1/2 像素内插点所用的 8 抽头内插滤波器系数为 -1、+4、-11、+40、+40、-11、+4、-1；3/4 像素内插点所用的 7 抽头内插滤波器系数为 +1、-5、+17、+58、-10、+4、-1。

与整像素样点在同一垂直线上的内插点的亮度值用垂直方向内插滤波器产生，滤波器系数和水平方向一样，处于中间的 9 个内插点的亮度值利用刚才内插出来的亚像素样点值，沿用上述的垂直方向 8 抽头、7 抽头内插滤波器产生，滤波器系数仍然和前面一样。

② 色度分量亚像素样点内插。对于 4∶2∶0 采样格式的数字视频，色度分量整像素样点的距离比亮度分量的大 1 倍，要达到和亮度分量同样的插值密度，其插值精度需为 1/8 色

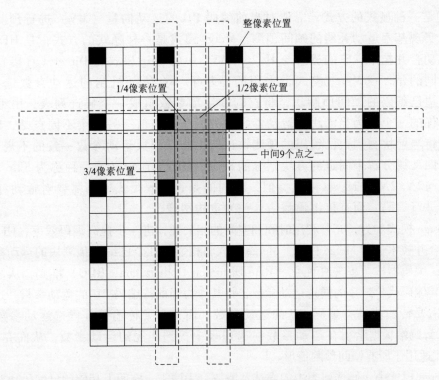

图 5-22 用内插点周围的整像素样点值产生亚像素样点值示意

度像素。色度分量的预测值由一维 4 抽头内插滤波器用类似亮度的方法得到。

与整像素样点在同一水平线上的内插点的色度值用水平方向的 4 抽头内插滤波器产生，滤波器系数如表 5-13 所示。

表 5-13 4 抽头内插滤波器系数

内插点	滤波器系数
1/8 像素内插点	−2, +58, +10, −2
2/8 像素内插点	−4, +54, +16, −2
3/8 像素内插点	−6, +46, +28, −4
4/8 像素内插点	−4, +36, +36, −4
5/8 像素内插点	−4, +28, +46, −6
6/8 像素内插点	−2, +16, +54, −4
7/8 像素内插点	−2, +10, +58, −2

处于中间的 49 个内插点的色度值利用刚才内插出来的亚像素样点值，沿用上述的垂直方向 4 抽头滤波器产生，滤波器系数值仍然和前面一样。

(3) 运动参数的编码模式。每一个帧间预测的 PU 含有一组运动参数（包括运动向量、参考帧的索引值和参考帧列表的使用标记等）。HEVC 标准对这些运动参数的编码和传输有三种模式：Merge（合并）模式、Skip（跳过）模式和 Inter（帧间）模式。

Inter 模式是一种显式的方式，需要对当前编码 PU 的运动向量（MV）进行预测编码和传输，以实现基于运动补偿的帧间预测。Merge 模式是一种隐式的方式，是 HEVC 引入的一种运动合并技术，它的概念与 H.264/AVC 中的 Skip 模式和 Direct（直接）模式类似。所不同的是，在 Merge 模式下采用的是基于"竞争"机制的运动参数选择方法，即搜索周边已编码的帧间预测块，将它们的运动参数组成一个候选列表，由编码器选择其中最优的一个作为当前块的运动参数并编码其索引值。另一个不同点是，Merge 模式侧重于将当前块与周边已编码的预测块进行融合，形成运动参数一致的不规则区域，从而改进四叉树分解中固定的方块划分的缺点。HEVC 还定义了一种称为 Skip 的模式，这种模式与 $2N×2N$ 的 Merge 模式类似，不同的是，Skip 模式中不需要对运动补偿后的预测残差进行编码，而直接将预测信号作为重构图像。

① Merge 模式。为了充分利用时间和空间的相关性，进一步提高编码效率，HEVC 新引入了运动合并技术，即 Merge 模式。Merge 模式将相邻的几个已编码预测块的运动参数组成候选列表，编码器按照率失真优化（Rate-Distortion Optimization，RDO）准则，从候选列表中选出使其编码代价最小的候选运动参数，将其作为当前待编码 PU 的运动参数。这样在码流中就不需要传输当前待编码 PU 的运动参数，而只需要传输最佳候选运动参数的索引（Index），解码端根据索引在运动参数候选列表中找到匹配的运动参数，从而完成解码。Merge 模式适用于所有帧间预测情形。

在 Merge 模式中，候选列表中的候选预测块分为两类：空间上相邻的已编码块和时间上相邻的已编码块。在空间相邻的已编码块中，可以从图 5-23 中的 5 个不同位置 {A1、B1、B0、A0、B2} 中依照 A1→B1→B0→A0→（B2）的次序最多选择其中的 4 个。需要注意的是，只有在 A1、B1、B0、A0 4 个位置的预测块中有任意一个不可用时，才考虑将 B2 作为候选预测块。例如，若当前待编码 PU 为 $N×2N$、$nL×2N$ 或者 $nR×2N$ 划分方式中的右侧 PU 时，则 A1 不可作为候选预测块，否则合并后形成一个类似 $2N×2N$ 的预测块，候选预测块的选择次序是 B1→B0→A0→B2。同理，若当前待编码 PU 为 $2N×N$、$2N×nU$ 或 $2N×nD$ 划分方式中的下侧 PU 时，则 B1 不可作为候选预测块，候选预测块的选择次序是 A1→B0→A0→B2。在时间相邻的已编码块中，最多可以从图 5-23 中的两个不同位置 {T0，T1} 中选择一个。如果对应参考帧中右下位置的预测块 T0 的运动参数有效，那么就选 T0 作为候选预测块；否则，就选参考帧中与当前 PU 相同位置的预测块 T1 作为候选预测块。

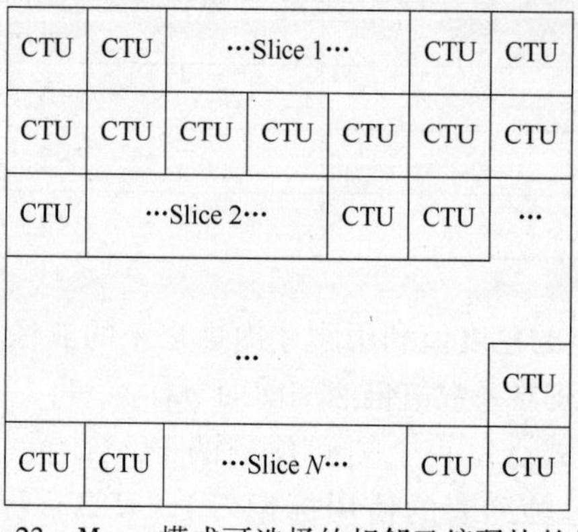

CTU	CTU	···Slice 1···	CTU	CTU
CTU	CTU	CTU	CTU	CTU	CTU
CTU	···Slice 2···		CTU	CTU	···
		···			CTU
CTU	CTU	···Slice N···	CTU	CTU

图 5-23　Merge 模式可选择的相邻已编码块的位置

在候选块的选择过程中，要去除其中运动参数重复的候选块，同时还要去除其中使得与当即预测块合并后形成一个等同于 2N×2N 的预测块的候选块。当候选块的个数不超过设定的最大值（Max Num Merge Cand）（默认值为 5）时，由已有的候选块的运动参数产生新的运动参数或者用 0 进行填补。这样，运动参数候选值的个数就固定为一个设定的值，使得解码所选候选值的索引值不依赖候选列表的选择过程，这样有利于解码时的并行处理，并提高容错能力。

② Inter 模式。在 Inter 模式中，需要对运动向量进行差分预测编码和传输。运动向量的预测利用了相邻块运动向量在时间和空间上的相关性。与 Merge 模式相类似，在运动向量预测过程中，主要是两种类型的候选运动向量的推导：空间域候选运动向量和时间域候选运动向量。在空间域候选运动向量的选择中，从 5 个不同位置的相邻块运动向量中选出两个空间域候选运动向量。其中，一个候选运动向量是从当前编码 PU 的左侧相邻块，即图 5-23 中的 {A1、A0} 中选出；另一个候选运动向量是从当前编码 PU 的上侧相邻块，即图 5-23 中的 {B1、B0、B2} 中选出。Inter 模式候选运动向量的个数固定为两个，若以上选择的候选运动向量少于两个，则加入时间域候选运动向量，选择的方法与 Merge 模式相同；在加入时间域候选运动向量后，若候选运动向量的个数仍然少于两个，则用值为 0 的运动向量填补，直到候选运动向量的个数等于 2 为止。

4. 变换与量化

（1）整数变换。HEVC 采用的变换运算与 H.264 类似，也是一种对预测残差进行近似 DCT 的整数变换，但为适应较大的编码单元而进行了改进。HEVC 中的 DCT 变换有四种大小：32×32、16×16、8×8 和 4×4。每一种大小的 DCT 都有一个相对应的同样大小的整数变换系数矩阵，且都采用蝶形算法进行计算。大块的变换能够提供更好的能量集中效果，并能在量化后保存更多的图像细节，但是却带来更多的"振铃"效应。因此，根据当前块像素数据的特性，自适应地选择变换块大小可以得到较好的效果。

HEVC 在一个 CU 内进行变换运算时，可以将 CU 按照编码树层次细分，从 32×32 直至 4×4 的小块。例如，一个 16×16 的 CU 可以用一个 16×16 的 TU 进行变换，或者 4 个 8×8 的 TU 进行变换。其中任意一个 8×8 的 TU 还可以进一步分为 4 个 4×4 的 TU 进行变换。变换运算的顺序和 H.264/AVC 不同，变换时首先进行列运算，然后再进行行运算。HEVC 的整数变换的基向量具有相同的能量，不需要对它们进行调整或补偿，而且对 DCT 的近似性要比 H.264/AVC 的好。

对于 4×4 块的亮度分量帧内预测残差的编码，HEVC 特别指定了一种基于离散正弦变换（Discrete Sine Transform，DST）的整数变换。在帧内预测块中，那些接近预测参考像素的像素，如左上边界的像素将比那些远离参考像素的像素预测得更精确，预测误差较小；而远离边界的像素预测残差则比较大。DST 对编码类的残差效果比较好。这是因为，不同 DST 基函数在起始处很小，往后逐步增大，和块内预测残差变化的趋势比较吻合；而 DCT 基函数在起始处大，往后逐步衰减。

（2）率失真优化的量化。HEVC 的量化机理和 H.264/AVC 基本相同，是在进行近似 DCT 的整数变换时一并完成的。量化是压缩编码产生失真的主要根源，因此选择恰当的量化步长，使失真和码率之间达到最好的平衡就成了量化环节的关键问题。HEVC 中的量化步长是由量化参数（QP）标记的，共有 52 个等级（0~51），每一个 QP 对应一个实际的量化步长。QP 的值越大，表示量化越粗，将产生的码率越低，当然带来的失真也会越大。

HEVC 采用了率失真优化的量化（Rate Distortion Optimized Quantization，RDOQ）技术，在给定码率的情况下选择最优的量化参数使重建图像的失真最小。

量化操作是在 TU 中分别对亮度分量和色度分量进行的。在 TU 中，所有的变换系数都是按照一个特定的 QP 统一进行量化和反量化的。HEVC 的 RDOQ 比 H.264/AVC 可提高 5% 左右的编码效率（亮度），当然带来的负面影响是增加了计算的复杂度。

5. 环路滤波

环路滤波（Loop Filtering）位于编码器预测环路中的反量化/反变换单元之后、重建的运动补偿预测参考帧之前。因而，环路滤波是帧间预测环路的一部分，属于环内处理，而不是环外的后处理。环路滤波的目标就是消除编码过程中预测、变换和量化等环节引入的失真。由于滤波是在预测环路内进行的，减少了失真，所以在存储后可为运动补偿预测提供较高质量的参考帧。

HEVC 指定了两种环路滤波器，即去方块效应滤波器（Deblocking Filter，DBF）和采样自适应偏移（Sample Adaptive Offset，SAO）滤波器，均在帧间预测环路中进行。

6. 熵编码

常见的熵编码包括较为简单的变长编码（如哈夫曼编码）和效率较高的算术编码两大类。如果将编码方式和编码的内容联系起来，则可获得更高的编码效率，这就是常见的上下文自适应的可变长编码（Context Adaptive Variable Length Coding，CAVLC）和上下文自适应的二进制算术编码（Context Adaptive Binary Arithmetic Coding，CABAC）。这两类熵编码都是高效、无损的熵编码方法，尤其在高码率的情况下更是如此，此时 QP 比较小，码流中变换系数占绝大部分。当然其计算量也较之常规的变长编码、算术编码要高。

HEVC 标准中使用的上下文自适应的二进制算术编码（CABAC）与 H.264/AVC 中使用的 CABAC 基本类似，除了上下文建模过程中概率码表需要重新布置以外，在算法上并没有什么变化。但是 HEVC 充分考虑了提高熵编码器的吞吐率和并行化，以适应编码高分辨率视频时的实时性要求。因此，HEVC 中的 CABAC 编码器的上下文数量、数据间的相互依赖性减小，对相同上下文的编码符号进行组合、对通过旁路编码的符号进行组合，同时减小解析码流时的相互依赖性以及对内存读取的需求。

CABAC 编码主要包括以下三个模块。

（1）语法元素的二值化。与 H.264/AVC 类似，HEVC 标准采用了相似的几种二值化编码方式，主要有截断一元（Truncated Unary）编码、截断 Rice（Truncated Rice）编码、k 阶指数哥伦布（k-th order Exp-Golomb）编码以及定长编码。二值化的输入是帧内预测或帧间预测的预测信息以及变换量化后的残差信息，输出的是对应的二进制字符串。

（2）上下文建模。实际计算过程中，输入二进制字符的概率分布是动态变化的，所以需要维护一个概率表格来保存每个字符概率变化的信息。上下文建模过程就是根据输入的二进制字符串和相应的编码模式，提取保存的概率状态值来估计当前字符的概率，并在字符计算完成后对其状态值进行刷新。

（3）算术编码。算术编码模块采用区间递进的原理根据每个字符串的概率对字符流进行编码，不断更新计算区间的下限（Low）值和宽度（Range）值。

7. 并行化处理

当前集成电路芯片的架构已经从单核逐渐往多核并行方向发展，因此为了适应并行化程度非常高的芯片实现,H.265/HEVC 引入了很多并行运算的优化思路。

(1) 条带的划分。与 H.264/AVC 类似,HEVC 也允许将图像帧划分成一个或多个"条带"(Slice),即一帧图像是一个或多个条带的集合。条带是帧中按光栅扫描顺序排列的 CTU 序列。每个条带可以独立解码,因为条带内像素的预测编码不能跨越条带的边界。所以,引入"条带"结构的主要目的是在传输中遭遇数据丢失后实现重同步。每个条带可携带的最大比特数通常受限,因此根据视频场景的运动程度,条带所包含的 CTU 数量可能不同。每个条带可以按照编码类型的不同分为如下三种类型。

① I 条带(I Slice):I 条带中的所有 CU 都仅使用帧内预测进行编码。

② P 条带(P Slice):P 条带中的有些 CU 除了使用帧内预测进行编码外,还可以使用帧间预测进行编码。在帧间预测时,每个 PB 至多只有一个运动补偿预测信号,即单向预测,并且只使用参考图像列表 0。

③ B 条带(B Slice):B 条带中的有些 CU 除了使用 P 条带中所用的编码类型进行编码外,还可以使用帧间双向预测进行编码,即每个 PB 至多有两个运动补偿预测信号,既可以使用参考图像列表 0,也可以使用参考图像列表 1。

图 5-24 所示为一帧图像划分为 N 个条带的示例,条带的划分以 CTU 为界。为了支持并行运算和差错控制,某一个条带可以划分为更小的条带,称为"熵条带"(Entropy Slice,ES)。每个 ES 都可独立地进行熵解码,而无须参考其他的 ES。如在多核的并行处理中,就可以安排每个核单独处理一个 ES。在 HEVC 的码流中,网络抽象层(Network Abstraction Layer,NAL)比特流的格式符合 H.264/AVC 的 Annex B,但是在 NAL 头信息增加了 1B 的 HEVC 标注信息。每个条带编码为一个 NAL 单元,其容量小于或等于最大传输单元(Maximum Transmission Unit,MTU)容量。

(2) 片的划分。除了条带之外,HEVC 还新引入了片(Tile)的划分,其主要目的是增强编、解码的并行处理能力。片是一个自包容的、可以独立进行解码的矩形区域,包含多个按矩形排列的 CTU。每个片中包含的 CTU 数目不要求一定相同,但典型情况下所有片中的 CTU 数相同。通过将多个片包含在同一个条带中,可以共享条带的头信息。反之,一个片也可以包含多个条带。图 5-25 所示为一帧图像划分为 N 个片的示例。在编码时,图像中的片是按照光栅扫描顺序进行处理的,每个片中的 CTU 也是按照光栅扫描顺序进行的。在 HEVC 中,允许条带和片在同一个图像帧中同时使用,既可以一个条带中包含若干个片,也可以一个片中包含若干个条带。

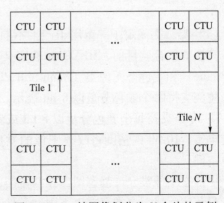

图 5-24 一帧图像划分为 N 个条带的示例　　图 5-25 一帧图像划分为 N 个片的示例

（3）波前并行处理。考虑到高清、超高清视频编码的巨大运算量，HEVC 提供了基于条带和基于片的便于并行编码和解码处理的机制。然而，这样又会降低编码性能，因为这些条带和片是独立预测的，打破了穿越边界的预测相关性，每个条带或片的用于熵编码的统计必须从头开始。为了避免这个问题，HEVC 提出了一种称为波前并行处理（Wavefront Parallel Processing，WPP）的熵编码技术，在熵编码时不需要打破预测的连贯性，可尽可能多地利用上下文信息。

波前并行处理按照 CTU 行进行。不论是在编码过程中还是在解码过程中，一旦当前 CTU 行上的前两个 CTU 的编、解码完成后，就可开始下一 CTU 行的处理，通常开启一个新的并行线程（Thread）。其过程如图 5-26 所示。之所以在处理完当前 CTU 行上的前两个 CTU 之后才开始下一个 CTU 行的熵编码，是因为帧内预测和运动向量预测是基于当前 CTU 行上侧和左侧的 CTU 的数据。WPP 熵编码参数的初始化所需要的信息是从这两个完全编码的 CTU 中得到的，这使得在新的编码线程中使用尽可能多的上下文信息成为可能。使用波前并行处理的熵编码技术，相对于每个 CTU 行独立编码有更高的编码效率，相对于串行编码来说有更好的并行处理能力。

8. HEVC 的语法和语义

为了和现已广泛使用的 H.264/AVC 编码器尽量兼容，HEVC 编码器也使用 H.264/AVC 的 NAL 单元语法结构。每个语法结构放入 NAL 单元这一逻辑数据包中。利用 2 B 的 NAL 单元头，容易识别携带数据的内容类型。为了传输全局参数（如视频序列的分辨率、彩色格式、最大参考帧数、起始 QP 值等），采用 H.264/AVC 的序列参数集（Sequence Parameter Set，SPS）和图像参数集（Picture

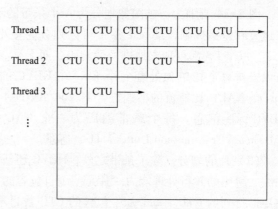

图 5-26 波前并行处理过程

Parameter Set，PPS）语法和语义。HEVC 的条带（Slice）头信息的语法和语义同 H.264/AVC 的语法和语义非常接近，只是增加了一些必要的新的编码工具。

9. HEVC 的类、级和层

为了提供应用的灵活性，HEVC 设置了编码的不同的类（Profile）、级（Level）和层（Tier）。

（1）类。类规定了一组用于产生不同用途码流的编码工具或算法，也就是一组编码工具或算法的集合。目前，HEVC 标准定义了三种类：主类（Main Profile）、主 10 类（Main 10 Profile）和主静态图像类（Main Still Picture Profile）。

主类支持每个颜色分量以 8 bit 表示。

主 10 类支持每个颜色分量以 8 bit 或者 10 bit 表示。表示颜色的比特数越多，颜色种类就越丰富。10 bit 的精度将改善图像的质量，并支持超高清电视（UHDTV）采用 Rec.2020 颜色空间。

主静态图像类允许静态图像按照主类的规定进行编码。

目前，上述三个类存在以下限制条件。

① 仅支持 4：2：0 的色度采样格式。

② 波前并行处理（WPP）和片结构可选。若选用了片结构，则不能使用 WPP，且每一个片的大小至少应为 64×256 像素（高×宽）。

③ 主静态图像类不支持帧间预测。

④ 解码图像的缓存容量限制为 6 幅图像，即该类的最大图像缓存容量。

未来的类扩展主要集中在比特深度扩展、4：2：2 或 4：4：4 色度采样格式、多视点视频编码和可分级编码等方面。

（2）级。目前，HEVC 标准设置了 1、2、2.1、3、3.1、4、4.1、5、5.1、5.2、6、6.1、6.2 共 13 个不同的级。一个"级"实际上就是一套对编码比特流的一系列编码参数的限制，如支持 4：2：0 格式视频，定义的图像分辨率从 176×144（QCIF）～7 680×4 320（8 K×4 K）像素，限定最大输出码率等。如果说一个解码器具备解码某一级码流的能力，则意味着该解码器具有解码这一级以及低于这一级所有码流的能力。

（3）层。对于 4、4.1、5、5.1、5.2、6、6.1、6.2 级，按照最大码率和缓存容量要求的不同，HEVC 设置了两个层：高层（High Tier）和主层（Main Tier）。其中，主层可用于大多数场合，要求码率较低；高层可用于特殊要求或高需求的场合，允许码率较高。对于 1、2、2.1、3、3.1 级，仅支持主层。

符合某一层/级的解码器应能够解码当前以及比当前层/级更低的所有码流。

本节对 JPEG、MPEG 及 H.26X 标准内容和特点等做了简要的介绍，以期读者对这三个重要的视频图像压缩标准有一个大概的了解，如有兴趣，读者可参考相关的书籍资料，对其进行进一步的研究和学习。

5.8 数字水印

5.8.1 概述

随着信息时代的到来，特别是互联网的普及，信息的安全保护问题日益突出。当前的信息安全技术基本上以密码学理论为基础，无论是采用传统的密钥系统还是公钥系统，其保护方式都是控制文件的存取，即将文件加密成密文，使非法用户不能解读。但是，随着计算机处理能力的快速提高，这种通过密钥来提高系统保密性的方法变得越来越不安全。

另外，多媒体技术已被广泛应用，需要进行加密、认证和版权保护的声像数据也越来越多。如果对数字化的声像数据也采用密码加密方式，则其本身的数字信号属性就会被忽略。于是，许多研究人员尝试用各种信号处理方法对声像数据进行隐藏加密，并将该技术用于制作多媒体的数字水印（Digital Watermark）。数字水印是信息隐藏（Information Hiding）技术的一个重要研究方向。

数字水印技术是指用信号处理的方法在数字化的多媒体数据中嵌入隐蔽的标记，这种标记通常是不可见的，只有通过专用的检测器或阅读器才能提取。

5.8.2 数字水印的衡量标准

水印的评价一般是凭视觉主观判断其质量优劣。最常用的衡量水印方案的标准有两个。

(1) 不可见性（隐蔽性）：在数字作品中嵌入数字水印不会引起明显的降质，并且不易被察觉。

(2) 稳健性（Robustness）：稳健性是指在经历多种无意或有意的信号处理过程后，数字水印仍能保持完整性或仍能被准确鉴别。可能遇到的信号处理过程包括施加信道噪声、滤波、数/模（D/A）与模/数（A/D）转换、重采样、剪切、位移、尺度变化以及有损压缩编码等。稳健性可以通过计算提取出的水印与原水印的归一化相关系数（NC）和峰值信噪比（PSNR）来进行评价。

5.8.3 数字水印的分类

可将数字水印按以下四种方式进行分类。

(1) 按水印的特性，可以将数字水印分为稳健数字水印和脆弱数字水印两类。稳健数字水印要求嵌入的水印能够经受各种常用的编辑处理；脆弱数字水印则需要对信号的改动很敏感，使人们能根据脆弱水印的状态判断数据是否被篡改过。

(2) 按水印的检测过程，可以将数字水印划分为明文水印和盲水印。明文水印在检测过程中需要原始数据；而盲水印的检测只需要密钥，不需要原始数据。一般来说，明文水印的稳健性比较强。

(3) 按数字水印的内容，可以将水印划分为有意义水印和无意义水印。有意义水印是指水印本身也是某个数字图像（如商标图像）或数字音频片段的编码；无意义水印则只对应一个序列号，通过统计决策来确定信号中是否含有水印。

(4) 按数字水印的隐藏位置，可以将其划分为空间域数字水印、频率域数字水印、空间—频率域数字水印等。空间域方法的稳健性较差，水印信号容易丢失，因此目前的研究方法主要集中在频率域。

5.8.4 实现数字水印的一般步骤

实现一个数字水印系统的过程可大致分为三个阶段：嵌入过程、传播过程和提取过程（见图5-27）。其中，嵌入和提取是相互对应的，即不同的嵌入方法对应着不同的提取方法。水印方案的提出要充分考虑到数字产品在传播过程中会受到怎样的干扰，这些干扰可能是天然的，如信道噪声；也可能是人为的，如恶意地篡改数字产品。这些都需要被充分估计，并设计出能够抵抗这些干扰的水印方案。

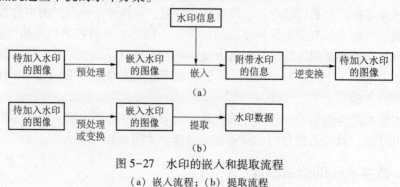

图5-27 水印的嵌入和提取流程
(a) 嵌入流程；(b) 提取流程

5.8.5 图像水印经典算法

5.8.5.1 LSB 方法

这是一种最简单的嵌入水印的办法。事实上，任何一幅图片都具备一定的容噪性，这表现在像素数据的最低有效位（Least Significant Bit，LSB）对人眼的视觉影响很小，秘密信息就隐藏在图像每一像素的最低位或次低位，实现其不可见性。以 256 色灰度图像为例，每个像素值占 8 bit，其第 8 位就是最低有效位。

具体的 LSB 方法就是调整原始载体信息的最低几位来隐藏信息的，最方便的是采用直接改变图像中像素的最后一位使之和秘密信息相同。检测的时候只要提取含水印图像像素的最低位即可。为了说明问题，我们把水印分别嵌入到图像像素的不同位，从图 5-28 可以明显地看出，越低位嵌入，人眼越难识别。

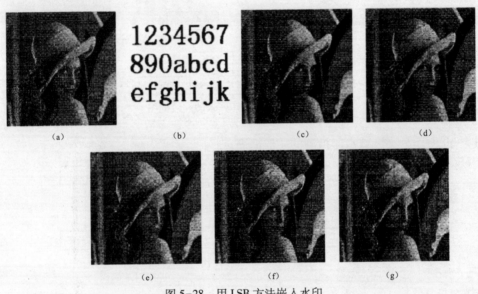

图 5-28 用 LSB 方法嵌入水印
(a) 原始图像；(b) 水印图像；(c) 嵌入在第 8 位；(d) 嵌入在第 7 位；
(e) 嵌入在第 6 位；(f) 嵌入在第 5 位；(g) 嵌入在第 4 位

5.8.5.2 在 DCT 域嵌入水印

首先计算图像的 DCT；然后将水印叠加到 DCT 域中幅值最大的前 k 个系数上（不包括直流分量），通常为图像的低频分量。若 DCT 系数的前 k 个最大分量表示为 $D = \{d_i\}(i = 1,2,\cdots,k)$，水印服从高斯分布的随机实数序列 $W = \{w_i\}(i = 1,2,\cdots,k)$，那么水印的嵌入算法为

$$D_i = d_i(1 + \alpha w_i)$$

式中：常数 α 为尺度因子，用于控制水印嵌入的强度。

用新的系数做逆变换得到水印图像 I_W。解码函数则分别计算原始图像 I 和水印图像 I_W 的离散余弦变换，并相减得到水印估计 W^*，再和原始水印做相关检验以确定水印存在与否。一般地，如果水印存在，相关系数应该很大；如果没有水印，则相关系数很小，接近于 0。由于水印是随机高斯噪声，所以嵌入前后的图像使人眼难以区分。

根据水印的分类，第一种方案的检测不需要原始图像，所以是盲水印，同时又是有意

的水印和空间域水印。但是这种水印是非常脆弱的，简单的滤波就会使提取的水印信息面目全非，所以它又是脆弱水印。

第二种方案嵌入的是非盲、稳健和频率域的水印。需要说明的是，由于其水印信号是随机的高斯序列，用来判断图像中是否含有水印，更多的信息无法得到，所以是无意义水印。

5.8.5.3 在 DWT 域嵌入水印

这里介绍一种将彩色数字水印嵌入到原始彩色数字图像中的算法。该算法将水印多次嵌入到离散小波变换（DWT）后相应的频段来增强稳健性；利用 HVS 特性，并通过实验获得水印不同彩色分量（R，G，B）的加权系数，从而使嵌入水印后的图像无主观视觉上的失真。通过实验验证，该算法在对嵌入水印后的图像进行 JPEG 有损压缩、剪切、不规则色块污染、添加各种噪声处理后，提取出的水印表现出良好的稳健性，且主观视觉失真较小。

图 5-29 所示为小波域水印嵌入的一般框图。

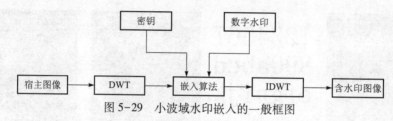

图 5-29　小波域水印嵌入的一般框图

图 5-30 所示为小波域水印检测的一般框图。

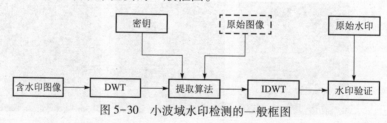

图 5-30　小波域水印检测的一般框图

对于各种攻击情况，对算法性能进行测试，如 JPEG 压缩攻击、高斯和椒盐噪声攻击、剪切攻击等。以图 5-31 所示的受剪切攻击为例，列出了水印的检测结果，可见在受到较严重的剪切攻击时，该算法仍能有效地检测出水印。

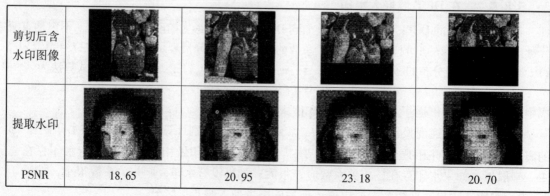

剪切后含水印图像				
提取水印				
PSNR	18.65	20.95	23.18	20.70

图 5-31　受剪切攻击示例

5.8.6 彩色图像超复数空间的自适应水印算法

自适应水印算法在数字水印中占有重要地位。自适应嵌入是指水印的嵌入强度、嵌入信息量、嵌入位置随着图像载体数据各部分特性的不同而自适应改变的嵌入算法。自适应水印算法中最常见的是水印嵌入强度自适应。像素自适应算法的嵌入因子随着像素的不同而改变，通常是由时空域掩蔽特性确定或根据稳健性和不可感知性的折中来确定；块自适应嵌入算法是根据块特征的不同而嵌入不同的强度和信息量；还有一种水印嵌入机制，就是自适应选择适当的嵌入位置或适当的嵌入位置数目。Ng 等提出一种水印算法，根据不同的块来改变分块 DCT 中频系数的嵌入首位置；Yang 等提出从离散小波变换的细节子带中选择若干个（与水印序列长度相等）感知重要的系数，进行水印嵌入。

近年来，基于载体图像视觉系统自适应水印算法日益得到重视。为了保证稳健性，可以利用视觉模型导出的 JND（Just Noticeable Difference，极限可分辨差别）来确定哪些是适应嵌入水印的感知重要系数，而哪些系数不适合嵌入水印；Suthaharan 等进一步利用 JND 来控制 DCT 系数修改量不超过给定阈值，从而保证视觉质量；Wang 等根据各系数对应的 JPEG 量化阶距，按照比例分配一定的嵌入强度，以提高对 JPEG 压缩的稳健性。2007 年，Parthasarathy 等在 IEEE Transactions on Broadcasting 上提出了一种自适应的有意义的水印算法，在 DCT 域利用视觉模型的 JND 掩蔽来确定与图像相关的调制掩模，即图像的纹理、边缘和亮度掩蔽特性，然后利用其来进行自适应水印嵌入。研究表明，自适应水印算法在具有良好不易感知性的同时也具有稳健性。

基于超复数傅里叶变换的数字水印算法，通过对彩色载体图像进行快速超复数傅里叶变换，在超复数频域选择合适的频段嵌入水印数据，并且修改其对称系数的值，解决了超复数频域嵌入水印前提条件的问题，即保证含水印载体图像仍然可以用彩色图像的红、绿、蓝三色进行传输。分析表明，提出的方法通过超复数傅里叶逆变换，可以把水印带来的误差扩散到整幅图像，并且是分散到红、绿、蓝三色的各个分量上，从而实现数字水印不易感知性和安全性的良好结合。

为了进一步提高超复数频域水印算法的不易感知性，避免因为嵌入水印而破坏视觉质量，本章通过利用人类视觉系统（Human Visual System，HVS）的掩蔽现象，即人类视觉系统对彩色载体图像的纹理、边缘和亮度的掩蔽特性，来确定在图像的各个部分所能容忍的数字水印信号的最大强度，并根据这个最大强度对嵌入水印赋予不同的掩蔽强度，从而在超复数频域内实现一种彩色载体图像自适应的水印算法。实验结果表明，通过彩色图像的自适应掩蔽，大大提高了超复数频域水印算法的稳健性，提出的方法优于文献中已报道的彩色图像水印算法，也优于无自适应掩蔽的超复数频域水印算法。

5.8.6.1 彩色图像的自适应数字水印掩蔽

我们知道，人类视觉系统对彩色图像的纹理、边缘和亮度有不同的掩蔽特性，为了进一步提高水印算法的不易感知性，避免因为嵌入水印而破坏视觉质量，我们应该充分利用这些视觉掩蔽特性。下面讨论如何利用人类视觉系统的掩蔽特性来确定在图像的各个部分所能容忍的数字水印信号的最大强度，即如何实现色彩图像的自适应数字水印掩蔽的问题。

1. 彩色图像的纹理掩蔽

图像的纹理是指诸如平滑度、粗糙度和规律性等特性的度量。可以通过一幅图像或区域的灰度级直方图的统计矩来描述纹理。直方图的方差 σ^2 表示了灰度级对比度，在纹理描述中特别重要，而标准差 σ 经常用来作为纹理的度量。直方图的方差为

$$\sigma^2 = \sum_{i=0}^{L-1} (f_i - f_{i\_mid})^2 p(f_i) \tag{5.8.1}$$

式中：$p(f_i)$ 表示概率；L 表示灰度级的数目。

本章算法采用块自适应方法，因为单位小块内图像灰度变化不会很大，所以适宜采用最大的灰度分辨率，对于 BMP 位图，$L = 256$；f_{i_mid} 表示每一单位小块的平均灰度级：

$$f_{i\_mid} = \sum_{i=0}^{L-1} f_i p(f_i) \tag{5.8.2}$$

对于彩色载体图像，首先计算其红色分量、绿色分量和蓝色分量的直方图方差；然后再取平均得到平均直方图方差 $\overline{\sigma^2}$：

$$\overline{\sigma^2} = \frac{1}{3}(\sigma_R^2 + \sigma_G^2 + \sigma_B^2) \tag{5.8.3}$$

式中：σ_R^2、σ_G^2 和 σ_B^2 分别代表彩色图像的红、绿、蓝的直方图方差。

然后对平均方差 $\overline{\sigma^2}$ 进行归一化，可得

$$\sigma_u^2 = \frac{\overline{\sigma^2}}{\max\left(\overline{\sigma^2}\right)} \tag{5.8.4}$$

人眼对变化平缓的平滑区域中噪声的敏感度要高于纹理变换频繁的区域，所以在高纹理区域，嵌入水印的强度应该更强。我们把图像的纹理掩蔽因子分成 5 级，观察发现，归一化的标准差 σ_u 区分度太大，如果分 5 级，多数都会为 0。所以，我们用 σ_u 的平方根作为纹理掩蔽的描述子，并把它规整为 0~5 级：

$$M_T = \text{round}(5\sqrt{\sigma_u}) \tag{5.8.5}$$

式中：$\text{round}(x)$ 表示对 x 进行四舍五入。

图 5-32 所示的是 Lena 彩色标准图像的 5 级纹理掩蔽。

图 5-32 Lena 彩色标准图像的 5 级纹理掩蔽

2. 图像边缘掩蔽

对于彩色图像来说，其边界的定义比灰度图像边界的定义复杂得多，既要考虑图像的亮度变化，又要考虑色度变换。现有的彩色图像边缘检测方法中，很多都是基于灰度图像边缘检测的推广，难以收到很好的彩色图像边缘提取效果。Sangwine 等提出一种超复数彩色边缘检测算法，通过对超复数表示的 RGB 彩色图像进行左右滤波卷积计算，在超复数空间对彩色图像进行 90° 旋转变换来实现彩色边缘检测。

前文介绍过超复数空间里的向量旋转，如果取 μ 为强度图像向量 $\boldsymbol{\mu} = (\boldsymbol{i} + \boldsymbol{j} + \boldsymbol{k})/\sqrt{3}$，则可以设定一个超复数旋转向量 $\boldsymbol{U}$，表示为

$$\boldsymbol{U}(\theta) = e^{\boldsymbol{\mu}\theta} = e^{\boldsymbol{\mu}(\alpha/2)} \tag{5.8.6}$$

那么，向量 $\boldsymbol{C}$ 绕 $\boldsymbol{\mu}$ 轴旋转 α 角的旋转变换为

$$Y(\theta) = U(\theta)CU^*(\theta) \tag{5.8.7}$$

式中：$U^*(\theta)$ 是 $U(\theta)$ 的共轭。

若 $R_0 = U\left(\dfrac{\pi}{4}\right)$，则在超复数空间对彩色图像进行 90° 旋转的滤波卷积为

$$RCR^* = \frac{1}{6}\begin{bmatrix} R_0 & R_0 & R_0 \\ 0 & 0 & 0 \\ R_0^* & R_0^* & R_0^* \end{bmatrix} C \begin{bmatrix} R_0^* & R_0^* & R_0^* \\ 0 & 0 & 0 \\ R_0 & R_0 & R_0 \end{bmatrix} \tag{5.8.8}$$

在超复数空间对彩色图像进行 90° 旋转变换，把色彩变化比较剧烈的区域映射为彩色区域，把色彩变化平缓的区域映射为灰色区域。通过分离变换图像中的彩色分量，就实现了彩色图像边缘的检测。

彩色图像的边缘约有 90% 与其对应的灰度图像相一致，只有 10% 无法从其灰度图像中获得。所以，为了简便起见，也可以采用现有源程序的经典灰度图像算法提取图像的边缘。例如，公认的提取边缘效果比较理想的是 Canny 边缘算子。上述两种不同的边缘提取算法产生的边缘效果掩蔽因子对最终的数字水印效果影响不大。人眼对图像的边缘比较敏感，所以我们对含边缘点较多的单位小块应该赋予较小的水印强度。P_E 表示 8×8 单位小块中边缘点的和，则归一化后的 5 级边缘掩蔽因子为

$$M_E = \text{round}\left(\frac{5P_E}{\max(P_E)}\right) \tag{5.8.9}$$

图 5-33 所示的是 Lena 彩色标准图像的 5 级边缘掩蔽。

3. 超复数彩色图像的亮度掩蔽

对于彩色图像，使用 $f_R(m,n)$、$f_G(m,n)$、$f_B(m,n)$ 表示 RGB 模型的红、绿、蓝三个分量。设 $f_H(m,n)$、$f_S(m,n)$、$f_I(m,n)$ 分别表示

图 5-33 Lena 彩色标准图像的 5 级边缘掩蔽

彩色图像的 HSI 模型中的色调、饱和度、强度三个分量，则可以通过下面四个公式把彩色图像的 RGB 模型转化为 HSI 模型：

$$\begin{bmatrix} f_I(m,n) \\ f_{V1}(m,n) \\ f_{V2}(m,n) \end{bmatrix} = \begin{bmatrix} \dfrac{1}{\sqrt{3}} & \dfrac{1}{\sqrt{3}} & \dfrac{1}{\sqrt{3}} \\ -\dfrac{1}{\sqrt{6}} & -\dfrac{1}{\sqrt{6}} & \dfrac{2}{\sqrt{6}} \\ \dfrac{1}{\sqrt{2}} & -\dfrac{1}{\sqrt{2}} & 0 \end{bmatrix} \begin{bmatrix} f_R(m,n) \\ f_G(m,n) \\ f_B(m,n) \end{bmatrix} \tag{5.8.10}$$

$$f_I(m,n) = \frac{1}{\sqrt{3}}[f_R(m,n) + f_G(m,n) + f_B(m,n)] \tag{5.8.11}$$

$$f_H(m,n) = \tan^{-1}\left(\frac{f_{V2}(m,n)}{f_{V1}(m,n)}\right) \tag{5.8.12}$$

$$f_S(m,n) = \sqrt{f_{V1}^2(m,n) + f_{V2}^2(m,n)} \tag{5.8.13}$$

我们用超复数描述的彩色图像 RGB 模型为

$$\boldsymbol{f}(m,n) = f_R(m,n)\boldsymbol{i} + f_G(m,n)\boldsymbol{j} + f_B(m,n)\boldsymbol{k} \tag{5.8.14}$$

Soo-Chang Pei 等提出了一种超复数极坐标模型,把建立在 RGB 模型的超复数表示转化为下列超复数 HSI 模型:

$$\boldsymbol{f}(m,n) = f_A(m,n)\mathrm{e}^{if_H(m,n)}\mathrm{e}^{kf_\varphi(m,n)} \tag{5.8.15}$$

$$f_A(m,n) = \sqrt{f_I^2(m,n) + f_S^2(m,n)} = \sqrt{f_R^2(m,n) + f_G^2(m,n) + f_B^2(m,n)} \tag{5.8.16}$$

$$f_\varphi(m,n) = \arcsin\left(\frac{f_S(m,n)}{f_A(m,n)}\right) \tag{5.8.17}$$

式中:超复数模型值 $|q| = f_A(m,n) = \sqrt{f_R^2(m,n) + f_G^2(m,n) + f_B^2(m,n)}$,表示图像的亮度信息,是一个与 HSI 模型中饱和度、强度有关的量;$f_H(m,n)$ 和 $f_\varphi(m,n)$ 表示图像的色调与饱和度的角度信息,即色彩信息。

人眼对不同的亮度区域的噪声敏感度不同,通常对中等亮度最为敏感,向低亮度和高亮度两个方向下降。所以我们在进行数字水印时,要对载体彩色图像进行亮度掩蔽。我们采用超复数的 HSI 模型,通过式(5.8.16)计算彩色图像的亮度 f_A,每个 8×8 单位小块的平均亮度值为

$$\overline{f_A} = \frac{\sum\limits_{\text{block}} f_A}{64} \tag{5.8.18}$$

亮度掩蔽的描述子如下:

$$P_I = \left(\overline{f_A} - \overline{f_{\text{mid}}}\right)^2 \tag{5.8.19}$$

式中:$\overline{f_{\text{mid}}}$ 表示图像的中等亮度,对于 24 位的彩色 BMP 图像,有

$$\overline{f_{\text{mid}}} = \sqrt{\left(\frac{256}{2}\right)^2 + \left(\frac{256}{2}\right)^2 + \left(\frac{256}{2}\right)^2} = \sqrt{3} \times 128 \tag{5.8.20}$$

归一化后的 5 级亮度掩蔽因子为

$$M_I = \text{round}\left(\frac{5P_I}{\max(P_I)}\right) \tag{5.8.21}$$

图 5-34 所示的是 Lena 彩色标准图像的 5 级亮度掩蔽。

综合考虑上述彩色图像的纹理、边缘和亮度掩蔽特性,彩色图像的自适应数字水印掩蔽因子为

$$J_I = M_T - M_E + M_I \tag{5.8.22}$$

去除 $M_T - M_E + M_I$ 的最大值和最小值,把得到的结果规整为 0~5 级,获得最终的 1~6 级自适应掩蔽因子 J_I。

4. 加入彩色图像自适应掩蔽的抗攻击效果

通过水印算法抵抗高斯噪声攻击的例子,

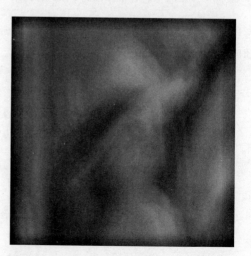

图 5-34 Lena 彩色标准图像的 5 级亮度掩蔽

来表现加入彩色图像自适应掩蔽的抗攻击效果。用尺寸为 512×512 的彩色 Lena 图像作为载体图像,当嵌入 ET 符号的含水印载体图像受到方差为 $\sigma^2 = 3.5\%$ 的高斯噪声攻击时,若没有采用彩色图像自适应掩蔽,超复数频域水印算法提取出的水印误差较大,如图 5-35(e)所示;而加入图像自适应掩蔽的水印算法就可以提取出比较完整的水印数据,如图 5-35(f)所示。无自适应掩蔽的水印算法采用单一量化单位 Δ,取值 $\Delta = 0.18$;加入图像自适应掩蔽的水印算法的量化单位是自适应掩蔽因子 J_I(1~6 级)和最小量化单位 Δ_0 的乘积,取值 $\Delta_0 = 0.05$。

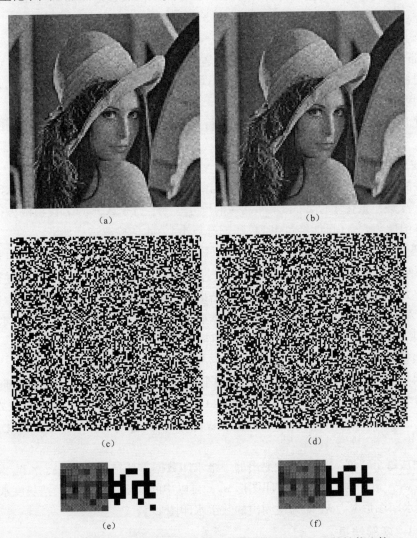

图 5-35　图像自适应掩蔽的水印算法在抵抗噪声攻击方面的性能比较

(a)无掩蔽的含水印图像加入高斯噪声($\sigma^2 = 3.5\%$);(b)加入图像自适应掩蔽的含水印图像加入高斯噪声($\sigma^2 = 3.5\%$);(c)从(a)中提取的冗余水印;(d)从(b)中提取的冗余水印;(e)无自适应掩蔽算法提取的水印图形;(f)加入图像自适应掩蔽的水印算法提取的水印图形

5.8.6.2　完整的水印算法描述

1. 水印嵌入过程

设载体图像 f_0 是尺寸为 512×512 的彩色 BMP 图像,水印图形 wm 是尺寸为 M_m 行 × N_n

列的二值图形。把 wm 排列成一维序列，则共有 $M_m \times N_n$ 个数据。

（1）采用密钥 Key 控制的伪随机数发生器，伪随机地选择 $M_m \times N_n$ 个整数（取值范围是 1~14），作为数字水印的嵌入位置。根据前述中的方法，对载体图像进行分块。

（2）把载体图像 f_0 分成 8×8 的单位小块，根据每个单位小块的纹理、边缘和亮度，按照前述的规则，生成 0~5 级别的自适应掩蔽因子 J_I。

（3）对载体图像 f_0 的每个 8×8 单位小块进行彩色图像的超复数傅里叶变换，得到 $F^R(u, v) = A(u, v) + iC(u, v) + jD(u, v) + kE(u, v)$。

（4）按照前述中提出交叉冗余嵌入规则，在每个单位小块的超复数傅里叶变换 $F^R(u, v)$ 的实数部分 $A(u, v)$ 中对应的四个嵌入位置，用量化索引调制（QIM）的方法嵌入水印数据，同时修改其对称系数的值。每个单位小块的量化单位 Δ 为该单位小块的自适应掩蔽因子 J_I 和最小量化单位 Δ_0 的乘积。

（5）把所有的嵌入水印的单位小块，进行超复数傅里叶逆变换，得到含水印的彩色载体图像 f_{wm}。

2. 水印检测过程

水印检测方式为不需要原始载体图像参与的盲检测。检测方必须知道数字水印的嵌入位置密钥 Key、最小量化单位 Δ_0 和水印图像的尺寸（M_m 行 × N_n 列）。设检测方得到的嵌入水印的载体图像为 f'_{wm}（可能经过 JPEG 压缩等攻击），水印检测过程如下。

（1）把 f'_{wm} 分成 8×8 的单位小块，根据每个单位小块的纹理、边缘和亮度，生成 0~5 级别的自适应掩蔽因子 J'_I。因为载体图像可能经过各种攻击，所以 J'_I 与水印嵌入过程中的自适应掩蔽因子 J_I 会有不同，不过从后面的实验结果可以看出，即使经过品质因子为 15 的 JPEG 压缩，或者添加方差为 3.5% 的高斯噪声，本章水印算法仍然可以恢复出较完整的水印数据。

（2）对 f'_{wm} 的每个 8×8 单位小块进行超复数傅里叶变换。

（3）根据载体图像分块规则和密钥 Key，得到数字水印嵌入位置。

（4）根据交叉冗余嵌入规则，在每个单位小块超复数频域 $F^R(u, v)$ 的实数部分 $A(u, v)$ 中对应的四个嵌入位置，根据量化索引调制（QIM）的水印检测方法，检测出嵌入的水印数据。每个单位小块的量化单位 Δ 为该单位小块的自适应掩蔽因子 J'_I 和最小量化单位 Δ_0 的乘积。

（5）把从每个"嵌入大块"检测出的一维水印数据重新排列成 M_m 行 × N_n 列，得到冗余水印图形 w_1，取平均得到灰度水印图形 w_2，再以中间灰度值为阈值，把灰度水印图形 w_2 转化为二值水印图形 w_3，w_3 即为检测出的数字水印图形。

5.8.6.3 实验结果

为了验证超复数频域的自适应水印算法的性能，以下给出了实验结果，并与 Parthasarathy 等于 2007 年提出的自适应水印算法进行了对比。实验中，所选用的原始载体为 512 行 × 512 列的标准彩色 BMP 图像 Lena，水印图形为 ET 符号（ET 符号是文献[6]采用的水印图形）。我们采用的最小量化单位为 $\Delta_0 = 0.05$。本章数字图像水印算法具有良好的不可感知性，含水印图像与原始图像之间的失真较小，嵌入"bit"，图 5-36（c）的含水印载体图像如图 5-36（b）所示，其峰值信噪比 PSNR = 35.798 8，加权峰值信噪比 WPSNP = 38.982 4；其与文献[6]水印算法的不可感知性相当（文献[6]的嵌入 ET 符号的 Lena

图像 WPSNR=38.79）。

图 5-36　自适应水印的嵌入
(a) Lena 原始图像；(b) 含水印载体图像；(c) 嵌入的水印图像；
(d) 加入自适应掩蔽算法提取的水印图形

例如，文献 [7] 的颜色量化技术的彩色图像数字水印算法，当 Lena 彩色载体图像嵌入尺寸同样为 64×64 的水印图形，JPEG 压缩的品质因子为 $q=80$ 时，误码率就达到了 27.30%；而采用本章算法，当 JPEG 压缩的品质因子为 $q=80$ 时，提取水印数据的误码率只有 1.17%，大大优于文献 [7] 水印算法的抵抗 JPEG 攻击性能（见图 5-37）。

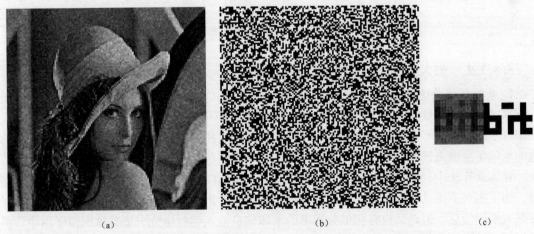

图 5-37　自适应掩蔽的水印算法在抵抗噪声攻击方面的性能
(a) 加入高斯噪声含自适应水印的图像（$\sigma^2=3.5\%$）；(b) 从 (a) 中提取的冗余水印；
(c) 加入自适应掩蔽算法提取的水印图形

5.8.7 基于改进的第二代小波变换的彩色图像水印算法

小波变换凭借其良好的时频分析及多尺度分析特性,近年来在数字水印领域得到了越来越广泛的应用。第二代小波变换作为传统小波变换的继承和延拓,不仅具有传统小波变换的优点,同时还具有传统小波变换所不具有的算法简单、易于实现、运算速度较快、不再依赖于傅里叶变换等优势,从而使其在数字水印领域具有了不可比拟的重要性和广阔的发展空间。

现有的水印算法大多集中在二值水印以及灰度图像水印上,很少有真正实现将信息量丰富的彩色图像水印嵌入到彩色载体图像中的算法。由于彩色图像水印相比二值水印或者灰度图像水印包含更多的有关作品以及作者的信息,更符合现今人们对信息量的需求,因此,提出针对将彩色图像水印嵌入到彩色载体图像的双彩色图像数字水印算法。

在改进的第二代小波变换理论基础上,结合量化、多分辨率特性及人类视觉特性的知识,提出了一种基于第二代小波变换的数字水印算法。

5.8.7.1 水印预处理

先将原始水印信息经过高斯—拉普拉斯金字塔分解成为三层水印图像,再将三层水印图像分别经过位分解,得到一系列的待嵌入二值位平面,以形成待嵌入水印信息。水印预处理原理框架图如图 5-38 所示。

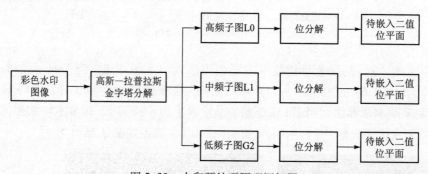

图 5-38 水印预处理原理框架图

5.8.7.2 嵌入区域以及准则的选择

1. 嵌入区域的选择

水印嵌入的区域在很大程度上影响着水印算法的不可见性以及稳健性,嵌入区域不同,水印算法的性能就不同,而又由于不可见性和稳健性是作为一对矛盾而存在,故只有选择合适的水印信息嵌入区域,才能很好地权衡不可见性和稳健性,得到理想的水印算法。

在本章算法中,水印图像与载体图像被分解为具有相似分辨率结构的一系列高低频子图,为了实现不可见性以及稳健性的有效折中,本章的水印算法将对几乎所有的载体图像子带嵌入水印信息。但是,将有相似分辨率的水印信息嵌入到对应分辨率载体图像子图中,并且根据视觉系统特性,在不同的子带选择不同的强度进行嵌入。除此之外,由于 DWT 与 DCT 各自的优点,本章将在小波分解的基础上,对所得逼近子图进行 DCT 后,在其中频系数上嵌入原始水印二值化信息,以提高算法的稳健性。基于上述算法,在水印提取时,将会提取到分别处于载体图像低频信息区和高频信息区的两幅水印图像,最后进行图像融合,进而恢复出质量更高的水印图像。

2. 嵌入准则的选择

水印的嵌入准则不外乎加性、乘性、量化、替换和基于关系等嵌入算法,而基于量化调制的水印算法由于其可嵌入水印数据容量大,能够实现盲检测、盲提取以及可以增加水印对于压缩攻击的稳健性等优势,一直是水印算法研究和应用中所用最多的方法之一。本章算法采用带失真补偿的抖动调制(DC-DM)算法作为水印的嵌入准则。

量化抖动调制是一种根据水印信息的取值对载体数据进行抖动,并选择相应的量化器进行量化,从而实现水印嵌入的方法,其表达式为

$$Q_\Delta^m(x) = \Delta \times \text{roud}\left(\frac{x + d(m)}{\Delta}\right) - d(m)$$

式中:Δ 为量化步长;m 为水印信息;x 为载体数据;$d(\cdot)$ 为抖动量;$Q_\Delta^m(\cdot)$ 为水印信息 m 所对应的量化器。其原理框图如图 5-39 所示。

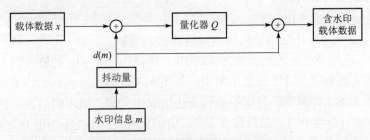

图 5-39 量化抖动调制原理框图

上述抖动调制的实现方案为标准量化调制方法,由大量的文献以及实验数据可知,此种方法具有实现简单、可以实现水印的盲提取等优点,在低噪声环境下,抗噪性能较好。但是,当噪声强度超过一定的范围时,该算法的性能便随着噪声强度的增加而急剧下降,在接收端就很难正确地检测或提取水印。

为了改善标准量化调制算法的性能,本章采用一种带失真补偿的抖动调制方法,即利用传统抖动调制中的量化误差对标准量化本身的数据进行补偿,以提高量化算法抗噪稳健性,其表达式为

$$s = Q_{\Delta/\alpha}^m(x) + (1-\alpha)[x - Q_{\Delta/\alpha}^m(x)] \tag{5.8.23}$$

式中:s 表示含水印信息的载体数据;α 为补偿因子。

水印信息首先经过高斯—拉普拉斯金字塔分解成为具有多分辨率结构的子图,而所有的子图又经过位分解成为二值平面,故待嵌入水印信息为二值序列。其量化嵌入规则表达式可写为

$$s = \begin{cases} Q_{\Delta/\alpha}^0(x) + (1-\alpha)[x - Q_{\Delta/\alpha}^0(x)], & m=0 \\ Q_{\Delta/\alpha}^1(x) + (1-\alpha)[x - Q_{\Delta/\alpha}^1(x)], & m=1 \end{cases} \tag{5.8.24}$$

水印信息的提取则采用最小距离法,即若接收的数据距离量化器为 0 值时,则认为嵌入的水印信息为 0;反之,则为 1。其表达式为

$$\hat{m} = \underset{l \in \{0,1\}}{\arg\min}(y - y[l])^2 \tag{5.8.25}$$

式中:$\hat{m}$ 表示提取的水印信息;y 表示接收到的含水印数据;$y[0]$、$y[1]$ 表示量化器 0、1 对接收到的含水印数据量化的结果。

5.8.6.3 水印的嵌入与提取

1. 水印的嵌入

本章算法中原始载体图像选取大小为 512×512 的彩色图像,水印图像选取大小为 32×32 的彩色图像,水印嵌入算法设计框图及实现步骤如下。

(1) 对原始载体图像进行三层小波分解,得到低频逼近子图 LL3 和垂直、水平及对角方向的高频子图 HL3、LH3、HH3、HL2、LH2、HH2、HL1、LH1、HH1 共 10 个子图,如图 5-40 所示。

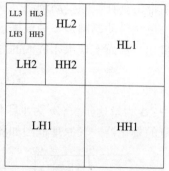

(2) 利用高斯—拉普拉斯金字塔分解算法对彩色水印图像进行分解,得到三层水印分解子图 G_2、L_1 和 L_2,对三层水印子图分别进行位分解,得到一系列二值位平面,并且分为高 4 位一组,低 4 位一组。

(3) 利用上述带失真补偿的量化抖动调制算法,分别将 G_2 所得两组二值位平面嵌入到载体图像的 HL1 及 LH1 子图,L_1 的嵌入到 HL2、LH2 二层子图中,L_2 的嵌入到 HL3、LH3 三层子图中,如图 5-41 所示。

图 5-40 小波分解示意

(4) 首先将原始水印图像经过压缩编码算法生成相应的二值水印信息;然后对载体图像的逼近子图 LL3 进行分块 DCT;最后将水印的二值信息嵌入到逼近子图的 DCT 中频系数中。

(5) 对嵌入水印信息后的各个小波子图进行反小波变换得到含水印图像。

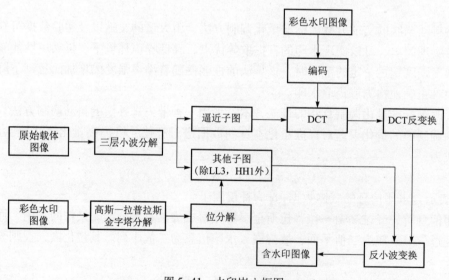

图 5-41 水印嵌入框图

2. 水印的提取

一般而言,水印的提取过程是水印嵌入的逆过程,其提取算法步骤如下。

(1) 将待提取水印图像进行三层小波分解,得到如图 5-40 所示的逼近子图 LL3 及垂直、水平和对角方向的高频子图 HL3、LH3、HH3、HL2、LH2、HH2、HL1、LH1、HH1 共 10 个子图。

(2) 对得到的逼近子图 LL3 进行分块 DCT 变换,对所得到的中频系数进行逆量化过程,进而提取出水印二值信息,再经过与嵌入过程相逆的解压缩及解码算法,从而复原出逼近子图中嵌入的水印图像。

(3) 对除 LL3 与 HH1 子图外的其他 8 个子图小波系数分别进行逆量化提取,得到水印图像的二值位平面信息。参照水印嵌入时的分解规则,将得到的水印图像的二值位平面信息合成为三个子图 G_2、L_1 和 L_2,即高斯—拉普拉斯金字塔分解三层图像,最后进行逆位平面及高斯—拉普拉斯金字塔分解,从而合成水印图像。

(4) 对两幅水印图像进行融合,得到最终提取的水印图像。

水印图像提取框图如图 5-42 所示。

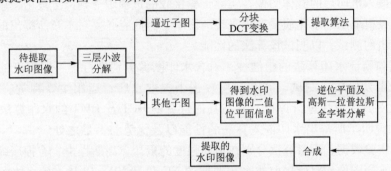

图 5-42　水印图像提取框图

5.8.7.4　实验结果与仿真

为了测试算法的有效性和稳健性,在 MATLAB 2010a 软件平台上,对所提出的水印算法进行了仿真测试。选取 512×512 的彩色图像作为原始载体图像,32×32 的彩色图像作为待嵌入水印图像。除主观评价外,还选用 PSNR 及 NC 对该算法进行定量的评价。在未受攻击的情况下所得实验仿真结果如图 5-43 所示。

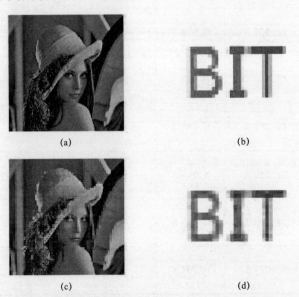

图 5-43　在未受攻击的情况下所得实验仿真结果
(a) 原始载体图像;(b) 水印图像;(c) 含水印载体图像;(d) 提取的水印图像

从主观视觉角度来说，该算法得到的含水印图像与载体图像相比，水印的嵌入对图像没有太大影响，并且提取出的水印与原始水印在主观视觉上差别不大。由实验数据可知，在未受攻击的情况下，原水印图像与提取水印的 NC = 0.999 2，PSNR = 30.666 8；含水印载体与原始载体图像的 PSNR = 20.443 1。

5.8.7.5 数字水印的性能测试

在实际应用中，含水印图像在经过传输及获取过程后，系统外部的电磁干扰及器件材料、光电特性等往往会受到不同程度的压缩攻击、高斯及椒盐噪声和几何操作攻击。在水印系统中，如果嵌入水印后的载体图像在实际传输接收的过程中受到以上攻击，就会对水印图像的正确提取及提取出的水印质量有很直接的影响，因此有必要对本章所提出的水印算法进行常见图像攻击的测试，以测试该算法的性能。

为了测试和验证水印算法的稳健性，对含水印图像分别进行了不同程度的椒盐和高斯噪声、压缩及剪切等攻击测试，并在对应攻击下提取水印，运用主观视觉、PSNR 及 NC 两个定量参数对其稳健性进行评价，并与其他常见的 DCT 及 DWT 的水印算法进行主观与定量的对比，说明了所提出水印嵌入算法的性能以及优势与不足之处。

根据仿真实验数据，本章算法分别在不同强度的椒盐、高斯噪声、有损压缩以及剪切攻击下，其原始水印图像相对所提取的水印图像的 NC 和 PSNR，以及原始载体图像相对于含水印载体图像的 PSNR 值如表 5-14 所示。

表 5-14 不同攻击下的实验结果

项目	水印图像		含水印图像的 PSNR	提取的水印图像
	PSNR	NC		
未受攻击	30.666 8	0.999 2	20.443 1	
椒盐噪声（0.01）	22.507 3	0.996 7	19.867 4	
椒盐噪声（0.05）	18.383 7	0.987 3	18.095 9	
椒盐噪声（0.1）	16.252 3	0.980 2	16.569 7	
高斯噪声（0.1）	21.439 3	0.995 6	16.569 7	
高斯噪声（0.5）	12.609 7	0.916 8	7.035 3	
有损压缩（60）	30.627 5	0.998 8	20.418 5	

续表

项目	水印图像 PSNR	水印图像 NC	含水印图像的 PSNR	提取的水印图像
有损压缩（80）	30.514 8	0.998 9	20.425 4	BIT
剪切（1/8 右上角）	30.289 9	0.999 0	13.639 4	BIT
剪切（1/8 左上角）	12.009 8	0.968 0	13.994 2	BIT
剪切（1/4 右上角）	23.707 7	0.996 6	11.486 2	BIT
剪切（1/4 左上角）	10.040 2	0.952 8	11.112 6	BIT
剪切（1/2 右侧）	21.839 5	0.994 5	8.838 4	BIT
剪切（1/2 左侧）	5.240 1	0.795 7	8.858 7	

从表 5-14 可以得出结论，这里所提出基于改进的提升小波的水印算法具有良好的稳健性，可以在较强的椒盐、高斯噪声、有损压缩以及剪切攻击下提取出有效的水印信息。

除上述针对所提出算法的常见攻击测试外，本章还对常见水印算法与所提出算法的不可见性与稳健性进行了对比。这里所采用的基于 DCT 的对比水印算法为文献［8］提出的水印算法，该算法主要是通过对载体图像进行分块 DCT，并采用量化的嵌入准则将水印信息嵌入到载体图像频域系数中而实现的盲提取的水印算法。这里所采用的基于 DWT 的对比水印算法为文献［9］所提出的算法，该算法对载体图像进行二级 Haar 小波变换，并以所得细节子图的小波系数均值为参考对水印信息进行嵌入。具体实验结果如表 5-15～表 5-17所示。

表 5-15 不同嵌入算法水印图像的 PSNR 参数比较   单位：dB

所用算法	未受攻击	椒盐（0.1）	高斯（0.5）	压缩（60）	剪切（右 1/2）
DCT	28.610 8	7.217 3	3.672 4	16.894 6	17.676 4
DWT	22.786 6	4.939 1	4.690 2	4.263 0	6.651 2
改进算法	30.666 8	16.252 3	12.609 7	30.627 5	21.839 5

表 5-16　不同嵌入算法的水印图像的 NC 归一化参数比较　　　　单位：dB

所用算法	未受攻击	椒盐（0.1）	高斯（0.5）	压缩（60）	剪切（右 1/2）
DCT	0.999 3	0.889 4	0.724 1	0.988 8	0.990 5
DWT	0.990 3	0.703 0	0.698 1	0.695 5	0.864 8
改进算法	0.999 2	0.980 2	0.916 8	0.998 8	0.994 5

表 5-17　不同嵌入算法的载体图像的 PSNR 参数比较　　　　单位：dB

所用算法	未受攻击	椒盐（0.1）	高斯（0.5）	压缩（60）	剪切（右 1/2）
DCT	19.129 7	16.128 3	11.046 4	19.239 4	8.812 6
DWT	35.149 0	18.480 3	7.732 2	33.047 4	9.014 5
改进算法	20.443 1	16.569 7	7.035 3	20.418 5	8.838 4

从表 5-15～表 5-17 可以看出，就含水印载体图像的 PSNR 值来看，无论有无攻击，基于 DWT 的水印算法都有少许的优势。就原始水印图像与提取水印的 NC 及 PSNR 来看，虽然在未受攻击时，三种算法性能相近，但当受到高斯、压缩以及剪切攻击时，本章提出的水印算法表现出优于其他两种算法的稳健性，并且可以看出 DCT 算法对压缩算法有兼容性，对压缩攻击有较好的稳健性。

综上所述，与常见的基于 DCT、DWT 域的水印算法相比，本水印算法对高斯、有损压缩以及剪切攻击具有更加良好的稳健性，并且在不可见性上也有少许的优势。综上所述，基于改进的第二代小波变换的数字水印算法是一种能够有效实现不可见性与稳健性的良好折中，并且对常见的图像攻击具有较好稳健性的有效的水印算法。

5.9　基于 KLT 的高光谱图像压缩

光谱成像（Hyperspectral Imaging，HSI）通过搭载在不同空间平台上的成像光谱仪，在电磁波谱的紫外、可见光、近红外和中红外区域，以数十个至数百个连续且细分的光谱波段对目标区域同时成像，获得高光谱图像。这样形成的数据可以用"三维数据块"描述，如图 5-44 所示。其中，x 和 y 表示二维平面像素信息坐标轴，第三维（λ 轴）是波长信息坐标轴。与多光谱遥感影像相比，高光谱图像中不同物体的差异通过像素的光谱信息及空间信息进行表达，实现了光谱与图像的结合。

高光谱图像具有纳米量级的光谱分辨率，使得其数据量呈几何量级增长。光谱的

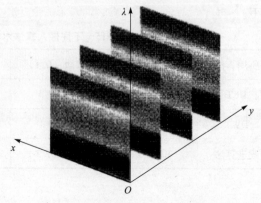

图 5-44　高光谱图像"三维数据块"

高分辨率特性使得它具有较强的谱间相关性,谱间变换常用方法有 KLT（最佳变换）、DCT（JPEG 标准）与 DWT（JPEG 2000 标准）。但由于受限于高光谱成像仪的精度,其空间分辨率较低,这使得高光谱图像间具有较低的空间相关性,常用 DCT 或 DWT 去除。

遥感图像分类是根据各像素的性质将其分为若干类别的过程,高光谱图像的分类基于像素的光谱与空间特性,对每个像素的类别属性进行确定和标注。分类作为一个预处理过程,有助于后续压缩性能的提高。C-KLT 算法的处理过程如图 5-45 所示。

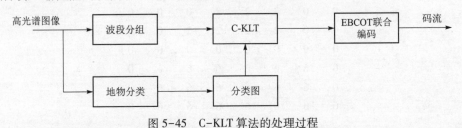

图 5-45　C-KLT 算法的处理过程

（1）利用光谱信息对高光谱图像进行地物分类,根据相邻波段的相关性对图像进行波段分组。

（2）对每组的每类地物数据分别进行 C-KLT。

（3）对所有主成分进行优化截断嵌入式块编码（EBCOT）联合编码。

对使用成像光谱仪获取的高光谱图像进行测试,获取的高光谱图像共有 128 个波段,分类数设定为 8。选取 River 与 Sea 两个场景,波段大小截取为 512×512,每个像素量化为 1 B。图 5-46 所示为这两个场景图像及其分类后的结果。

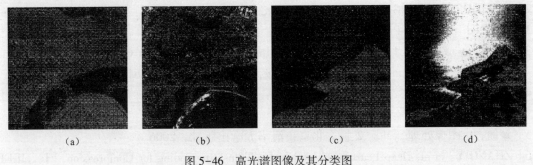

图 5-46　高光谱图像及其分类图
(a) River 场景；(b) River 分类图；(c) Sea 场景；(d) Sea 分类图

采用每波段每像素的比特数 bpppb（bit per pixel per band）与 SNR 对 C-KLT 与 DWT-JPEG 2000 的压缩性能进行比较。以 River 和 Sea 场景为例,当 SNR = 25 dB 时,C-KLT 算法（bpppb = 0.4）能够取得优于 JPEG 2000（bpppb = 2.0）的压缩性能,适合实现高光谱图像的有损压缩。

虽然 JPEG 2000 在静止图像压缩中取得了理想的压缩性能,但它未考虑高光谱图像的谱间相关性,所以对高光谱图像的压缩效果并不理想。C-KLT 算法在压缩性能和保持图像纹理细节方面明显优于 JPEG 2000,且能够较好地匹配各类地物的统计特性,这使得 C-KLT 算法取得了理想的去相关效果。

习　题

5-1　试叙述哈夫曼编码方法和香农编码方法的理论依据，并简要证明之。

5-2　试对图 5-47 进行轮廓编码。

0	0	0	0	0	0	0	0
0	0	2	2	2	0	0	0
0	0	2	2	2	2	0	0
0	0	0	0	0	0	0	0
0	6	6	6	6	6	6	0
0	6	6	6	6	6	6	0
0	0	6	6	6	6	6	0

图 5-47　习题 5-2 图

约定：（1）轮廓号、轮廓起始点位置和轮廓所包围区域的灰度级用二进制自然码。

（2）轮廓方向序列用二进制四向链码。

参 考 文 献

[1] LI J, YANG J. Digital Image Compression：Fundamentals and New Trends [M]. Berlin：Springer, 2015.

[2] BULL D R, ZHANG F. Intelligent Image and Video Compression：Communicating Pictures [M]. 2nd ed. Academic Press, 2021.

[3] YANG J, WRIGHT J, HUANG T S, et al. Image Super-Resolution via Sparse Representation [J]. IEEE Transactions on Image Processing, 2010, 19 (11)：2861-2873.

[4] 毕厚杰, 王健. 新一代视频压缩编码标准：H. 264/AVC [M]. 2 版. 北京：清华大学出版社, 2017.

[5] 章毓吾. 图像处理 [M]. 2 版. 北京：清华大学出版社, 2006.

[6] ZHANG Y, et al. Deep Learning-based Image Transform Coding for Compression. [J]. IEEE Transactions on Image Processing, 2022.

[7] HE K, CHEN X, XIE S, et al. Masked Autoencoders Are Scalable Vision Learners [J]. 2022 IEEE/CVF Conference on Computer Vision and Pattern Recognition (CVPR), 2022：16000-16009.

[8] ZHAO Y L, ZHENG X S, LI N, et al. A Digital Image Watermark Algorithm Based on DC Coefficients Quantization [J]. Proceedings of the 6th World Congress on Intelligent Control and Automation. [s. l]：IEEE, 2006, 2 (9)：734-738.

[9] HUANG C, et al. Multi-resolution Watermarking for Protecting Digital Images in the Era of Big Data. [J]. IEEE Transactions on Multimedia, 2020.

第 6 章
图像随机场模拟及处理

前几章所介绍的图像处理方法基本上属于确定性的分析计算方法,而本章对图像分析和处理的方法是统计的方法。在用统计方法对图像进行分析处理时,将对图像建立不同的统计模型,图像的演变遵循模型随机过程的统计规律。目前,流行的一种模型是马尔可夫随机场模型(MRF),这种模型在 1965 年由 Abend Etal 开始研究,但直到 20 世纪 70 年代,Hassher 和 Cross 等才真正利用马尔可夫模型及其衍生出的各种模型模拟出各种图像,特别是纹理图像。随后,Haluk Derin、S. Geman 和 D. Geman 等利用吉布斯随机场模型(GRF)和高斯—马尔可夫随机场模型(GMRF)不断地把随机场模拟技术应用到图像的复原、纹理分析以及边缘检测等各种领域,在图像处理领域也取得了越来越显著的作用。我国的研究者,包括本书的作者和北京师范大学的匡锦瑜教授把以上随机模型视为随机神经网络的一种,并把模拟退火技术及遗传算法技术应用到图像复原领域。同时,对国外研究的技术作出改进,使低信噪比图像的复原又增加了一种有力的武器。遗传算法可以对复杂的非线性的多维数据空间进行迅速有效的计算,它的发展必将在图像的识别、恢复等各领域得到应用。本章将结合多年科研的积累,介绍用随机场模拟图像的原理与过程,用吉布斯(Gibbs)随机场模型技术的随机神经网络模型、模型统计参数的估计、图像恢复中模拟退火技术以及其他技术的应用,最后将对遗传算法及其在图像处理中的应用做些介绍。

6.1 图像的随机场模型

6.1.1 图像的马尔可夫随机场模型

当我们探讨离散化图像的均值时,一般可用下式表示,即

$$E\{X\} = [E\{X(n_x, n_y)\}] \tag{6.1.1}$$

式中:X 是图像阵列;n_x 和 n_y 是图像的像点;E 代表对 X 的数学期望。

人们还可以通过相关和协方差来研究数字图像中各点之间的关系。图像矩阵的相关函数为

$$R(n_1, n_2, n_3, n_4) = E\{X(n_1, n_2)X^*(n_3, n_4)\} \tag{6.1.2}$$

式中:(n_1, n_2) 和 (n_3, n_4) 表示两个不同位置的坐标点。

同样地,图像矩阵协方差函数为

$$E(n_1, n_2, n_3, n_4) = E\{[X(n_1, n_2) - E\{X(n_1, n_2)\}] \times [X^*(n_3, n_4) - E\{X^*(n_3, n_4)\}]\} \tag{6.1.3}$$

可以直接写出图像矩阵的协方差函数

$$\lambda^2(n_1, n_2) = k(n_1, n_2; n_1, n_2)$$

当图像 X 是一个广义平稳过程，也就是说，随机序列占据整个 ±∞ 空间内，相关情况只与两采样点的间隔有关，而与采样点的位置无关，则

$$R(n_1, n_2; n_3, n_4) = R(n_1 - n_2; n_3 - n_4) = R_{ij}$$

把这一概念引申到协方差矩阵中，协方差矩阵可以简写为

$$K_x = \begin{bmatrix} K_1 & K_2 & \cdots & K_{N_2} \\ K_2^* & \vdots & \cdots & K_{N_2-1} \\ \vdots & & & \vdots \\ K_{N_2}^* & K_{N_2-1}^* & \cdots & K_1 \end{bmatrix} \tag{6.1.4}$$

假设一幅图像用一个马尔可夫过程来表达，可以设法把以上协方差矩阵加以简化。

下面介绍马尔可夫链的概念。设 $X_1, X_2, X_3, \cdots, X_n$ 是一串随机变量，且有一阶马尔可夫链的性质，条件概率为

$$P(X_k/(X_1 X_2 \cdot \cdots \cdot X_{k-1})) = P(X_k/X_{k-1}) \tag{6.1.5}$$

对于所有的 $k>j$，有

$$P(X_k/(X_1 X_2 \cdot \cdots \cdot X_j)) = P(X_k/X_j) \tag{6.1.6}$$

同样，对于 $k<n$，有

$$P(X_k/(X_1 \cdot \cdots \cdot X_{k-1}, X_{k+1} \cdot \cdots \cdot X_n)) = P(X_k/X_{k-1}, X_{k+1})$$

这就是说，在一阶马尔可夫链中，任意点只与前后相邻两点有关。类似地，对 n 阶马尔可夫链，有

$$P(X_k/(X_1 X_2 \cdot \cdots \cdot X_{k-1})) = P(X_k/(X_{k-r} \cdot \cdots \cdot X_{k-1}))$$

和

$$P(X_k/(X_1 X_2 \cdot \cdots \cdot X_n)) = P(X_k/(X_{k-1}, X_{k-2}, X_{k+2}, \cdots, X_{k+r})) \tag{6.1.7}$$

按照马尔可夫链的概念，如果在图像的每一行中，相邻像素间的相关系数为 ρ_k，且 $0 \leq \rho_k \leq 1$，而自相关为 1，则协方差矩阵为

$$K_x = \begin{bmatrix} K_R(1,1)K_c & K_R(1,2)K_c & \cdots & K_R(1,N_2)K_c \\ \vdots & \vdots & & \vdots \\ K_R(N_2,1)K_c & \cdots & \cdots & K_R(N_2,N_2)K_c \end{bmatrix} \tag{6.1.8}$$

式中：K_c 为 X 中每列的协方差矩阵，且 $|K_c| = N_1 \times N_2$；$K_R(i,j)$ 为 X 中 i、j 行的协方差。

另外，$K_R = N_2 \times N_1$，对于上述特殊情况，式（6.1.8）可以写出

$$K_R = \sigma_R^2 \begin{bmatrix} 1 & \rho_R & \rho_R^2 & \cdots & \rho_R^{(N_1-1)} \\ \rho_R & \cdots & \cdots & & \rho_R^{(N_1-2)} \\ \vdots & & & & \vdots \\ \rho_R^{(N_2-1)} & \cdots & \cdots & & 1 \end{bmatrix} \tag{6.1.9}$$

式中：σ_R^2 为沿一行像素的方差，这样一幅图就可以用一个参数 K_R 来表达。

图像随机场模拟就是建立在马尔可夫过程的概念之上，一幅图像就可以视为二维的随机过程，按照这样的概念形成随机图像。在随机场模型中，一幅图可以用一个联合概率密度来表示，即

$$P(X) = P\begin{bmatrix} x(1,1) & x(1,2) & \cdots & x(1,N_1) \\ \vdots & \vdots & & \vdots \\ x(N_2,1) & \cdots & \cdots & x(N_2,N_1) \end{bmatrix} \quad (6.1.10)$$

式（6.1.10）说明可以用二维的联合概率分布来描述一幅随机场模型。如果用正态分布来描述此概率密度，则 $P(X)$ 将满足高斯分布的形式。

从以上的分析我们只能得到一系列的数学公式以及统计参数的公式，然而如何能够把深不可测的数学变成我们能够实际操作的方法，芬兰科学家 Besag 于 1974 年的一个统计数学会议上谈到了"图像的统计分析与它的空间关系"，这篇文章轰动了整个科学界，由于他提出了解决以上难题的金钥匙，所以人们可以利用他提出的方法实现用计算机对图像的模拟。下面一一介绍几个必备的概念。

1. 邻域系统（Neighborhood System）

L 的一个子集类 $u = \{u_{ij} : (i,j) \in L, u_{ij} \in L\}$ 称为 L 的邻域系统，只要 u_{ij} 是像素 (i,j) 的邻域并满足条件：

(1) $(i,j) \notin u_{ij}$，即 (i,j) 点不包含在子集类中；
(2) 对任意的 $(i,j) \in L$，若 $(k,e) \in u_{ij}$，则 $(i,j) \in u_{ke}$。

为了进行图像模拟，需要利用以上定义的邻域系统 $u^1 = \{u_{ij}^1\}$，$u^2 = \{u_{ij}^2\}$，u^m 称为 m 阶的邻域系统，其各阶邻域系统如图 6-1 所示。

对于像素 (i,j)，它的 u_{ij} 由 4 个相邻的像素点组成，u_{ij}^2 由 8 个相邻的像素点组成。

2. 子团 C（Clique）

若 L 的一个子集满足：C 由单个像素所组成，或对 $(i,j) \neq (k,e)$，若 $(i,j) \in C, (k,e) \in C$，则 $(i,j) \in u_{ke}$，C 称为 (L,u) 对的子团。(L,u) 的全部"子团"记为 $C = C(L,u)$。

有了以上几个定义，就可以介绍几种常用的随机场模型。

```
        6
      4 3 4
    4 2 1 2 4
  6 3 1 ij 1 3 6
    4 2 1 2 4
      4 3 4
        6
```

图 6-1 各阶邻域系统

模型 I：马尔可夫随机场

(1) $P(X = x) > 0$，对所有的 X，其概率皆为正。
(2) $P[X_{ij} = x_{ij} / X_{ke} = x_{ke}, (k,e) \neq (i,j)]$
$= P[X_{ij} = x_{ij} / X_{ke} = x_{ke}, (k,e) \in u_{ij}]$ \quad (6.1.11)

式中：X 称为以 u 为邻域系统的马尔可夫随机场。

注意，这里的大写字母表示随机场或随机变量，小写字母表示一个具体的实现。从式（6.1.11）可以看出，马尔可夫随机场是用条件分布表示的，就是用随机场的局部特征来表示。由于以上局部特征实现起来比较困难，所以马尔可夫随机场虽然已经研究了很久，直到 20 世纪 70 年代末 80 年代初才开始蓬勃发展，其原因在于 Spitger 等科学家引入了吉布斯模型。吉布斯模型起源于物理学与统计力学。科学家利用 Hammersley-Clifford 定理证明了马尔可夫随机场和吉布斯随机场模型之间的一一对应关系。因此，可以设法由吉布斯随机场模型来代替马尔可夫随机场。吉布斯随机场模型避免了马尔可夫随机场的困难，由于它提供随机场的联合分布，而不是条件分布，为此它的实现就可以借助于实用的空间模型，即前面提到的邻域系统。因此，吉布斯随机场模型被广泛地应用在图像模拟邻域。

模型 II：吉布斯随机场

设 M 为定义在 L 上的邻域系统，若随机场 $X = \{X_{ij}, (i,j) \in L\}$ 的联合分布具有以下的形式：

$$P(X=x) = \frac{1}{Z} e^{-v(x)} \tag{6.1.12}$$

式中：X 为吉布斯分布场；$v(x) = \sum_{C \in L} V_c(x)$，为"能量函数"，其中 $V_c(x)$ 是子团 C 的势，它仅与 C 中 x 的像素值有关；Z 是归一化常数或配分常数：

$$Z = \sum_x e^{-v(x)} \tag{6.1.13}$$

从式（6.1.12）可以看到，吉布斯分布是一种指数型分布，选择不同的能量函数 $v(x)$ 和子团势函数 $V_c(x)$，就可以构成不同形式的吉布斯分布模型。对于吉布斯随机场模型，还可以作一般的物理解释，即若系统处于组态 X 所具有的能量 $v(x)$ 越低，则系统处于该组态的概率就越大，即 $P(X=x)$ 就越大。

模型Ⅲ：高斯—马尔可夫随机场

有关高斯—马尔可夫随机场的定义式有多种。例如，著名教授 Chellappa 对高斯—马尔可夫随机场有专著专门研究了高斯—马尔可夫随机场的各种定义、实现以及应用的实例，这里我们引用 Besag 所给的一种简单的定义，如果 X 为高斯—马尔可夫随机场高斯，则它的联合概率密度函数为

$$P(X) = (2\pi\sigma^2)^{-\frac{1}{2}n} |\boldsymbol{B}|^{\frac{1}{2}} \exp\left\{-\frac{1}{2}\sigma^2(X-\boldsymbol{\mu})^T \boldsymbol{B}(X-\boldsymbol{\mu})\right\} \tag{6.1.14}$$

式中，$\boldsymbol{\mu}$ 是 $N\times 1$ 的矩阵；$\boldsymbol{B}$ 是 $n\times n$ 的方阵，它是正定对称的，它的对角线元素是统一的。

6.1.2 其他模型简介

6.1.2.1 严义马尔可夫链（Striet-Sense Markov，SSM）

设 $\{X_k, k \in K\}$ 是严义马尔可夫链。如果对于任何 n 值和 $k_1 < k_2 < \cdots < k_n$（在所有的 K 值中），则

$$P(X_{kn} = X_{ki}, i = 1,2,\cdots,n-1) = P(X_{kn} + X_{kn-1})$$

注意：以上严义马尔可夫链是有源的、单边的。

对于无源的双边的情况，有

$$P(X_{kg} = X_{ki}, i = 1,2,\cdots,n) = P(X_{k,j}, X_{k,j-1},\cdots,X_{k,j+1}), i \neq j$$

对于一维离散的马尔可夫链，一维和二维的马尔可夫性质是相同的。

6.1.2.2 广义马尔可夫链（Wide-Sense Markov，WSM）

1. 一维广义马尔可夫链

$$\hat{E}\{X_n | X_i, i < n\} = \hat{E}\{X_n | X_i, n-N \le i < n\}$$

定理 一个 W.S.S $\{X_n\}$ 是 WSM-N（一维），如果它有以下的性质：

$$X_n = \sum_{e=1}^{N} h_e X_{n-e} + W_n$$

式中：h_e 是 LMMSEE 链的系数；W_n 是估计的误差，$W_n \perp X_i$；对所有的 $i<n$，$M_m \perp W_n$ ($m \neq n$)。以上定理是在 1927 年被 Wood 所证明的，但它必须在高斯的假设之下。同时，如果 $\{X_n\}$ 也是高斯的，广义马尔可夫链指出，它也是严义马尔可夫链。

2. 二维广义马尔可夫链

$$\hat{E}\{X_n|X_i \quad i \neq n\} = \hat{E}\{X_n|X_i \quad 1 \leq |n-i| \leq N\}$$

定理　如果一个 W.S.S $\{X_n\}$ 是 WSM-N（二维），那么可表示为

$$X_n = \sum_{\substack{e=-N \\ e \neq 0}}^{N} h_e X_{n-e} + U_n$$

式中：h_e 是 LMMSEE 系数；U_n 是估计的误差，$U_n \perp X_i$，对所有的 $i \neq n$，有

$$E\{U_n U_n\} = \text{MSE}, \quad \hat{X}_n = E\{U_n^2\} = \rho$$

$$E\{U_n U_m\} = \begin{cases} \rho, & n = m \\ -h_{n-m}\rho, & 0 < |n-m| \leq N \\ 0, & \text{其他} \end{cases}$$

$\{h_e'\}$ 定义为

$$\{h_e'\} = \begin{cases} 1, & e = 0 \\ -h_e, & 0 < |e| \leq N \\ 0, & \text{其他} \end{cases}$$

$\{h_e'\}$ 是一个非负的有限序列，因而它对于 $\{U_n\}$ 是自相关的。

6.2　图像模拟的实现

以上介绍了多种随机场模型，如马尔可夫随机场模型、吉布斯随机场模型和高斯—马尔可夫随机场模型，如何实现它们，还需要借助前面介绍的子团以及邻域系统等概念。由于马尔可夫随机场用条件概率来表示，所以它是不易具体实现的，而吉布斯随机场是用联合概率来表示的，为此，它可以借助空间邻域系统来实现。

```
        3
      2 1 2
    3 1 * 1 3
      2 1 2
        3
```

图 6-2　二阶邻域系统

6.2.1　用邻域系统实现吉布斯随机场模拟图像

前面已经介绍了邻域系统，假设一个二阶的邻域系统如图 6-2 所示。二阶邻域系统是由中间的一个像点以及周围的 8 个邻域点组成的，它们的子团如图 6-3 所示（包括 1 和 2）。

$$[*, \alpha]$$

$$[* \quad *, \beta_1] \quad \begin{bmatrix} * \\ *, \beta_2 \end{bmatrix} \quad \begin{bmatrix} * \\ *, \beta_3 \end{bmatrix}$$

$$\begin{bmatrix} * \\ *, \beta_4 \end{bmatrix} \begin{bmatrix} * & * \\ *, \gamma_1 \end{bmatrix} \quad \begin{bmatrix} * \\ *, \gamma_2 \end{bmatrix}$$

$$\begin{bmatrix} * & * \\ *, \gamma_3 \end{bmatrix} \begin{bmatrix} * \\ * & *, \gamma_4 \end{bmatrix}$$

$$\begin{bmatrix} * & * \\ *, \xi \\ * & * \end{bmatrix}$$

图 6-3　二阶邻域系统的子团

图 6-3 中，*号表示子团中的像元；α、β、γ、ξ 表示对各子团像素之间配以的参数。其中，α 是对于中心点所配以的参数；$\beta_1 \sim \beta_4$ 是相对于中心点上下、左右、交叉两点之间配以的参数；γ 是相对于在中心点上、下、左、右四个角上三像点之间配以的参数；ξ 是四像点之间配以的参数。

从前面的吉布斯模型可以看出，吉布斯随机场与网络元素的势能函数密切相关，而子团的势能函数定义为

$$V_c(X) = \begin{cases} -Q, & \text{子团中所有像素的值相同} \\ Q, & \text{其他} \end{cases} \quad (6.2.1)$$

式中：Q 代表相应子团中的参数 α、β、γ 和 ξ。

对于单个像点的子团，这个子团的势能定义为

$$V_c(X) = \alpha_k \quad 对 X_{ij} = \gamma_k, \gamma_k = 1, 2, 3, \cdots, M$$

对于整个的随机场，我们假设随机场是均匀的，子团的势能仅仅依赖子团的形式和像素的数值，而与子团在网络上的位置无关。

调整上面的 α_k，可以调整每个图像域中像素的比例，调整其他的参数就可以改变每个域的大小和方向。

根据吉布斯随机场式（6.1.12），以及式（6.2.1）和所给的参数，将进行吉布斯随机场的图像模拟，具体操作如下。

（1）在计算机上产生 $N_1 \times N_2$ 个随机数，组成初始的数字图像。

（2）对每个像素的概率数进行初始灰度级的量化。例如，把 $0 \sim 0.25$ 的概率数记为灰度数 1，把概率数 $0.25 \sim 0.5$ 记为灰度数 2 等，继续下去，直到得到初始的黑白灰度值图像。

（3）由势能公式 $P(X=x) = \dfrac{1}{Z} E^{-V(x)}$，确定参数 α、β、γ 和 ξ，计算子团势能，计算出每一像点新的概率，并量化到新的灰度等级。

（4）对于图像中的每个像点重复第（3）步。以新的灰度级代替旧的灰度级，完成整幅图像，重复多遍，使图像稳定，过程结束。

下面列出吉布斯随机场实际模拟图像的结果：如图 6-4 和图 6-5 所示图像，尺寸为 64×64，灰度级取为 4，迭代次数一般为 35，迭代次数的选择取决于图像的稳定程度，因为图像的形成可以被视为一个随机过程，只有重复足够多的循环次数，才能得到一幅稳定的图像。当 α、γ、ξ 为固定常数，仅改变配分参数 β 时，得到以下域图像和纹理图像。

（1）域图像（图 6-4）。

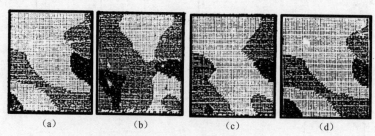

图 6-4 用吉布斯模型形成的域图像

(a) $\beta_1 = \beta_2 = 1.0, \beta_3 = \beta_4 = -0.5$；(b) $\beta_1 = \beta_2 = 5.0, \beta_3 = \beta_4 = -10.0$；
(c) $\beta_1 = 1.0, \beta_2 = \beta_3 = \beta_4 = -1.0$；(d) $\beta_1 = \beta_2 = \beta_3 = 0.5, \beta_4 = -0.5$

(2) 纹理图像（图 6-5）。

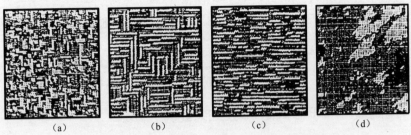

图 6-5 用吉布斯随机场模型形成的纹理图像
(a) $\beta_1=\beta_2=1.0$，$\beta_3=\beta_4=-0.5$；(b) $\beta_1=\beta_2=5.0$，$\beta_3=\beta_4=-10.0$；
(c) $\beta_1=1.0$，$\beta_2=\beta_3=\beta_4=-1.0$；(d) $\beta_1=\beta_2=\beta_3=0.5$，$\beta_4=-0.5$

从吉布斯随机场模型中可以看出，β 的变化可以改变图像的方向。当各个 β 参数相近时，形成域图像；当各个 β 参数变化较大时，就会形成各类纹理图像。以上结果仅仅是 β 参数的变化，当各参数都发生不同变化时，将引出千姿百态的各类图像，形成一个庞大的图像库。

以上吉布斯随机场模型也可以被视为随机神经网络的一种。

前面已经介绍了吉布斯随机场模型，吉布斯随机场模型与马尔可夫随机场模型可视为等价的，如吉布斯随机场模型的条件概率：

$$P[X_{ij} = x_{ij} | X_{k,e} = x_{k,e}(k,e) \neq (i,j)] = \frac{P(X=x)}{\sum_{X_{ij}} P(X=x)}$$

$$= \frac{\exp\left\{\frac{1}{Z}\sum_{(i,j)}\sum_{k} a_k V_{ij}^{(k)}(X_{ij}, X_{ij}^{(k)})\right\}}{\sum_{(i,j) \in u_{ij}} \exp\left\{\frac{1}{Z}\sum_{(i,j)}\sum_{k} a_k V_{ij}^{k}(X_{ij} X_{ij}^{(k)})\right\}} \quad (6.2.2)$$

在式 (6.2.2) 的分子、分母中，由于将与 X_{ij} 和 $X_{ij}^{(k)}$ 相同的无关势函数约去，因此式 (6.2.2) 仅与 X_{ij} 及 $X_{ij}^{(k)}(k=1,2,\cdots,m)$ 有关，即式 (6.2.2) 是满足马尔可夫随机场的定义式 (6.1.11) 的。

当随机场随离散时间 t，$t+1$，$t+2$，$\cdots$ 而演化时，式 (6.2.2) 可以写成

$$P[X_{ij}(t+1) = X_{ij}] = \frac{\exp\left\{\frac{1}{2}\sum_{(i,j)}\sum_{k} a_k V_{ij}^{(k)}[X_{ij}, X_{ij}^{(k)}(t)]\right\}}{\sum_{X_{ij} \in u_{ij}} \exp\left\{\frac{1}{2}\sum_{(i,j)}\sum_{k} a_k V_{ij}^{(k)}[X_{ij}, X_{ij}^{(k)}(t)]\right\}} \quad (6.2.3)$$

式中：$X_{ij}^{(k)}(t)$ 是 t 时刻 (i,j) 的第 k 个邻点的取值；$V_{ij}^{(k)}[X_{ij}, X_{ij}^{(k)}(t)]$ 是势函数。

式 (6.2.3) 网络的演化方法有多种，如概率演化法、最大似然法以及 Metropolis 法，我们仅介绍最后一种。

用 Metropolis 法进行系统模型的演化：从 X_{ij} 的当前状态出发，随机选择另一个状态 $X'_{ij} \in u_{i,j}$，根据式 (6.2.2) 计算概率比：

$$R = \frac{P[X_{ij}(t+1) = X'_{ij}]}{P[X_{ij}(t+1) = X_{ij}]} = \exp\{-\Delta V(x)\} \quad (6.2.4)$$

式中：$\Delta V(x)$ 为 $X_{ij}(t+1)$ 分别取 X'_{ij}、X_{ij} 时系统的能量差。当 $R>1$ 时，$X_{ij}(t+1)$ 取 X'_{ij}；当 $R<1$ 时，$X_{ij}(t+1)$ 以概率 R 取 $R'(i,j)$，以概率 $1-R$ 保留 X_{ij}。

当随机场的每个随机变量只取两种值 0、1 或 -1、-1 时，则式（6.2.3）变为

$$P[X_{ij}(t+1) = X'_{ij}] = \frac{1}{1 - \exp\{-\Delta V(x)\}} \qquad (6.2.5)$$

式（6.2.5）就是玻耳兹曼模型，它是一种一般的神经网络模型。

6.2.2 用高斯—马尔可夫随机场模拟图像

有关高斯—马尔可夫随机场的内容，美国教授 Chellappa 有专著，请看本章后的参考文献 [3]，高斯—马尔可夫随机场的定义方式也是多种多样的。下面我们利用 Simultaneous Autoregressive 方法或称同步自回归来实现图像的模拟。此方法比较简单，仅借用一阶邻域系统即可实现，任意像点 X_{ij} 与其四周 4 个像点的关系为

$$X_{ij} = \beta'_1 X_{i-1,j} + \beta_1 X_{i+1,j} + \beta_2 X_{i,j-1} + \beta'_2 X_{i,j+1} \qquad (6.2.6)$$

式中：β 参数说明了图像在水平方向和垂直方向上的变化。

当 $\beta_1 = \beta'_1 = V_H$，$\beta_2 = \beta'_2 = V_R$ 时，式（6.2.6）变为

$$X_{ij} = V_H(X_{i-1,j} + X_{i+1,j}) + V_R(X_{i,j-1} + X_{i,j+1}) + \varepsilon_{i,j} \qquad (6.2.7)$$

式中：$\varepsilon_{i,j}$ 就是均值为 0、方差为 1 的高斯随机变量，调整 V_H 和 V_R 就可以调整图像在两个方向的相对关系，一般取值小于 1。具体实现步骤如下。

（1）编制一个子程序，实现一个点的高斯随机数，如果希望它的均值为 μ_y，方差为 σ_y^2，则它是由原来的均值 μ_x（可以为 0）和方差 σ_x^2（可以为 1）的高斯变量经过变换而来。其变换公式为

$$Y = \left(\frac{X - \mu_x}{\sigma_x}\right)\sigma_y + \mu_y$$

式中：Y 为 $N(\mu_y, \sigma_y^2)$；X 为 $N(\mu_x, \sigma_x^2)$。

（2）重复调用此子程序，使其布满整幅图像，再利用式（6.2.6），重新确定 X_{ij} 点的像素值。以新的像素值代替旧的像素值，完成整幅图像。其中，V_R、V_H 是水平方向和垂直方向上可变化的参数。

（3）式（6.2.7）中的 $\varepsilon_{i,j}$ 是独立同分布的，均值为 0、方差为 1 的白色噪声。

下面列出用高斯—马尔可夫随机场模拟出的图像，如图 6-6 所示。在 VAX11/780 终端显示器上完成高斯—马尔可夫随机场模拟的过程，其像点数为 128×128，这 4 幅图片的参数分别为

图 6-6（a）：$V_H = 0.0$，$V_R = 0.0$
图 6-6（b）：$V_H = 0.5$，$V_R = 0.5$
图 6-6（c）：$V_H = 0.7$，$V_R = 0.7$
图 6-6（d）：$V_H = 0.9$，$V_R = 0.1$

从上面可以看到，利用高斯—马尔可夫随

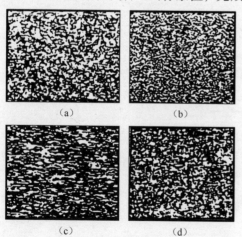

图 6-6 用高斯—马尔可夫随机场模拟的图像

机场模拟的图像多数近似为噪声图像（见图6-6），当水平和垂直参数变化较大时，能出现水平和垂直条纹状的图像。

在以上图像模拟的过程中，有以下两点值得注意。

(1) 以上的初始图像都是由计算机随机产生的，因此我们认为产生的图像仅仅是随机场的一个样本。

(2) 用以上的吉布斯随机场和高斯—马尔可夫随机场可以很好地模拟出各种图像，需要我们进一步研究的是如何选择模拟参数以适应各种自然图像。另一课题是如何对一幅未知图像估计出它的参数，计算出它的统计特征参数，以便对图像进行理解与识别。为此我们讲解6.3节图像参数估计方法的研究。

6.3 图像参数估计方法的研究

前面介绍了用随机场模型及其计算机实现的方法。如果是一幅实际图像，如何估计出其参数，进而为其图像的进一步处理如复原识别等作准备，就必须对统计参数进行估计。

6.3.1 混合高斯随机序列参数矩估计方法

这里提供的是对混合高斯随机数进行参数估计的一种新方法。使用一般的矩方程方法建立样本矩和混合矩的方程。这些混合矩借助于各类别的参数来表示，而这些矩方程对未知数是非线性的，许多研究者已经进行了这方面的工作，但至今对此问题在一般情况下的完全解还不存在。在文献 [4] 中分析样本的各类别具有相同均值——标准差之比——的情况下使用 Prony 方法，可以把以上非线性方程转化为一组线性方程。这些方程不仅在理论上是正确的，而且对参数的估计是可行的，利用此改进后的矩方法可以对 2、3、4 类或更高类别的混合高斯随机数进行参数估计，经过实验得到很好的结果。

计划在一幅模拟的数字图像中应用此方法。假定图像包含有 c 个域，每个域有相同的灰度级 u_i，各个域的相对尺寸用 $P(i)$ 表示，$P(i)$ 表示 i 类的数据占样本总容量之比，从而必然有 $0 \leqslant P(i) \leqslant 1$，$\sum_{i=1}^{c} P(i) = 1$。图像中的每个像点都被模拟作为混合高斯随机数的一个样本。第 i 类数据具有均值为 μ_i、方差为 σ_i^2 的高斯随机变量。我们的问题是：图像数据是由独立的 N 个样本所组成，在类别数 c 为已知的条件下，当各类参数 $\sigma_i/\mu_i = g$ 为常数的情况下，设法估计出每类随机数的参数 $\mu(i)$、$\sigma^2(i)$ 和 $P(i)$ 等。

用一般矩方法解决以上问题，假设混合高斯数的样本容量为 N，混合后的概率密度函数是各个类别概率密度函数之和，即

$$f(x) = \sum_{i=1}^{c} P_i f_i(x, \mu_i, \sigma_i^2) \tag{6.3.1}$$

式中：c 是类别数；$f_i(x, \mu_i, \sigma_i^2)$ 是第 i 类随机场数的概率密度函数。

在以上 c，P_i，μ_i，σ_i^2 4 个参数中，在 $\mu_i^2/\sigma_i^2 = d$ 为常数并已知的情况下，μ_i 和 σ_i^2 有一定的关系，所以只要知道 μ_i 就可以了。当 c 为已知时，以上 4 个参数中只需估计出 μ_i 和 P_i 即可。在 d 未知的情况下，必须首先估计出 d（或 g，$g = 1/d$）值，然后再估计出 μ_i 和 P_i 值。

对于一个高斯随机变量 X，它的 k 阶原点矩可以表示为

$$m^{(k)}(P_1\cdots P_c;\ \mu_1\cdots\mu_c;\ \sigma_1^2\cdots\sigma_c^2) = \int_{-\infty}^{\infty} Z^k f(x)\,\mathrm{d}x \tag{6.3.2}$$

式中：$f(x)$ 是混合后的概率密度函数，可表示为

$$f(x) = \sum_{i=1}^{c} P_i f_i(X,\mu_i,\sigma_i^2) \tag{6.3.3}$$

则 k 阶混合矩可以表示为

$$M^{(k)} = m^{(k)}(P_1, P_2, \cdots, P_c;\ \mu_1, \mu_2, \cdots, \mu_c;\ \sigma_1^2, \sigma_2^2, \cdots, \sigma_i^2) = \sum_{i=1}^{c} P_i m_i^{(k)}(\mu_i, \sigma_i^2) \tag{6.3.4}$$

式中：$m^{(k)}$ 是混合后的 k 阶矩；$m_i^{(k)}$ 是第 i 类数据的 k 阶矩。

式（6.3.4）是非线性的，待估计的参数在此方程中，要直接进行运算是相当困难的，只有在类别数 $c=2$ 的情况下，经过一系列复杂的替代和变换，并在二类数据的方差相等的情况下才能进行运算并得到答案，而在 $c>2$ 的情况下是不可能做到的。如欲知细情，可见章后的参考文献[5]。

下面介绍用 Prony 方法，把以上非线性方程线性化，才能对多类数据进行分析运算。首先根据数学知识，式（6.3.4）中的 $m_i^{(k)}$ 可以用 μ_i 和 $\sigma_i^{(k)}$ 多项式来表示：

$$m_i^{(k)}(\mu_i, \sigma_i^2) = \sum_{j=0}^{[K/2]} \gamma_{kj}\mu_i^{k-2j}\sigma_i^{2j},\quad k=1,2,\cdots,K;\ j=1,2,\cdots,c \tag{6.3.5}$$

式中：γ_{kj} 是可以查到的系数，它是 X 的 k 阶矩方程的系数 α、β。

把式（6.3.5）代入式（6.3.2），得到矩方程为

$$M^{(k)} = \sum_{i=1}^{c}\sum_{j=0}^{[K/2]} P_i \gamma_{kj}\mu_i^{k-2j}\sigma_i^{2j},\quad k=1,2,\cdots,K \tag{6.3.6}$$

式（6.3.6）仍是一个非线性方程，为了简化，假设各类数据满足 $d=\mu_i^2/\sigma_i^2$，设

$$g = \frac{1}{\sqrt{d}}$$

则

$$g = \frac{1}{\sqrt{d}} = \frac{\sigma_i}{\mu_i}\quad \text{或}\quad g^2 = \sigma_i^2\mu_i^{-2}$$

式（6.3.5）可以改写为

$$\begin{aligned} m_i^{(k)}(\mu, \sigma^2) &= \sum_{j=0}^{[K/2]} \gamma_{kj}\mu_i^{k-2j}\sigma_i^{2j},\quad i=1,2,\cdots,c\\ &= \mu_i^{(k)}\sum_{j=0}^{[K/2]} \gamma_{kj}g^{2j}\\ &= \mu_i^{(k)}\sigma_k \end{aligned}$$

设

$$\alpha_k = \sum_{j=0}^{[K/2]} \gamma_{kj}g^{2j} \tag{6.3.7}$$

在 g 为已知的情况下，α_k 也相应地确定了，对于式（6.3.4），可以写出

$$M^{(k)} = \sum_{i=1}^{c} P_i m_i^{(k)}(\mu_i, \sigma_i^2)$$

$$= \sum_{i=1}^{c} P_i \mu_i^k \sum_{j=0}^{[K/2]} \gamma_{kj} g^{2j} = \alpha_k \sum_{i=1}^{c} P_i c \mu_i^k \quad (6.3.8)$$

当 g 为已知时，α_k 也相应地确定，则式（6.3.8）可以写为

$$\sum_{i=1}^{c} P_i \mu_i^k = \frac{M^{(k)}}{\alpha^k} = Q_k(\alpha_k), \quad k = 1, 2, \cdots, K \quad (6.3.9)$$

式（6.3.9）仍是一个非线性方程，现在我们再来考虑一个以 μ_i 值为根的多项式：

$$(\mu - \mu_1)(\mu - \mu_2) \cdot \cdots \cdot (\mu - \mu_c) = 0 \quad (6.3.10)$$

将其展开后，可以得到一个 μ 的多项式

$$\mu^c - b_1\mu^{c-1} - b_2\mu^{c-2} - \cdots - b_{c-1}\mu - b_c = 0 \quad (6.3.11)$$

做如下的运算，把式（6.3.9）中的 Q_{i+e} 逐项乘以 b_{c-i}，把式（6.3.11）代入其中，并利用式（6.3.9）可得

$$\sum_{i=0}^{c-1} Q_{i+e}(\alpha_k) b_{c-i} = Q_{c+e}(\alpha_k), \quad e = 0, 1, \cdots, K-c \quad (6.3.12)$$

式（6.3.12）是一组以 $\{Q_i\}_{i=1}$ 为未知数的线性方程组，从式（6.3.9）不难求得样本矩 $M^{(k)}$；当 $Q_k(\alpha_k)$ 求得以后，用式（6.3.12）计算 b_i 就不难了，这是一个线性方程。将 b_i 代入式（6.3.11）求得 μ_i，再将 μ_i 代入式（6.3.9）得到 P_i。至此，全部参数估算完毕。从以上化简的过程可以看到，此方法是在一定的条件下，把非线性计算转化为线性计算。

6.3.2 实验结果及分析

用以上分析计算公式，在 VAX-750 和 IBM-PC 计算机上进行，类别数为 2、3、4 或更多，在容量 N 以及参数 μ_i，P_i，g 不断变化的情况下得到下面的结果。如图 6-7 所示，分别

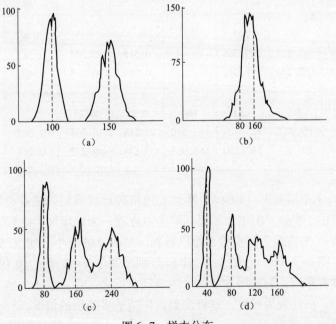

图 6-7 样本分布

(a) $c=2$, $g=0.05$；(b) $c=2$, $g=1$；(c) $c=3$, $g=0.1$；(d) $c=4$, $g=0.1$

反映出 $c=2$、$g=0.05$，$c=2$、$g=1$，$c=3$、$g=0.1$ 和 $c=4$、$g=0.1$ 四种情况下的样本分布。这些曲线是这样得到的：首先按 c、g 的不同值产生了所要求数量的随机数，然后把数据绘制在 XY 绘图仪上，经过拟合形成样本分布的包络曲线，这四张图分别对应了相应实验的情况。表 6-1 中，A 是被说明的参数，它在模拟图像时被输入；B 是在已知 g 的情况下所估计出的参数；C 是在未知 g 的情况下所估计出的数值。

表 6-1 高斯混合数的参数估计

比较实验 g	μ_1	μ_2	μ_3	μ_4	P_1	P_2	P_3	P_4	样本数 N
1. A. 0.1 B. 0.1 C. 0.098	80 80.273 80.343	160 161.234 160.180	— — —	— — —	0.5 0.496 0.499	0.5 0.504 0.501	— — —	— — —	2 000
2. A. 1.0 B. 1.0 C. 0.946	80 86.406 77.330	160 177.580 166.669	— — —	— — —	0.6 0.609 0.583	0.4 0.391 0.418	— — —	— — —	2 000
3. A. 0.1 B. 0.1 C. 0.102	80 80.085 80.063	160 159.937 159.784	— — —	— — —	0.5 0.501 0.501	0.5 0.499 0.499	— — —	— — —	5 000
4. A. 0.01 B. 0.01 C. 0.009	80 79.952 80.041	160 159.593 160.020	— — —	— — —	0.8 0.801 0.799	0.2 0.199 0.201	— — —	— — —	100
5. A. 0.1 B. 0.2 C. 0.098	80 80.741 79.918	160 163.816 158.244	240 240.066 241.041	— — —	0.3 0.315 0.299	0.3 0.305 0.298	0.4 0.381 0.402	— — —	2 000
6. A. 0.1 B. 0.1 C. 0.079	40 40.226 40.324	80 80.967 80.852	120 125.320 130.220	160 162.570 166.993	0.25 0.218 0.174	0.25 0.264 0.277	0.25 0.267 0.292	0.25 0.251 0.257	2 000

（1）比较表 6-1 中实验 1、实验 5、实验 6 的结果可以看到，随着类别数 c 的增加，估计精度下降。这是由于类别 c 的增加需要高阶的矩方程，为此增加了计算误差。

（2）比较表 6-1 中实验 2 和实验 1 可以看到，随着 g 的减小，均值与标准差之比增大，估计的效果更好。图 6-7（a）和图 6-7（b）分别反映了 $c=2$ 而 $g=0.05$ 和 $g=1$ 的情况，后者的两类数据非常靠近，为此增加了估计的难度；反之，在 g 较小的情况下，两类数据分布远离，易于区别，估计效果较好。这种现象同样适于多类别的情况。

（3）比较表 6-1 中实验 1、3、4，随着样本数 N 的增加，估计精度提高，可见样本数越多，统计性能越好。注意，在样本数为 100 的情况下，只有在 $c=2$ 和 g 较小时才可以得到满意的结果；当 c 较大，g 较大时，结果就没有如此理想，虽然增加 N 值可以改善估计精度，但改善的程度并不大。

（4）从实验 4 中可以看出，在 $c=2$ 的情况下，一般估计的结果都很好，即使在样本数 $N=100$ 非常小的情况下，估计的结果仍然很好。

（5）比较表 6-1 中的实验说明，如果改变各类的比例 $P(i)$，对估计的精度影响不大。

综合以上各种情况可以看出，当 g 为已知时，估计的参数优于 g 为未知时的参数；要想得到高质量的估计结果，需要增加样本容量，减少类别数 c，并减小 g 的数值；与改进后的一般矩方法相比，计算简便并且可以用于 $c>2$ 的情况，对混合高斯随机数的参数估计将起很大的作用。

除使用矩估计方法进行参数估计外，还有其他多种参数估计方法。例如，EM 算法，它是在最大化似然公式的过程中，建立起未知参数的循环递推公式，根据估计精度要求的高低将有不同的循环数目。

除了参数模型估计外，进行图像复原的技术与前面讨论的图像模拟也有密切关系。有关模拟退火方法进行图像复原的技术已经在第 4 章中叙述，有关用 EM 算法及其在图像复原中的应用可参考相关文献。

6.4 遗传算法及其应用

大多数生物体是通过自然选择和有性生殖两种基本过程进行演化的。自然选择的原则是适者生存，自然进化的这些特征早在 20 世纪 60 年代就引起了美国 Michigan 大学的 John Holland 的极大兴趣，他开始从事如何建立能学习的机器的研究。

Holland 注意到学习不仅可以通过单个生物体的适应，而且可以通过一个种群的许多代的进化适应发生，受达尔文进化论的影响和适者生存的启发，他逐渐认识到，在机器学习的研究中，为获得一个好的算法，仅靠单个策略的建立和改进是不够的，还要依赖一个包含许多候选策略的群体的繁殖，它起源于遗传进化，所以取名为**遗传算法**。

Holland 创建的遗传算法是一种概率搜索算法，它是用某种编码技术作用于"染色体"的二进制数串，其基本思想是模拟由这些串组成的群体的进化过程。遗传算法通过有组织的又是随机的信息交换来重新结合那些适应性好的串，在每一代中，利用一代串结构中适应性好的位和段来生成一个新的串的群体；偶尔也要在串结构中尝试用新的位和段来替代原来的部分。遗传算法是一类随机算法，但它不是简单的随机走动，它可以有效地利用已有的信息来搜寻那些有希望改善质量的串。类似于自然进化，遗传算法通过作用于染色体上的基因，寻找好的染色体来求解问题，与自然界相似，遗传算法对求解问题的本身一无所知，它所需要的仅是对算法所产生的每个染色体进行评价，并基于适应值来选择染色体，使适应性好的染色体比适应性差的染色体有更多的繁殖机会。

遗传算法利用简单的编码技术和繁殖机制来表现复杂的现象，从而解决非常困难的问题。特别是由于它不受搜索空间的限制性假设的约束，不必满足连续性、导数存在和单峰等假设，以及其固有的并行性。遗传算法目前已经在最优化、机器学习和并行处理等领域得到了越来越广泛的应用。但需要说明的是，遗传算法类似于神经网络和模拟退火算法，这两种算法也是基于对自然界的有效类比，经过类比启示的开始阶段之后，遗传算法、神经网络以及模拟退火算法已成为沿自身的道路发展下去的学科，它们距给它们启示的学科越来越远。

下面以一个非常简单的最优化问题为例来说明遗传算法。例如，为4个连锁饭店寻找最好的经营决策，其中一个经营饭店的决策要做出以下三项决定。

（1）价格：汉堡包的价格应该定在50美分还是1美元？
（2）饮料：和汉堡包一起供应的应该是酒还是可乐？
（3）服务速度：饭店应该提供慢的还是快的服务方式？

目的是找到一个决定的组合（经营决策）以产生最高的利润。

因为有三个决策变量，其中每个变量可以假设为两个可能值中的一个，所以对这个问题的每个可能的经营决策可以很自然地用长度 $e=3$，在规模 $k=2$ 的字母表上的特征串来表示。对每个决定变量，值0或1被指定为两个可能选择中的一个。这个问题的搜索空间包括 $2^3=8$ 个可能的经营决策。串长（$e=3$）、字母表规模（$k=2$）以及映射组成了对这个问题的表示方案。其中，映射把串中具体位上的决定变量规定为0或1。利用遗传算法求解这个问题的第一步就是选取一个适当的表示方案。

按上面描述的表示方案，给出8个可能的经营决策中的4个，如表6-2所示。

表6-2 饭店的经营决策

饭店编号	价格	饮料	速度	二进制表示
1	高	可乐	快	011
2	高	酒	快	001
3	低	可乐	慢	110
4	高	可乐	慢	010

饭店的经营决策要由一位没有经验的新生决定，因此他（她）不知道在三个决定变量中哪个是最重要的，也不知道做出最优决策下能得到的最大利润量或者在做出错误决策可能招致的损失量，甚至不知道哪个变量的单独改变会产生利润上的最大变化。

新生不知道能否通过下面的逐步调整过程来接近全局最优值，在这个过程中，先每次改变一个变量，挑选好的结果，再类似地改变另一个变量，再挑选好的结果。也就是说，他（她）不知道变量能否单独地优化，或者它们是否以高度非线性方式相互联系。

新生面临的另一个困难是只有通过每星期各个饭店的盈利情况来获得关于环境的信息。问题是他（她）不清楚影响顾客光顾饭店的确切因素以及每个因素对顾客的决定起作用的程度。在营业过程中所观察到的饭店经营情况只是经营者从环境中得到的反馈，他（她）不能保证经营环境在每个星期都保持不变，顾客的口味是多变的，并且决策的规则可能会突然改变，原来非常好的决策在某个新的环境中可能不再产生同样多的利润，环境的改变不仅是突然的，而且是不能预知的。通过观察到当前的经营决策不再产生与以前同样多的利润，经营者才会间接地发现环境的改变情况。

经营者还要面临的是要求立即做出经营决策，没有时间让他（她）有单独的训练或单独的试验，唯一的试验来自实际营业的方式。此外，有用的决策过程必须立即开始产生一连串的中间决策，这些中间决策保持饭店从一开始到后续的每个星期都在生存所需的最低水平之上。

因为经营者不了解所面临的环境，开始可能会明智地对 4 个饭店分别采用不同的初始随机决策，可以期望随机决策的获利近似地等于在搜索空间的总体上的平均获利。这样的多样性一方面大大增加了获得接近于搜索空间内总体平均利润的机会；另一方面把从第一个星期的实际营业中学到的信息增加到最大限度。我们采用前面提供的 4 个不同的决策作为经营决策的初始随机群体。

事实上，饭店经营者是按与遗传算法同样的方式进行决策的。遗传算法的执行在开始时是通过检测在搜索空间中随机选取的某些点来尽量学习关于环境的信息。特别地，遗传算法从第 0 代（初始随机代）开始，初始群体由随机产生的个体组成。在这个例子中，群体规模 $N=4$。

在遗传算法中，每一代群体中的个体都要在未知环境进行检测，以得到它们的适应值，这里适应值取为利润，还可以是获利、效用、目标函数值、得分或其他一些值。在这个问题中，初始群体的 4 个个体的适应值由表 6-3 给出。其中适应值被简单地定义为每个二进制染色体所代表的十进制值，所以决策 110 的适应值是 6 美元，全局最优适应值为 7 美元。

通过检测 4 个随机决策，经营者获悉到什么呢？表面上他（她）知道了搜索空间中被检测的四个特殊点（决策）的具体适应值（利润）。特别地，他（她）了解第 0 代群体中最好的个体 110 每周产生 6 美元的利润，最差的个体 001 每周只产生 1 美元的利润。

在遗传算法中用到的唯一信息是实际出现在群体中个体的适应值。通过模拟生物界自然选择和自然遗传过程，遗传算法把一个群体换到一个新的群体。一个简单的遗传算法由复制、杂交和变异三个遗传算子组成。

表 6-3 初始群体中经营决策的适应值

i	串 X_i	第 0 代 适应值 $f(X_i)$
1	011	3
2	001	1
3	110	6
4	010	2
总和		12
最小值		1
平均值		3.00
最大值		6

1. 复制算子

复制算子把当前群体中的个体按与适应值成比例的概率复制到新的群体中。在第 0 代，群体中个体适应值的总和为 12，因为最好的个体 110 的适应值为 6，所以群体的适应值归因于个体 110 的部分是 1/2。按照与适应值成比例的选择，我们期望串 110 将在新的群体中出现三次，因为遗传算法具有随机性，所以在新的群体中，串 110 有可能会出现三次或一次，甚至以微小的可能性出现四次或根本不出现。群体的适应值归因于个体 011、010 和 001 的部分分别为 1/4、1/6 和 1/12。类似地，我们期望个体 011 和 010 在新生的群体中分别出现一次，001 会从新的群体中消失。

复制算子的作用效果是提高了群体的平均适应值，交配池群体的平均适应值是 4.25，而它起点的值仅为 3.00，交配池中最差个体的适应值为 2，而在初始群体中最差个体的适应值为 1。因为低适应值趋向于被淘汰，而高适应值个体趋向于被复制，所以在复制运算中，群体的这些改进具有代表性，但这是以损失群体的多样性为代价。复制算子并没有产生新的个体，当然群体中最好的个体适应值不会被改进。

2. 杂交算子

遗传杂交算子（有性重组）可以产生新的个体，从而检测搜索空间中新的点，复制算子每次仅作用在一个个体上，而杂交算子作用在从交配池中随机选取的两个个体上，杂交算子产生两个子代串，它们一般与其父代串不同，每个子代串都包含两个父代串的遗传物质。

杂交算子有多种，其中最简单的一点杂交算子的作用过程如下：首先产生一个在 $1 \sim e-1$ 之间的一致随机数 i；然后配对两个串，相互对应地变换从 $i+1 \sim e$ 的位段。假设从交配池中选择编号为 1 和 2 的两个串为配对串，且杂交点选在 2（如下面的分隔符"/"所示），则杂交算子作用的结果如下：

$$01/1 \qquad 010$$
$$11/0 \qquad 111$$

杂交算子的一个重要特性是它可产生与原配对串完全不同的子代串，如上所示；另一个重要特性是它不会改变原配对串中相同的位，一个极端情况是，当两个配对串相同时，杂交算子不起作用。

有充分的例子说明遗传算法利用复制算子和杂交算子可以产生具有更高平均适应值和更好个体的群体。

遗传算法从第 0 代到第 1 代，迭代地进行以上过程，直到满足某个停止准则。在每一代中，首先计算群体中每个个体的适应值；然后利用适应值的信息，遗传算法分别以概率 P_r、P_c 和 P_m 进行复制、杂交和变异操作，从而产生新的群体。

停止准则有时表示成算法。算法执行的最大代数目的形式，对那些一旦最优解出现就能识别的问题，算法可以当这样的个体找到时停止执行。

在这个例子中，第 1 代最好的经营决策 111 如下。

（1）汉堡包的价格定在 50 美分。

（2）饮料提供可乐。

（3）提供快速服务方式。

经营决策 111 每周产生 7 美元的利润，是最优决策。如果我们恰好知道 7 美元是能够获得的最大利润，那么在这个例子中可以在第 1 代就停止遗传算法的执行。当遗传算法停止执行时，就把当前代中最好的个体指定为遗传算法的结果。当然，遗传算法一般不会像在这个简单例子中执行到第 1 代就停止，而是要进行到数十代、数百代，甚至更多代。

3. 变异算子

除了复制算子和杂交算子，变异算子也是遗传算法中经常用到的遗传算子，其提供了一个恢复遗传多样性的损失的方法。

在准备应用遗传算法求解问题时，要完成以下 4 个主要的步骤。

（1）确定表示方案。

（2）确定适应值度量。

(3) 确定控制算法的参数和变量。
(4) 确定指定结果的方法和停止运行的准则。

在常规的遗传算法中，表示方案是把问题的搜索空间中每个可能的点表示为确定长度的特征串。表示方案的确定需要选择串长 e 和字母规模 k，二进制串是遗传算法中常用的表示方法。在染色体串和问题的搜索空间中的点之间选择映射，有时容易实现，有时又较难实现。选择一个便于遗传算法求解问题的表示方案经常需要对问题有深切的了解。

适应值度量为群体中每个可能的确定长度的特征串指定一个适应值，它经常是问题本身所具有的，适应值度量必须有能力计算搜索空间中每个确定长度的特征串的适应值。

控制遗传算法的主要参数有群体规模 N 和算法执行的最大代数目 M，次要参数有复制概率 P_r、杂交概率 P_c 和变异概率 P_m 等参数。

遗传算法的主要步骤如下。
(1) 随机产生一个由确定长度的特征串组成的初始群体。
(2) 对串群体迭代地执行下面的步骤，直到满足停止准则。
① 计算群体中每个个体的适应值；
② 应用复制、杂交和变异算子产生下一代群体。
(3) 把在任意一代中出现的最好的个体串指定为遗传算法的执行结果，这个结果可以表示问题的一个解（或近似解）。

需要特别提到的是，遗传算法按不依赖于问题本身的方式作用在特征串群体上，遗传算法搜索可能的特征串空间以找到高适应值串，为了指导这个搜索，算法仅用到与搜索空间中检查过的点相联系的适应值，不管求解问题的本身，遗传算法通过执行同样的、惊人且简单的复制、杂交和偶尔的变异操作来完成它的搜索。

在实际应用中，遗传算法能够快速有效地搜索复杂、高度非线性和多维空间。出人意料的是，遗传算法并不知道问题本身的任何信息，也不了解适应值度量。

北京理工大学电子工程系遗传算法研究小组已经把 GA 算法运用到复杂图像的阈值分割以及图像目标的快速识别方面，有关内容请参见文献 [7]。

我们可以利用特殊领域的知识来选择表示方案和适应值变量，并且在选择群体规模、代数、控制执行各种遗传算子的参数、停止准则和指定结果的方法上也可以采取附加的判断，所有这些选择都可能影响到遗传算法在求解问题中的执行效果，甚至关系到它能否起作用。总的来说，遗传算法仍是按不依赖问题本身的方式快速搜索未知数的空间以找到高适应值的点。

习　题

6-1　请参见有关文献，编制出初始随机场的初始图像，阵列为 64×64。其均值为 μ_y，方差为 σ_y^2。

6-2　以习题 6-1 得到的初始随机场为例，用同步自回归方法形成高斯—马尔可夫随机场，并改变其水平和垂直的参数，以观察其形成图像的结果。

6-3　以二阶邻域系统为基础，在习题 6-1 初始随机场的基础上，选择图 6-2 的参数，形成域图像。灰度级取为 4。

6-4 以二阶邻域系统为基础,在习题 6-1 初始随机场的基础上,选择图 6-3 所给的参数形成纹理图像。

参 考 文 献

[1] BEZDEK J C, et al. Fuzzy Models and Algorithms for Pattern Recognition and Image Processing [M]. NY: Springer. 2005.

[2] WON C S, GRAY R M. Stochastic Image Processing [M]. NY: Kluwer Academic/Plenum Publishers. 2004.

[3] WANG Y, et al. Advanced Statistical Analysis of Spatial Interaction in Complex Lattice Systems. [J]. Journal of Computational Statistics and Data Analysis, 2021.

[4] LI S, et al. Texture Classification using Deep Markov Random Fields. [J]. IEEE Transactions on Image Processing, 2018.

[5] JOHN C R. 数字图像处理 [M]. 6 版. 余翔宇,等译. 北京:电子工业出版社,2014.

[6] 冈萨雷斯,伍兹,艾丁斯. 数字图像处理的 MATLAB 实现 [M]. 2 版. 阮秋琦,译. 北京:电子工业出版社,2020.

第7章
图 像 分 析

图像分析（也称为图像理解）可以被看作一描述过程，主要研究用自动或半自动的装置和系统，从图像中提取有用的数据或信息，生成非图的表示与描述，这是目前图像处理与识别领域中一个比较活跃的分支。图像分析在整个图像处理流程中属于中级处理领域，如图7-1所示。

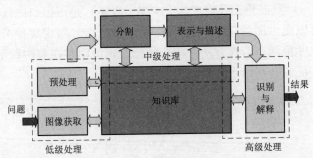

图 7-1 图像分析系统的构成

图像分析与增强、恢复、压缩编码等在处理上的要求是不同的，它表现为系统的最终输出是数值、符号，而不是图像。它也不同于经典的模式识别，即不仅限于给景物中诸区域在一定数目的已知类别内进行分类，还要对千变万化和难以预测的复杂景物加以描述。

图像分析的内容包括特征提取、图像分割、符号描述、纹理分析、运动图像分析和图像的检测与配准等。

7.1 图像特征

图像特征是指图像场的原始特性或属性。其中，有些是视觉直接感受到的自然特征，如区域的亮度、边缘的轮廓、纹理或色彩；有些是需要通过变换或测量才能得到的人为特征，如变换频谱、直方图、矩等。

7.1.1 幅度特征

在所有的图像特征中，最基本的是图像的幅度度量。可以在某一个图像点或其邻区做出幅度的测量，如在$(2N+1)\times(2N+1)$区域内的平均幅度，即

$$\overline{F}(i,\ j) = \frac{1}{(2N+1)^2} \sum_{m=-N}^{N} \sum_{n=-N}^{N} F(i+m,\ j+n) \qquad (7.1.1)$$

这里可以直接从图像像元的灰度等级，也可以从某些线性、非线性变换中构成新的图像幅度的空间来求得各式各样的图像的幅度特征图。

图像的幅度特征对于分离目标物的描述等都具有十分重要的作用。

7.1.2 直方图特征

我们知道，一幅数字图像可以看作一个二维随机过程的一个样本，可以用联合概率分布来描述。通过测得的图像各像元的幅度值，可以设法估计出图像的概率分布，从而形成图像的直方图特征。

图像灰度的一阶概率分布定义为

$$P(b) = P\{F(i,j) = b\}, \quad 0 \leqslant b \leqslant L-1$$

式中：b 是量化层的值，共 L 层；$P(b)$ 是一阶近似直方图，可表示为

$$P(b) \approx \frac{N(b)}{M} \tag{7.1.2}$$

式中：M 为围绕 (i, j) 点被测窗孔内的像元总数；$N(b)$ 是该窗口内灰度值为 b 的像点数。

图像的直方图可以提供图像信息的许多特征，如若直方图密集地分布在很窄的区域之内，说明图像的对比度很低；若直方图有两个峰值，则说明存在着两种不同亮度的区域。

一阶直方图的特征参数有以下几种。

平均值：
$$\bar{b} = \sum_{b=0}^{L-1} bP(b)$$

方差：
$$\sigma_b^2 = \sum_{b=0}^{L-1} (b - \bar{b})^2 P(b)$$

歪斜度：
$$b_n = \frac{1}{\sigma_b^3} \sum_{b=0}^{L-1} (b - \bar{b})^3 P(b)$$

峭度：
$$b_k = \frac{1}{\sigma_b^4} \sum_{b=0}^{L-1} (b - \bar{b})^4 P(b) - 3$$

能量：
$$b_N = \sum_{b=0}^{L-1} P(b)^2$$

熵：
$$b_E = -\sum_{b=0}^{L-1} P(b) \log_2 [P(b)]$$

二阶直方图特征是在像点对的联合概率分布的基础上得出的。若两个像元 $f(i, j)$ 及 $f(m, n)$ 分别位于 (i, j) 点及 (m, n) 点，两者的间距为 $|i-m|$ 和 $|j-n|$，并可用极坐标 $r、\theta$ 表示，那么它们的幅度值的联合分布为

$$P(a,b) = P_k\{f(i,j) = a, f(m,n) = b\} \tag{7.1.3}$$

式中：$a、b$ 为量化的幅度值。

为此，直方图估值的二阶分布为

$$P(a,b) \approx \frac{N(a,b)}{M} \tag{7.1.4}$$

式中：$N(a,b)$ 表示在图像中，在 θ 方向上，径向间距为 r 的像元对两点 $f(i,j) = a, f(m,n) = b$ 出现的频数；M 是测量窗孔中的像元总数。

假设图像的各像元对都是相互关联的，则 $P(a,b)$ 将在阵列的对角线上密集起来。下面列出一些度量，用来描述围绕 $P(a,b)$ 对角线能量扩散的情况。

自相关： $$B_A = \sum_{a=0}^{L-1}\sum_{b=0}^{L-1} ab P(a, b)$$

协方差： $$B_C = \sum_{a=0}^{L-1}\sum_{b=0}^{L-1} (a - \bar{a})(b - \bar{b}) P(a, b)$$

惯性矩： $$B_I = \sum_{a=0}^{L-1}\sum_{b=0}^{L-1} (a - b)^2 P(a, b)$$

绝对值： $$B_V = \sum_{a=0}^{L-1}\sum_{b=0}^{L-1} |a - b| P(a, b)$$

能量： $$B_N = \sum_{a=0}^{L-1}\sum_{b=0}^{L-1} [P(a, b)]^2$$

熵： $$B_E = -\sum_{a=0}^{L-1}\sum_{b=0}^{L-1} P(a, b) \log_2 [P(a, b)]$$

7.1.3 变换系数特征

二维变换得出的系数反映了经二维变换后频率域内的分布情况，可用二维傅里叶变换作为一种图像特征的提取方法。例如：

$$F(u, v) = \iint_{-\infty}^{\infty} f(x, y) e^{-j2\pi(ux+vy)} dx dy \tag{7.1.5}$$

设 $M(u, v)$ 是 $F(u, v)$ 的平方值，为

$$M(u, v) = |F(u, v)|^2 \tag{7.1.6}$$

其中，$M(u,v)$ 与 $F(u,v)$ 不是唯一地对应的，即 $f(x,y)$ 的原点有了位移时，$M(u,v)$ 的值保持不变，M 的这种性质称为位移不变性，在某些应用中可利用这一特点。

如果把 $M(u,v)$ 在某些规定区域内的累计值求出，就可以突出图像的某些特征，这些规定的区域如图 7-2 所示。

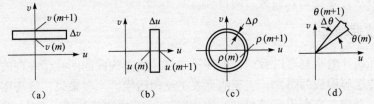

图 7-2 不同类型的切口
(a) 水平切口；(b) 垂直切口；(c) 环；(d) 扇区

由各种不同切口规定的特征度量可由如下一些公式定义。

水平切口： $$S_1(m) = \int_{v(m)}^{v(m+1)} M(u, v) dv$$

垂直切口： $$S_2(m) = \int_{u(m)}^{u(m+1)} M(u, v) du$$

环状切口：
$$S_3(m) = \int_{\rho(m)}^{\rho(m+1)} M(\rho, \theta) \mathrm{d}\rho$$

扇状切口：
$$S_4(m) = \int_{\theta(m)}^{\theta(m+1)} M(\rho, \theta) \mathrm{d}\theta$$

式中：$M(\rho,\theta)$ 是 $M(u,v)$ 的极坐标形式。

这些特征说明了图像中含有这些切口的频谱成分的含量。把这些特征提取出来以后，可以作为模式识别或分类系统的输入信息。此方法已经成功地运用到土地情况分类、放射照片病情诊断等方面。

7.1.4 线条和角点的特征

图像中"点"的特征含义是：它的幅度与其邻区的幅度有显著的不同，检测这种点特征，首先要将图像进行低通滤波；然后把平滑后的每一个像元的幅度值与相邻的四个像元的幅度值相比较，当差值足够大时，就可以检测出点特征。

图像中线条的特征意味着它在截面上的幅度分布出现凹凸状。也就是说，在线段的法向上，图像的幅度是由低到高再到低（或相反）地变化的，可以用不同的掩模来检测出线条。从图中提取这些特征，不仅可以设法压缩图像的信息量，也便于描述、推理和识别。

7.1.5 灰度边缘特征

图像的灰度、纹理的改变或不连续是图像的重要特征，它可以指示图像内各种物体的实际含量，图像幅度水平的局部不连续性称为"边缘"，大范围的不连续性称为"边界"。一个理想的边缘检测器应该能指出有边缘存在，而且还能定出斜坡中点的位置（精度达到一个像元）。

边缘检测的通常方法：首先对图像进行灰度边缘的增强处理，得出一个增强处理后的图像；然后设定阈值，进行过阈值操作来确定出明显边缘的像元位置。由于图像的空间幅度分布有时为正向变化，有时为负向变化，幅度值又具有慢变化的性质，所以阈值应随着空间总体幅度的变化而变化，阈值设得过高，将漏掉小幅度变化的边缘；阈值设得低，将出现由噪声引起的许多虚假的图像边缘。寻找一种对噪声不敏感、定位精确、不漏检真边缘又不引入假边缘的检测方法，始终是人们努力的目标。

7.1.6 纹理特征

通过对实际图片的观察可以看到，由种子或草地之类构成的图片，表现的是自然纹理图像；由织物或砖墙等构成的图片，表现的是人工纹理图像。一般来说，纹理图像中的灰度分布具有周期性，即使灰度变化是随机的，它也具有一定的统计特性。J.K.霍金斯认为，纹理的标志有三个要素：一是某种局部的序列性在该序列更大的区域内不断重复；二是序列是由基本部分非随机排列组成的；三是各部分大致都是均匀的统一体，纹理区域内任何地方都有大致相同的结构尺寸。当然，以上这些也只从感觉上看来是合理的，并不能得出定量的纹理测定。正因为如此，对纹理特征的研究方法也是多种多样的，有待于进一步探讨。

纹理可分为人工纹理和自然纹理。人工纹理是由自然背景上的符号排列组成，这些符号可以是线条、点、字母、数字等；自然纹理是具有重复性排列现象的自然景象。前者一般是有规则的，而后者往往是无规则的。

对纹理有两种看法：一是凭人们的直观印象；二是凭图像本身的结构。从直观印象出发包含了心理因素，这样就会产生多种不同的统计纹理特性，从这一观点出发，纹理分布应该用统计方法。如果从图像结构观点出发，则认为纹理是结构，纹理分析应该采用句法结构方法。描述纹理图像特性的参数有很多种，如必须知道各个像素及其邻近像素的灰度分布情况。了解邻近像素灰度值变化的最简单方法是取一阶、二阶微分的平均值与方差。如要考虑纹理的方向性特性，则可考虑 Φ 方向与 $\Phi+\pi/2$ 方向差分的平均值与方差。

另一种方法是检查小区域内的灰度直方图。例如：首先取小区域为 $n\times n$（$n=3\sim7$），作这 n^2 个像素的灰度直方图；然后检查各小区域内直方图的相似性，具有相似直方图的小区域属于同一个大区域，而直方图不同的小区域分属于不同的区域。

7.2 图像的分割

分割的目的是把图像空间分成一些有意义的区域。例如，一幅航空照片可以分割成工业区、住宅区、湖泊、森林等。这里"有意义"的内涵随着所需解决的问题的不同而不同，例如，可以按幅度不同来分割各个区域，按边缘不同来划分各个区域，按形状来分割各个区域等。

从分割所依据的角度出发，可分为相似性分割和离散性分割等。其中，相似性分割是指图像中同一个区域的像素的某种特征应是类似的，如灰度级相同；离散性分割是指图像中一个区域到另一个区域像素的某种特性突变，如灰度级突变。按照分割对象分类，可分为以逐个像素为基础的像素相关分割及以区域为基础的区域相关分割等。按分割算法来划分，可分为幅度分割法、边缘检测法和区域分割法等。

7.2.1 幅度分割法

幅度分割法（阈值处理）是首先把图像的灰度分成不同的等级，然后用设置灰度阈值的方法确定有意义的区域或欲分割的物体之边界（见图 7-3）。

基于幅度的各种分割方法，主要是根据图像灰度值的两个基本特性展开的。

（1）不连续性：图像不同区域之间的灰度值是不连续的。

（2）相似性：同一区域内部的灰度值基本相似。

图 7-3 图像灰度值的基本特性
(a) 图像中的两个区域；(b) 中间一行像素的灰度值曲线

根据图像像素灰度值的不连续性的分割方法的基本策略是：先找到点、线（宽度为1）、边（不定宽度），再确定区域；根据图像像素灰度值的相似性的分割方法的基本策略是：通过选择阈值，找到灰度值相似的区域，区域的外轮廓就是对象的边。

假设一幅图像具有如图 7-4 所示的直方图。由直方图 7-4（a）可以知道图像 $f(x,y)$

的大部分像素取值较低，其余像素较均匀地分布在其他灰度级上。由此可以推断，这幅图像是由灰度级的物体叠加在一个暗背景上形成的。可以设一个阈值 T，把直方图分成两个部分，如图7-4（b）所示。T 的选择要本着如下的原则：B_1 应尽可能包含与背景相关联的灰度级，而 B_2 则应包含物体的所有灰度级。当扫描这幅图像时，从 B_1 到 B_2 之间的灰度变化就指示出有边界存在。当然，为了找出水平方向上和垂直方向上的边界，要进行两次扫描。也就是说，首先确定一个阈值 T，然后执行下列步骤。

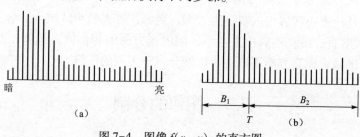

图 7-4　图像 $f(x, y)$ 的直方图
(a) 直方图；(b) 阈值为 T 的直方图

(1) 对 $f(x,y)$ 的每一行进行检测，产生的图像 $f_1(x,y)$ 的灰度将遵循下列规则：

$$f_1(x, y) = \begin{cases} L_E, & f(x, y) \text{ 和 } f(x, y-1) \text{ 的灰度级处在不同的灰度带上} \\ L_B, & \text{其他} \end{cases} \quad (7.2.1)$$

式中：L_E 是指定的边缘灰度级；L_B 是背景灰度级。

(2) 对 $f(x,y)$ 的每一列进行检测，产生的图像 $f_2(x,y)$ 的灰度将遵循下列规则：

$$f_2(x, y) = \begin{cases} L_E, & f(x, y) \text{ 和 } f(x-1, y) \text{ 的灰度级处在不同的灰度带上} \\ L_B, & \text{其他} \end{cases} \quad (7.2.2)$$

为了得到边缘图像，可采用下述关系：

$$f(x, y) = \begin{cases} L_E, & f_1(x, y) \text{ 或 } f_2(x, y) \text{ 中的任何一个等于 } L_E \\ L_B, & \text{其他} \end{cases} \quad (7.2.3)$$

上述方法是以某像素到下一个像素间灰度的变化为基础的。这种方法也可以推广到多灰度级阈值方法中。由于确定了更多的灰度级阈值，可以提高边缘提取技术的能力，其关键问题是如何选择阈值。

一种方法是 P-tile 试探法。首先必须知道图像的某些先验知识。例如，文字图像中文字占全图的百分比为 p，试取一系列阈值 T，当使某个 $T=T_0$ 时，其分割以后的图像中文字所占的比例等于或接近于 p，就选定 T_0 为阈值。但注意，对图像必须知道一定的先验参数，否则无法应用这种方法。

另一种方法是把图像变成二值图像，如果图像 $f(x,y)$ 的灰度级范围为 $[Z_1, Z_k]$，设 T 是 Z_1 和 Z_k 之间的一个数，那么 $f_T(x,y)$ 可由下式表示：

$$f(x,y) = \begin{cases} 1, & f(x,y) \geq T \\ 0, & f(x,y) < T \end{cases}$$

或者是把规定的灰度级范围 $[u,v]$ 变换为 1，而范围以外的灰度变换为 0。例如：

$$f(x,y) = \begin{cases} 1, & f(x,y) \leq u, \quad u \leq f(x,y) \leq v \\ 0, & f(x,y) > u, \quad f(x,y) < u \text{ 或 } f(x,y) > v \end{cases} \quad (7.2.4)$$

另外，还有一种半阈值法，这种方法是将灰度级低于某一阈值的像素灰度变换为零，而其余的灰度级不变，仍保留原来的灰度值。总之，设置灰度级阈值的方法不仅可以提取物体，还可以提取目标的轮廓。这些方法都是以图像直方图为基础去设置阈值的。显然，从直方图上妥善地选择 T 值，对正确划分出感兴趣区域和背景很有关系。但哪里是最佳位置呢？这可用下述灰度值分布的概率模型来确定。

如图 7-5 所示，设图像中感兴趣目标的像点灰度作正态分布，密度为 $P_1(x)$，均值和方差为 μ_1 和 σ_1^2，设背景点的灰度也作正态分布，密度为 $P_2(x)$，均值和方差为 μ_2 和 σ_2^2，换言之，整个密度函数可看作两个单峰密度函数的混合。下面介绍最小错误分割法，设法找到一个阈值，使划分目标和背景的错误分割概率为最小。

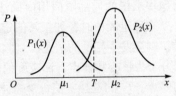

图 7-5 目标点和背景点的灰度分布

设目标的像点数占图像总点数的百分比为 Q，背景点占 $(1-Q)$，则混合概率密度为

$$P(x) = QP_1(x) + (1-Q)P_2(x)$$

$$= \frac{Q}{\sqrt{2\pi}\sigma_1}\exp\left[-\frac{(x-\mu_1)^2}{2\sigma_1^2}\right] + \frac{1-Q}{\sqrt{2\pi}\sigma_2}\exp\left[-\frac{(x-\mu_2)^2}{2\sigma_2^2}\right] \quad (7.2.5)$$

当选定阈值为 T 时，目标点错划为背景点的概率为

$$E_1(T) = \int_T^\infty P_1(x)\,\mathrm{d}x$$

把背景点错划为目标点的概率为

$$E_2(T) = \int_{-\infty}^T P_2(x)\,\mathrm{d}x$$

则总的错误概率为

$$E(T) = QE_1(T) + (1-Q)E_2(T)$$

令

$$\frac{\partial E(T)}{\partial T} = 0$$

则

$$-QP_1(T) + (1-Q)P_2(T) = 0 \quad (7.2.6)$$

由此可得

$$\ln\frac{Q\sigma_2}{(1-Q)\sigma_1} - \frac{(T-\mu_1)^2}{2\sigma_1^2} = \frac{-(T-\mu_2)^2}{2\sigma_2^2}$$

当 $\sigma_1^2 = \sigma_2^2 = \sigma^2$ 时，有

$$T = \frac{\mu_1 + \mu_2}{2} + \frac{\sigma^2}{\mu_2 - \mu_1}\ln\frac{Q}{1-Q} \quad (7.2.7)$$

若先验概率为已知，如 $Q = 1/2$，则

$$T = \frac{\mu_1 + \mu_2}{2} \quad (7.2.8)$$

这表示正态分布时，最佳阈值可按式 (7.2.7)、式 (7.2.8) 求得，若 $P_1(x)$、$P_2(x)$ 不是正

态分布，则可用式（7.2.6）确定最小误差的阈值 T。

对于复杂的图像，在许多情况下，用单一的阈值不能给出良好的分割结果，在此种情况下，如果已知在图像上的位置函数描述不均匀照射，就可以设法用灰度级校正技术进行校正，然后采用单一阈值来分割；另外的方法是把图像分成小块，并对每一块设置阈值。但是，如果某块图像只含物体或只含背景，那么对这块图像就找不到阈值。这时，可以由附近的像块求得的局部阈值用内插法给此像块指定一个阈值。

在确定阈值时，如果阈值定得过高，就会把偶然出现的物体点认作背景；如果阈值定得过低，则会发生相反的情况。克服的方法是使用两个阈值。例如，$T_1<T_2$，把灰度值超过 T_2 的像素分类为核心物体点，而灰度值超过 T_1 但不超过 T_2 的像素仅当它们紧靠核心物体点时才算作物体点。T_2 的选择要使每个物体有一些像素灰度级高于 T_2，而背景不含有这样的像素。同时，应选择 T_1 使每个物体像素点具有高于 T_1 的灰度级。如果只使用 T_2，则物体总是分割得不完整；如果只使用 T_1，则会有许多背景像素被错划为物体像素。如果同时使用 T_1 和 T_2，就能把背景和物体很好地分割开来。当然，如果物体与背景的对比是鲜明的，就不必使用这种方法。

此外，如果存在一个阈值 T_2，使得每个物体的像素灰度级高于 T_2，而背景不包含这种像素。首先可对图像设置阈值 T_2；然后检查高于阈值像素的邻域，目的是寻找一个局部阈值，以便在每个类似邻域中把物体和背景分开。如果这些物体相当小，并且不太靠在一起时，这种方法比较适用。所使用的邻域应足够大，以保证它们既包含物体像素，也包含背景像素，这样就可以使邻域的直方图是双峰的。

有时需要寻找一幅图像的局部最大点，即提取比附近像素有较高的某种局部性质值的像素。一般来讲，也要求这些点具有高于一个低阈值 T_1 的值，一旦超过 T_1，不管它的绝对值大小如何，一切相对的最大值都被采纳。因此，可以寻找局部最大值作为局部设置阈值的极端情况。在对图像进行匹配运算或检测界线时，可采用这种方法。

7.2.2 边缘检测法

作为图像的特征，图像的边缘和区域具有重要的意义，因此对边缘的检测和区域分割对于图像的分析和识别也是至关重要的。进行边缘检测法的最基本的方法是图像的微分（差分）、梯度和拉普拉斯算子等方法，有些基本内容已经在第3章中叙述过，这里主要介绍模板匹配、已知形状的曲线检测（Hough 变换）、跟踪法等。

7.2.2.1 模板匹配

在数字图像处理中，模板是为了检测某些不变区域特性而设计的阵列。模板可根据检测目的的不同而分为点模板、线模板、梯度模板和正交模板等。

-1	-1	-1
-1	8	-1
-1	-1	-1

图 7-6 点模板的例子

点模板的例子如图 7-6 所示。下面用一幅具有恒定强度背景的图像来讨论。这幅图像包含了一些强度与背景不同且互相隔开的小块（点），假设小块之间的距离大于 $[(\Delta x)^2+(\Delta y)^2]^{1/2}$，这里 Δx、Δy 分别是在 x 和 y 方向的采样距离，用点样板的检测步骤如下。

模板中心（标号为8）沿着图像从一个像素移到另一个像素，在每一个位置上，首先把处在模板内的图像的每一点的值乘以模板相应方格中的数字；然后把结果相加。如果在模板区域内所有图像的像素有相同的值，则其和为 0。另外，如果模板中心位于一个小块的点上,则其和不为0。如果小块在偏离模板中心的位置上,其和也不为0,但其响应幅度比起这个小块位于模板中心的情况要小一些。这时,可以采用阈值法清除这类较弱的响应,如果其幅度值超过阈值,就意味着小块检测出来了;如果低于阈值,则忽略掉。

例如,设 w_1,w_2,…,w_9 代表 3×3 模板的板,并使 x_1,x_2,…,x_9 为模板内各像素的灰度值。从上述方法来看,应求两个向量的积,即

$$W^TX = w_1x_1 + w_2x_2 + \cdots + w_9x_9 = \sum_{n=1}^{9} w_n x_n$$

$$W = \begin{bmatrix} w_1 \\ w_2 \\ \vdots \\ w_9 \end{bmatrix}, \quad X = \begin{bmatrix} x_1 \\ x_2 \\ \vdots \\ x_9 \end{bmatrix}$$

设置一阈值 T,如果

$$W^TX > T \tag{7.2.9}$$

我们就认为小块已被检测出来了。这个步骤可以很容易地推广到 $n \times n$ 大小的模板,不过此时要处理 n^2 维向量。

线检测模板如图 7-7 所示。其中,图 7-7(a)沿一幅图像移动,它将对水平取向的线(一个像素宽度)有最强的响应。对于恒定背景,当线通过模板中间一行时出现最大响应,图 7-7(b)对 45°方向的那些线具有最好响应,图 7-7(c)对垂直线有最大响应,图 7-7(d)则对 135°方向的那些线有最好的响应。

−1	−1	−1
2	2	2
−1	−1	−1

(a)

−1	−1	2
−1	2	−1
2	−1	−1

(b)

−1	2	−1
−1	2	−1
−1	2	−1

(c)

2	−1	−1
−1	2	−1
−1	−1	2

(d)

图 7-7 线检测模板

(a)水平线模板;(b)45°线模板;(c)垂直线模板;(d)135°线模板

设 w_1、w_2、w_3、w_4 是由图 7-7 中 4 个模板的权值得出的 9 维向量。与点模板的操作步骤一样,在图像中的任意一点上,线模板的各个响应为 W_i^TX(i=1,2,3,4)。此处的 X 是由模板面积内 9 个像素形成的向量。给定一个特定的 X,希望能确定在讨论问题的区域与 4 个线模板中的哪一个有最相近的匹配。如果第 i 个模板响应最大,则可以断定 X 和第 i 个模板最相近。换言之,如果对所有的 j 值,除 $i=j$ 外,有

$$W_i^TX > W_j^TX$$

则可以说 X 和第 i 个模板最相近。如果 $W_i^TX > W_j^TX$(j=2,3,4),则可以断定 X 所代表的区域有水平线的性质。

对于边缘检测来说,同样也遵循以上原理,通常采用的方法是执行某种形式的二阶导数。类

a	b	c
d	e	f
g	h	i

图 7-8　3×3 模板

似于离散梯度计算，考虑 3×3 的模板，如图 7-8 所示。

在 3×3 模板的图像区域内，G_x 及 G_y 分别表示为

$$\begin{cases} G_x = (g+2h+i)-(a+2b+c) \\ G_y = (c+2f+i)-(a+2d+g) \end{cases} \quad (7.2.10)$$

在 e 点的梯度为

$$G = [G_x^2 + G_y^2]^{1/2}$$

采用绝对值的一种定义为

$$G = |G_x| + |G_y| \quad (7.2.11)$$

梯度模板如图 7-9 所示，把图 7-9 的区域与式（7.2.10）比较可以看出，G_x 为第一行和第三行的差。其中最靠近 e 的元素（b 和 h）的加权等于角偶上加权值的 2 倍。因此，G_x 代表在 x 方向上导数的估值，式（7.2.11）可用图 7-9 中的两个模板来实现。

1	2	1
0	0	0
−1	−2	−1

(a)

1	0	−1
2	0	−2
1	0	−1

(b)

图 7-9　梯度模板

7.2.2.2　已知形状的曲线检测（Hough 变换）

当通过边缘检测得出一段小的边缘元时，常需知道它们是否能连成某一已知形状曲线，如是否共直线、共圆等，或者图中是否存在某种形状的曲线。对这种问题，Hough 变换是一种有效的方法，它是把图像平面中的点按待求曲线的函数关系映射到参数空间，然后找出最大凝聚点，完成变换。下面介绍几种常用曲线的检测。

1. 寻找直线（线条检测）

极坐标系中直线的方程为

$$r = x\cos\theta + y\sin\theta$$

式中：r 是直线离原点的法线距离；θ 是该法线对 x 轴的角度。

由此可见，直线的 Hough 变换在极坐标系中是一个点，而一点的 Hough 变换是一正弦型曲线。计算 Hough 变换的方法是将 r-θ 域量化成许多小格（见表 7-1），将每一个（x_0, y_0）点代入 θ 的量化值，算出各个 r，所得值（经量化）落在某个小格内，便使该小格的计数累加器加 1。当全部（x, y）点变换后，对小格进行检验，有大的计数值的小格对应于共线点，其（r, θ）可用作直线拟合参数。有小的计数值的各小格一般反映非共线点，丢弃不用。

可以看出，若 r 和 θ 量化得过粗，则参数空间的凝聚效果差，找不出直线的准确的 r、θ 值；反过来，若 r、θ 量化得过细，则计算量将增大，因此需兼顾这两方面，取合适的量化值。

若图像中各点是边缘元，而且梯度方向已求出，在寻找有无直线边缘时，可在其梯度方向的一定范围内把 θ 精细量化，其他 θ 角则粗量化，这样在不增加总的量化小格数的情况下，可提高检测直

表 7-1

r \ θ	0°	30°	60°~150°
r_1			
r_2			
r_3			
⋮			
$-r_1$			
$-r_2$			
⋮			

线边缘的方向角的精度。

2. 寻找圆

对于圆，可写出其方程

$$(x-a)^2 + (y-b)^2 = R^2 \tag{7.2.12}$$

这时参数空间增加到三维，由 a、b、R 组成，如仍像找直线那样直接计算，计算量增大，不合适。若已知有圆的边缘元，而且边缘元为已知，则可降低一维处理，因为把式（7.2.12）对 x 取导数，有

$$2(x-a) + 2(y-b)\frac{\mathrm{d}y}{\mathrm{d}x} = 0 \tag{7.2.13}$$

这表示参数 a 和 b 不独立，利用式（7.2.13）以后，解式（7.2.12）只需用两个参数（如 a 和 R）组成参数空间，计算量缩减了很多。

3. 寻找椭圆

在人为景物中，圆形物体经常出现，透视成像后圆变成椭圆。为检测图中是否存在椭圆边缘，可仿照上述步骤进行。

设椭圆方程为

$$\frac{(x-x_0)^2}{a^2} + \frac{(y-y_0)^2}{b^2} = 1$$

对上式取导数可得

$$\frac{x-x_0}{a^2} + \frac{y-y_0}{b^2}\frac{\mathrm{d}y}{\mathrm{d}x} = 0$$

由此可见，这里有 3 个独立参数。如果椭圆主轴不平行于坐标轴，则可写为

$$Ax^2 + Bxy + Cy^2 + Dx + Ey + 1 = 0$$

在利用椭圆边缘的方向信息后，在映射空间的独立参数仍有 4 个以上，为了简化求椭圆的计算，有学者研究了其他特殊解法。

7.2.2.3 跟踪法

跟踪法进行边缘检测可分为光栅跟踪法和全向跟踪法。光栅跟踪法就是用电视光栅方式进行逐行扫描来进行边缘检测。如图 7-10（a）所示，圆点"0"表示像素点，图中有一条垂直的线段 Y，检测此线段的具体原理和步骤如下。

（1）首先制定探测准则：若某像素灰度级 $T_i > T$（T 为灰度阈值）。

（2）按扫描顺序逐个判决遇到的像素，假设在第 2 行上出现 b 点满足"探测准则"，即 $T_b > T$，则可认为此点为起始跟踪点。

（3）以第 2 行 b 点为起始点，跟踪到它的下一行即第 3 行，选择它的 3 个邻近点进行跟踪。"跟踪准则"没有"探测准则"严格，也就是放松对灰度级的要求。再设一个灰度级阈值 T'，使 $T' < T$。对于下面 3 个候选点来讲，只要其灰度级 $T_i > T'$，就可以判定是目标上的点。以此道理逐步跟踪下去，直到没有符合跟踪法则的点为止，完成此线段的跟踪分割。

采用单方向光栅跟踪法分割图像的结果与光栅方向和扫描方式有关。例如，被跟踪曲线灰度变化较大时，容易丢失；而对于和扫描线接近于平行的曲线就不能跟踪下去，如图 7-10（b）所示，为此可采用方向垂直的两个方向的扫描光栅来跟踪。

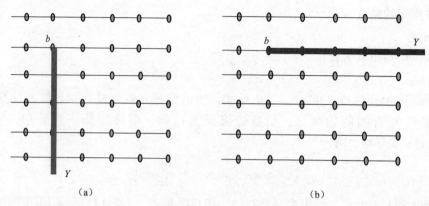

图 7-10 光栅跟踪法示意
（a）垂直线段光栅；（b）水平线段光栅

全向跟踪法与光栅跟踪法的主要区别是对"观察点"的邻域进行选择，它不像光栅跟踪法那样只选择观察点下一行的 3 个邻域点，而是选择观察点的所有 8 个邻域点作为跟踪候选点，其他方向和光栅跟踪法基本相似。其基本步骤如下。

（1）扫描图像，首先找出满足"探测准则"的点作为观察点。

（2）将"观察点"的所有 8 个邻点都作为候选点，依"跟踪准则"逐个进行判决，如此连续下去。跟踪准则的制定是关键，可以是灰度级对比度，也可以是观察点的距离和方向等。

7.2.3 区域分割法

对于特征不连续的边缘检测法，把图像分割成特征相同的互相不重叠连接区域的处理称为区域分割法。目前，虽然已有许多方法，但还都不是特别具有决定性的方法。因此有必要根据对象和目的的不同而分别使用各种方法。前面所讲述的阈值处理，可以说是区域分割法最简单的方法之一。下面介绍其他几种方法。

7.2.3.1 区域扩张法

在区域分割的方法中，最基本的是简单区域扩张法。这种方法一旦把图像分割成特征相同的小区域（最小的单位是像素），就可以研究与其相邻的各个小区域之间的特征，把具有类似特征的小区域依次合并起来。例如，为了从像素开始进行区域扩张，可进行如下操作。

（1）对图像进行光栅扫描，求出不属于任何区域的像素。

（2）把这个像素的灰度与其周围的（4 邻域或 8 邻域）不属于任何一个区域的像素灰度相比较，如果其差值在某一阈值以下，就把它作为同一个区域加以合并。

（3）对于那些新合并的像素，反复进行（2）的操作，直至区域不能再扩张为止。

（4）返回（1），寻找能成为新区域出发点的像素。

但是，对于图 7-11（a）那样的区域间边缘灰度变化很平缓的情况，或者对于图 7-11（b）那样对比度弱的边缘相交为一点的情况，若用这样的方法进行处理，则两个区域会合并起来。为了消除这一缺点，在步骤（2）的操作中，不是比较区域外围像素的灰度与其周围像素的灰度，而是比较已经存在的区域的平均灰度与该区域邻接像素的灰度值。

但是，这样一来就会产生问题，从不同的像素开始进行区域扩张，其最后的区域分割结果也会发生变化。

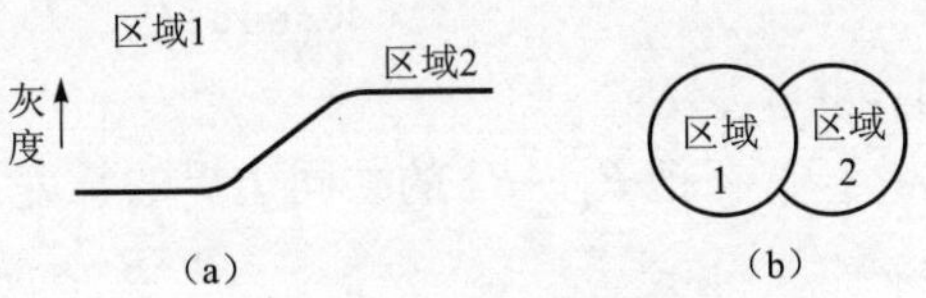

以下是不依赖于区域扩张起始点的方法。

（1）设灰度差的阈值为0，用上述的（1）~（4）进行区域扩张（使具有同一灰度的像素合并）。

（2）求出所有邻接区域的平均灰度差，并合并具有最小灰度差的邻域区域组。

（3）通过反复进行（2）的操作，依次把区域合并。

用这种方法，如果在不适当的阶段停止区域合并，整个画面就会最终成为一个区域。

以上的方法是把灰度差作为区域合并的判定标准。此外，还有根据小区域内的灰度分布的相似性进行区域合并的方法。

（1）把图像分成相互稀疏的，大小为 $n \times n$ 的小矩形区域。

（2）比较邻接区域的灰度直方图，如果灰度分布情况都是相似的，就合并成一个区域。

（3）反复进行（2）的操作，直至区域合并完了为止。

为了检测灰度分布情况的相似性，采用下面的方法。

设 $h_1(X)$ 和 $h_2(X)$ 为相邻的两个区域的灰度直方图，从这个直方图求出累积灰度直方图 $H_1(X)$ 和 $H_2(X)$，根据以下两个准则：

（1）Kolmogorov-Smirnov 检测：

$$\max_X |H_1(X) - H_2(X)|$$

（2）Smoothed-Difference 检测：

$$\sum_X |H_1(X) - H_2(X)|$$

求出以上两式之差，如果这个差在某一阈值以下，就把两个区域合并。这里灰度直方图 $h(X)$ 的累积灰度直方图 $H(X)$ 被定义为

$$H(X) = \int_0^X h(x)\,\mathrm{d}x \qquad \left(在数字场合\ H(X) = \sum_{i=0}^X h(i)\right)$$

根据上述的灰度分布相似性的区域扩张法，不仅能为分割灰度相同区域使用，而且也能为分割具有纹理性的某个区域使用。但是，采用这种方法，把最初的 $n \times n$ 矩形区域作为单位，会出现下述情况：如果把 n 定大了，区域的形状就会变得不自然，小的对象物就会漏过；相反，若把 n 定小了，可靠性就会减弱。实际上，n 常设在 5~10 的范围内。

以上所有的方法都采用了仅仅与灰度有关的值作为区域合并的标准。另外，还有根据区域的形状作为判断标准的区域合并法。使用这种方法，首先把图像分割成灰度固定的区域；然后根据如下的评价函数，进行区域合并。

（1）把任意的邻接区域 R_1、R_2 的周长设为 P_1、P_2，把在两个区域共同边界线两侧的灰度差在某一阈值 α 以下的那部分长度设为 W。

如果

图7-11 边缘对区域扩张的影响
（a）平缓的边缘；（b）边缘的缝隙

$$W/\min\{P_1, P_2\} > \theta_1 \qquad \theta_1：阈值$$

则合并 R_1、R_2。

（2）在把 R_1、R_2 的共同边界的长度设为 B 的时候，如果

$$W/B > \theta_2 \qquad \theta_2：阈值$$

则合并 R_1、R_2。

上述中，（1）的标准是为了合并得到一致的理想形状，R_1、R_2 的共同边界在凸凹的情况下也易于被合并；（2）为合并共同边界中低对比度部分较多的区域的标准。

7.2.3.2 在特征空间利用群聚进行区域分割

区域扩张法是重视图像空间的连通性进行区域分割的，与此相反，还有根据像素的相似性的区域分割法。

这种方法把图 7-12 所示的像素或小区域所具有的特征映射到特征空间中，根据在特征空间的群聚，首先求出具有相似特性的像素或小区域；然后对各像素给予表示它所属的群的标号。为了在图像空间最后求得各区域，有必要对编有标号的图像进行连通成分的编号码操作。图 7-12 带有标号 1 的像素被区分为两个连通区域，这种方法是把像素或小区域作为一个图像的模式识别理论的应用。

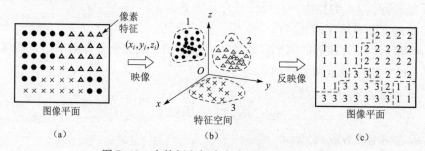

图 7-12 在特征空间中考虑群聚的区域分割

对于图像内灰度或大小都不同的众多对象物存在的场合，简单的二值化方法起不到应有的作用。把简单的阈值处理加以扩充，可对复杂的图像顺利地进行区域分割。这就是递归的阈值处理。这个方法是以彩色图像为对象而开发的，需进行如下处理。

（1）从彩色图像中求出对应于红、绿、蓝、亮度、色调、彩度等特性的直方图。

（2）从各个直方图中求出峰，并选择最凸出的峰。取出属于被选为峰的像素，并从这些像素里求出连通区域。

（3）对于用（2）求得连通区域（一般为多数个）以及其他剩余的连通区域，递归地反复进行（1）、（2）的处理，反复进行分割直至对于所有特征的直方图完全成为单峰性为止。这里所谓的递归就是对于用（1）、（2）的操作得到的某一区域，再进行（1）、（2）的处理，并分割成若干个区域，再进一步对各个细分的连通区域进行（1）、（2）的处理，如此逐次地把区域细分操作反复地进行下去。

7.2.4 用形态学分水岭的分割

前面已经讨论了三种分割方法：幅度分割法（阈值处理）、边缘检测法和区域分割法。每种方法都有其优点（如全局阈值处理具有速度优势）和缺点（如基于边缘的分割中需要

进行后处理,如边缘连接)。本小节将讨论基于所谓的形态学分水岭概念的方法。用形态学分水岭的分割将其他三种方法中的许多概念进行了具体化,因此通常会产生更稳定的分割结果,包括连接的分割边界,这种方法为在分割中结合基于知识的约束条件提供了一个简单的框架。

7.2.4.1 背景知识

分水岭的概念是以三维方式显示一幅图像为基础:两个空间坐标和灰度坐标,在这种"地形学"的解释中,我们考虑三种类型的点:① 属于一个区域极小值的点;② 水滴所在位置的点,如果把水滴放在任意点处,水滴必定会流向某个极小值点;③ 该点的水会等可能性地流向不止一个这样的最小值点。对于一个特定的区域极小值,满足条件②的点的集合称为该最小值的汇水盆地或分水岭。满足条件③的点形成地表面的定点线,称为分界线或分水线。

基于这些概念的分割算法的主要目标是找出分水线。借助于图 7-13,可以进一步解释这些概念。图 7-13(a)显示了一幅灰度图像,图 7-13(b)是一幅地形俯视图,其中"山峰"的高度与输入图像中的灰度值成正比。为了便于解释,这些结构的背面加上了阴影。不要将它与灰度值混淆,因为这里只关注普通地形的三维表示。为了阻止上升的水从图像的边缘溢出,这里假设整个地形(图像)的四周已被比最高山峰更高的水坝包围,水坝的值由输入图像中的最大灰度值决定。

假设在每个区域的极小值处打一个洞[图 7-13(b)中的黑色区域所示],并且让水以均匀的速率上升,从低到高直至淹没整个地形。图 7-13(c)说明了被水淹没的第一个阶段,其中以亮灰色显示的"水"仅覆盖了图像中黑色背景对应的区域。在图 7-13(d)和

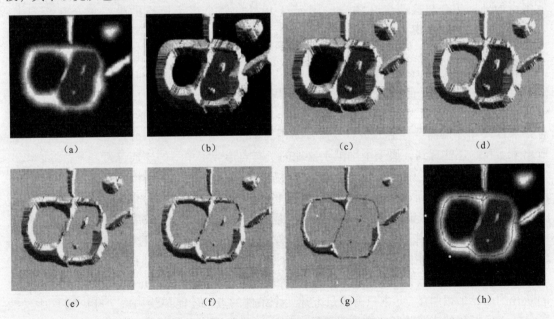

图 7-13 用形态学分水岭的分割算法示意
(a)原图像;(b)地形俯视图;(c)、(d)被水淹没的两个阶段;(e)进一步淹没的结果;
(f)来自两个汇水盆地的水开始汇聚(两个汇水盆地之间构筑了一个较短的水坝);
(g)较长的水坝;(h)最终的分水线

图 7-13（e）中，我们看到水已分别流入第一个和第二个汇水盆地。当水继续上升时，最终会从汇水盆地溢出到另一个汇水盆地。关于此的第一个迹像如图 7-13（f）所示。这里，水从左边盆地的下部溢出到了右边的盆地中，构筑了一个较短的"水坝"来阻止水在洪水泛滥时的汇聚。随着水位的不断抬升，更加明显的效果如图 7-13（g）所示。这幅图在两个汇水盆地之间显示了一条更长的坝，在右侧盆地的顶部显示了另一条水坝。构筑后一个水坝的目的是阻止来自盆地中的水与来自对应的背景区域中水的汇聚。该过程一直持续，直到达到水的最高水位（对应于图像中的最高灰度值）。最终的水坝对应于分水线，这些分水线就是我们希望的分割结果。在图 7-13（h）中，该例的结果显示为叠加到原图像之上的一条 1 像素宽的深色路径。注意，一条重要的性质就是分水线组成一条连通的路径，于是在两个区域间就给出了连续的边界。

用形态学分水岭的分割的主要应用之一是从背景中提取出接近一致的（团状）目标。由于变化较小的灰度表征的区域有较小的梯度值，因此在实践中我们经常看到将用形态学分水岭的分割应用到梯度图像，而不是应用到图像本身。在这一表述中，汇水盆地的区域极小值与对应感兴趣目标的梯度的极小值密切相关。

7.2.4.2 水坝构建

水坝的构造是以二值图像为基础的，构建分离二元点集水坝的最简单方法是使用形态学膨胀。图 7-14 说明了如何使用形态学膨胀来构建水坝的基础知识。图 7-14（a）显示了第 $n-1$ 步淹没的两个汇水盆地的一部分，图 7-14（b）显示了第 n 步淹没的结果。水已从一个盆地溢出到了另一个盆地，所以必须构建水坝来阻止这种情况的发生。为了与要引入的符号一致，首先令 M_1 和 M_2 表示两个区域极小值中的坐标点集；然后将汇水盆地中点的坐标集合与这两个在溢出的第 $n-1$ 步处的两个极小值点的坐标集合联系起来。令两个区域的极小点集合分别表示为 $C_{n-1}(M_1)$ 和 $C_{n-1}(M_2)$，它们是图 7-14（a）中的两个灰色区域。

令 $C[n-1]$ 表示这两个集合的并集。图 7-14（a）中有两个连通分量，而图 7-14（b）中只有一个连通分量，该连通分量包含了如虚线所示的前两个分量。已成为单个分量的两个连通分量表明，两个汇水盆地在洪水泛滥第 n 步时已经汇聚。令 q 表示这个连通分量。注意，来自 $n-1$ 步的两个连通分量可以通过使用简单的"与"操作（$q \cap C[n-1]$）从 q 中提取出来。我们还注意到，属于个别汇水盆地的所有点形成了单一的连通分量。

假设图 7-14（a）中的每个连通分量被图 7-14（c）中所示的结构元膨胀，满足两个条件：① 膨胀必须约束到 q 上（这意味着在膨胀的过程中，结构元的中心只能位于 q 中的点处）；② 不能对使得正被膨胀集合聚合（变成单个连通分量）的那些点执行膨胀。图 7-14（d）表明，第一次膨胀（浅灰色）扩展了每个原始连通分量的边界。注意，在膨胀过程中，每个点都满足条件①，而条件②没有应用于任何点。这样，每个区域的边界就被均匀地扩展了。

在第二次膨胀中（黑色），几个不符合条件①的点却符合条件②的点，导致了图中所示的断开的周界。很明显，q 中只有满足上述两个条件的点，才能描绘出图 7-14（d）中叉线所示的 1 像素宽的连通路径。在淹没的第 n 步，这条路径构成了所期望的分隔水坝。在这一洪水水位构建水坝的方法是，将刚才确定的路径上的所有点设置为一个大于图像最大灰度值的值（对 8 bit 图像而言，这个值为 255）。这样设置值可以防止水位升高时洪水漫过构建的水坝。如前所述，采用这一步骤构建的水坝是连通分线，是我们希望的分割边界。换句话

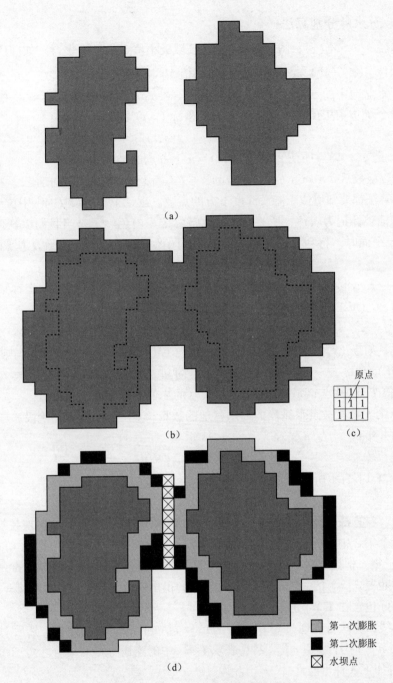

图 7-14 水坝分线的构建图示

(a) 第 $n-1$ 步淹没的两个汇水盆地的一部分；(b) 第 n 步淹没的结果，显示水已在两个盆地间溢出；(c) 结构元膨胀；(d) 膨胀结果和水坝构建

说，这种方法消除了分割线断裂的问题。

尽管刚刚描述的过程只是基于一个简单的例子，但该方法同样适用于更为复杂的情形，包括使用图 7-14（c）中所示的 3×3 对称结构元的情况。

7.2.4.3 分水岭分割算法

令 M_1, M_2, $\cdots$, M_R 表示图像 $g(x,y)$ 的区域极小值点的坐标集合。如前所述，这通常是一幅梯度图像。令 $C(M_i)$ 是表示与区域极小值 M_i 相关联的汇水盆地中点的坐标集合，回顾可知任何汇水盆地中的点形成一个连通分量，符号 min 和 max 表示 $g(x,y)$ 的极小值和极大值，最后，令 $T[n]$ 表示满足 $g(s,t) < n$ 的坐标 (s,t) 的集合，即

$$T[n] = \{(s,t) \mid g(s,t) < n\} \tag{7.2.14}$$

几何上，$T[n]$ 是 $g(x,y)$ 中位于平面 $g(x,y) = n$ 下方点的坐标的集合。

随着水位以整数从 $n = \min + 1$ 到 $n = \max + 1$ 不断上升，地形将被水淹没。在淹没过程的任意步骤 n，算法都要知道位于淹没深度下方的点数。理论上，假设 $T[n]$ 中位于 $g(x,y) = n$ 平面之下的坐标被标记为黑色，所有其他坐标被标记为白色。于是当我们以任何淹没增量 n 处向下观察 xy 平面时，将会看到一幅二值图像，图像中的黑点对应于函数中平面 $g(x,y) = n$ 之下的点。

令 $C_n(M_i)$ 表示汇水盆地中与淹没阶段 n 的最小值 M_i 相关联的点的坐标集。参照前一段的讨论可知，$C_n(M_i)$ 可看成是由下式给出的一幅二值图像：

$$C_n(M_i) = C(M_i) \cap T[n] \tag{7.2.15}$$

换句话说，如果 (x,y) 处满足条件 $(x,y) \in C(M_i)$ 和 $(x,y) \in T[n]$，则有 $C_n(M_i) = 1$，否则 $C_n(M_i) = 0$。这一结果的几何解释很简单，我们只需在淹没阶段 n 使用"与"（AND）运算将 $T[n]$ 中与区域极小值 M_i 相关联的二值图像分离出来即可。

令 B 表示第 n 阶段被洪水淹没的汇水盆地的数量，令 $C[n]$ 表示在阶段 n 中已被水淹没的汇水盆地的并集：

$$C[n] = \cup_{i=1}^{B} C_n(M_i) \tag{7.2.16}$$

令 $C[\max + 1]$ 表示所有汇水盆地的并集：

$$C[\max + 1] = \cup_{i=1}^{R} C(M_i) \tag{7.2.17}$$

可以证明，在算法的执行过程中，$C_n(M_i)$ 和 $T[n]$ 中的元素不仅不会被替换，而且当 n 增大时，这两个集合中的元素数量不是增加，就是保持相同。这样，可得出 $C[n-1]$ 就是 $C[n]$ 的一个子集。根据式（7.2.15）和式（7.2.16）可知，$C[n]$ 是 $T[n]$ 的一个子集，所以，$C[n-1]$ 也是 $T[n]$ 的一个子集。由此，我们得出一个重要的结论：$C[n-1]$ 中的每个连通分量都恰好包含在 $T[n]$ 的连通分量中。

寻找分水线的算法首先通过令 $C[\min + 1] = T[\min + 1]$ 来初始化，然后对算法进行递归处理，由 $C[n-1]$ 计算 $C[n]$。令 Q 表示 $T[n]$ 中的连通分量的集合。对于每个连通分量 $q \in Q[n]$，有如下 3 种可能性。

(1) $q \cap C[n-1]$ 为空集；
(2) $q \cap C[n-1]$ 包含 $C[n-1]$ 的一个连通分量；
(3) $q \cap C[n-1]$ 包含 $C[n-1]$ 的一个以上的连通分量。

由 $C[n-1]$ 构建 $C[n]$ 取决于这三个条件中的哪一个成立。当遇到一个新的极小值时，条件（1）发生，此时连通分量 q 并入 $C[n-1]$ 中形成 $C[n]$。当 q 位于某些局部极小值的汇水盆地内时，条件（2）发生，此时 q 并入 $C[n-1]$ 中形成 $C[n]$。当遇到全部或部分分隔两个或多个汇水盆地的山脊线时，条件（3）发生。进一步淹没会导致这些汇水盆地中的

水位聚合。因此，必须在 q 内构筑一个水坝（如果涉及两个以上的汇水盆地，就要构筑多个水坝）以阻止汇水盆地间的水溢出。如前所述，当我们使用元素为 1、大小为 3×3 的一个结构元来膨胀 $q \cap C[n-1]$ 且膨胀被限制到 q 时，可以构建一座 1 像素宽的水坝。

仅用对应于 $g(x,y)$ 中现有灰度值的 n 值，就可改善算法的效率；根据 $g(x,y)$ 的直方图，我们可以确定这些值，以及极小值和极大值。

如图 7-15 所示，对分水岭分割算法做一个简单说明。

分别考虑图 7-15（a）和图 7-15（b）中的图像和它的梯度，应用刚才讨论的分水岭分割算法得到了图 7-15（c）中梯度图像上的分水线（白色路径）。这些叠加到原图像上的分水线示于图 7-15（d）中，分水线就是连通路径。

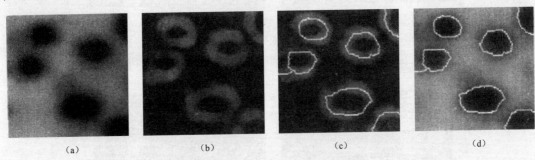

图 7-15 分水岭算法分割过程图示
（a）水滴的原图像；（b）图像的梯度；（c）叠加到梯度图像上的分水线；（d）叠加在原图像上的分水线

7.2.4.4 标记的使用

直接应用前面讨论的分水岭分割算法时，通常会由于噪声和梯度的其他局部不规则性造成过度分割。如图 7-16 所示，过度分割会严重到足以令算法得到的结果变得毫无用处。在这种情况下，意味着存在大量分割后的区域。一个实际解决该问题的方案是通过融入预处理步骤来限制允许存在的区域的数目，进而为分割过程提供更多额外的知识。

用于控制过度分割的一种方法是基于标记这一概念。标记是属于一幅图像的连通分量。与感兴趣物体相联系的标记称为内部标记，与背景相关联的标记称为外部标记。选择标记的过程通常包含两个主要步骤：① 预处理；② 定义标记必须满足的一个准则集合。为便于说明，再次考虑图 7-16（a）。导致图 7-16（b）中过度分割结果的部分原因是存在大量潜在的极小值，由于它们的尺寸，许多极小值是不相关的细节。就像先前的讨论中多次指出的那样，将小空间细节的影响降至最低的有效方法是用一个平滑滤波器对图像进行过滤，在这种特殊情况下，这是一种合适的预处理方法。

假设我们将一个内部标记定义为：① 被更高"海拔"点包围的区域；② 区域中形成一个连通分量的那些点；③ 连通分量中有相同灰度值的所有点。在图像经过平滑处理后，由该定义导致的内部标记在图 7-17（a）中以浅灰色、团状区域显示，接着在这些内部标记只能是在允许的区域极小值的限制下，对平滑后的图像应用分水岭分割算法。图 7-17（a）显示了所得到的分水线，这些分水线被定义为外部标记。需要注意的是，沿分水线的点经过相邻标记之间的最高点。

图 7-17（a）中的外部标记有效地将图像分割成了不同的区域，每个区域都包含一个内部标记和部分背景。这样，问题就简化为将这些区域划分为两部分：单个目标及其背景。我

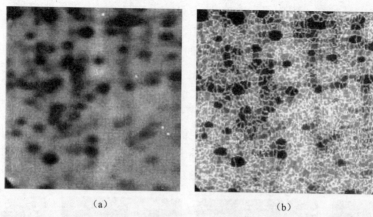

图 7-16 过度分割现象图示
（a）电泳现象图像；（b）对梯度图像应用分水岭分割算法得到的结果

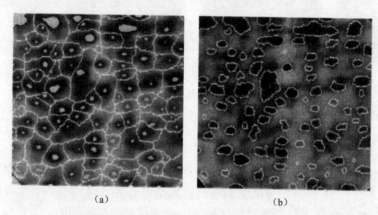

图 7-17 引入标记后的分割效果图示
（a）显示有内部标记（浅灰色区域）和外部标记（分水线）的图像；（b）分割的结果

们可以应用多种在前文讨论过的分割技术简化这个问题。另一种方法是对各个区域简单地应用分水岭分割算法。换句话说，只需首先求得平滑后图像的梯度［图 7-17（b）］，然后将分水岭分割算法限制在只对在该特殊区域中包含该标记的单个分水岭进行操作。使用这种方法得到的结果如图 7-17（b）所示，相对于图 7-16（b）的改善是明显的。

标记的选择可从基于灰度值和连通性的简单过程，变化到涉及尺寸、形状、位置、相对距离、纹理内容等的复杂描述（特征描述子）。关键是使用标记可为分割问题提供先验知识。记住，人类通常使用先验知识来帮助进行日常视觉中的分割和更高级的任务，其中我们最熟悉的是使用上下文。因此，分水岭分割算法提供了一种能有效使用这类知识的框架，这是这种方法的一个突出的优点。

7.2.5 数学形态学图像处理

数学形态学可以分为二值形态学和灰度形态学。其中，灰度形态学由二值形态学扩展而来。数学形态学有两个基本的运算，即腐蚀和膨胀，而腐蚀和膨胀通过结合又形成了开运算和闭运算：开运算就是先腐蚀再膨胀，闭运算就是先膨胀再腐蚀。

7.2.5.1 腐蚀

粗略地说，腐蚀可以使目标区域范围"变小"，其实质造成图像的边界收缩，可以用来消除小且无意义的目标物，可表示为

$$E = B \otimes S = \{x, y \mid S_{xy} \subseteq B\}$$

该式表示用结构 S 腐蚀二值图像 B。需要注意的是，S 中需要定义一个原点，S 移动的过程与卷积核移动的过程一致，同卷积核与图像有重叠之后再计算一样。当 S 的原点平移到图像 B 的像元 (x, y) 时，如果 S 在 (x, y) 处，完全被包含在图像 B 重叠的区域，也就是 S 中为 1 的元素位置上对应的 B 图像值全部也为 1，则将输出图像对应的像元 (x, y) 赋值为 1；否则赋值为 0，如图 7-18 所示。

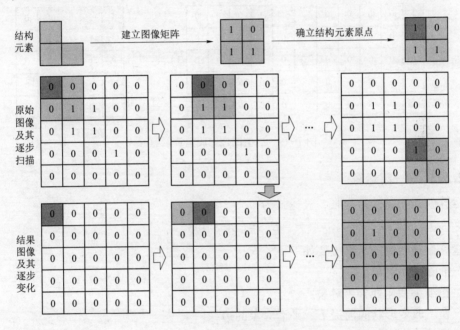

图 7-18 二值图像腐蚀运算示意

S 依顺序在 B 上移动（和卷积核在图像上移动一样，然后在 S 的覆盖域上进行形态学运算），当其覆盖 B 的区域为 $[1,1;1,1]$ 或者 $[1,0;1,1]$ 时（也就是 S 中"1"是覆盖区域的子集），对应输出图像的位置才会为 1。

7.2.5.2 膨胀

粗略地说，膨胀会使目标区域范围"变大"，将与目标区域接触的背景点合并到该目标物中，使目标边界向外部扩张。其作用就是用来填补目标区域中某些空洞以及消除包含在目标区域中的小颗粒噪声，可表示为

$$E = B \oplus S = \{x, y \mid S_{xy} \cap B \neq \varnothing\}$$

该式表示用结构 S 膨胀 B，将结构元素 S 的原点平移到图像像元 (x, y) 位置。如果 S 在图像像元 (x, y) 处与 B 的交集不为空（也就是 S 中为 1 的元素位置上对应 B 的图像值至少有一个为 1），则输出图像对应的像元 (x, y) 赋值为 1，否则赋值为 0。

二值图像膨胀运算示意如图 7-19 所示。

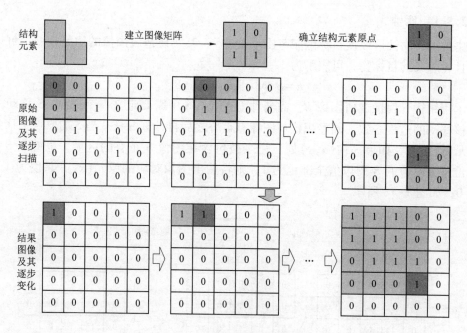

图 7-19 二值图像膨胀运算示意

7.2.5.3 开-闭运算

开运算就是先腐蚀再膨胀,表达式为

$$B \circ S = (B \otimes S) \oplus S$$

开运算处理图像的结果主要如下:
(1) 消除细小对象。
(2) 在细小粘连处分离对象。
(3) 在不改变形状的前提下,平滑对象的边缘。

闭运算就是先膨胀再腐蚀,表达式为

$$B \cdot S = (B \oplus S) \otimes S$$

闭运算处理图像的结果主要如下:
(1) 填充对象内的细小空洞。
(2) 连接邻近对象。
(3) 在不明显改变面积的前提下,平滑对象的边缘。

7.3 图像的纹理分析

在前面的边缘检测和区域分割的讨论中,是把灰度和颜色的一致视为区域一致的。而纹理可认为是灰度和颜色的二维变化的图案,它是区域所具有的重要特征之一。不管什么样的物品(如白纸),如果一直放大下去再进行观察,就一定能显现出纹理(如纸的纤维花纹)。另外,也可以说,在灰度固定的区域中也没有灰度变化的纹理。

纹理在图像处理中起到重要的作用。例如,根据对卫星摄影和航空摄影的地形和森林的分析，生物组织和细胞的显微镜照片的分析等。此外，在一般的以自然风景为对象的图像分析中，纹理也具有重要的作用。图像形态学处理效果如图 7-20 所示。

对纹理分析的方法，可分为统计方法和结构分析方法。统计方法常被用于像木纹、沙地、草坪那样纹理不规则的物体，并根据像素间灰度的统计性质规定出纹理的特征。结构分析法适用于像布料的印刷图案或砖的花样等一类组成纹理的元素及其排列规则，用来描述纹理的结构。下面介绍为求得纹理特征所需的各种统计方法，同时也简单介绍结构分析方法。

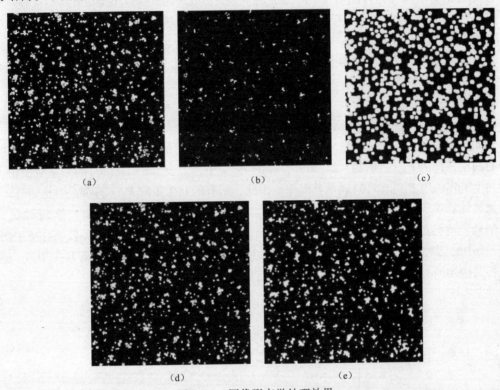

图 7-20 图像形态学处理效果
(a) 原始图像；(b) 腐蚀图像；(c) 膨胀图像；(d) 开运算图像；(e) 闭运算图像

7.3.1 纹理特征及其计算

7.3.1.1 直方图特征

直方图的最基本特征之一是纹理区域的灰度直方图或灰度的平均值和方差等。由于用灰度的直方图不能得到纹理的二维灰度变化，即使对于一般性的纹理识别，其能力也是过低的。如图 7-21 中两个纹理相同的直方图，只靠直方图是无法识别此图像的。为此，二维灰度变化的图案简单地赋予特征的方法，可以从图像中求出边缘或灰度极大点、极小点上的二维局部特征，并利用它们分布的统计性质的方法，即首先将图像进行微分从而求得边缘，作关于边缘的大小和方向的直方图，并把这些直方图和灰度直方图合并，作为纹理特征。

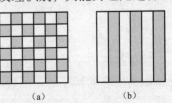

图 7-21 两个纹理相同的直方图

另外，直方图较强的边缘密度或边缘的平均大小也成为表示纹理粗细的有用特征。如果关于边缘方向的直方图在某个范围内具有尖峰，那么就可以知道纹理所具有的对应于这个尖峰的方向性。利用边缘的方向性，就可以较容易地识别图 7-21 的两种纹理。这样的特征，因为强烈地受到图像拍照时照明的影响，所以在进行特征计算前，有必要进行直方图的平坦化以及灰度平均值和方差的规格化。

7.3.1.2　灰度共生矩阵特征

在灰度直方图中，因为各个像素的灰度是独立地进行处理的，所以不能很好地给纹理赋予特征。但是，如果对图像中两个像素组合时灰度配置的情况进行研究，就能够很好地给纹理赋予特征。这样的特征称为二次统计量，其中有代表性的有以灰度共生矩阵为基础的纹理特征计算法。

灰度共生矩阵被定义为从灰度为 i 的点离开某个固定位置关系 $\delta = (\mathrm{D}x, \mathrm{D}y)$ 的点上的灰度为 j 的概率（见图 7-22）：

$$P_\delta(i,j), \quad i,j = 1,2,\cdots,n$$

式中：n 表示灰度级数；i、j 表示灰度。

例如，在图 7-22 的图像中，设 $\delta = (1,0)$ 时，$i = 0$, $j = 1$ 的组合（在 0 值的右邻为 1 的频率）有两次，即为 $P_{(1,0)}(0,1) = 2$。另外，在图 7-22 中，为表示 $\delta = (-1,0)$ 的关系而使用了相同的共生矩阵，用 $P_{(1,0)}(1,0)$ 表示其概率。因此，所有的共生矩阵 $P_\delta(i,j)$ 都是对称矩阵。

如果计算关于所有的 δ 的灰度共生矩阵，就等于计算出了图像的所有二次统计量，但是，信息量就会过多。所以在实际中选择适当的 δ，只对它求共生矩阵，多数场合使用图 7-22（c）中的四种位移。作为纹理识别的特征量，不是原封不动地用上述的共生矩阵，而是要从各共生矩阵计算如下的特征量，并根据这些值给出纹理特征，即

$$\begin{cases} q_1 = \sum_{i=1}^{n}\sum_{j=1}^{n}\{P_\delta(i,j)\}^2 \\ q_2 = \sum_{k=0}^{n-1} k\{\sum_{i=1}^{n}\sum_{j=1}^{n} P_\delta(i,j)\}_{|i-j|=k} \\ q_3 = -\sum_{i=1}^{n}\sum_{j=1}^{n} P_\delta(i,j)\lg P_\delta(i,j) \\ q_4 = \dfrac{\sum_{i=1}^{n}\sum_{j=1}^{n} i \cdot j P_\delta P_\delta(i,j) - \mu_x \mu_y}{\sigma_x \sigma_y} \end{cases} \quad (7.3.1)$$

其中，

$$\mu_x = \sum_{i=1}^{n} i \sum_{j=1}^{n} P_\delta(i,j); \qquad \mu_y = \sum_{j=1}^{n} j \sum_{i=1}^{n} P_\delta(i,j);$$

$$\sigma_x^2 = \frac{1}{n}\sum_{i=1}^{n}(i-\mu_x)^2 \cdot \sum_{j=1}^{n} P_\delta(i,j); \qquad \sigma_y^2 = \frac{1}{n}\sum_{j=1}^{n}(j-\mu_y)^2 \cdot \sum_{i=1}^{n} P_\delta(i,j)$$

除了这些特征外，还有由共生矩阵计算的特征。根据一些实验，确认它的有效性。但是，因为所有的特征都是由数学所定义的，所以究竟对应于哪一种纹理特征，对人们来讲不太直观。另外，通常的图像灰度级 n 一般要大到 256 左右，为了解决对特征计算费时间以及消除拍照时照明的影响，常常在求共生矩阵之前，根据直方图的平坦化预先就换成 $n = 16$ 的图像。

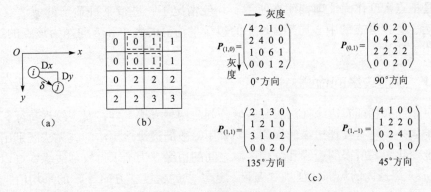

图 7-22 灰度共生矩阵
(a) 移位 δ=(Dx, Dy); (b) 图像; (c) 灰度共生矩阵

7.3.1.3 傅里叶特征

除了以上所述的图像空间提取特征外，还有对图像进行傅里叶变换，从其频率成分的分布来求得纹理特征的方法。图像 $f(i,j)$ 的傅里叶变换 $F(u,v)$ 的功率谱定义为

$$P(u,v) = |F(u,v)|^2$$

其值表示了空间频率的强度。为了从 $P(u,v)$ 计算出纹理特征，把它用极坐标的形式表示，并设为 $P(r,\theta)$ 后，可得

$$\begin{cases} P(r) = 2\sum_{\theta=0}^{\pi} P(r, \theta) \\ q(\theta) = \sum_{r=0}^{W} P(r, \theta) \end{cases} \qquad (7.3.2)$$

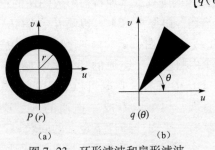

图 7-23 环形滤波和扇形滤波

如图 7-23 所示，$P(r)$ 是在功率谱空间以原点为中心的环形区域内的能量之和；$q(\theta)$ 表示扇形区域内的能量之和。作为纹理特征，使用 $P(r)$、$q(\theta)$ 图形的峰的位置和大小，$P(r)$、$q(\theta)$ 的平均值和方差等。例如，$q(\theta)$ 的峰表示纹理在其方向或直角的方向上具有明确的方向性；$P(r)$ 的峰表示纹理构成元素的大小（纹理的粗糙程度）。

7.3.2 纹理区域的分割

上述方法，是从具有同样的纹理特征的区域计算其特征的方法。在图像内存在若干个不同的纹理区域的场合，为了利用这样的方法提取纹理区域，可以把图像分成 $n×n$ 的小矩形区，在各矩形区内计算纹理特性。但是，为了计算纹理特征，需要具有某种大小的小区域，所以用这种方法不能有效地产生细微的区域边界。

为了提取点密度不同的纹理区域，最好先计算以各点为中心的 $n×n$ 区域内的点的密度，并求出密度直方图的峰。但是如果画面内存在多个结构区域，则不能用这种方法顺利地进行区域分割。为解决这一问题，在各点周围设置 5 个邻域，把在最一致邻域中的点密度作为该点输出值，再根据直方图进行分割，据此，可以提取出细微的区域边界。

以上是把点密度作为纹理特征来使用。一般情况下，进行某种适当的滤波（如把图像微分）之后，把以各点的中心局部区域中的边缘平均值的大小和方向作为该点的纹理特征，就能够应用上述的方法。

7.3.3 纹理边缘的检测

如同对于局部特征有边缘检测法和区域分割法两种方法一样，对于纹理特征，除了纹理区域的分割之外，还有纹理边缘的检测。如果用一般的边缘检测法，就无法区别出依靠纹理区域内灰度变化图案所得的边缘和纹理区域之间的边缘。为了求得纹理边缘，可以分别求出 (i, j) 的 $n \times n$ 邻域内的局部特征（如灰度、边缘点的密度、方向等）的平均值，用它们的差来定义边缘的值。

此时，最大的问题是把邻域的大小 n 设成多大为好。若把 n 设大了，则边界会出现模糊；相反，若设小了，则反映出纹理本身有波动。

7.4 图像的符号描述

图像的符号描述的任务是把图像的原本的特征如幅度值、边缘、点等，变换或映射到较小的"描述子"，后者可用来作为判读图像的依据。图像的典型"描述子"为一串边缘点构成的物体边界、同幅度、同颜色、同纹理的连接区域，及一些基本的形状如矩形、三角形、圆等。下面只简述一些形成符号图像的途径。

7.4.1 连通性

在确定了像元间的几何关系或连通性后，就能够由图像的阵列或本原特征形成图像的符号描述。由图 7-24 可以看出，图 7-24 (a) 中有白、黑、白三个区域，构成一个由黑色像元连通的环。但从图 7-24 (b) 中来看，它既可以看成四条黑的直线，也可以看成一连通的环，这里就有一个对连通性下定义的问题。

下面先说明像元不同的连通性质。图 7-25 (a) 所示为像元 A 被 8 个邻近像元所包围（从 B 到 I）。设定像元 A 属于具有某种本原特性的 S 集，若像元 A 的上、下、左、右四个方向的各个相邻像元都具有与 A 相同的特性，则 A 与 B、C、D、E 是四方连通的。若像元 A 的上、下、左、右与上左、上右、下左、下右八方的相邻像元中都具有与 A 相同的性质且落在 S 集之内，则 A 与 B、C、D、E、F、G、H、I 各像元是八方连通的。根据以上的连通性定义，图 7-25 (b) 是四方不连通的，但却是八方连通的环。然而根据八方连通的定义也可以看出，环内部的白色区域与外部白色区域也可以被认为是八方连通的，这样就出现了迷惑，因此若对 S 集内的像元定义八方连通，则必须对 S 集的辅助即 $\overline{S}$ 集内的像元规定使用四方连通性的定义。这样，上述问题就可以解决了。

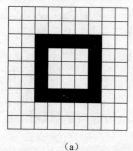
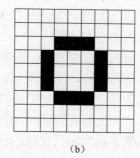

图 7-24 连通性
(a) 示图 1；(b) 示图 2

设定图 7-25 中栅网区的像元性质属 S 集,而无栅网区的像元性质属补集 $\bar{S}$;图 7-25(b)中的像元 A 八方不连通,故称为孤立像元;图 7-25(c)中的像元 A 是四方连通的,故称为内部像元。图 7-25(d)中的像元 A 与四方的相邻像元至少有一个不相连,则 A 为边界像元。若像元 A 只与上、下或左、右的两个相邻像元相连通,则 A 为弧像元。若 A 只与相邻像元中的一个有四方连通性质,则 A 为弧端点。若连通的弧线上的一集弧点中的每点都只与两个相邻像元有八方连通的关系,如图 7-25(e)所示,则称为最少连通弧。

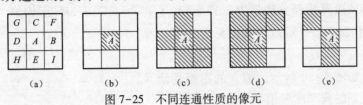

图 7-25 不同连通性质的像元

(a) 像元位置;(b) 孤立像元;(c) 内部像元;(d) 边界像元;(e) 弧端点

7.4.2 缩点、压窄、扩宽

缩点、压窄的操作是使一集给定性质的、连通的像元压缩成一点或压窄其宽度。这种操作是不可逆的,图 7-26 和图 7-27 所示为缩点及压窄的示例。

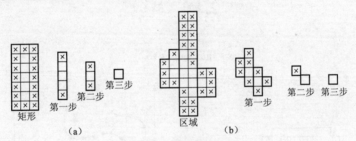

图 7-26 缩点操作示例

(1) 缩点操作是逐步把不是弧点的边界点(图 7-26 中用"×"表示)移掉,直到只留下一点为止。在移掉边界点的过程中,不要引入由八方连通性质所定义的不连通区域。在不失去区域存在的条件下,可以移去弧端点。这种操作一直做到只留下一个点时为止。

(2) 压窄操作是首先把物体左面的边界点 L(不是弧线点)移掉,并保持物体的八方连通性质;然后在同样的条件下把右面边界 R 去掉,如图 7-27(a)所示。对于图 7-27(b) 还可再移掉上部边界点 T 及下部边界点 B。做了上述的移掉边界点的操作以后,还可在不影响连通性的条件下重复这种移掉边界的操作。显然,若实施以上步骤的次序不同,则将出现不同的结果。

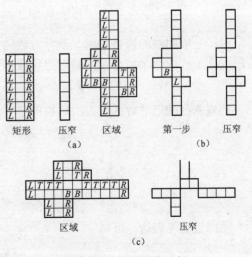

图 7-27 压窄操作示例

（3）扩宽操作是人为地扩大图像边缘宽度的操作。其操作方法是把每一个边缘点作为中心扩大成 $n \times n$ 的区域，n 为奇数，区域内各像元的幅度与边缘点相同，如图 7-28 所示，这里 $n = 3$。由图 7-28 看出，用四个小格构成的边缘上的每个点，经 3×3 的八方扩宽操作以后，可得到加粗的边缘，如图中实线所示。

7.4.3 线条的描述与曲线拟合

若二维物体的边界或部分边界由一集点 $(x_i, y_i)(i = 1, 2, \cdots, M)$ 所构成，其中 (x_i, y_j) 是与 (x_{i+1}, y_{j+1}) 相邻的点，可以用函数关系

$$\bar{y} = g(x)$$

拟合这种曲线，如图 7-29 所示。拟合的指标是使 (x_i, y_i) 与 $(x_i, g(x_i))$ 之间的误差度量值最小。误差的典型度量值如下。

绝对值误差和：

$$\varepsilon = \sum_{i=1}^{M} |y_1 - g(x_i)|$$

最小二乘误差：

$$\varepsilon = \sum_{i=1}^{M} [y_1 - g(x_i)]^2$$

峰值误差：

$$\varepsilon = \max |y_1 - g(x_i)|$$

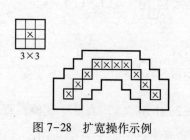

图 7-28　扩宽操作示例

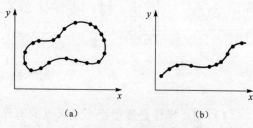

图 7-29　曲线拟合

对于一般曲线的拟合来说，误差方程的最小化是很困难的。最一般的曲线拟合方法是用分段的多项式曲线来拟合。这时近似线段用下式表示，即

$$\hat{Y} = a_0 + a_1 x + a_2 x^2 + \cdots + a_N x^N$$

把观测到的点的数据代入，可得向量空间关系式为

$$\begin{bmatrix} 1 & x_0 & x_0^2 & \cdots & x_0^N \\ 1 & x_1 & x_1^2 & \cdots & x_1^N \\ \vdots & \vdots & \vdots & & \vdots \\ 1 & x_M & x_M^2 & \cdots & x_M^N \end{bmatrix} \begin{bmatrix} a_0 \\ a_1 \\ \vdots \\ a_N \end{bmatrix} = \begin{bmatrix} \hat{y}_0 \\ \hat{y}_1 \\ \vdots \\ \hat{y}_M \end{bmatrix} \tag{7.4.1}$$

用向量矩阵表达，可得

$$Xa = \hat{Y}$$

而最小二乘误差的准则是使

$$\varepsilon = (Y - \hat{y})'(Y - \hat{y}) \to \min$$

多项式加权系数 a 的最佳值可用广义逆矩阵来求得,即

$$a = X\hat{Y}$$

在数据点 M 大于多项式系数 N ($M>N$) 时,广义逆矩阵可用下式表达,即

$$X' = (X'X)^{-1}X'$$

可得

$$a = (X'X)^{-1}X'\hat{Y} \tag{7.4.2}$$

其中,设定 X_i 是单值的,可以看出这种求解方法与最佳线性估计方法一致。另外,还有迭代式端点拟合,它用分段的直线来拟合曲线。这里不多介绍。

7.4.4 形状描述

基于边缘检测可以得到图像中有意义目标的边界,基于边界可以得到目标的边界特征。描述边界的方法除边界点集合外,还可以基于边界点集合以一定的方法生成参数边界,如边界链码、边界标记等,也可以基于边界点集合用规则图形进行近似表示,如规则图形逼近等。边界的特征提取可以基于边界点集合,也可以基于边界点集合产生的边界描述,后者一般对噪声干扰有较强的稳健性。

边界链码是利用一系列具有特定长度与方向的直线段来表示边界的,边界的起点用绝对坐标表示,后序点只用方向来表示。方向值主要基于四方连通与八方连通两种方法确定,方向值定义如图 7-30 所示。

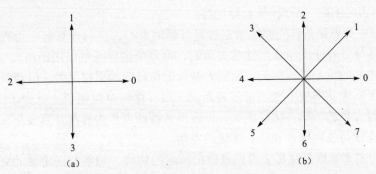

图 7-30 四方连通与八方连通方向值定义
(a) 四方连通方向值;(b) 八方连通方向值

图 7-31 (a) 所示的边缘点集合(每个方块)代表一边缘点,如果链码起点定为左下方点,则其对应的四方连通边界链码为 110010333222,八方连通边界链码为 22010666444。用链码表示边界时,链码起点会影响计算结果,同一个边缘点集合,不同的链码起点所得的链码结果是不同的。在实际应用中,可以使用边界链码的归一化解决这一问题,具体做法是将链码看作由方向数构成的一个自然数,将其进行循环移位,使得方向数构成的自然数值最小,所形成的链码称为归一化链码。

如图 7-31 (a) 所示的边缘点集合所对应的四方连通边界链码为 110010333222(起始点为左下角点),对其进行循环移位,形成的归一化链码为 001033322211(起始点变为左上角点),同样其对应的归一化八方连通链码为 01066644422。另外,由链码的定义可以看出,

链码对目标具有平移不变性。也就是说，如果目标发生平移，其归一化链码是相同的，但如果目标发生旋转，则链码会发生变化。为了实现链码的旋转不变性，引入了差分链码的概念，差分链码是将链码进行循环相减，即后一个减去前一个，如果所得值为负数，则对链码方向数的最大值取补。上述四方连通链码 110010333222 的差分值为 -10-101-1300-100，负数对最大值取补后形成的差分链码为 303013300300，如果对图 7-31（a）逆时针旋转 90°，所得图如图 7-31（b）所示，其对应的四方连通链码为 221121000333（起始点与旋转前的起始点相同），差分值为 -10-101-1-100300，其对应的差分链码为 303013300300。可以看出，图像旋转其差分链码是不变的，差分链码对图像旋转具有不变性。但是，需要注意的是，差分链码的旋转不变特性只是在目标旋转角度是 45°倍数时成立，并不是在任意旋转角度下都成立。

图 7-31　边界图例及边界图逆时针旋转 90°
（a）边界图例；（b）图（a）逆时针旋转 90°

边界标记的目的是将二维的图像边界转换为一维的函数表示，主要方法有 $r-\theta$ 标记、$\varphi-s$ 标记、斜率密度函数、距离-弧长标记等。

$r-\theta$ 标记的主要思路是首先确定给定边界目标的重心，然后计算每个边界点到重心的距离 r 及该边界点与重心连线与指定轴的夹角们，则每个边界点可以用距离 r 与夹角 θ 进行标记。由于采用边界的重心进行标记，所以 $r-\theta$ 标记与目标的平移无关，但会随目标的旋转与缩放变化。为了实现其缩放不变，可以将距离 r 归一化到单位幅值上，为了实现旋转不变，可以在计算中对夹角进行归一化。例如，以边界的特殊点作为标准计算夹角，即计算每个边界点和质心的连线与该特殊点和质心连线的夹角。

$\varphi-s$ 标记的主要原理是在每个边界点做出该点的切线，切线与固定轴的夹角记为 φ，从起始点到该点的弧长标记为 s。

斜率密度函数是计算 $\varphi-s$ 标记中夹角 φ 的直方图 $h(\varphi)$ 作为边界的标记，距离与弧长的标记是首先求出边界的质心；然后计算每个边界点与质心的距离；最后，计算该点与固定点的弧长，形成距离-弧长标记。

边界链码、边界标记等参数边界方法对噪声和干扰较为敏感，规则图形逼近是用多边形去近似逼近边界，虽然在表示精度上不如参数边界方法精确，但具有较强的抗噪声干扰能力。规则图形逼近方法主要有基于收缩的最小周长多边形法、基于聚合的最小均方误差线段逼近法与基于分裂的最小均方误差线段逼近法三种。

基于收缩的最小周长多边形法是将边界当作有弹性的线，将组成边界的像素序列的内、外边各当作一堵墙，确定最小周长多边形模拟为拉紧线的过程。基于聚合的最小均方误差线段逼近法是在边界点集合中，先选择一个边界点为起点，用直线依次连接该点与相邻的边界点，分别计算各直线与边界的拟合误差。依据误差大小从小到大依次与阈值进行比较：首先把误差第一次大于阈值的线段确定为多边形边界的一条边；然后以该线段的另一边界点为起点，重复这一过程；最后获得边界的近似多边形表示。基于分裂的最小均方误差线段逼近方法的基本原理是首先计算边界点中相距最远的一条直线；然后计算其他边界点到此直线的距离，如果距离小于阈值，则从边界点集合中删除边界点。如果大于阈值，则保留，依次连接边界集合中剩余边界点所形成的多边形即为该边界的多边形逼近。

7.4.5 边界特征描述

边界特征描述主要有简单边界特征（如边界长度、直径、曲率等）、边界形状数、傅里叶描述子、边界矩等。

7.4.5.1 简单边界特征

边界长度是目标边界最简单的特征之一。如果链码是四方连通链码，则边界长度可以用边界像素数减 1 表示；如果链码是八方连通链码，则垂直与水平移位的边界像素贡献为 1，对角像素贡献为 $\sqrt{2}$。观察图 7-30 中八方连通方向数的图示，在八方连通链码中，方向数为奇数的，均为对角像素，方向数为偶数或 0 的，则为垂直与水平移位。

目标边界的另一种简单特征是直径，即长轴与短轴的长度。边界点中距离最大的两点之间的直线段称为该边界点的长轴；与此垂直且最长的两个边界点间的线段称为此边界点的短轴。长轴与短轴组成了目标边界的直径特征，有时将长轴与短轴的比率作为特征，为该边界点的偏心率。这种计算主轴的方法受噪声干扰的影响较大。另一种计算主轴的方法是计算惯性主轴，由于其基于目标的全部边界像素或整个目标区，所以有较强的抗干扰能力。如果边界像素集合表示为 $L=\{(x_i,y_i)|1 \leq i \leq N\}$，其计算过程如下。

首先计算边界向量的平均向量 (x_0, y_0)，计算公式为

$$x_0 = \frac{1}{N}\sum_{i=1}^{N} x_i, \quad y_0 = \frac{1}{N}\sum_{i=1}^{N} y_i$$

然后计算二阶中心矩：

$$\mu_{jk} = \sum_{i=1}^{N}\sum_{r=1}^{N} (x_i - x_0)^j (y_r - y_0)^k$$

边界主轴方向为

$$\theta = \frac{1}{2}\arctan\left(\frac{2\mu_{11}}{\mu_{20}-\mu_{02}}\right)$$

偏心率为

$$E = \frac{(\mu_{20}-\mu_{02})^2 + 4\mu_{11}}{A}$$

7.4.5.2 边界形状数

边界形状数是基于链码的边界特征，链码的起点不同，其一阶差分链码也不相同。边界形状数定义为给定边界的最小一阶差分链码，可以基于任意起点的一阶差分链码进行循环移位求得。例如，图 7-31 所示边界点集合所对应的四方连通边界链码为 110010333222（起始点为左下角点），其差分链码为 303013300300，对其进行循环移位求其最小值所获得的形状数为 003003030133。形状数的长度称为该形状数的阶，如上述的边界形状数的阶为 12，其物理意义是对边界描述的尺度，变化阶数可以得到给定边界的多尺度描述。给定阶数，求已

知边界集合的形状数的过程如下。

（1）求出给定边界的最小外接矩形。

（2）将矩形分割为 N×M 个正方形，如果阶数为 d，则

$$N+M=d/2$$

（3）求出与边界最吻合的正方形边界，将 50% 以上的面积包含在此边界内的正方形作为正方形边界，根据正方形边界确定边界的多边形近似。

（4）从近似多边形中随机选取一点，计算其一阶差分链码，循环移位，得到边界点集合给定阶数的形状数。

例如，求图 7-32 边界阶数为 22 的形状数。首先找出边界的最小外接矩形，如图 7-32（b）所示；然后将其划分为 4×7 个正方形，如图 7-32（c）所示；最后确定其正方形边界，从任意点开始计算其一阶差分链码 33103000003000030000031，其形状数为 00000300030000003133103。

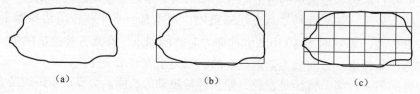

图 7-32　给定阶数计算其边界形状数的过程图示

7.4.5.3　傅里叶描述子

傅里叶描述子是基于边界点集合的特征提取方法。给定边界点集合，从任意点作为起点，沿逆时针方向可以得到其边界点坐标序列：

$$S(k) = \{[x(k), y(k)] \mid k = 0, 1, 2, \cdots, K-1\}$$

每个点可以表示为

$$L(k) = x(k) + iy(k)$$

这样，得到一个复数序列 $L(k)$ 并对其进行离散傅里叶变换，有

$$a(u) = \sum_{k=0}^{K-1} L(k) e^{-j2\pi uk/K}$$

式中：$u = 0, 1, 2, \cdots, K-1$；系数 $a(u)$ 称为该边界的傅里叶描述子。

根据 $a(u)$ 可以通过离散傅里叶逆变换恢复边界序列 $L(k)$，有

$$L(k) = \sum_{u=0}^{K-1} a(u) e^{j2\pi uk/K}$$

7.4.5.4　边界矩

目标的边界是由边界像素连接的线段，对于任意边界可以表示成一个一维函数 $f(r)$，对于每个边界像素，都有一个确定的 r 与此对应，其函数值 $f(r)$ 由边界的形状决定。为了获得唯一的表示，可以将 $f(r)$ 到 r 轴覆盖的面积归一化到单位面积，则边界矩定义为

$$\mu_n(r) = \sum_{i=1}^{K} (r_i - m)^n f(r_i)$$

其中，

$$m = \sum_{i=1}^{K} r_i f(r_i)$$

7.4.6 区域描述

本小节介绍几种描述图像区域的方法，使用边界和区域相结合的描述子在实践中十分普遍。

7.4.6.1 简单的区域描述

一个区域的面积定义为该区域中像素的数量，区域的周长是其边界的长度。尽管面积和周长有时也被用作描述子，但它们主要应用于感兴趣区域尺寸不变的情形。与面积和周长相关的描述子频繁用于度量一个区域的致密性，定义为（周长）^{2}/面积。稍微不同的（标量乘子内）致密性描述子是圆度率，即一个区域的面积与具有相同周长的一个圆（最致密的形状）的面积之比。周长为 P 的一个圆的面积为 $P^2/(4\pi)$。因此，圆度率 R_c 由下式给出：

$$R_c = 4\pi A/P^2$$

式中：A 是所讨论区域的面积；P 是其周长。

对于圆形区域，该度量值为 1；对于方形区域，该度量值为 $\pi/4$。致密性是一个无量纲的度量，当然，在忽略调整数字区域大小和旋转数字区域时可能引入的计算误差的情形下，它对均匀尺度的变化和方向不敏感。

此外，用作区域描述子的其他简单度量还包括灰度级的均值和中值、最小灰度值和最大灰度值，以及其值高于和低于均值的像素数。

7.4.6.2 拓扑描述子

拓扑特性对于图像平面区域的整体描述是很有用的。简单来说，拓扑学是研究未受任何变形影响的图形的性质，前提是该图形未被撕裂或粘连（有时称为橡皮膜变形）。例如，图 7-33 所示为一个带有两个孔洞的区域。如果一个拓扑描述子由该区域内的孔洞数量来定义，那么这种性质明显不受拉伸或旋转变换的影响。然而，一般来说，如果该区域被撕裂或折叠，那么孔洞数会发生变化。由于拉伸会影响距离，故拓扑特性与距离或基于距离度量概念的任何特性无关。

另一个对区域描述有用的拓扑特性是连通分量的数量，图 7-34 所示为一个带有三个连通分量的区域。

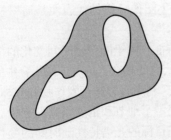

图 7-33　一个带有两个孔洞的区域

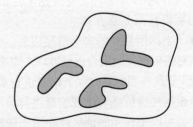

图 7-34　一个带有三个连通分量的区域

图 7-34 中孔洞的数量 H 和连通分量的数量 C，可用于定义欧拉数 E：

$$E = C - H$$

欧拉数也是一种拓扑特性。例如，图 7-35 中所示的区域有分别等于 0 和 -1 的欧拉数，因为"A"有一个连通分量和一个孔洞，而"B"有一个连通分量和两个孔洞。

使用欧拉数可以非常简单地解释由直线线段表示的区域（称为多边形网络），图 7-36

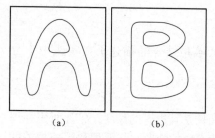

图 7-35 欧拉数分别等于 0 和 -1 的区域

所示为一个多边形网络,将这样一个网络的内部区域分类为面和孔通常是很重要的。用 V 表示顶点数,用 Q 表示边数,用 F 表示面数,那么可得出称为欧拉公式的如下关系:

$$V-Q+F=C-H$$

进而可以得出上式等于欧拉数:

$$V-Q+F=C-H=E$$

图 7-36 中的网络有 7 个顶点、11 条边、两个面、一个连通区域和 3 个孔,因此欧拉数为

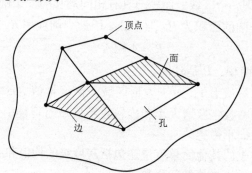

图 7-36 包含一个多边形网络的区域

$$7-11+2=1-3=-2$$

拓扑描述子提供了一个附加特征,该特征在表征某个场景中的区域时通常很有用。

7.5 多维信息及运动图像的分析和利用

前面的讨论是把单幅图像作为处理对象来考虑的。随着图像处理的应用日益广泛,以各种各样的观点来观察图像,综合地分析由各种传感器测定的多幅图像数据,以期提取精度更高和更多方面的信息的这类研究正在积极地进行着。多重图像分析的代表便是遥感技术,这部分内容将在第 8 章介绍。

除了上面所提到的多维信息以外,时间也是重要的特征。关于图像随时间变化的信息,可以根据对多幅图像的集合进行处理来规定其特征。在时间信息的场合,这种图像集合中的各幅图像对应于把同一目标从时间上错开进行观测所得出的图像。利用遥感进行农作物和森林分类时,因为只根据光谱信息和纹理信息进行分类,所以有时实现不了细节和精度很高的分析。在这样的场合,可以把相同的地区放在适当的时间进行拍照,把目标的光谱特性随时间的变化作为用来进行分类的特征量加以利用。这表现在即使某个时期表示相同光谱特性的植物,如果随生长的速度和季节的变化而不同,也能够通过研究光谱特性的时间变化而比较容易地加以识别。

常常把时间间隔比较短的序列图像称为运动图像。在运动图像的分析中,图像内目标的变化极小,把这样小的变化一个一个地联系起来,提取出目标的运动信息、形变、三维形状,这就是分析的目的(见图 7-37)。

由在时间上相邻的两幅图像中求出目标的位置、形状变化的最简单的方法是取两幅图像的差。如图 7-38 所示,当背景亮的目标物体移动时,在两幅图像的差分图像中,就形成了在移动的前方为正值的区域,在后方为负值的区域。用这种方法只能检测出运动物体的一部分,但可以推断来自正负区域组的移动向量。为了从一系列的差分图像求出运动物体的形状,只要求出连续的差分图像中正的或负的区域的逻辑和就可以了(见图7-39)。

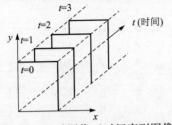

图 7-37 运动图像(时间序列图像)

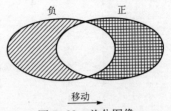

图 7-38 差分图像

一旦运动物体被提取出来,就可以在以后的画面上跟踪它,从而求出时间的变化。此时,因为已经知道了运动物体的特征和移动速度,就可以利用这些信息重新在所分析的图像里推断物体位置并有效地进行处理。

另外,一般从拍摄的物体重叠图像中把物体分离开来是比较困难的。这时,如果利用该图像中物体分离之前或之后的物体位置和移动向量,就可以比较简单地分离重叠物体(见图7-40)。

在运动图像的分析中,包含了运动物体的检测、运动向量的分析、运动物体的跟踪等比较接近信号处理的方法,还有从物体形变或三维形状的识别以及行动的理解(运动因果关系的识别)等需要进行复杂分析的方法。分析中最根本的是从多幅图像中寻找对应于同一物体部分的匹配方法。可以使用上面所讲的差分图像的简单方法,一直到求出图形结构之间的匹配较复杂的方法。

另外,因为运动图像的数据量很庞大,所以常采取利用从已经分析的图像上得到的信息,积极地用于以后图像的分析上,这是一种行之有效的方法。研究运动图像处理的历史还很短,有许多问题有待于今后的发展。

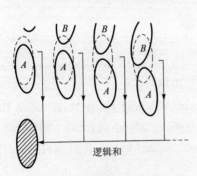

图 7-39 运动物体形状的提取

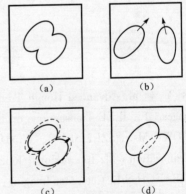

图 7-40 重叠物体的分离

(a) 重叠物体;(b) 重叠前的物体的运动向量;
(c) 虚线:利用图(b)推断物体的位置;(d) 重叠物体的分离

习 题

7-1 设 f_1 为对图像 f 设置阈值 t 切割后的二值图像。f_1 中两个灰度级为 B 和 S。试证明不

论 f 中灰度级的概率密度如何，使积分 $\iint (f-f_1)^2 \mathrm{d}x\mathrm{d}y$ 为最小的 t 值始终是 $t = (B+S)/2$。

7-2　试用罗伯特梯度和拉普拉斯算子检测图 7-41 所示图像的边缘。

4	4	4	4	4	4	4	4	0	0
4	4	4	4	4	4	4	4	0	0
4	4	5	5	5	5	5	4	0	0
4	4	5	6	6	6	5	4	0	0
4	4	5	6	7	6	5	4	0	0
4	4	5	6	6	6	5	4	0	0
4	4	5	5	5	5	5	4	0	0
4	4	4	4	4	4	4	4	0	0
4	4	4	4	4	4	4	4	0	0
4	4	4	4	4	4	4	4	0	0

图 7-41　习题 7-2 图

7-3　已知一个原始图像如图 7-42 所示，基于灰度级的值和灰度级的直方图，图中可以假设由两个区域组成，点（3，2）和点（3，4）分别是假设区域的起始点。用计算欧几里得距离的方法将图像进行分割，并计算出欧几里得距离为 3 和 4 两种情况下的分割结果。

	1	2	3	4	5
1	0	0	4	6	7
2	1	1	5	8	7
3	0	⊥	6	⊥	7
4	2	0	7	6	6
5	0	1	4	6	4

图 7-42　题 7-3 图

参 考 文 献

[1] LIU Y, et al. Advanced Hough Transform for Accurate Line and Curve Detection in Complex Images [J]. IEEE Transactions on Image Processing，2018.

[2] BROWN M S, SZELISKI R, WINDER S. Multi-Image Matching Using Multi-scale Entropy Maximization [J]. International Journal of Computer Vision，2015，111（3）：271-288.

[3] UMBAUGH S E. Computer Imaging：Digital Image Analysis and Processing [M]. Boca Raton，FL：CRC Press，2005.

[4] SOILLE P. Morphological Image Analysis：Principles and Applications [M]. 2nd Edition. NY：Springer-Verlag，2003.

[5] 冈萨雷斯，伍兹. 数字图像处理 [M]. 4 版. 阮秋琦，等译. 北京：电子工业出版社，2020.

第8章
模式识别技术

前面我们已经介绍了图像的变换、增强、复原、匹配等技术，它们都是对输入图像的某种有效的改善，其输出仍然是一幅完整的图像。

随着数字图像处理技术的发展和实际应用的需求，出现了另一类问题，就是不要求其结果输出是一幅完整图像的本身，而是将经过上述处理后的图像，再经过分割和描述提取有效的特征，进而加以判决分类。例如，要从遥感图像中分割出各种农作物、森林资源、矿产资源等，并进一步判断其产量或蕴藏量，由气象云图结合其他气象观察数据进行自动天气预报，用人工地震波形图寻找有油的岩层结构，根据医学CT分析各种病变，邮政系统中的信函自动分拣等。因此，可以认为把图像进行区别分类就是图像的模式识别。模式识别的方法应用十分广泛，也相当复杂，正在发展之中。模式识别的研究对象基本上可概括为两大类：一类是有直觉形象的，如图像、相片、图案、文字等；另一类是没有直觉形象而只有数据或信息波形，如语音、心电脉冲、地震波等。但是，对模式识别来说，无论是数据、信号还是平面图形或立体景物，都是除掉它们的物理内容而找出它们的共性，把具有同一共性的归为一类，而具有另一种共性者归为另一类。模式识别研究的目的是研制能够自动处理某些信息的机器系统，以便代替人完成分类和辨识的任务。

一个图像识别系统可分为三个主要部分，其框图如图8-1所示。第一部分是图像信息的获取，它相当于对被研究对象的调查和了解，从中得到数据和材料，对图像识别来说就是把图片、底片、文字图形等用光电扫描设备变换为电信号以备后续处理。第二部分是信息的加工与处理，它的作用在于把调查了解到的数据材料进行加工、整理、分析、归纳以去伪存真，去粗取精，提取出能反映事物本质的特征。当然，提取什么特征和保留多少特征与采用何种判决有很大关系。第三部分是判决或分类，这相当于人们从感性认识上升到理性认识而做出结论的过程，这部分与特征提取的方式密切相关。它的复杂程度也依赖于特征的提取方式，如类似度、相关性、最小距离等。

图8-1　图像识别系统的组成框图

8.1 模式识别基础知识

模式是对图像中的一个对象或某些感兴趣物体的数量或结构的描述。在有关模式识别文献中经常使用特征来表示描述子。模式可分成抽象的和具体的两种形式，前者如意识、思想、议论等，属于概念识别研究的范畴，是人工智能的另一研究分支。我们所指的模式识别主要是对语音波形、地震波、心电图、脑电图、图片、文字、符号、三维物体和景物以及各种可以用物理、化学、生物传感器对对象进行测量的具体模式进行分类和辨识。

模式类是指具有某些共同属性的一簇模式。模式类用 ω_1，ω_2，…，ω_w 表示。其中，w 是模式类数，由机器完成的模式识别是对不同的模式赋予不同类别的技术，这种技术是自动的，并尽可能地减少人的干预。

实践中常用的三种模式组合是向量（用于定量描述）、串和树（用于结构描述）。模式向量由粗体小写字母表示，如 x、y 和 z，并采取下列形式：

$$x = \begin{bmatrix} x_1 \\ x_2 \\ \vdots \\ x_n \end{bmatrix} \quad (8.1.1)$$

其中，每个分量 x_i 表示第 i 个描述子；n 是与该模式有关的描述子的总数。

模式向量 x 中的各个分量的性质，取决于用于描述该物理模式本身的方法。下面我们使用一个简单的例子来加以说明。在一篇经典的论文中，Fisher 使用一种称为判别分析的技术识别了三种鸢尾花（山鸢尾、维吉尼亚鸢尾和变色鸢尾），方法是测量花瓣的宽度和长度（见图 8-2）。

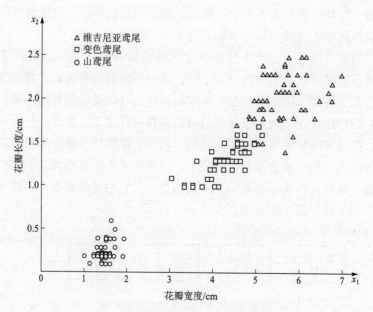

图 8-2 由两个度量描述的三种鸢尾花

在当前术语中，每种花由两个度量来描述，从而生成了

$$x = \begin{bmatrix} x_1 \\ x_2 \end{bmatrix} \tag{8.1.2}$$

的二维模式。其中，x_1 和 x_2 分别代表花瓣的长度和宽度。在这种情形下，表示为 ω_1、ω_2、ω_3 的三个模式类分别对应于山鸢尾、维吉尼亚鸢尾和变色鸢尾三种花。

由于花瓣在宽度和长度上的不同，描述这些花的模式向量也会不同，这种不同不仅体现在不同的类之间，也体现在同一个类的内部。在选定了一组度量后（本例子中为两个度量），模式向量的分量便成为每个物理样本的完整描述。因此，这种情形下的每朵花就成为二维欧氏空间中的一个点。这一结果说明了经典的特征选择问题，即类的可分程度在很大程度上取决于所用的描述子的选择。

模式识别是指对表征事物或现象的各种形式的（数值的、文字的和逻辑关系的）信息进行处理和分析，以对事物或现象进行描述、辨认、分类和解释的过程，是信息科学和人工智能的重要组成部分。换种方式来说，就是通过对对象进行特征提取，再按事先由学习样本建立的有代表性的识别字典，把提取出的特征向量分别与字典中的标准向量进行匹配，根据不同的距离来完成对象的分类。

8.2 统计模式识别法

统计模式识别的过程如图 8-3 所示，这是计算机识别的基本过程。数字化的任务是把图像信号变成计算机能够接收的数字信号。预处理的目的是去除干扰、噪声及差异。首先将原始信号变成适合于计算机进行特征提取的形式；然后对经过预处理的信号进行特征提取；最后进行判决分类，得到识别的结果。为了进行分类，必须有图像样本。对图像样本进行特征选择及学习是识别处理中所必要的分析工作。

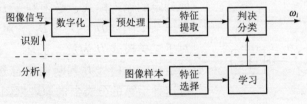

图 8-3 统计模式识别的过程

8.2.1 决策理论方法

由图 8-3 可知，统计模式识别方法最终归结为分类问题。假设已提取出 N 个特征，而图像可分为 m 类，那么就可以对 N 进行分类，从而决定未知图像属于 m 类中的哪一类。一般把识别模式看成 N 维空间中的向量 X，即

$$X = [x_1 \quad x_2 \quad x_3 \quad \cdots \quad x_N]^T$$

模式类别为 ω_1, ω_2, $\cdots$, ω_m，识别就是要判断 X 是否属于 ω_i 以及 x_i 属于 ω_m 中的哪一类。在这个过程中主要解决两个问题：一是如何提取特征，要求特征数 N 尽可能小而且对分类判断有效；二是假设已有了代表模式的向量，如何决定它属于哪一类，这就需要判别函数。例如，模式有 ω_1, ω_2, $\cdots$, ω_m 共 m 个类别，则应有 $D_1(X)$, $D_2(X)$, $D_3(X)$, $\cdots$,

$D_m(X)$ 共 m 个判别函数。如果 X 属于第 i 类,则

$$D_i(X) > D_j(X), j = 1,2,3,\cdots,m; j \neq i$$

在两类的分界线上,有

$$D_i(X) = D_j(X)$$

这时 X 既属于第 i 类,也属于第 j 类,因此这种判别失效。为了进行识别,就必须在重新考虑其他特征后,再进行识别。问题的关键是找到合适的判别函数。

1. 线性判别函数

线性判别函数是应用较广的一种判别函数。所谓线性判别函数,是指判别函数是图像所有特征量的线性组合,即

$$D_i(X) = \sum_{k=1}^{N} \omega_{ik} x_k + \omega_{io} \tag{8.2.1}$$

式中:$D_i(X)$ 代表第 i 个判别函数;ω_{ik} 是系数或权;ω_{io} 为常数或称为阈值。

在两类之间的判决界处,有

$$D_i(X) - D_j(X) = 0 \tag{8.2.2}$$

式(8.2.2)在二维空间是直线,在三维空间是平面,在 N 维空间则是超平面。$D_i(X) - D_j(X)$ 可以写成以下的形式:

$$D_i(X) - D_j(X) = \sum_{k=1}^{N} (\omega_{ik} - \omega_{jk}) x_k + (\omega_{io} - \omega_{jo})$$

其判决过程:如果 $D_i(X) > D_j(X)$ 或 $D_i(X) - D_j(X) > 0$,则 $X \sim \omega_i$;如果 $D_i(X) < D_j(X)$ 或 $D_i(X) - D_j(X) < 0$,则 $X \sim \omega_j$。

用线性判别函数进行分类是线性分类器。任何 m 类问题都可以分解为 $(m-1)$ 个二类识别问题。方法是先把模式空间分为一类和其他类,如此进行下去即可。因此,两类线性分类器是最简单和最基本的分类方法。

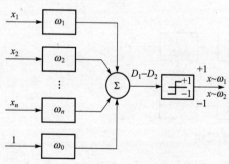

图 8-4 二类线性分类器的原理框图

分离两类的判决界由 $D_1 - D_2 = 0$ 表示。对于任何特定的输入模式,必须判定 D_1 大还是 D_2 大。若考虑某个函数 $D = D_1 - D_2$,对于一类模式 D 为正,对于二类模式 D 为负。于是,只要处理与 D 相应的一组权输入模式并判断输出符号即可进行分类。执行这种运算的分类器的原理框图如图 8-4 所示。

在线性分类器中要找到合适的系数,以便使分类尽可能不出差错,唯一的办法就是试验法。例如,先设所有的系数为 1,送进每一个模式,如果分类有错,就调整系数,这个过程就称为线性分类器的训练或学习。例如,把 N 个特征 X 和 1 放在一起称为 Y,$N+1$ 个系数为 $\boldsymbol{\omega}$,即

$$Y = \begin{bmatrix} X_1 \\ X_2 \\ \vdots \\ X_N \\ 1 \end{bmatrix}, \quad \boldsymbol{\omega} = \begin{bmatrix} \omega_1 \\ \omega_2 \\ \vdots \\ \omega_N \\ \omega_{N+1} \end{bmatrix} \tag{8.2.3}$$

考虑分别属于两个不同模式类，$m=2$，此时有两个训练集 T_1 和 T_2。两个训练集是线性可分的，这意味着存在一个加权向量 $\boldsymbol{\omega}$，则

$$Y^{\mathrm{T}}\boldsymbol{\omega} > 0, \ Y \in T_1$$
$$Y^{\mathrm{T}}\boldsymbol{\omega} < 0, \ Y \in T_2 \tag{8.2.4}$$

式中：Y^{T} 是 Y 的转置。

如果分类器的输出不能满足式（8.2.4）的条件，可以通过"误差校正"的训练步骤对系数加以调整。例如，如果第一类模式 $Y^{\mathrm{T}}\boldsymbol{\omega}$ 不大于 0，则说明系数不够大，可用加大系数的方法进行误差修正。具体修正方法如下：

$$\begin{cases} 对于任意\ Y \in T_1, 若\ Y^{\mathrm{T}}\boldsymbol{\omega} \leq 0, 则\ \boldsymbol{\omega}' = \boldsymbol{\omega} + \alpha Y \\ 对于任意\ Y \in T_2, 若\ Y^{\mathrm{T}}\boldsymbol{\omega} > 0, 则\ \boldsymbol{\omega}' = \boldsymbol{\omega} - \alpha Y \end{cases}$$

通常使用的误差修正方法有固定增量规则、绝对修正规则以及部分修正规则。固定增量规则是选择 α 为一个固定的非负数。绝对修正规则是取 α 为一最小整数，它可使 $Y^{\mathrm{T}}\boldsymbol{\omega}$ 的值刚好大于 0，即

$$\alpha\ 为大于\ \frac{|Y^{\mathrm{T}}\boldsymbol{\omega}|}{Y^{\mathrm{T}}\boldsymbol{\omega}}\ 的最小整数$$

部分修正规则可取 α 为下式所决定的值：

$$\alpha = \gamma \frac{|Y^{\mathrm{T}}\boldsymbol{\omega}|}{Y^{\mathrm{T}}Y}, \ 0 < \gamma \leq 2 \tag{8.2.5}$$

2. 最小距离分类器

线性分类器中重要的一类是用输入模式与特征空间作为模板的点之间的距离作为分类的准则。假定有 m 类，给出 m 个参考向量 $R_1, R_2, R_3, \cdots, R_m$，$R_i$ 与模式类 ω_i 相联系。对于 R_i 的最小距离分类，就是把输入的新模式 X 分为 ω_i 类，其分类准则就是 X 与参考模型原型 $R_1, R_2, R_3, \cdots, R_m$ 之间的距离，与哪一个最近就属于哪一类。X 和 R 之间的距离可表示为

$$|X - R_i| = \sqrt{(X - R_i)^{\mathrm{T}}(X - R_i)} \tag{8.2.6}$$

式中：$(X-R_i)^{\mathrm{T}}$ 是 $(X-R_i)$ 的转置，由式（8.2.6）可得

$$|X - R_i|^2 = (X - R_i)^{\mathrm{T}}(X - R_i)$$
$$= X^{\mathrm{T}}X - X^{\mathrm{T}}R_i - R_i^{\mathrm{T}}X + R_i^{\mathrm{T}}R_i$$
$$= X^{\mathrm{T}}X - (X^{\mathrm{T}}R_i + R_i^{\mathrm{T}}X - R_i^{\mathrm{T}}R_i)$$

由此可设定最小距离判别函数为

$$D_i(X) = X^{\mathrm{T}}R_i + R_i^{\mathrm{T}}X - R_i^{\mathrm{T}}R_i, \ i = 1, 2, 3, \cdots, m \tag{8.2.7}$$

由上边的判别函数，在分类中，如果 $X \in \omega_i$，则 $\mathrm{d}(X, R_i) = \min$。由式（8.2.7）可见，$D_i(X)$ 是一个线性函数，因此最小距离分类器也是一个线性分类器。在最小距离分类中，在决策边界上的点与相邻两类都是等距离的，这种方法就难于解决，此时，必须寻找新的特征，重新分类。

这种分类还可以用决策区域来表示。例如，有二类问题 ω_1、ω_2，其模板分别为 R_1、R_2，当距离 $\mathrm{d}(X, R_1) < \mathrm{d}(X, R_2)$，或者

$$\left[\sum_{i=1}^{n}(X_i - R_1)^2\right]^{1/2} < \left[\sum_{i=1}^{n}(X_i - R_2)^2\right]^{1/2} \tag{8.2.8}$$

则 $X \in \omega_1$，并可用决策区域来表示，如图 8-5 所示。

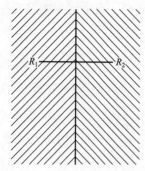

图 8-5 二类问题决策区域

将模板 R_1、R_2 作连线,再作平分线,平分线左边为 R_1 区域,平分线右边为 R_2 区域,R_1R_2 为决策区域,中间为决策面。在这种分类中,两类情况界面为线,决策区为两平面。对于三类情况,界面为超平面,决策区为半空间。

3. 最近邻域分类法

最近邻域分类法是图像识别中应用较多的一种方法。在最小距离分类法中,取一个最标准的向量作为代表。将这类问题稍微扩张一下,一类不能只取一个代表,而是把最小距离的概念从一个点和一个点之间的距离扩充到一个点和一组点之间的距离。这就是最近邻域分类法的基本思路。设 R_1,R_2,$\cdots$,R_m 分别是与类 ω_1,ω_2,$\cdots$,ω_m 相对应的参考向量的 m 个集合,在 R_i 中的向量为 R_i^k,即 $R_i^k \in R_i (i = 1, 2, \cdots, l_i)$,则

$$R_i = \left\{ R_i^1, R_i^2, \cdots, R_m^{l_i} \right\}$$

输入特征向量 X 与 R_i 之间的距离用下式表示:

$$d(X, R_i) = \min |X - R_i^k|, \quad k = 1, 2, \cdots, l_i; \quad i = 1, 2, \cdots, m$$

这就是说,X 和 R_i 之间的距离是 X 和 R_i 中每个向量的距离中的最小者。如果 X 与 R_i^k 之间的距离由式(8.2.6)决定,则其判决函数为

$$D_i(X) = \min \{ X^T R_i^k + (R_i^k)^T X - (R_i^k)^T R_i^k \}, \quad k = 1, 2, \cdots, l_i; \quad i = 1, 2, \cdots, m \tag{8.2.9}$$

设

$$D_i^k(X) = X^T R_i^k + (R_i^k)^T X - (R_i^k)^T R_i^k$$

则

$$D_i(X) = \min \{ D_i^k(X) \}, \quad k = 1, 2, \cdots, l_i; \quad i = 1, 2, \cdots, m$$

式中:$D_i^k(X)$ 是特征的线性组合,决策边界将是分段线性的。例如,如图 8-6 所示,有一个二类判别问题:ω_1 类的代表为 R_1^1、R_1^2;ω_2 类的代表为 R_2^1、R_2^2、R_2^3。如果有一个模式送入识别系统,首先要计算它与每个点的距离,然后找最短距离。这种方法的概念简单,分段线性边界可以代表很复杂的曲线,也可能本来是非线性边界,现在可用分段线性来近似代替。

4. 非线性判别函数

线性判别函数很简单,但也有缺点。它对于较复杂的分类

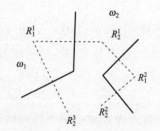

图 8-6 二类最近邻域分类

往往不能胜任。在较复杂的分类问题中就要提高判别函数的次数,因此根据问题的复杂性,可将判别函数从线性推广到非线性。非线性判别函数可写成

$$\begin{aligned} D(x) &= \omega_0 + \omega_1 x_1 + \omega_2 x_2 + \cdots + \omega_N x_N + \\ & \quad \omega_{12} x_1 x_2 + \omega_{13} x_1 x_3 + \cdots + \omega_{1N} x_1 x_N + \\ & \quad \omega_{11} x_1^2 + \omega_{22} x_2^2 + \cdots + \omega_{NN} x_N^2 \\ &= \omega_0 + \sum_{k=1}^{N} \omega_{kk} x_k^2 + \sum_{k=1}^{N} \omega_k x_k + \sum_{k=2}^{N} \sum_{i=1}^{N} \omega_{ki} x_k x_i \end{aligned} \tag{8.2.10}$$

式（8.2.10）是一个二次型判别函数，通常二次型判别函数的决策边界是一个超二次曲面。

8.2.2 统计分类法

以上谈到的分类方法是在没有噪声干扰的情况下进行的，此时测得的特征的确能代表模式。如果在提取特征时有噪声，那么提取的特征可能代表不了模式，这时就要用统计分类法。用统计分类法对图像进行特征提取、学习和分类是研究图像识别的主要方法之一，而统计分类法的最基本内容之一是贝叶斯分析，包括贝叶斯公式、贝叶斯分类法、贝叶斯分类器、贝叶斯估计理论、贝叶斯学习、贝叶斯距离等。

1. 贝叶斯公式

在古典概率中，贝叶斯定理已为大家所熟悉，即

$$P(B_i/A) = \frac{P(B_i)P(A/B_i)}{\sum_{j=1}^{n} P(B_j)P(A/B_j)} \tag{8.2.11}$$

式中：$B_1, B_2, \cdots, B_n$ 是 n 个互不相容的事件；$P(B_i)$ 是事件 B_i 的先验概率；$P(A/B_i)$ 是 A 在 B_i 已发生条件下的条件概率。

贝叶斯定理说明在给定了随机事件 $B_1, B_2, \cdots, B_n$ 的各先验概率 $P(B_i)$ 及条件概率 $P(A/B_i)$ 时，可算出事件 A 出现时，去掉事件 B_i 出现的后验概率 $P(B_i/A)$。假设事件 A 代表肝炎病发生，而 $B_1, B_2, \cdots, B_i$ 分别代表引起肝炎病发生的事件，如 B_1 代表抽血时的交叉感染，B_2 代表吃了某种不卫生食品所引起的感染，而 $P(A/B_i)$ 表示在 B_i 发生时，肝炎病发生的概率，则肝炎病发生时由某种原因 B_i 导致的后验概率就可以用贝叶斯定理来计算。

贝叶斯公式常用于分类问题和参数估值问题中。设 X 表示事件的状态或特征的随机变量，它可以表示图像的灰度或形状等，设 ω_i 表示事件类别的离散随机变量。对事物（比如是图像的亮度或形状）进行分类就可以用如下的公式：

$$P(\omega_i/X) = \frac{P(X/\omega_i)P(\omega_i)}{\sum_i P(X/\omega_i)P(\omega_i)} \tag{8.2.12}$$

式中：$P(\omega_i)$ 为 ω_i 的先验概率，它表示事件属于 ω_i 的预先粗略了解；$P(X/\omega_i)$ 表示事件属于 ω_i 类且具有 X 状态的条件概率；$P(\omega_i/X)$ 为 X 条件下 ω_i 的后验概率，它表示对事件 X 的状态作观察后判断属于 ω_i 类的可能性。

由式（8.2.12）可见，只要类别的先验概率及 X 的条件概率为已知，就可以得到类别的后验概率。再加上最小误差概率或最小风险法则，就可以进行统计判决分类。

在参数估计问题中，贝叶斯公式中的两个变量常常为连续随机变量，如果写为变量 X 及参数 Q，则

$$P(Q/X) = \frac{P(X/Q)P(Q)}{\int P(X/Q)P(Q)\mathrm{d}Q} \tag{8.2.13}$$

通过式（8.2.13），由参数的先验分布 $P(Q)$ 及预先设定的条件分布 $P(X/Q)$，即可求得参数的后验分布 $P(Q/X)$。贝叶斯公式是参数估计的有力工具。

2. 贝叶斯分类法

假设有两类，每类有两种统计参数代表，即

$$\begin{cases} \omega_1: P(\omega_1), P(X/\omega_1) \\ \omega_2: P(\omega_2), P(X/\omega_2) \end{cases} \tag{8.2.14}$$

式中：$P(\omega_1)$，$P(\omega_2)$ 是先验概率；$P(X/\omega_1)$，$P(X/\omega_2)$ 是条件概率密度函数。在噪声不确定的情况下，每个模式已不能用一个向量来表示，因此只能得到某一类模式的概率分布。

如果用贝叶斯规则，就有以下结果。

如果 $P(\omega_1)P(X/\omega_1) > P(\omega_2)P(X/\omega_2)$，则有 $X \in \omega_1$；

如果 $P(\omega_1)P(X/\omega_1) < P(\omega_2)P(X/\omega_2)$，则有 $X \in \omega_2$。

显然 $P(\omega_i)P(X/\omega_i)$ 在这里起到了判别函数的作用。在应用中，为方便起见，常取 $P(\omega_i)P(X/\omega_i)$ 的对数形式，则

$$\begin{cases} \lg \dfrac{P(X/\omega_1)}{P(X/\omega_2)} > \lg \dfrac{P(\omega_2)}{P(\omega_1)} & X \in \omega_1 \\ \lg \dfrac{P(X/\omega_1)}{P(X/\omega_2)} < \lg \dfrac{P(\omega_2)}{P(\omega_1)} & X \in \omega_2 \end{cases}$$

对于二类分类问题，其分界面为

$$\lg P(\omega_1)P(X/\omega_1) - \lg P(\omega_2)P(X/\omega_2) = 0$$

或者

$$\lg \dfrac{P(\omega_1)P(X/\omega_1)}{P(\omega_2)P(X/\omega_2)} = 0$$

假设一个模式遵循正态分布，它的均值为 M，协方差矩阵是 K_i，设 $m=2$，可得到其决策分界面：因为 $P(X/\omega_i)$ 是正态分布，则

$$P(X/\omega_1) = (2\pi)^{-\frac{N}{2}} |K_i|^{-\frac{1}{2}} \exp\left[-\frac{1}{2}(X-M_i)^T K^{-1}(X-M_i)\right] \tag{8.2.15}$$

当 $i=1,2$ 时，按贝叶斯准则有以下结果。

如果

$$\lg \dfrac{P(X/\omega_1)}{P(X/\omega_2)} > \lg \dfrac{P(\omega_2)}{P(\omega_1)}$$

则

$$X \in \omega_1 \tag{8.2.16}$$

由式（8.2.15）和式（8.2.16）可得到

$$-\frac{1}{2}\lg \dfrac{|K_1|}{|K_2|} - \frac{1}{2}[(X-M_1)^T K_1^{-1}(X-M_1)] +$$

$$\frac{1}{2}[(X-M_2)^T K^{-1}(X-M_2)] > \lg \dfrac{P(\omega_2)}{P(\omega_1)} \tag{8.2.17}$$

这时，两类间的决策边界是二次的。

如果两个协方差矩阵相同，即 $K_1 = K_2 = K$，则

$$\begin{cases} X^\mathrm{T} K^{-1}(M_1 - M_2) + \dfrac{1}{2}(M_1 + M_2)^\mathrm{T} K^{-1}(M_1 - M_2) > \lg \dfrac{P(\omega_2)}{P(\omega_1)},\ X \in \omega_1 \\ X^\mathrm{T} K^{-1}(M_1 - M_2) + \dfrac{1}{2}(M_1 + M_2)^\mathrm{T} K^{-1}(M_1 - M_2) < \lg \dfrac{P(\omega_2)}{P(\omega_1)},\ X \in \omega_2 \end{cases} \quad (8.2.18)$$

在这种情况下，决策边界成为线性的，所以求二类分类问题时，如果每类都是正态分布的，但有不同的协方差矩阵，则其分界是二次函数。如果 N 很大，则求 K^{-1} 相当麻烦。

除了上述方法之外，也可以用最小风险来求其类别。

考虑 $x_1,\ x_2,\ x_3,\ \cdots,\ x_N$ 是随机变量，对于每一类模式 $\omega_i(i=1,\ 2,\ \cdots,\ m)$，其 $P(X/\omega)$ 及 ω_1 出现的概率 $P(\omega_1)$ 都是已知的。以 $P(X/\omega_i)$ 及 $P(\omega_i)$ 为基础，一个分类器的成功条件是要在误识概率最小的条件下来完成分类任务。我们可定义一个决策函数 $d(x)$，其中 $d(x)=d_i$，表示假设 $X\in\omega_i$ 被接受。如果输入模式实际是来自 ω_i，而作出的决策是 d_j，则可用 $L(\omega_i,\ d_j)$ 表示由分类器引起的损失。条件风险为

$$r(\omega_i,\ d) = \int L(\omega_i,\ d) P(X/\omega_1) \mathrm{d}X \quad (8.2.19)$$

对于给定的先验概率集 $P=\{P(\omega_1),\ P(\omega_2),\ \cdots,\ P(\omega_i)\}$，平均风险为

$$R(P,\ d) = \sum_{i=1}^{m} P(\omega_i) r(\omega_i,\ d) \quad (8.2.20)$$

将式 (8.2.19) 代入式 (8.2.20)，并且令

$$r_x(P,\ d) = \dfrac{\sum_{i=1}^{m} L(\omega_i,\ d) P(\omega_i) P(X/\omega_i)}{P(X)} \quad (8.2.21)$$

则

$$R(P,d) = \int P(X) r_x(P,d) \mathrm{d}X$$

式中：$r_x(P,\ d)$ 定义为对于给定的特征向量 X，决策为 d 的后验条件平均风险。

问题在于选择适当的决策 $d_i(i=1,\ 2,\ \cdots,\ m)$，以使平均风险 $R(P,\ d)$ 取极小，或者使条件平均风险 $r(\omega_i,\ d)$ 的极大值取极小。这种使平均风险取极小的最优决策规则称为贝叶斯规则。如果 d^* 是在使平均损失极小的意义上的最优决策，则

$$r_x(P,d^*) \leqslant r_x(P,d)$$

即

$$\sum_{i=1}^{m} L(\omega_i, d^*) P(\omega_i) P(X/\omega_1) \leqslant \sum_{i=1}^{m} L(\omega_i, d) P(\omega_i) P(X/\omega_i) \quad (8.2.22)$$

对于 (0, 1) 损失函数，有

$$L(\omega_i,\ d_j) = \begin{cases} 0,\ i = j \\ 1,\ i \neq j \end{cases}$$

平均风险实际上也就是误识的概率。在这种情形下，贝叶斯规则为

$$P(\omega_i) P(X/\omega_i) \geqslant P(\omega_j) P(X/\omega_j),\ j=1,\ 2,\ \cdots,\ m \quad (8.2.23)$$

3. 贝叶斯分类器

多类贝叶斯分类器如图 8-7 所示。其中 $P(X/\omega_i)$ 与 $P(\omega_i)$ 的乘积就是第 i 类判别函数

$D_i(X)$。如果 $D_i(X) > D_j(X)$，对于一切 $i \neq j$ 的情况，分类器就把给定的一个特征向量归于 ω_i 类。

二类贝叶斯分类器如图 8-8 所示，在这类范畴的问题中，有时不指定两个判别函数 $D_1(X)$ 和 $D_2(X)$，而是定义一个判别函数。若 $D(X) > 0$，X_i 被决策为 ω_1；否则，被决策为 ω_2。

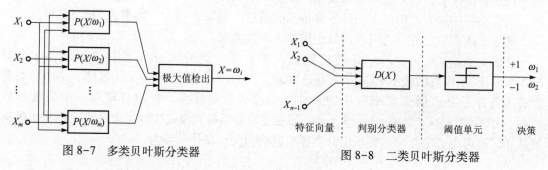

图 8-7 多类贝叶斯分类器　　　　图 8-8 二类贝叶斯分类器

例 已知一个判别函数为

$$\boldsymbol{\omega}^T X = \begin{bmatrix} 1, & -\dfrac{1}{2}, & -2 \end{bmatrix} \begin{bmatrix} x_1 \\ x_2 \\ 1 \end{bmatrix}$$

判别规则为若 $\boldsymbol{\omega}^T X > 0$，则 X 属于 A 类；若 $\boldsymbol{\omega}^T X < 0$，则 X 属于 B 类。求 $X_1 = \begin{bmatrix} 7 \\ 2 \end{bmatrix}$，$X_2 = \begin{bmatrix} 4 \\ 6 \end{bmatrix}$，$X_3 = \begin{bmatrix} 6 \\ 8 \end{bmatrix}$ 三点各属哪一类？

解： 对 X_1 点 $\begin{bmatrix} 1, & -\dfrac{1}{2}, & -2 \end{bmatrix} \begin{bmatrix} 7 \\ 2 \\ 1 \end{bmatrix} = 7-1-2 = 4 > 0$，则判 X_1 属 A 类

对 X_2 点 $\begin{bmatrix} 1, & -\dfrac{1}{2}, & -2 \end{bmatrix} \begin{bmatrix} 4 \\ 6 \\ 1 \end{bmatrix} = 4-3-2 = -1 < 0$，则判 X_2 属 B 类

对 X_3 点 $\begin{bmatrix} 1, & -\dfrac{1}{2}, & -2 \end{bmatrix} \begin{bmatrix} 6 \\ 8 \\ 1 \end{bmatrix} = 6-4-2 = 0$，不能判决或称为中性

以上例子的分类过程是简单的，也是最基本的。

8.2.3 特征的提取与选择

在模式识别中，确定判据是重要的，但是问题的另一方面，即如何提取特征也是相当重要的。如果特征找不对，分类就不可能准确。特征提取的方法有很多。从一个模式中提取什么特征，将因不同的模式而异，并且与识别的目的、方法等有直接关系。有关的方法，如图像特征的各处检测方法、曲线拟合、Hough 变换等都已在第 7 章中阐述，这里不再赘述。

如果把所有的特征不分主次地全都罗列出来，N 会很大，这也会给正确判断带来麻烦。如图 8-9 所示，有两类模式，用两个特征 x_1、x_2 来表示，在 x_1 上的投影为 ab、cd，在 x_2 上

的投影为 ef、gh。那么，由图可见，ac 段肯定属于 ω_1，bd 段肯定属于 ω_2，但是 cb 段就难以分出属于哪一类，一种设想是把坐标轴做一个旋转，变成 y_1y_2，此时不再去测量 x_1、x_2，而去测量 y_1、y_2，如图 8-10 所示。由图可见，这时检测 y_1 当然也分不清，可是检测 y_2 就可以分得很清，这说明，当作一变换后，y_2 是一个很好的特征。

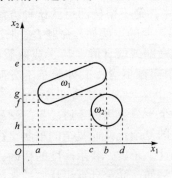

图 8-9　两类模式特征提取之一

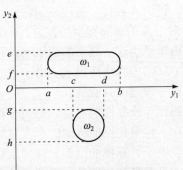

图 8-10　两类模式特征提取之二

在图 8-9 和图 8-10 中所说明的特征提取的例子中，用坐标旋转的方法得到了既少又好的特征。空间坐标的旋转就是特征空间的线性变换。究竟怎样变换才能找到较好的特征呢？其普通的方法是：首先把每一类的协方差矩阵变成对角形矩阵，在变换后的矩阵中取其特征向量及其相对应特征值；然后把特征向量按其特征值的大小排列起来。特征值大的那个特征向量就是最好的特征。另外，在变换后的空间中，如果有 m 个彼此关联的特征，可采用前几个最大特征值对应的特征向量作为特征，这样既可保证均方误差最小，又可大大减少特征的数目。

另外一个途径是寻找一种变换，使同一类向量靠得更近一些，以便把它们聚合到一起，在这种思想的指导下，可以找到每一类点与点之间的距离，使它们最小化。这样就应用了特征值最小的特征向量。

假定有两类模式，测量两种特征都是正态分布，均值是 m_1 和 m_2，这两个特征分布离得越远越容易被识别。所谓的离得远不一定是均值相差较远。在这种情况下，不能用点与点之间的距离，也不是点与一组点间的距离，而是两个分布间的距离，这是一个统计距离。如果在统计意义上，那么两类离得远就容易被识别。如果有 M 个特征，就要计算它们的统计距离，哪个特征上统计距离最远，哪个特征就最好。一般计算统计距离的方法有多种，例如，贝叶斯误差、香农熵、贝叶斯距离等。

8.3　模糊模式识别

8.3.1　概述

"模糊"一词译自英文 "Fuzzy"，意为 "模糊的" "不分明的"。1965 年，美国控制论专家 L. A. Zadeh 首先将 "Fuzzy" 一词引入数学界，他在 *Information and Control* 杂志 1965 年第 8 期中发表了 *Fuzzy Sets* 一文，标志着模糊数学的诞生。

作为控制论专家的 Zadeh，工作性质使他多年来战斗在精确性与模糊性搏斗的战场。他认为现有的数学大多数是根据力学、物理学、天文学的发展而建立起来的。因此这些数学方法也往往只反映了这些学科的规律，如果死搬硬套去解决别的学科的问题，往往无从下手，甚至导致谬误。为了从根本上解决控制论中的许多问题，他重新研究了数学的基础——集合论，他发现了集合论实质上是扬弃了模糊性而抽象出来的，是把思维过程绝对化，从而达到精确、严格的目的，即一个被讨论的对象 X，要么属于某一集合 A，记为 $X \in A$，要么不属于该集合，记为 $X \notin A$，二者必居其一，而且二者仅居其一，绝不模棱两可。这种方法完全忽略了 X 对于 A 的隶属程度的差异，但这种差异有时是很重要的。例如，命题 P：张三是一个学生。由于学生这一概念的内涵与外延是明确的，故此命题或取真值 "1"，或取假值 "0"。若命题 Q：张三的性格稳重。由于"性格稳重"是一个模糊概念，其外延是不分明的，怎样判别这一命题的真假呢？

精确性与模糊性的对立，是当今科学发展面临的一个十分突出的矛盾。各门学科迫切要求数字化、定量化，但科学的深入发展意味着研究对象的复杂化，而复杂的东西又往往难以精确化。电子计算机的出现，在一定程度上正在解决着这个矛盾，要求高度的精确，但机器所执行的日益繁杂的任务，往往无法实现高度的精确。例如，命令计算机从监视大厅的摄像镜头中找出一个长满大胡子的高个子，如果程序在屏幕上提出问题：身高多少以上算大个子，或许你勉强可以回答，但若计算机又问：有多少根胡子以上算大胡子？你将会被这个问题弄得啼笑皆非。

决不能将"模糊"两字看成消极的贬义词。过分的精确反而模糊，适当的模糊反而精确。人脑在计算速度、记忆能力等方面远逊于计算机。可计算机对事物的识别远不如人脑，其主要原因是计算机对模糊事物的识别和判决远不如人脑。上述的高个子大胡子，对于人脑来说远不是什么困难的问题。这两个模糊特征是人所早已掌握好了的，只要把大厅中的人群按此种特征的隶属程度作比较，即可迅速找到此人。

模糊数学诞生至今仅五十几年的发展历程，它在模式识别这一领域中的应用历史更为短暂，还远未成熟。本章尽可能涉及模式识别的本质，并将重点放在隶属度函数的建立上。因为针对某一模式的识别，其难点也正在于此。尽管如此，对于某一特定的模式识别课题，仍没有似乎也不可能提供一种按部就班的通用解法，但我们认为更重要的是解决问题的思路，有了这一基础，就具备了解决具体问题的前提。

8.3.2 模糊子集

8.3.2.1 模糊子集的定义

1965 年，Zadeh 提出了如下模糊子集的定义。

定义 给定论域 U 上的一个模糊子集 A 是指：对于任意 $u \in U$，都确定了一个数 $\mu_A(u)$，$\mu_A(u)$ 称为 u 对 A 的隶属度，且 $\mu_A(u) \in [0, 1]$。

映射：
$$\mu_A: U \to [0, 1] \tag{8.3.1}$$

$u \to \mu_A(u)$，称为 A 的隶属函数。

模糊子集完全由其隶属函数所刻画。

当 μ_A 的值域 $=\{0,1\}$ 时，μ_A 退化为一个普通子集的特征函数，A 便退化成一个普通子集，普通子集是模糊子集的特殊形态。

若把论域 U 上由全部模糊子集所组成的集合记为 $F(U)$，则
$$F(U) \supseteq P(U)$$

式中：$P(U)$ 是 U 的幂集。

当 $A \subseteq F(U)-P(U)$ 时，A 称为真模糊子集。此时，至少存在一元素 u_0，使 $\mu_A(u_0) \notin \{0, 1\}$。

例 如图 8-11 所示 $U=\{a,b,c,d\}$，对 U 的每一元素指定一个它对"圆形"的隶属度，设

$$\mu_A(a) = 1, \mu_A(b) = 0.9$$
$$\mu_A(c) = 0.5, \mu_A(d) = 0.2$$

这样便分别表征了它们对于"圆形"的隶属程度。

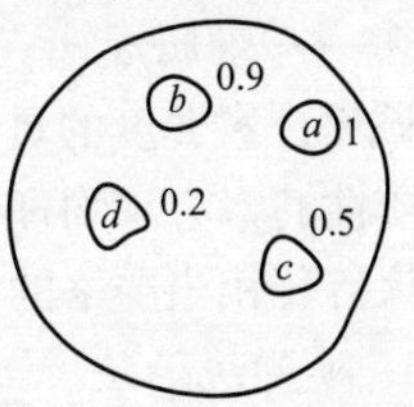

图 8-11 U 上的"圆形"模糊集

当论域 U 是有限集时，可用向量来表示模糊子集 A，对于上例可写成 $A = (1, 0.9, 0.5, 0.2)$。

也可以采用 Zadeh 的表示法：

$$A = 1/a + 0.9/b + 0.5/c + 0.2/d \tag{8.3.2}$$

式（8.3.2）右端并不是分式求和，而是一种标记法。分母位置放的是论域 U 中的元素，分子位置放相应元素的隶属度。当某一元素的隶属度为 0 时，这一项可以不记入。

也可以采用另一种标记法：

$$A = \{(1, a), (0.9, b), (0.5, c), (0.2, d)\}$$

例 以年龄作为论域，取 $U = [0, 200]$，Zadeh 给出了"年老"与"年轻"两个模糊集 O，Y 的隶属函数如下：

$$\begin{cases} \mu_O(u) = \begin{cases} 0, & 0 \leq u < 50 \\ \left[1 + \left(\dfrac{u-50}{5}\right)^{-2}\right]^{-1}, & 50 \leq u \leq 200 \end{cases} \\ \mu_Y(u) = \begin{cases} 1, & 0 \leq u < 25 \\ \left[1 + \left(\dfrac{u-2.5}{5}\right)^{-2}\right]^{-1}, & 25 \leq u \leq 200 \end{cases} \end{cases} \tag{8.3.3}$$

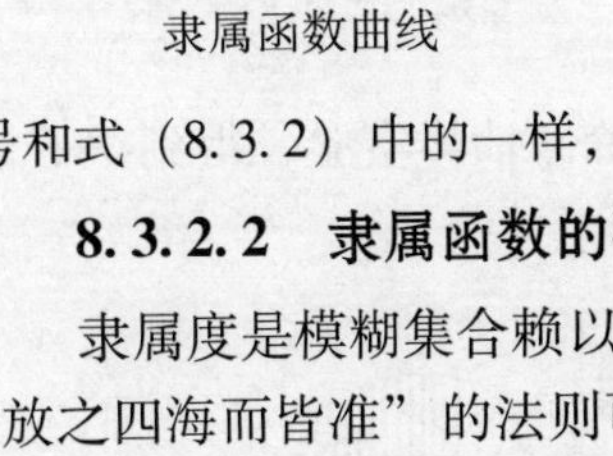

"年轻""年老"的隶属函数曲线如图 8-12 所示。

在这个例子中，U 是一个连续的实数区间，U 的模糊子集便可用普通的实函数来表示，当 U 从有限论域推广到一般时，可采用 Zadeh 的标记法：

$$A = \int_U (\mu_A(u)/u) \tag{8.3.4}$$

图 8-12 "年轻""年老"的隶属函数曲线

式（8.3.4）与式（8.3.2）的表示法基本相同，这里的积分号和式（8.3.2）中的一样，也不是求和号，而是表示各个元素与隶属度对应关系的一个总括。

8.3.2.2 隶属函数的确定

隶属度是模糊集合赖以建立的基石，要确定恰当的隶属函数并不容易，迄今仍无一个"放之四海而皆准"的法则可遵循。这需要对被描述的概念有足够的了解，需具备一定的数学技巧，而且还包括心理测试的进行与结果的运用。正如某一事件的发生与否有一定的不确定性（随机性）一样，某一对象是否符合某一概念也有一定的不确定性（称为模糊性）。

随机性是因果律的一种破缺。由于事件本身具有明确的含义，只是由于条件不完全，使得在条件与事件间不能出现决定性的因果关系。概率论的运用，得以从随机性中把握广义的因果律——概率规律。

模糊性则是排中律的一种破缺。由于概念本身没有明确的外延，故而某一对象是否符合

这一概念的划分，就有不确定性。模糊数学正是从这一不确定性（模糊性）中确立广义的排中律——隶属规律——的。

诚然，隶属度的具体确定，往往包含着人脑的加工，包含着某种心理过程。但心理过程也是物质性的，心理物理学的大量实验已经表明，人由各种感觉获得的心理量与外界刺激的物理量间保持着相当严格的关系，对心理测量结果的运用与修正，导致了隶属度的正确建立。

1. 模糊统计法

在某些场合下，隶属度可用模糊统计的方法来确定。读者对于概率统计当然是熟悉的，建议在阅读下面介绍的模糊统计时，将它与概率统计的异同作一比较，以加深理解。

模糊统计实验，有四个要素。

（1）论域 U，如人的集合。

（2）U 中的一个元素，如李平。

（3）U 中一个边界可变的普通集合 A^*，如"高个子"，A^* 联系于一个模糊集 A 及相应的模糊概念 α。

（4）条件 s 联系着按概念 α 所进行的划分过程的全部主客观因素，它制约着 A^* 边界的改变，如不同实验者对"高个子"的理解。

模糊性产生的根本原因：s 对按概念 α 所做的划分引起 A^* 的变异，它可能覆盖 u_0，也可能不覆盖 u_0，这就导致 u_0 对 A^* 的隶属关系不确定。例如，有的实验者认为李平是"高个子"，但有的实验者认为他不是。

模糊统计实验的基本要求是在每一次实验下，要对 u_0 是否属于 A^* 做一个确切的判断，做 n 次实验（让 n 位实验者对李平是否属于"高个子"做判断），就可算出 u_0 对 A 的隶属频率：

$$u_0 \text{ 对 } A \text{ 的隶属频率} \triangleq \frac{\text{"} u_0 \in A^* \text{"的次数}}{n} \quad (8.3.5)$$

式中：$\triangleq$ 这一记号表示"记为"或"定义为"。

许多实验证明，随着 n 的增大，隶属频率呈现稳定性，称为隶属频率稳定性；频率稳定所在的数值称为 u_0 对 A 的隶属度，即

$$\mu_A(u_0) = \lim_{n \to \infty} \frac{\text{"} u_0 \in A^* \text{"的次数}}{n} \quad (8.3.6)$$

上例中，若在 100 位实验者中有 90 位认为李平是"高个子"，则可认为 $\mu_{\text{高个子}}(\text{李平}) = 0.9$，即李平对于"高个子"的隶属度为 0.9。

用模糊统计这一方法，对"青年人"这一概念是适宜的年龄做抽样实验，得到很好的结果，如图 8-13 所示。

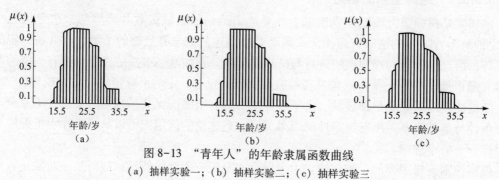

图 8-13 "青年人"的年龄隶属函数曲线
(a) 抽样实验一；(b) 抽样实验二；(c) 抽样实验三

2. 二元对比排序法

人们习惯从两事物的对比中，作出它们对某一概念符合程度的判断，如说茶花比月季花好看。可惜这种判断往往不满足数学上对"序"的要求，往往不具有传递性，而出现循环的现象。例如，今天认为甲花比乙花好看，乙花比丙花好看，但当明天单独将甲、丙两种花放在一起时，很可能认为丙花比甲花好看。问题恰恰是因为"好看"这一模糊概念引起的，影响"好看"与否的因素太多。

二元对比排序法是区别事物的重要方法。下面介绍据此建立隶属函数的途径。

(1) 择优比较法。

例 求茶花、月季、牡丹、梅花、荷花对"好看的花"的隶属度。

选 10 名实验者，令他们逐次对两种花作对比，并赋予优胜者 1 分，失败者 0 分，故每一个实验者需做 $C_5^2 = 10$ 次对比，设某一个实验者的二元对比结果如表 8-1 所示，则累计 10 位实验者的结果便可求出该种花的总得分，从而得到该种花对"好看的花"的隶属度，见表 8-2。

表 8-1　一位实验者的二元对比结果

失　败　优　胜	茶　花	月　季	牡　丹	梅　花	荷　花	得　分
茶　花		1	0	1	0	2
月　季	0		0	1	0	1
牡　丹	1	1		1	0	3
梅　花	0	0	0		0	0
荷　花	1	1	1	0		4

表 8-2　5 种花对"好看的花"的隶属度

名　称	总　得　分	隶　属　度
茶　花	23	0.23
月　季	18	0.18
牡　丹	20	0.20
梅　花	15	0.15
荷　花	24	0.24

(2) 相对比较法。设欲对论域 U 中的元素 $x, y, \cdots$ 按某种特性排序，先在两两元素的对比中建立比较值。例如，取元素 x, y 作比较，则得到比较值 $f_y(x), f_x(y)$，其意义为若 x 与 y 对比，x 具有某特性的程度具有值 $f_y(x)$；则 y 与 x 对比，y 具有该特性的程度具有值 $f_x(y)$。

例如，长子与次子相比较，若把长子具有与父亲的相似程度 $f_y(x)$ 定为 0.8，则可把次子具有与父亲的相似程度 $f_x(y)$ 定为 0.5，这里 0.8、0.5 均不是他们与父亲相似程度的绝对度量，而是说，若长子像父亲 8 分，则次子像父亲仅 5 分。当然若把长子像父亲定为 9 分，则次子像父亲也可能有 6 分。

在这种两元素相对比较取值的基础上，可通过一定算法得到总体排序。

例 某人有长、次、幼三子（分别记为 x, y, z），且有与父亲的相对相似程度：

$$\begin{cases} (f_y(x), f_x(y)) = (0.8, 0.5) \\ (f_z(y), f_y(z)) = (0.4, 0.7) \\ (f_x(z), f_z(x)) = (0.3, 0.5) \\ f_x(x) = f_y(y) = f_z(z) = 1 \end{cases}$$

求它们的总体排序。

解 令

$$f(x/y) = \begin{cases} f_y(x)/f_x(y), & f_y(x) \leqslant f_x(y) \\ 1, & f_y(x) > f_x(y) \end{cases}$$

则可得相及矩阵

$$\begin{bmatrix} 1 & 1 & 1 \\ 5/8 & 1 & 4/7 \\ 3/5 & 1 & 1 \end{bmatrix}$$

在相及矩阵每行中取最小值,得向量

$$\begin{bmatrix} 1 \\ 4/7 \\ 3/5 \end{bmatrix}$$

则其排序为长、幼、次(按与父亲的相似程度递减排序)。

(3) 推理法。在某些应用场合下,隶属函数可作为一种推理的产物出现。例如,评价一条封闭曲线的圆度,可根据该封闭曲线的周长相对于内切圆周长的裕度来评价;又如,根据某一线段与水平线的交角来分辨横、竖、撇、捺等。

设计者在不同的应用场合,可根据不同的数学知识和物理知识,设计出隶属函数,然后在实践中检验调整之。但是,在很多应用课题上,很难用推理法获得隶属函数,对此必须有清醒的估计。下面提供一些实例,以供设计隶属函数时借鉴。

例 三角形的隶属函数。

在染色体自动识别或白血球分类等课题中,常常把问题归结为几何图形的识别,而几何图形总可近似为若干凸多边形,而凸多边形总可近似为若干三角形的合成。因此,有必要判断三角形是否属于等腰三角形(I)、直角三角形(R)、等腰直角三角形(IR)、正三角形(E)或不是上述三角形(T)。

设三角形三内角分别为 A、B、C,且 $A \geqslant B \geqslant C \geqslant 0$,则

$$\mu_I(A, B, C) = 1 - \frac{1}{60}\min(A-B, B-C) \tag{8.3.7}$$

因为当 $A=B$ 或 $B=C$ 时,该三角形为等腰三角形,$\mu_I = 1$;而当 $A=120$,$B=60$,$C=0$(最不等腰)时,$\mu_I = 0$,则

$$\mu_R(A, B, C) = 1 - \frac{1}{90}(A - 90) \tag{8.3.8}$$

因为当 $A=90$ 时,$\mu_R = 1$;而当 $A=180$,$B=C=0$ 时,$\mu_R = 0$,则

$$\mu_E(A, B, C) = 1 - \frac{1}{180}(A - C) \tag{8.3.9}$$

因为当 $A=B=C$ 时,$\mu_E = 1$;而当 $A=180$,$B=C=0$ 时,$\mu_E = 0$。

因

$$IR = I \cap R$$

则

$$\mu_{IR}(A,B,C) = \min\left[1 - \frac{1}{60}\min(A-B, B-C), 1 - \frac{1}{90}|A-90|\right] \quad (8.3.10)$$

因为 $T = \bar{I} \cap \bar{E} \cap \bar{R}$，所以

$$\mu_T(A,B,C) = \min[1 - \mu_I(A,B,C), 1 - \mu_E(A,B,C), 1 - \mu_R(A,B,C)] \quad (8.3.11)$$

例 笔画类型的隶属函数。

汉字中横、竖、撇、捺等线段的区分是根据它们与水平线的交角确定的。设 A 为一线段，H、V、S、BS 为横、竖、撇、捺四模糊集，可分别表示为

$$\mu_H(A) = 1 - \min\left(\frac{|\theta|}{45}, 1\right) \quad (8.3.12)$$

$$\mu_V(A) = 1 - \min\left(\frac{|90 - \theta|}{45}, 1\right) \quad (8.3.13)$$

$$\mu_S(A) = 1 - \min\left(\frac{|45 - \theta|}{45}, 1\right) \quad (8.3.14)$$

$$\mu_{BS}(A) = 1 - \min\left(\frac{|135 - \theta|}{45}, 1\right) \quad (8.3.15)$$

例 手写体大写字符"U""V"的区别。

手写体大写字符"U""V"常被划分到同一类中，它们的进一步区别可用隶属度函数实现。考虑到手写大写字符"V"的两边总是比"U"的两边平直，故可用它们的图形所包含的面积与三角形面积 $S\left(\frac{1}{2} \times 底边长 \times 高\right)$ 作比较，接近三角形面积者为"V"；否则，为"U"。

三角形底边长 b 与高 h 如图 8-14 所示，字符所包含的内面积 S' 定义为上述底边线与字符内侧所包含的面积。据此设计的隶属度函数 μ_U 定义为

图 8-14 手写字符"U"与"V"

$$\mu_U = 1 - \left|\frac{S'}{\frac{1}{2}bh}\right| \quad (8.3.16)$$

统计表明，$\mu_U > 0.8$ 时，应判决为"V"；否则，判决为"U"。

8.3.3 模糊关系

本小节将介绍模糊关系的定义、建立及其运算。当论域有限时，模糊关系可用矩阵表示，这就导致讨论模糊矩阵的理论及其在模式分类中的应用。

8.3.3.1 模糊关系的性质及其建立

1. 模糊关系的性质

设 U, V 是两论域，记

$$U \times V = \left\{(x, y) \big| x \in U, y \in V\right\}$$

式中：$U \times V$ 为 U 与 V 的笛卡儿乘积集。

笛卡儿乘积集是两集合元素间的无约束搭配。若给搭配以约束,便体现了一种特殊关系,接受此种约束的元素对构成笛卡儿乘积集的一个子集,该子集便表现了一种关系。因此在普通集合论中,所谓 U 到 V 的一个关系,乃是被定义为 $U \times V$ 的一个子集 R,则

$$R \in F(U \times V) \quad 记为 \quad U \xrightarrow{R} V$$

定义 $U \times V$ 的一个模糊子集 R 称为从 U 到 V 的一个模糊关系,记为 $U \xrightarrow{R} V$。

模糊关系 R 的隶属函数为

$$\mu_R : U \times V \to [0, 1] \tag{8.3.17}$$

当论域 U、V 都是有限论域,此时模糊关系 R 可以用矩阵 $\mathbf{R}$ 表示,即

$$\mathbf{R} = (r_{ij}) \tag{8.3.18}$$

式中: $r_{ij} = \mu_R(x_i, y_j)$。

显然有

$$0 \leqslant r_{ij} \leqslant 1, \quad 1 \leqslant i, j \leqslant n \tag{8.3.19}$$

满足式(8.3.18)和式(8.3.19)的矩阵,称为模糊矩阵。特别地,当

$$r_{ij} \in \{0, 1\}, \quad 1 \leqslant i, j \leqslant n \tag{8.3.20}$$

则矩阵 $\mathbf{R}$ 退化为布尔矩阵。布尔矩阵可以表达一种普通关系。

例 用模糊关系表示苹果、乒乓球、书、足球、桃子、气球、四棱锥的相似关系,设用专家评分的办法给出它们的相似程度如表8-3所示,显然,其相似矩阵为

$$\mathbf{R} = \begin{bmatrix} 1 & 0.7 & 0 & 0.7 & 0.5 & 0.6 & 0 \\ 0.7 & 1 & 0 & 0.9 & 0.4 & 0.5 & 0 \\ 0 & 0 & 1 & 0 & 0 & 0 & 0.1 \\ 0.7 & 0.9 & 0 & 1 & 0.4 & 0.5 & 0 \\ 0.5 & 0.4 & 0 & 0.4 & 1 & 0.4 & 0 \\ 0.6 & 0.5 & 0 & 0.5 & 0.4 & 1 & 0 \\ 0 & 0 & 0.1 & 0 & 0 & 0 & 1 \end{bmatrix}$$

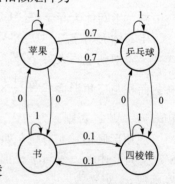

图 8-15 模糊关系的有向图

模糊关系也可用有向图表示,如苹果、乒乓球、书、四棱锥四件物品的相似关系可用图 8-15 表示。

表 8-3 苹果、乒乓球等 7 种物品的相似程度

相似度 物品	苹果	乒乓球	书	足球	桃子	气球	四棱锥
苹果	1	0.7	0	0.7	0.5	0.6	0
乒乓球	0.7	1	0	0.9	0.4	0.5	0
书	0	0	1	0	0	0	0.1
足球	0.7	0.9	0	1	0.4	0.5	0
桃子	0.5	0.4	0	0.4	1	0.4	0
气球	0.6	0.5	0	0.5	0.4	1	0
四棱锥	0	0	0.1	0	0	0	1

2. 模糊关系的建立

读者从后面的介绍将会看到模糊关系在聚类分析中的应用,那么对样品分类的效果怎

样?关键是选择合理的统计指标,即被选中的指标应有明显的实际意义,有较强的分辨力和代表性。在统计指标选定后即可按下述步骤建立模糊关系,进而运用后面介绍的内容进行分类。

第一步,把各代表点的统计指标的数据标准化,以便分析和比较。这一步也称正规化。为把标准化数据压缩为 [0,1] 闭区间,可用极值标准化公式:

$$x = \frac{x' - x'_{\min}}{x'_{\max} - x'_{\min}} \tag{8.3.21}$$

当 $x' = x_{\max}$ 时,$x=1$;当 $x' = x'_{\min}$ 时,$x=0$,否则取 [0,1] 之间。

第二步,算出被分类对象间具有此种关系的程度 r_{ij} (最通常是 i 与 j 的相似程度),其中 $i, j = 1, 2, \cdots, n$ (n 为对象个数),从而确定论域 U 上的模糊关系 $\boldsymbol{R}$,即

$$\boldsymbol{R} = \begin{bmatrix} r_{11} & r_{12} & \cdots & r_{1n} \\ r_{21} & r_{22} & \cdots & r_{2n} \\ \vdots & \vdots & \ddots & \vdots \\ r_{n1} & r_{n2} & \cdots & r_{nn} \end{bmatrix} \tag{8.3.22}$$

计算 r_{ij} 的常用方法如下。

(1) 欧氏距离法:

$$r_{ij} = \sqrt{\frac{1}{m} \sum_{k=1}^{m} (x_{ik} - x_{jk})^2} \tag{8.3.23}$$

式中:x_{ik} 为第 i 个对象的第 k 个因子的值;x_{jk} 为第 j 个对象的第 k 个因子的值。

(2) 数量积:

$$r_{ij} = \begin{cases} 1, & i = j \\ \sum_{k=1}^{m} \frac{x_{ik} \cdot x_{jk}}{M}, & i \neq j \end{cases} \tag{8.3.24}$$

式中:M 为一适当选择之正数,满足

$$M \geq \max_{ij} \left(\sum_{k=1}^{m} x_{ik} \cdot x_{jk} \right) \tag{8.3.25}$$

(3) 相关系数:

$$r_{ij} = \frac{\sum_{k=1}^{m} |x_{ik} - \bar{x}_i| |x_{jk} - \bar{x}_j|}{\sqrt{\sum_{k=1}^{m} (x_{ik} - \bar{x}_i)^2} \sqrt{\sum_{k=1}^{m} (x_{jk} - \bar{x}_j)^2}} \tag{8.3.26}$$

其中,

$$\bar{x}_i = \frac{1}{m} \sum_{k=1}^{m} x_{ik}, \quad \bar{x}_j = \frac{1}{m} \sum_{k=1}^{m} x_{jk}$$

(4) 指数相似系数:

$$r_{ij} = \frac{1}{m} \sum_{k=1}^{m} \exp\left(-\frac{3}{4} \frac{(x_{ik} - x_{jk})^2}{S_k^2} \right) \tag{8.3.27}$$

式中:S_k 为适当选择的正数。

(5) 非参数法:

令 $x'_{ik} = x_{ik} - \bar{x}_i$

$n^+ = \{x'_{i1}, x'_{j1}, x'_{i2}, x'_{j2}, \cdots, x'_{im}, x'_{jm}\}$ 中大于 0 的个数

$n^- = \{x'_{i1}, x'_{j1}, x'_{i2}, x'_{j2}, \cdots, x'_{im}, x'_{jm}\}$ 中小于 0 的个数

$$r_{ij} = \frac{|n^+ - n^-|}{n^+ + n^-}$$

（6）最大最小法：

$$r_{ij} = \frac{\sum\limits_{k=1}^{m} \min(x_{ik}, x_{jk})}{\sum\limits_{k=1}^{m} \max(x_{ik}, x_{jk})} \tag{8.3.28}$$

（7）算术平均最小法：

$$r_{ij} = \frac{\sum\limits_{k=1}^{m} \min(x_{ik}, x_{jk})}{\frac{1}{2}\sum\limits_{k=1}^{m} (x_{ik} + x_{jk})} \tag{8.3.29}$$

（8）几何平均最小法：

$$r_{ij} = \frac{\sum\limits_{k=1}^{m} \min(x_{ik}, x_{jk})}{\sum\limits_{k=1}^{m} \sqrt{x_{ik} \cdot x_{jk}}} \tag{8.3.30}$$

（9）绝对值指数法：

$$r_{ij} = \exp\left(-\sum_{k=1}^{m} |x_{ik} - x_{jk}|\right) \tag{8.3.31}$$

（10）绝对值倒数法：

$$r_{ij} = \begin{cases} 1 & i = j \\ \dfrac{M}{\sum\limits_{k=1}^{m} |x_{ik} - x_{jk}|} & i \neq j \end{cases} \tag{8.3.32}$$

式中：M 适当选取，使 $0 \leq r_{ij} \leq 1$。

8.3.3.2 基于模糊等价关系的模式分类

在模糊矩阵的运算中提出了模糊关系的自反性、对称性、传递性，并指出同时满足这三种性质的关系才是模糊等价关系。

例 设有 5 种矿石，按其颜色、密度等性质得出描述其"相似程度"的模糊关系矩阵如下：

$$\boldsymbol{R} = \begin{array}{c} \\ x_1 \\ x_2 \\ x_3 \\ x_4 \\ x_5 \end{array} \begin{array}{c} \begin{matrix} x_1 & x_2 & x_3 & x_4 & x_5 \end{matrix} \\ \begin{bmatrix} 1 & 0.8 & 0 & 0.1 & 0.2 \\ 0.8 & 1 & 0.4 & 0 & 0.9 \\ 0 & 0.4 & 1 & 0 & 0 \\ 0.1 & 0 & 0 & 1 & 0.5 \\ 0.2 & 0.9 & 0 & 0.5 & 1 \end{bmatrix} \end{array}$$

本矩阵的自反性与对称性是明显的，下面的计算也可证明它不具有传递性，即它仅是相

似矩阵，先不加改造即用来分类。

若认为彼此"相似程度"大于 0.8 的为一类，则 x_1，x_2 为一类；x_2，x_5 为一类；但 x_1，x_5 的"相似程度"仅 0.2，故 x_1，x_5 不属于一类，这样就得到矛盾，说明模糊相似矩阵不能直接用来分类。为了得到模糊等价关系，可用 R 自乘得 R^2，即 $R \cdot R = R^2$，$R^2 \cdot R^2 = R^4$，……直到 $R^{2k} = R^k$。至此，R^k 便是一模糊等价关系。此方法是由"传递闭包"而来的，此处不做证明。

在本例中，$R^2 \neq R$，故 R 不是模糊等价矩阵，因

$$R^2 = R \cdot R = \begin{bmatrix} 1 & 0.8 & 0.4 & 0.2 & 0.8 \\ 0.8 & 1 & 0.4 & 0.5 & 0.9 \\ 0.4 & 0.4 & 1 & 0 & 0.4 \\ 0.2 & 0.5 & 0 & 1 & 0.5 \\ 0.8 & 0.9 & 0.4 & 0.5 & 1 \end{bmatrix}$$

类似地，还可求出 R^4 与 R^8，并且它们是相等的，故 R^4 就满足模糊等价关系的性质。

定理 $R \in M_{n \times n}$ 是等价矩阵，当且仅当任意 $\lambda \in [0, 1]$，R_λ 都是等价的布尔矩阵。

若 R 为模糊等价关系，则对于给定的 $\lambda \in [0, 1]$，便可得到相应的普通等价关系 R_λ，这意味着得到了一个 λ 水平的分类。

定理 若 $0 \leq \lambda < \mu \leq 1$，则 R_μ 所分出的每一类必是 R_λ 所分出的某一类的子类，或称 R_μ 的分类法是 R_λ 分类法的"加细"。

证明：
$$r_{ij}^\mu = 1 \Leftrightarrow r_{ij} \geq \mu$$
$$\Rightarrow r_{ij} > \lambda$$
$$\Leftrightarrow r_{ij}^\lambda = 1$$

亦即
$$r_{ij}^\mu = 1 \Rightarrow r_{ij}^\lambda = 1 \quad (\lambda < \mu)$$

这说明，若 i，j 按 R_μ 能归为一类，则按 R_λ 必被归为一类。

若 λ 自 1 逐渐降为 0，则其决定的分类逐渐变粗，逐步归并，形成一动态的聚类图。

例 设论域
$$U = \{x_1, x_2, x_3, x_4, x_5\}$$

给定模糊关系矩阵：
$$R = \begin{bmatrix} 1 & 0.48 & 0.62 & 0.41 & 0.47 \\ 0.48 & 1 & 0.48 & 0.41 & 0.47 \\ 0.62 & 0.48 & 1 & 0.41 & 0.47 \\ 0.41 & 0.41 & 0.41 & 1 & 0.41 \\ 0.47 & 0.47 & 0.47 & 0.41 & 1 \end{bmatrix}$$

其自反性与对称性是显然的，经验证可知，$R \cdot R \subseteq R$，故 R 为一模糊等价关系。

现根据不同的 λ 水平分类。

（1）当 $0.62 < \lambda \leq 1$ 时，有

$$R_\lambda = \begin{bmatrix} 1 & 0 & 0 & 0 & 0 \\ 0 & 1 & 0 & 0 & 0 \\ 0 & 0 & 1 & 0 & 0 \\ 0 & 0 & 0 & 1 & 0 \\ 0 & 0 & 0 & 0 & 1 \end{bmatrix}$$

此时共分为五类：$\{x_1\}$，$\{x_2\}$，$\{x_3\}$，$\{x_4\}$，$\{x_5\}$，即每个元素为一类，这是"最细"的分类。

（2）当 $0.48 < \lambda \leqslant 0.62$ 时，有

$$R_\lambda = \begin{bmatrix} 1 & 0 & 1 & 0 & 0 \\ 0 & 1 & 0 & 0 & 0 \\ 1 & 0 & 1 & 0 & 0 \\ 0 & 0 & 0 & 1 & 0 \\ 0 & 0 & 0 & 0 & 1 \end{bmatrix}$$

此时共分四类：$\{x_1, x_3\}$，$\{x_2\}$，$\{x_4\}$，$\{x_5\}$。

（3）当 $0.47 < \lambda \leqslant 0.48$ 时，有

$$R_\lambda = \begin{bmatrix} 1 & 1 & 1 & 0 & 0 \\ 1 & 1 & 1 & 0 & 0 \\ 1 & 1 & 1 & 0 & 0 \\ 0 & 0 & 0 & 1 & 0 \\ 0 & 0 & 0 & 0 & 1 \end{bmatrix}$$

此时共分三类：$\{x_1, x_2, x_3\}$，$\{x_4\}$，$\{x_5\}$。

（4）当 $0.41 < \lambda \leqslant 0.47$ 时，有

$$R_\lambda = \begin{bmatrix} 1 & 1 & 1 & 0 & 1 \\ 1 & 1 & 1 & 0 & 1 \\ 1 & 1 & 1 & 0 & 1 \\ 0 & 0 & 0 & 1 & 0 \\ 1 & 1 & 1 & 0 & 1 \end{bmatrix}$$

此时共分两类：$\{x_1, x_2, x_3, x_5\}$，$\{x_4\}$。

（5）当 $0 \leqslant \lambda \leqslant 0.41$ 时，R_λ 的元素全为 1，故 5 个元素合为一类，即是"最粗"的分类。

综合上述结果，可画出动态聚类图（见图 8-16），这也是一个基于模糊等价关系完成聚类分析的实例。

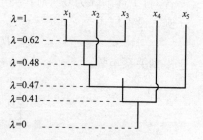

图 8-16 按 λ 的不同水平进行聚类的动态图

8.3.3.3 基于模糊相似关系的分类

由于多次合成操作，消耗机时很多，特别当元素个数很多时，这一问题变得更严重，为此众多学者纷纷寻找由模糊相似矩阵直接进行聚类的方法，如最大树法编网法。下面仅介绍最大树法。

最大树法：先画出被分类的元素集，从矩阵 R 中按 r_{ij} 从大到小的顺序依次连边，标上权重。若在某一步会出现回路，便不画那一步，直到所有元素连通为止，这样就得到一棵"最大树"（可以不唯一）。取定 λ，砍去权重低于 λ 的边，便可将元素分类，互相连通的元素归为同类。下面以日本学者 Tamura 的例子来说明之。

例 设有三个家庭，每家 4~7 人，选每个人的一张照片，共 16 张混放在一起，请中学生对照片两两比较，按相似程度聚类，希望能把三个家庭区分开。

16张照片的相似矩阵见表8-4，现以此例来构造最大树：设先选顶点 $i=1$，依次连"13"标 $r_{ij}=0.8$ 于其边侧，再连"16"，$r_{ij}=0.6$，由"16"连接"6"，$r_{ij}=0.8$，…，依此下去得到一棵连通16个顶点的最大树，如图8-17所示。

表8-4 16张照片的相似矩阵

r_{ij}	1	2	3	4	5	6	7	8	9	10	11	12	13	14	15	16
1	1															
2	0	1														
3	0	0	1													
4	0	0	0.4	1												
5	0	0.8	0	0	1											
6	0.5	0	0.2	0.2	0	1										
7	0	0.8	0	0	0.4	0	1									
8	0.4	0.2	0.2	0.5	0	0.8	0	1								
9	0	0.4	0	0.8	0.4	0.2	0.4	0	1							
10	0	0	0.2	0.2	0	0	0.2	0	0.2	1						
11	0	0.5	0.2	0.2	0	0	0.8	0	0.4	0.2	1					
12	0	0	0.2	0.8	0	0	0	0	0.4	0.8	0	1				
13	0.8	0	0.2	0.4	0	0.4	0	0.4	0	0	0	0	1			
14	0	0.8	0	0.2	0.4	0	0.8	0	0.2	0.2	0.6	0	0	1		
15	0	0	0.4	0.8	0	0.2	0	0	0.2	0	0	0.2	0.2	0	1	
16	0.6	0	0	0.2	0.2	0.8	0	0.4	0	0	0	0	0.4	0.2	0.4	1

对最大树取λ截集，即去掉那些 $r_{ij}<\lambda$ 的边，这样就可将它分割为互不连通的几棵子树。现取 $\lambda=0.5$，可分割得3棵子树，其顶点集为

$$\begin{cases} V_1 = \{13, 1, 16, 6, 8, 4, 9, 15, 12, 10\} \\ V_2 = \{3\} \\ V_3 = \{5, 2, 7, 11, 14\} \end{cases}$$

由于 V_1 有10个元素，不合题意，再选 $\lambda=0.6$，这时分割得4棵子树（见图8-18）：

$$\begin{cases} V_1 = \{13, 1, 16, 6, 8\} \\ V_2 = \{9, 4, 15, 12, 10\} \\ V_3 = \{3\} \\ V_4 = \{11, 7, 14, 2, 5\} \end{cases}$$

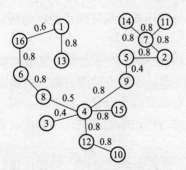

图8-17 16个顶点的最大树

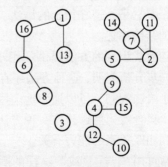

图8-18 以 $\lambda=0.6$ 切割图8-17后的结果

显然 V_1、V_2、V_4 符合每家4~7人的要求，而"3"不是这三个家庭的成员，实际上也是实验者故意加进去的。

应该指出，虽然最大树不唯一，但取了λ截集合，所得的子树是相同的，这一点可通过实际画图来证实。

8.4 结构模式识别

8.4.1 概述

在一些模式分类问题中，描述每一具体模式的结构信息是十分重要的。例如图片、语音、景物的识别就是十分复杂的问题，它要求的特征量非常巨大，要把某一模式准确分类很困难，从而很自然地就出现了这样一种设计，即努力地把一个复杂模式分化为若干较简单子模式的组合，而子模式又分为若干基元，通过对基元的识别，进而识别子模式，最终识别该复杂模式。例如汉字、指纹、连续语音（不是一个个孤立的字母）的识别，往往都采用这一方法，并已取得可喜的结果。

例 图 8-19 所示的景物可用图 8-20 那样的层次结构来描述。

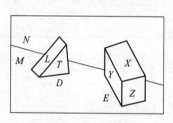

图 8-19 一个景物

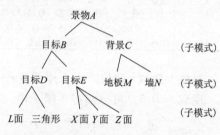

图 8-20 图 8-19 的层次结构描述

为了表示每一模式的层次结构，可以把模式描述的结构法类比于语言的语法。由基元、子模式以不同方式构成模式的过程，恰似由字构成词、由词构成句子的过程。显然，要使此种方法有优越性，就应选取远比模式本身更易于识别的最简单的子模式，即"模式基元"。用作模式的结构描述的语言包括两部分：模式基元和对基元的合成操作规则。这种语言就称为"模式描述语言"。对基元作合成操作以构成模式的规则称为语法。当模式中的每一基元被辨认以后，识别过程就可通过执行语法分析来实现，即对描述待识别模式的"句子"进行分析，看它是否遵守指定的语法。与此同时，语法分析还产生出该句子的结构描述，通常是树状的结构描述。

结构模式识别的方法提供了用小而简单的基元与语法规则来描述大而复杂的模式的能力。进一步分析表明，这种方法还有一个引人入胜的特点，这就是利用了语法的递归性。因为同一个语法规则，可以递归地应用任意多次，所以它就能以十分紧凑的形式，表示一个很大的句子集合。当然，这样一种方法的实用程度和基元的辨识能力有关，还和用合成操作表达基元间相互关系的能力有关。

通常可用"与""或"这样的逻辑操作算符来对子模式作合成操作。例如，我们仅选择"链接"为描述模式的唯一关系，且选取图 8-21（a）中所示的基元，则图 8-21（b）所示的方框可表示为串：$aaabbcccdd$。

然而，若用"+"表示"从头到尾的链接"操作，则图 8-21（b）的矩形可表示为 $a+$

$a+a+b+b+c+c+c+d+d$。仍采用图 8-21（a）中的基元来表示图 8-22（a）所示的模式，则如图 8-22（b）所示。可以看出，在这种描述方法下，基元与基元之间的关系均被表示为串中的符号。

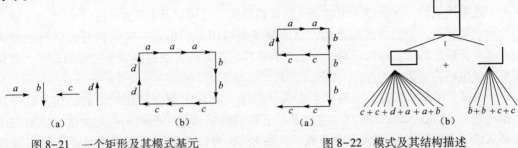

图 8-21　一个矩形及其模式基元
（a）基元；（b）方框

图 8-22　模式及其结构描述
（a）模式；（b）结构描述

一种模式的结构信息，也可以用"关系图"来表示。由于在关系图与矩阵间存在一一对应关系，一个关系图就无疑可表示为一个"关系矩阵"。在模式描述中采用关系图，就能扩充允许的关系的种类，以包含那些从模式中很容易确定的关系（注意：① 链接是一维语言唯一的基本操作；② 一个图可以包含闭环，而树不允许有闭环）。用这种扩展了的形式，我们就能拥有比树状结构更强的描述手段。然而采用树状结构，却提供了一种直接的方法，使得正规的语言理论适应紧凑地描述问题的要求，并适于分析含有结构内容的模式。

8.4.2　结构模式识别系统

一个结构模式识别系统可认为由三个主要部分组成，分别是预处理、模式描述和语法分析。该系统的简单框图如图 8-23 所示。

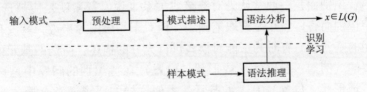

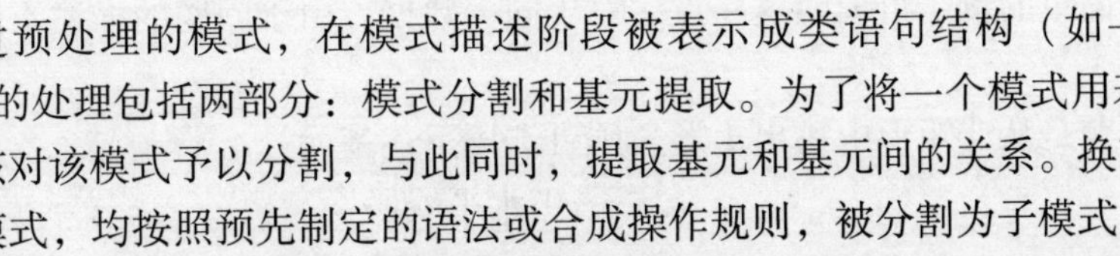

图 8-23　一个结构模式识别系统的组成框图

每一种经过预处理的模式，在模式描述阶段被表示成类语句结构（如一个串、一个图）。这一阶段的处理包括两部分：模式分割和基元提取。为了将一个模式用若干子模式来表示，我们应该对该模式予以分割，与此同时，提取基元和基元间的关系。换言之，每一种经过预处理的模式，均按照预先制定的语法或合成操作规则，被分割为子模式。进而，每一种子模式被分割为一组基元。当然，若待识别模式较简单，则也可以直接分割为基元。例如，借助于链接操作，每一种模式可用一串链接起来的基元表示。在语法分析阶段，系统应对已完成描述的模式做语法检查，以判定它是按何种语法结合成的，从而完成待识别模式的分类。

一般来说，识别的最简单的方式是"样板匹配"。用表示一种输入模式的基元串与各种模型（也是用基元串表示的）相比较，按照选定的匹配准则，输入模式被划入匹配"最好"的那一类。在这种"样板匹配"方式下，层次结构信息基本上不予考虑。上述"样板匹配"

是一种方法，另一种识别方法是研究全部层次结构信息，此外还有若干介于这两种方法之间的研究方法。例如，设计一系列测试，以测定某些子模式（或某些基元）是否存在，或测定某些子模式的特定组合（或某些基元的特定组合）是否存在，测定的结果用作分类判决。注意，这里所说的一次测试，可以是一次样板匹配，也可以是对表达一个子模式的一棵子树的分析。要知道，识别方法的选取，通常取决于待识别的模式，若识别要求完整的模式描述，就要分析全部层次结构信息；反之，就可用较简单的方法提高识别过程的效率，避免做完整的层次结构分析。

一类模式的结构信息，要有一个文法来描述（实际上就是描述该类的结构，以与其他类相区别），这就需要文法推理，它能从给它的训练模式集中归纳出一个文法，这类似于统计模式识别中用样本来训练判决函数。从图8-23可以看出，一类样品被送入语法推理机构，形成了该类的结构描述，作为语法分析机构入口之一的"样板"（如果按前面所说用样板匹配），或是层次结构分析的"文法"（如果用前述的层次结构分析）。其实，更广义的学习，还应包括基元的位置选定，这也是该推理机构的一种能力。

8.4.3 模式基元的选择与提取

8.4.3.1 模式基元的选择

在模式描述中，为构成一个句子模型，首要的一步是要确定一个模式基元集，但这受制于数据本身的特征、用途、技术可行性等因素。没有一成不变的办法来解决基元选择问题，这里提出两点方向性的建议：

（1）所选取的基元应是精简的，以易于语法描述与分析。

（2）能用非语言学的方法方便地提取，因为它们被认为是最基本的模式单元。

例如，就语音识别而言，通常认为对链接式关系来说，音素就是应被选取的模式基元。类似地，对文字识别而言，当然是选取笔画了。但对于一般图片来说，就没有类似于音素或笔画这样的通用的基元了。有时为了能对模式进行充分的描述，所选的基元可能只对那些专门用途才是重要的。例如，若尺寸（或形状、位置）在待识别的问题中是重要的，这时就应选取与尺寸（或形状、位置）有关的基元。类似这样的要求通常会导致要选用一些有语义特性的基元。

下面这一简单的例子可说明这一点，对于同一数据，由于问题的描述不同，导致选用的基元也不同。

例 若问题是从非矩形中挑出矩形，则可选用下述基元：

$$a^1 \text{——} 0° \text{水平线段}$$

$$b^1 \text{——} 90° \text{垂直线段}$$

$$c^1 \text{——} 180° \text{水平线段}$$

$$d^1 \text{——} 270° \text{垂直线段}$$

这样，不论多大的矩形，均被表示为一种语句，即 $a^1 b^1 c^1 d^1$。

但若还要求确定矩形的尺寸，则上述基元就不够了，应选单位长度的线段为基元，不同尺寸的矩形就会表示成

$$L = \{a^n b^m c^n d^m |_{n,\ m=1,\ 2,\ \dots}\} \tag{8.4.1}$$

前面提出的建议（1）与建议（2）有时是矛盾的。这是因为，根据目前的技术水平，按建议（1）来选择基元会使这些基元太复杂而难以识别；建议（2）强调了基元的易于提取，可能会使描述与分析变得很复杂。这两者之间的折中，有时对于识别系统的实现是很重要的。例如对数学表达式做结构分析时，用字符与算符作基元就较简单，而直接选用直线曲线线段作基元就很困难。亦即，在这以前应该先作一步从笔画到字符（算符）的合成操作，而不是直接地一步到位。

另一个例子是汉字识别，根据汉字结构的研究，发现可用为数不多的分割操作。

分割操作：

结构关系：　　　　左—右　　　　上—下　　　　包围
　　　　　　　　　（l-r）　　　　（a-b）　　　　（s）

每种分割操作，在相邻的两子模式或基元间产生特定的结构关系。递归地应用这些操作，我们能将汉字分割成它的子模式与基元。若用目前的技术能提取适当的基元，则一个汉字可用给定的一组基元与结构关系来描述。图8-24就是这样的例子。从这个例子也可以看到，若用笔画为基元，就会使结构描述比现在复杂得多。

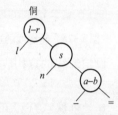

图8-24　关于汉字"侗"的结构描述

有一篇文章报道了一种图片模式的基元分解法，通过对训练样品的观察使识别系统试探地确定基元。一个模式首先按一定顺序处理一遍，其中包括噪声滤除、空隙填充、曲线跟踪。处理的结果是产生对图片中线段的描述（直线线段用长度、斜率描述；曲线线段用长度、曲率描述），不同线段间的结构关系用连接表来表示。总程序最后产生一个一维的符号串作为该模式的完整描述，该描述完全与图片的设置角度、外形大小无关。前面所提到的线段长度，完全是对于不同线段相对而言的。

8.4.3.2　模式基元的提取

正如前面讨论所指出的，没有一成不变的办法解决基元的选择问题，因而基元提取也只能是在基元被选定了以后，才可设计出相应的办法。下面仅以对曲线的直线段近似方法作基元提取的示范性介绍。

在一个波形模式中，由于扫描值的系列 $[f_i]$ 直接给出了一个曲线过程，于是，可直接通过外形元素对此曲线实行近似。相反地，在一个图像模式中，一般均需要首先实行一系列的预处理措施，使其变换为二值的线条模式。

若问题仅归结为简单模式分类，则大多数情况下，可首先借助于一个阈值算法使客体从背景中分离出来（在模式质量较差的情况下，还必须在阈值运算之前执行相应的平滑去干扰运算），从而得到一个二值图像，在客体取值1，在背景点取值0。客体的轮廓曲线则可通过下面的一个简单算法来估计。

（1）以行扫描方式找出一具有灰度值1的点 P 作为轮廓线的初始点。

（2）设想从前已找到的最后一个点出发，继续执行这一寻找过程。例如，若该点灰度值为1，则往左拐弯继续寻找；若该点灰度值为0，则往右拐弯继续寻找。每一个这样找到的灰度值为1的点即为轮廓线的点。

(3) 重复步骤（2），直至最后找出轮廓线的点与初始点重合。
(4) 算法执行的结果应输出一个有序的点列，其中每个点均在轮廓线上。

另一个方法是首先找出全部轮廓线的点，即找出每一个具有灰度值为1，且其具有灰度值为1的邻域点小于8个的点，它们即为轮廓线的点，然后再整理输出一个轮廓线的点列。这样的轮廓线的点构成该轮廓线的模式基元。

若问题涉及一个复杂模式的分析，则在大多数情况下，首先对复杂模式实行一系列预处理措施，以改善模式的质量；然后采取区域分割法或边缘检测法，检出感兴趣的客体区域，这些区域一般也由区域的轮廓线标出。此时，轮廓线点也可被视为模式基元。

综上所述，对于模式基元的提取，关键在于如何近似客体的边缘轮廓线。一个用来提取模式基元以确定轮廓线的逐段线性近似方法的说明如图 8-25 所示。

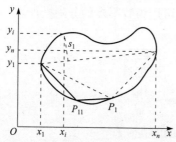

图 8-25 轮廓线的逐段线性近似

设轮廓线的点构成一个有序点集：

$$P = \{(x_j, y_j)|_{j=1,2,\cdots,n}\} \tag{8.4.2}$$

在一维模式 $f(x)$ 的情况下，$x_j = j\Delta x$，$y_j = f(x_j)$；在二维模式的情况下，x_j, y_j 是轮廓线上的点的坐标，而其序则给出轮廓线的一次围绕遍历中的前后串接关系，即模式基元的前后串接关系。

逐段线性近似方法的目的是寻找一组理论上是完备的直线段作为外形元素。其基本点是要求经过预先给定的点作出合适的直线。

因为通过 (x_j, y_j) 及 (x_k, y_k) 的一条直线，用二点式可表示其直线方程为 $(x - x_j)/(x_k - x_j) = (y - y_j)/(y_k - y_j)$，可改写为 $(y_j - y_k)x + (x_k - x_j)y = (x_k - x_j)y_j - (y_k - y_j)x_j$，或用点斜式表示为

$$Ax + By + C = 0 \tag{8.4.3}$$

则曲线上某点 $p_i(x_i, y_i)$ 到上述直线的垂直距离为

$$S_i = |Ax_i + By_i + C|/\sqrt{A^2 + B^2} \tag{8.4.4}$$

因而某段曲线上的点集

$$P_i = \{(x_j, y_j)|_{j=1,2,\cdots,n_i}\} \subseteq P \tag{8.4.5}$$

的近似错误可选择为最大距离为

$$\varepsilon_0(S) = \max_j\{S_j\} \tag{8.4.6}$$

或均方距离为

$$\varepsilon_m(S) = \frac{1}{n_i}\sum_{j=1}^{n_i} S_j \tag{8.4.7}$$

对于近似式（8.4.2）所定义的点集，这里给出如下简单的过程描述：

(1) 点集 P 应逐段线性地近似，其中在第一线段中，误差 $\varepsilon_0(S)$ 或 $\varepsilon_m(S)$ 均不超出一个阈值 T。

(2) 第一条近似直线的初始点及终止点表示为 (x_1, y_1) 及 (x_n, y_n)。

(3) 若对于所有的直线，误差均不大于 T，则近似过程结束；否则转向操作（4）。

(4) 对于直至当前状态为止已找到的具有较大误差的直线，执行操作（5）及（6）。

(5) 计算直线上具有最大距离的点 P_m。

(6) 用两条新的直线代替原直线：第一条新直线的初始点及终止点是原直线的初始点及 P_m 点；第二条新直线的初始点是 P_m 点及原直线的终止点。

(7) 转向操作（3）。

因为对于一个二维模式的封闭的轮廓来说，由于 $(x_1, y_1) \approx (x_n, y_n)$，故该方法并不总是有效的。然而，在许多情况下，经过适当的改变仍可使用：作一个任意矩形与该曲线相切，设曲线与该矩形互不相接的最远的两条边的切点为 (x_1, y_1) 及 (x_n, y_n)，于是曲线被这两个点分为上下两条分支曲线，再按上述算法分别进行近似。近似的第一条直线可从经过点 (x_1, y_1) 及 (x_n, y_n) 的直线开始。在图 8-25 中，对于曲线下方的分支，P_1 是具有最大纵坐标距离 d 的点。于是，在下一步中，曲线将分别由通过 (x_1, y_1) 及 P_1 的直线与通过 P_1 及 (x_n, y_n) 的直线来近似。这一操作继续执行，直至达到所要求的精度为止。当然可能会出现某些直线段很短的情况，但这可通过设置阈值来避免。

8.4.4 模式文法

对于某一给定的应用，在解决了基元选择问题后，下一步就要建立一种（或几种）文法，以产生一种（或几种）语言，以描述待识别模式。人们希望有一种具有学习功能的推理机，它能从描述待识别模式的字符串集合中派生出所需要的文法，但除了某些非常专门的情况外，还无法得到这种机器。迄今为止，在大多数情况下，设计者还只能根据自己的经验来设计所需的文法，而且若要提高语言的描述能力，就会使分析系统相应地复杂起来。有限状态自动机可用于辨识或接收有限状态语言。当然有限状态语言的描述能力弱于上下文无关语言和上下文有关语言；另外，处理上下文无关文法和上下文有关文法所产生的语言，通常要求状态无限制且非确定性的文法分析程序。故设计者应从用途出发，在某种文法的描述能力与相应语言的分析效率之间做适当折中。

8.4.4.1 串文法

串文法是一种一维文法，也被称为链文法。

定义 一个串文法被定义为四元组：

$$G = (V_N, V_T, S, P) \tag{8.4.8}$$

其中有限非空集合

$$V_N = \{S, A_1, A_2, \cdots, A_n\} \tag{8.4.9}$$

为非终止符集（Nonterminal Set，也称非终结符集）或称中间模式元集。而有限非空集合

$$V_T = \{a_1, a_2, \cdots, a_n\} \tag{8.4.10}$$

为终止符集（Terminal Set，也称终结符集）或模式基元集，且 $V_T \cap V_N = \varnothing$，$S \in V_N$ 为初始符或初始模式。有限非空集合

$$P = \{r_1, r_2, \cdots, r_n\} \tag{8.4.11}$$

为产生式集或规则集。一般地，每一产生式有如下形式

$$r_i: \alpha_i \to \beta_i, \quad i = 1, 2, \cdots, n \tag{8.4.12}$$

其中，

$$\alpha_i \in (V_N \cup V_T)^* V_N (V_N \cup V_T)^*$$
$$\beta_i \in (V_N \cup V_T)^*$$

式中：$(V_N \cup V_T)^*$ 表示 $V_N \cup V_T$ 的传递闭包，即由 $V_N \cup V_T$ 上的有限符号串组成的集合。空串用 λ 表示。且令 $(V_N \cup V_T)^+ = (V_N \cup V_T)^* - \{\lambda\}$。

为表述方便，我们用大写英文字母 A，B，C，…表示非终止符；用位于前面的小写英文字母 a，b，c，…表示终止符；用位于后面的 u，v，w，x，y，z 表示终止符串；而用小写希腊字母 α，β，γ，…表示由终止符与非终止符组成的符号串；我们还用 $|\alpha|$ 表示符号串 α 的长度；用 α^n 表示将串 α 重写 n 次。

由式（8.4.12）可知，每一产生式的左边即 α_i 中至少包含一个中间模式元，即串 $\alpha_i = \alpha_k \alpha_l \alpha_m$。其中，$\alpha_k \in (V_N \cup V_T)^*$；$a_l \in V_N$；$\alpha_m \in (V_N \cup V_T)^*$。

设 α_i，$\alpha_{i+l} \in (V_N \cup V_T)^*$，如果存在子串 α_k，α_l，α_m，$\alpha_n \in (V_N \cup V_T)^*$，使得
$$\alpha_i = \alpha_k \alpha_l \alpha_m, \quad \alpha_{i+1} = \alpha_k \alpha_n \alpha_m, \quad \alpha_l \to \alpha_n \in P \tag{8.4.13}$$
则串 $\alpha_{i=l}$ 可由串 α_i 直接导出，并简写为
$$\alpha_i \Rightarrow \alpha_{i+l} \tag{8.4.14}$$
如果存在串 $\alpha_i (i = 1, 2, \cdots, l)$，使得
$$\alpha_m = \alpha_1 \Rightarrow \alpha_2 \Rightarrow \cdots \Rightarrow \alpha_l = \alpha_n \tag{8.4.15}$$
则串 α_n 可由串 α_m 导出，并简写为
$$\alpha_m \underset{G}{\overset{*}{\Rightarrow}} \alpha_n \text{（无歧义情况下 } G \text{ 可省略）} \tag{8.4.16}$$
定义由文法 G 所产生的语言为
$$L(G) = \{x | S \overset{*}{\Rightarrow} x, \ x \in V_T^*\}$$

即 $L(G)$ 是借助于产生式的应用，由 S 推导出来的终止符串的集合。一个终止符串 $X \in L(G)$，称为语言 $L(G)$ 的一个句子。在上述终止符串推导过程中，如果每次都仅替换最左部的非终止符，则称为"最左推导"。

例如，对由式（8.4.12）所定义的产生式加以限制，则可得到关于文法的特殊类型。

定义　若对产生式作如下限制：
$$\alpha_1 A \alpha_2 \to \alpha_1 \beta \alpha_2 \tag{8.4.17}$$
式中：$A \in V_N$，α_1，α_2；$\beta \in (V_N \cup V_T)^*$，$\beta \neq \lambda$，则此文法称为上下文有关文法。

术语"上下文有关"指的是仅当非终止符 A 出现在子串 α_1，α_2 的上下文之间时，才能被重写为 β。

定义　若对产生式做如下限制：
$$A \to \alpha \tag{8.4.18}$$
式中：$A \in V_N$，$\alpha \in (V_N \cup V_T)^+$，则此文法称为上下文无关文法，即允许非终止符 A 被串 α 所替换，而与 A 的上下文无关。

定义　若对产生式的限制为
$$A \to \alpha B \quad \text{或} \quad A \to \alpha \tag{8.4.19}$$
式中：A，$B \in V_N$；$\alpha \in V_T$，则此文法称为正则文法或有限状态文法。

定义　对产生式不作限制的文法称为无约束文法。

不同的文法可产生不同的语言，上下文有关文法、上下文无关文法及正则文法分别产生上下文有关语言、上下无关语言及正则语言。而且从上面对这三种文法的定义不难看出，正则语言⊂上下文无关语言⊂上下文有关语言。

例如，$L_1 = \{a^n b^n c^n d^n |_{n=1,2,\cdots}\}$ 是上下文有关语言，而非上下文无关语言；$L_2 = \{a^n b^n |_{n=1,2,\cdots}\}$ 是上下文无关语言，而非正则语言；$L_3 = \{a^n b |_{n=1,2,\cdots}\}$ 是正则语言。上下文无关文法可以产生正则文法所能产生的语言 L_3，但正则文法不能产生上下无关文法所能产生的全部语言 L_2，这一结论同样适用于 L_2、L_1。

对模式识别问题而言，在理论和实践上都极为重要的问题是，哪一类型的语言是"可决定的"（句子问题的可决定性），即决定一个字符串是否是这个语言的一个句子。换句话说，即决定一个给定的模式是否属于由产生该语言的文法所定义的模式类。显然，在模式识别问题中，人们感兴趣的仅是那些具有句子问题可决定性质的语言。这里，可指出一个在形式语言理论中的相应结论，对于一个句子 $x \in V_T^*$，一个由无约束文法产生的语言，不能对它作出上述决定。也就是说，在模式识别中，只有上下文有关文法、上下文无关文法及正则文法才是可利用的，因为它们在一个有穷的运算步骤内，可以判定一个模式是否属于一个确定的类别。而且，在模式识别中，经常采用的是正则文法和上下文无关文法，因为在这两个文法中，判定一个句子是否可以由相应的文法产生是特别简单的。

下面以一些简单的例子，说明串文法怎样用来描述模式。如描述边长为 n 个长度单位的等边三角形、矩形以及描述一个染色体等。

例 建立一种文法以产生有限状态语言 $L = \{a^n b^n c^n |_{1 \leq n \leq 3}\}$，可以看出这种语言可用来描述边长为 n 个单位长度的三角形，为使该种文法与一自顶向底、面向目标的过程段相兼容，该种语法应严格按照自左向右的顺序产生终止符。在大多数情况下，任意产生式的一次运用就会产生一个终止符。非终止符不得出现在终止符的左面。

（1）以正则文法实现此语言 L：

$$G_1 = (V_N, V_T, P, S)$$

式中：$V_N = \{S, [B^i, C^j] | 0 \leq i, j \leq 3\}$，$V_T = \{a, b, c\}$；$P$ 包括 ① $S \to a[B, C]$，② $[B, C] \to a[B^2, C^2]$，③ $[B^2, C^2] \to a[B^3, C^3]$，④ $[B, C] \to b[C]$，⑤ $[C] \to c$，⑥ $[B^2, C^2] \to b[B, C^2]$，⑦ $[B, C^2] \to b[C^2]$，⑧ $[C^2] \to c[C]$，⑨ $[B^3, C^3] \to b[B^2, C^3]$，⑩ $[B^2, C^3] \to b[B, C^3]$，⑪ $[B, C^3] \to b[C^3]$，⑫ $[C^3] \to c[C^2]$ 形式。

（2）以上下文无关文法获得此语言 L：

$$G_2 = (\{S, B, C\}, \{a, b, c\}, P, S)$$

式中：P 包括① $S \to aSBC$，② $S \to abC$，③ $CB \to BC$，④ $bB \to bb$，⑤ $bC \to bc$，⑥ $cC \to cc$ 形式。

（3）以上下文无关程序文法获得此语言 L。

在导出过程中，产生式用于中间链，下一次选用的产生要从本次所用产生式的成功区中选择。如果成功中的产生式不能用，则从失败区中选择产生区。成功区与失败区合称为特征区。如果可用的特征区仅包含∅，则导出过程停止。

在此我们给出以下两种等效的文法 G_3、G_4：

$$G_3 = (V_N,\ V_T,\ J,\ P,\ S)$$

其中，

$V_N = \{S,\ A,\ B,\ C\}$， $V_T = \{a,\ b,\ c\}$， $J = \{1,\ 2,\ 3,\ 4,\ 5,\ 6,\ 7\}$。

P:	标号	核	成功区	失败区
	1	$S \to ABC$	$\{2,\ 5\}$	$\{\varnothing\}$
	2	$A \to aA$	$\{3\}$	$\{\varnothing\}$
	3	$B \to bB$	$\{4\}$	$\{\varnothing\}$
	4	$C \to cC$	$\{2,\ 5\}$	$\{\varnothing\}$
	5	$A \to a$	$\{6\}$	$\{\varnothing\}$
	6	$B \to b$	$\{7\}$	$\{\varnothing\}$
	7	$C \to c$	$\{\varnothing\}$	$\{\varnothing\}$

$$G_4 = (\ \{S,\ A,\ B,\ C\},\ \{a,\ b,\ c\},\ \{1,\ 2,\ 3,\ 4,\ 5,\ 6,\ 7\},\ P,\ S)$$

其中，

P:	标号	核	成功区	失败区
	1	$S \to ABC$	$\{2,\ 5\}$	$\{\varnothing\}$
	2	$A \to aA$	$\{\varnothing\}$	$\{3\}$
	3	$B \to bB$	$\{\varnothing\}$	$\{4\}$
	4	$C \to cC$	$\{2,\ 5\}$	$\{\varnothing\}$
	5	$A \to a$	$\{\varnothing\}$	$\{6\}$
	6	$B \to b$	$\{\varnothing\}$	$\{7\}$
	7	$C \to c$	$\{\varnothing\}$	$\{\varnothing\}$

从这一简单例子我们也可以看出，上下文无关文法的能力较正则文法强得多，而程序文法则有利于程序控制流程的建立。

8.4.4.2 阵列文法

本小节介绍的阵列文法是直接描述二维或多维关系的另一种方法。

例 为了与链文法进行比较，首先给出一个阵列文法的例子。该文法同样产生一个具有单位长度整数倍边长的正方形。以 a、b、c、d 表示正方形的直角点，h、v 表示水平及垂直方向的线段，i 表示内点。可以看出，所给出的文法，可以直接利用模式的二维关系。

文法：
$$G_1 = (V_N,\ V_T,\ S,\ P)$$

其中，$V_N = \{S,\ J,\ K\}$；$V_T = \{a,\ b,\ c,\ d,\ h,\ v,\ i\}$；$P = \{r_1,\ r_2,\ \cdots,\ r_{16}\}$，$r_1 \sim r_{16}$ 在图 8-26 中给出。

运用上述文法，可得到一个关于所述正方形的二维描述，如图 8-27 所示。

定义 一个阵列文法形式化地定义为一个四元组：

$$G = (V_N,\ V_T,\ P,\ S)$$

式中：P 是二维产生式的集合，每一产生式有如下的形式：

$$F_{i1} \to F_{i2}$$

式中：F_{i1}、F_{i2} 均为由终止符与非终止符组成的二维阵列（见图 8-26）。

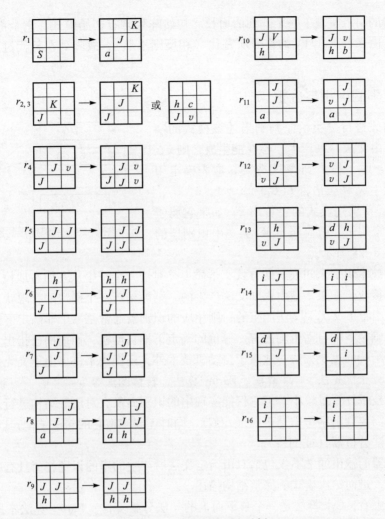

图 8-26 二维阵列文法示例

在二维阵列替换中,若 F_{i2} 的行列数大于 F_{i1},则将导致模式的破坏。为避免此种情况,总是取 F_{i1} 与 F_{i2} 的阶数相同。由于符号阵列在替代过程中的增长又是必需的,故引入空格并以 __ 表示 __ $\in V_N \cup V_T$,于是一个阵列文法的产生式如下:

图 8-27 一个正方形的二维描述

$$\begin{bmatrix} \alpha_{11} & \alpha_{12} & \cdots & \alpha_{1n} \\ \alpha_{21} & \alpha_{22} & \cdots & \alpha_{2n} \\ \vdots & \vdots & & \vdots \\ \alpha_{m1} & \alpha_{m2} & \cdots & \alpha_{mn} \end{bmatrix} \longrightarrow \begin{bmatrix} \beta_{11} & \beta_{12} & \cdots & \beta_{1n} \\ \beta_{21} & \beta_{22} & \cdots & \beta_{2n} \\ \vdots & \vdots & & \vdots \\ \beta_{m1} & \beta_{m2} & \cdots & \beta_{mn} \end{bmatrix}$$

式中: α_{ij}、$\beta_{ij} \in V_N \cup V_T \cup \{\_\}$ ($1 \leq i \leq m$, $1 \leq j \leq n$),并有以下两种:

(1) 若 $\alpha_{ij} \neq \_$,则 $\beta_{ij} \neq \_$;

(2) 若 $\alpha_{ij} \in V_T$,则 $\beta_{ij} = \alpha_{ij}$。

以上空格的引入实现了一个阵列的增长。初始阵列含有初始模式，它全部由空格组成，因为空格允许由来自 $V_N \cup V_T$ 的符号所替代（相反则不然），故阵列在替代过程中实际上是增长的。

8.4.5 串的识别与分析

对两类模式进行分类，应判别描述该模式的字符串 x 是否可由文法 G 来产生。若 G 能生成，则 $x \in W_1$；反之，$x \in W_2$。推广到 M 类分类，应先确定 M 种文法，它能生成 M 类语言 $L(G_i)$（$i = 1, 2, \cdots, M$）。一个描述待识别模式的字符串 x，如果它属于 $L(G_i)$ 中的一个句子，就应属于 W_i 类。串识别器的原理框图如图 8-28 所示。

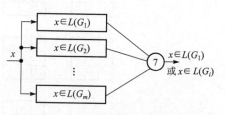

图 8-28　串识别器的原理框图

用自动机技术识别未知模式的方式，本质上是对输入字符串从左向右地检查，以判断它能否为机器所接收。如果 x 是由正则文法产生的，则可构造一个确定的有限状态自动机识别之；如果 x 是由上下文无关文法产生的，则相应的识别器通常是一个非确定下推自动机。由于并非每一非确定下推自动机均能有一等价的确定下推自动机，而前面已指出上下文无关文法是描述模式结构的重要方法，故除了自动机技术外，还提出了许多上下文无关语言的句法分析算法，如算子优先法、Cyk 算法、Earley 算法、转移图法等。

用自动机技术计算量较小，但它仅能实现串的识别而没有对语法结构进行分析。然而在有些场合不仅需要判断字符串是否属于 $L(G)$，同时还要知道它的句法结构，以便改进文法，这就要采用句法分析器（或剖析）。

句法分析器的输出通常不仅包括对由给定文法所产生的串的识别，而且有的文法还能给出串的导出树，进而给出模式的完整结构描述。

从方法上来看，Cyk 算法是一个自下而上的句法分析算法；Earley 算法本质上是自上而下的句法分析算法；转移图法也是自上而下算法，它与 Earley 算法有很多相似之处，且包含了 Earley 算法三种运算中的两种：预测运算和完成运算。由于缺少扫描运算，所以对上下文无关文法的形式有一定要求，这就使它应用起来似乎不及 Earley 算法灵活。

Cyk 算法概念清晰，但要求产生式是乔姆斯基范式化了的，这一限制使它在文法推断上不很方便，而且乔姆斯基范式化后，产生式和非终结符数量都显著增加，使分析搜索时间增加，所以它的运算比 Earley 算法长。

一个句子能否被某种文法所接受，Earley 算法往往不必将运算进行到底即可判别，而 Cyk 算法则一定要到全部计算完毕，才能判定一个句子能否被某文法所接受，所以在进行多类判别时，Earley 算法有更大优越性。

8.5　支持向量机及其在模式识别中的应用

统计学习理论是目前针对小样本统计估计和预测学习的最佳理论，在这种理论体系下的统计推理规则不仅考虑了对渐近性能的要求，而且追求在现有有限信息的条件下得到最优结果。支持向量机（Support Vector Machine，SVM）方法是 AT&T Bell 实验室的 Vapnik 提出的一类基于 SLT 的新型机器学习方法。它根据有限的样本信息在模型的复杂性和学习能力之间寻求最佳折中,以期获得最好的推广能力。SVM 是基于结构风险最小化准则(Structural Risk Minimization,SRM)的,与基于经验风险最小化准则(Empirical Risk Minimization,ERM)的神经网络相比,不存在过学习问题,且有更好的泛化性能;另外,SVM 求解是一个凸二次优化问题,得到的解将是全局最优点,解决了在神经网络方法中无法避免的局部极值问题。尽管相关的理论仍然处于不断发展的阶段,但由于它的卓越性能,已广泛应用到数字识别、人脸检测与识别、指纹识别、回归分析和特征选择等领域中。

8.5.1 支持向量机的基本概念和方法

SVM 主要思想是针对两类分类问题,在高维空间中寻找一个超平面作为两类的分割,以保证最小的分类错误率。SVM 的一个重要优点是可以处理线性不可分的情况。通过学习算法,SVM 可以自动寻找那些对分类有较好区分能力的支持向量,由此构造出的分类器可以最大化类与类的间隔,因而有较好的推广性和较高的分类准确率。用 SVM 实现分类,首先要从原始空间中提取特征,将原始空间中的样本映射为高维特征空间中的一个向量,以解决原始空间中线性不可分的问题。SVM 的巧妙之处在于非线性映射操作并不是直接在高维特征空间中进行,而是隐含地通过内积函数(核函数)在低维空间来完成,因而简化了计算,使 SVM 的思想得以实现。

8.5.1.1 最优分类面

SVM 方法是从线性可分情况下的最优分类面提出的。图 8-29 所示为二维两类线性可分的情形,图中实心点和空心点分别表示两类训练样本,H 为把两类没有错误地分开的分类线,H_1、H_2 分别为过各类样本中离分类线最近的点且平行于分类线的直线,H_1 和 H_2 之间的距离称为两类的分类空隙或分类间隔(Margin)。所谓最优分类线,就是要求分类线不但能将两类无错误地分开,而且要使两类的分类空隙最大。前者是保证经验风险最小(为 0),而通过后面的讨论可以看到,使分类空隙最大实际上就是使推广性的界的置信范围最小,从而使真实风险最小。推广到高维空间,最优分类线就成为最优分类面。

设线性可分样本集为 $(x_i, y_i)(i = 1, 2, \cdots, n)$,$x \in \mathbb{R}^d, y \in \{+1, -1\}$ 是类别标号。在 d 维空间中,线性判别函数的一般形式为 $g(x) = w^T \cdot x + b$,分类面方程为

$$w^T \cdot x + b = 0 \tag{8.5.1}$$

将判别函数进行归一化,使两类所有样本都满足 $|g(x)| \geq 1$,即使离分类面最近的样本的 $|g(x)| = 1$,这样分类间隙就等于 $2/\|w\|$,因此使间隙最大等价于使 $\|w\|$ 最小,同时要求分类线对所有样本正确分类,就是要求它满足

$$y_i[w^T \cdot x_i + b] - 1 \geq 0, \quad i = 1, 2, \cdots, n \tag{8.5.2}$$

因此,满足上述条件且使 $\|w\|^2$ 最小的分类面就是最优分类面。这两类样本中离分类面最近的点且平行于最优分类面的超平面 H_1、H_2 上的训练样本就是使式(8.5.2)中等号成立的样本,它们称为支持向量。它们支撑了最优分类面,如图 8-29 中用圆圈标出的点所示。

根据上面的讨论,最优分类面问题可以表示为如下的约束优化问题,即在式(8.5.2)的约束下,求函数 $\Phi(w) = \|w\|^2/2 = w^T w/2$ 的最小值。为此,可以定义如下的拉格朗日函数

$$L(w, b, \alpha) = \frac{1}{2}\|w\|^2 - \sum_{i=1}^{n}\alpha_i y_i(w^T x_i + b) + \sum_{i=1}^{n}\alpha_i \qquad (8.5.3)$$

式中：$\alpha_i > 0$，为拉格朗日系数，问题是求 w 和 b 使拉格朗日函数取最小值。

将式（8.5.3）分别对 w 和 b 求偏微分并令它们等于 0，就可以把原问题转化为比较简单的对偶问题，在约束条件即

$$\sum_{i=1}^{n}\alpha_i y_i = 0, \quad \alpha_i \geq 0, \quad i = 1, 2, \cdots, n \qquad (8.5.4)$$

之下对 α_i 求解下列函数的最大值：

$$Q(\alpha) = \sum_{i=1}^{n}\alpha_i - \frac{1}{2}\sum_{i,j=1}^{n}\alpha_i \alpha_j y_i y_j (x_i^T x_j) \qquad (8.5.5)$$

若 α_i^* 为最大值，则

$$w^* = \sum \alpha_i^* y_i x_i \qquad (8.5.6)$$

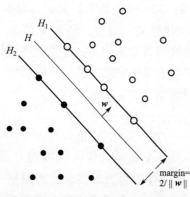

图 8-29 二维两类线性可分的情形

即最优分类面的权系数向量是训练样本向量的线性组合。根据 Kuhn-Tucker 条件，这个优化问题的解需满足

$$\alpha_i[y_i(w^T \cdot x_i + b) - 1] = 0, \quad i = 1, 2, \cdots, n \qquad (8.5.7)$$

因此，对多数样本 α_i^* 将为 0，取值不为 0 的 α_i^* 对应于使式（8.5.2）等号成立的样本，即支持向量，它们通常只是全体样本中的很少一部分。

求解上述问题后得到的最优分类函数为

$$f(x) = \text{sgn}\left(\sum_{i=1}^{n}\alpha_i^* y_i (x_i \cdot x) + b^*\right) \qquad (8.5.8)$$

由于非支持向量对应的 α_i^* 均为 0，因此式中的求和实际上只对支持向量进行。而 b^* 是分类的阈值，可以由任意一个支持向量求得。

8.5.1.2 支持向量机

1. 高维空间中的最优分类面

上面讨论的最优分类函数，其最终的分类判别函数中只包含待分类样本与训练样本中的支持向量的内积运算（$x \cdot x_i$），同样，它的求解过程中也只涉及训练样本之间的内积运算（$x_i \cdot x_j$）。由此可见，要解决一个特征空间中的最优线性分类问题，只需知道这个空间中的内积运算即可。事实上，只要定义变换后的内积运算，而不必真的进行这种由低维向高维的映射变换。统计学习理论指出，根据 Hilbert-Schmidt 定理，只要一种运算满足 Mercer 条件，它就可以作为这里的内积使用。

2. SVM 的概念

如果用内积函数 $K(x_i, x_j)$ 代替最优分类面中的点积，就相当于把原特征空间变换到了某一新的特征空间，此时优化函数变为

$$Q(\alpha) = \sum_{i=1}^{n}\alpha_i - \frac{1}{2}\sum_{i,j=1}^{n}\alpha_i \alpha_j y_i y_j K(x_i, x_j) \qquad (8.5.9)$$

而相应的判别函数也变为

$$f(x) = \mathrm{sgn}\left(\sum_{i=1}^{n}\alpha_i^* y_i K(x_i, x) + b^*\right) \tag{8.5.10}$$

该算法的其他条件不变。这就是支持向量机。

SVM 的基本思想可以概括为：首先通过非线性变换将输入空间变换到一个高维空间；然后在这个新空间中求取最优线性分类面，而这种非线性变换是通过定义适当的内积函数实现的。

在形式上，SVM 求得的分类函数类似于一个神经网络，其输出是若干中间层节点的线性组合，而每一个中间层节点对应于输入样本与一个支持向量的内积，因此也称为支持向量网络，如图 8-30 所示。

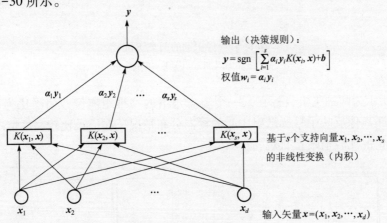

图 8-30　支持向量机示意

由于最终的判别函数中实际只包含与支持向量的内积求和，因此识别时的计算复杂度取决于支持向量的个数。

3. 常用的核函数

核函数用来进行非线性映射，将线性不可分的低维空间映射到高维空间，常用的核函数主要有以下几种。

(1) 多项式核函数：

$$K(x, x_i) = [(x \cdot x_i) + 1]^q$$

(2) 径向基核函数：

$$K(x, x_i) = \exp(-|x - x_i|^2/\sigma^2)$$

(3) Sigmoid 核函数：

$$K(x, x_i) = \tanh(v(x \cdot x_i) + c)$$

(4) 线性核函数：

$$K(x, x_i) = (x \cdot x_i)$$

然而，具体选用什么核函数在理论上还没有具体的指导。

8.5.2　支持向量机在模式识别中的应用

基于 SVM 良好的分类泛化能力，我们将 SVM 应用于飞机目标的分类识别。对两类军用飞机目标 F-18 战斗机和 F-16 战斗机（见图 8-31）进行了分类和识别，数据为固定俯仰角下的全方位一维距离像，距离像经过了归一化等预处理后直接用于分类识别。数据是基于下列三维目标模型通过国外著名电磁仿真软件 Radar Base 计算获得的，此软件和目前流行的 Xpatch 软件在数据仿真方面具有同等优越的性能，因为计算中考虑了多次反射等现象，计算出来的数据具有较高的保真度。

图 8-31　待识别的两类飞机
(a) F-18 战斗机；(b) F-16 战斗机

图 8-32 所示为两种飞机目标在某一个姿态角下的一维距离像，信噪比为 25 dB。从图中可以看出，距离像反映了目标散射中心的径向分布情况，在信噪比较高的情况下，散射中心的径向分布情况比较清晰且直观。

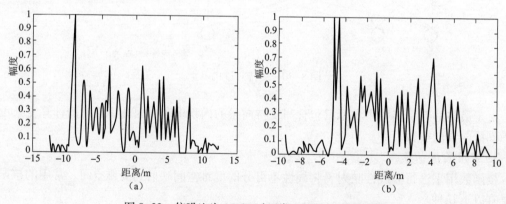

图 8-32　信噪比为 25 dB 时两类飞机的一维距离像
(a) F-18 战斗机的一维距离像（SNR-25 dB，方位角：30°，俯仰角：0°）；
(b) F-16 战斗机的一维距离像（SNR-25 dB，方位角：47.5°，俯仰角：0°）

采用 SVM 对上述两类目标进行分类识别，核函数采用径向基核函数，$\sigma=0.5$，SVM 的代价 $c=10$。通过引入普通的加性高斯白噪声，研究了不同信噪比下基于两类目标一维距离像的识别情况，通过多组蒙特卡罗实验，得到表 8-5 所示的识别结果。从表中可以看出，直接基于一维距离像开展分类识别，在信噪比较高时，SVM 能够正确分类并识别两类飞机目标，且错误判决率很低；信噪比下降到 15 dB 时，仍然维持较高的识别率，但是随着信噪比的进一步降低，识别率下降迅速，主要原因是噪声破坏了两类目标的一维距离像，目标的散射中心径向分布特征淹没在噪声之中；在信噪比较低的情况下，基于一维距离像的 SVM 方法不再适用，应该对距离像进行变换处理，提取其他具有旋转、平移、抗噪性能较好的特征。

表 8-5 不同信噪比下基于 SVM 的两类目标识别情况

信噪比/dB	飞机类别	测试样本	正确识别	识别率/%
20	F-18	360	357	99.17
	F-16	360	360	100.00
15	F-18	360	327	90.83
	F-16	360	319	88.61
10	F-18	360	217	60.28
	F-16	360	236	65.56
5	F-18	360	182	50.56
	F-16	360	203	56.39

SVM 是一种基于统计学习理论的新的机器学习方法，有一套完备的理论基础，适用于模式识别、回归分析和函数拟合等问题中。作为新技术，SVM 还有很多尚未解决或尚未充分解决的问题，尤其在应用方面的研究。总之，SVM 的应用研究是大有可为的，对它的研究将对机器学习等学科领域产生重要影响。

8.6 神经网络及其在模式识别中的应用

8.6.1 人工神经网络概述

早在 20 世纪 50 年代，研究人员就开始模拟动物神经系统的某些功能，他们采用软件或硬件的方法，建立了许多以大量处理单元为节点，处理单元间实现（加权值的）互连的拓扑网络，进行上述模拟，并称为人工神经网络。不言而喻，人工神经网络中的处理单元是人类大脑神经元的简化，处理单元间的互连则是轴突—树突这一信息传递路径的简化，这种模拟确实在某种程度上接近人类思维的部分机理，故在切实的算法诞生后，便出现了令人鼓舞的成功。

一个处理单元（现在已当作一个人工神经元）将接收的信息 x_0，x_1，…，x_{n-1} 通过用 W_0，W_1，…，W_{n-1} 表示互连强度，以点积的形式合成为自己的输入（见图 8-33），并将输入与以某种方式设定的阈值 θ 作比较，再经某种形式的作图函数 f 的转移，便得到该处理单元的输出 y。常用的三种非线性作用函数 f 的形状如图 8-34 所示。其中，图 8-34（c）所示的作用函数称为 Sigmoid 型，简称为 S 型，是极常用的。处理单元的输入与输出间的关系由

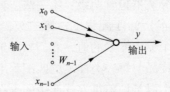

图 8-33 一个人工神经元的输入及输出

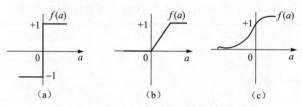

图 8-34 常用的三种非线性作用函数曲线
(a) 强限制型；(b) 阈值逻辑型；(c) Sigmoid 型

下式给出：

$$y = f\left(\sum_{i=0}^{n-1} W_i x_i - \theta\right) \qquad (8.6.1)$$

式中：x_i 为第 i 个输入元素（通常为 n 维输入向量 X 的第 i 个分量）；W_i 为从第 i 个输入与处理单元间的互连权重；θ 为处理单元的内部阈值；y 为处理单元的输出。

上面我们已给出了一个有代表性的处理单元或人工神经元的工作过程。出于不同的使用目的，现在已研制出为数众多的神经网络模型及表征该模型动态过程的算法，如反向传播（BP）算法、Hopfield 算法等以及它们的改型。从图 8-34 中可以看出，在人工神经元中通常采用非线性的作用函数，当大量神经元连成一个网络并动态运行时，就构成一个非线性动力学系统，虽然单个神经元的工作过程较简单，但整个系统是非常复杂的，它具备一般非线性动力学系统的全部特点，如不可预测性、不可逆性、多吸引子等，故前面所说的算法，通常也只是刻画单个神经元动力学过程的描述而很难是全系统的描述，这一点是值得提醒读者的。这样一个复杂的非线性动力学系统作为对人脑的模拟，呈现出高维性（一个系统有众多的神经元）、自组织性、模糊性（某种程度的"表决"）、冗余性（部分处理单元的错误不影响整个问题的解）等优良品质与可贵的自学习能力（传统计算机一般不具备这种能力），而且比冯·诺依曼体系更适合于人类大脑思维机理的模拟。但是应该清醒地看到，这种模拟还是极肤浅的，这一方面是由于人类对自身思维机理的认识尤其肤浅，另一方面也由于现实的可行性原因而对人工神经元做了极度的简化，从而也影响了思维模拟的效果。

尽管如此，由于业界已展出的一系列优良品质，故已在传感器与信号处理、知识工程、最优化问题求解、过程建模与控制等方面展示了很好的实用效果与应用前景。

8.6.2 与传统模式分类器的对比

本小节介绍 6 种重要的用于模式分类的神经网络（见图 8-35），并以此与传统模式分类器进行对比。与传统分类问题一样，现在假设它们均是用于将 n 维的样品分类归属 m 类模式中的某一类。

图 8-36（a）所示的传统分类器包含两级：第一级，计算待识别样品（以下简称样品）对各类模式标本（以下简称样本）的匹配程度；第二级，选出具有最大匹配度的类别。第一级的输入是用符号表示的 n 个输入元素的值，它们顺序地译码有利于运算的内部形式。然后要设计出一种算法，以算出样品与每一类样本的匹配程度。显然，每一样本应是该类模式的代表，而样品则往往是由样本以某种随机方式产生的。在这种情况下，总是假设样品的分布具有某种函数形式（如正态分布函数等），因为这使匹配度的计算较简单。然后匹配度被

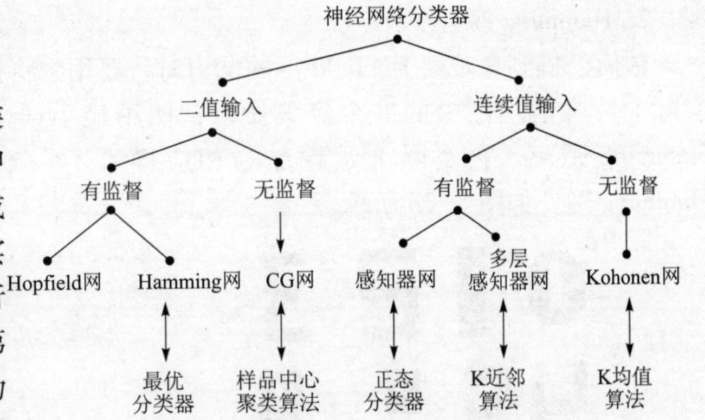

顺序加载到分类器的第二级，并选出具有最大匹配度的类。

图 8-36（b）是神经网络分类器，用 n 个分量表示的样品被送入神经网络，这些分量可用二值表示，或用连续值表示。神经网络的第一级实际上也是在计算匹配度，然后被平行地通过 n 条输出线送到第二级，在第二级中各类均有一个输出，并表现为仅有一个输出的强度为"高"，而其余的均为"低"。当得到正确的分类

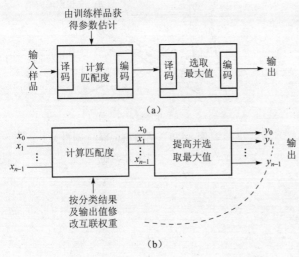

图 8-35　6 种神经网络分类器的分类树

结果后，分类器的输出可反馈到分类器的第一级，并用一种学习算法修正权重。当后续的测试样品与曾学习过的样本十分相似时，分类器就会做出正确的响应。

图 8-35 中，第一层分支是根据输入值为二值输入还是连续值输入来进行分类的；第二层分支则是根据训练是否有监督来进行分类的。例如，Hopfield 网、感知器网等是有监督训练的网，传统分类器（如正态分类器等）都是有监督的，即所用的训练样本是已知类别的；第三层的 Kohonen 网等则是无监督的。网络间的差异还在于是否支持自适应的训练，不过这一点在

图 8-36　传统分类器与神经网络分类器的对比
（a）传统分类器；（b）神经网络分类器

图 8-35 中未能体现出来。

图 8-35 下部所示为与网络相对应的经典算法，这种对应关系有时是很好的。例如，Hamming 网确实与用于含有噪声的二值模式的最优分类器相似。但有时却并非如此，例如，感知器网与正态分类器的特性并不相同，Kohonen 网也并不执行迭代 K 均值算法，而是每一新模式加载后，权值就做相应修改。然而 Kohonen 网与 K 均值算法在聚类数 K 的预先指定上则是一致的。

1. Hopfield 网

从图 8-35 的树状分层中已可看出，它通常是用于二值输入模式的，如用黑白二值表示的像素图形。Hopfield 网在联想存储器及求最优解等问题上的能力较好。

图 8-37（a）为 Hopfield 网的应用之一，该网有 120 个节点，有 14 400 条互连，如图 8-37（b）所示的例子中，数字"3"的样本以 0.25 的概率被污染，即将原样本以 0.25 的概率使黑白像素颠倒，以构成待识别样品，该样品加载入网络并经 7 次迭代后所得之输出位于图 8-37（b）下部。

2. Hamming 网

前面已提到在观察 Hopfield 网的能力时,要用到将样本中部分像素黑白颠倒的办法,这实际上是通信理论中的一个经典做法;使用最小误差分类器计算样品与每一样本类的 Hamming 距离,它实际上是样品与相应样本不一致的位数(bits)。这样的网络称为 Hamming 网,如图 8-38 所示。

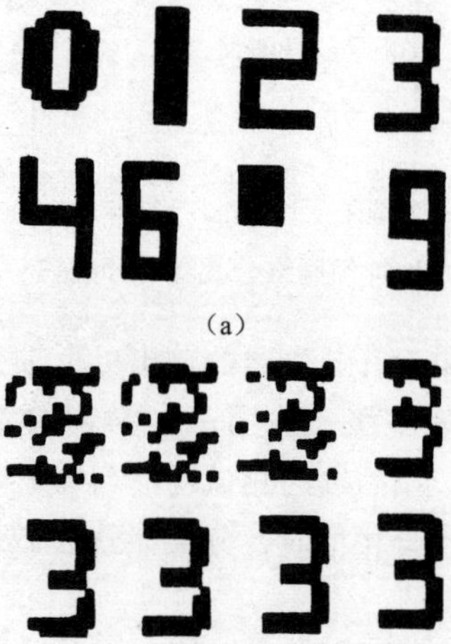

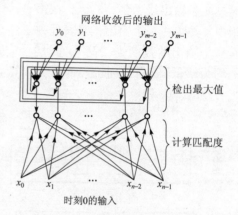

图 8-37　Hopfield 网应用示例
(a) Hopfield 网的应用之一;
(b) 含有噪声的输入"3"及其输出

图 8-38　前馈 Hamming 网最大似然分类器

Hamming 网算法如下。

步骤一:指定互连权重及阈值。

在下层子网中:

$$W_{ij} = x_i^j/2, \quad \theta_j = n/2$$

式中:$0 \leq i \leq n-1$;$0 \leq j \leq m-1$。

在上层子网中:

$$T_{ki} = \begin{cases} 1, & k = i \\ -\varepsilon, & k \neq 1, \; \varepsilon < 1/m \end{cases}$$

式中:$0 \leq k$;$i \leq m-1$。

在上述公式中,W_{ij} 为输入 i 到下层子网的节点 j 的互连权重;θ 为这些节点的阈值;上层子网中节点 k 到节点 i 的互连权重为 T_{ki},阈值则全为 0。x_i^j 是样本 j 的第 i 个元素。

步骤二:用未知的输入模式初始化,即

$$y_j(0) = f\left(\sum_{i=0}^{n-1} W_{ij} x_i - \theta_j\right)$$

本算法中,$y_j(t)$ 为输出节点 j 在 t 时刻的输出;x_i 为输入的第 i 个元素;f 为非线性阈值函数。在此处以及在以后均假设非线性函数的最大输入均不致使输出饱和。

步骤三:迭代直到收敛,即

$$y_j(t+1) = f\left(y_j(t) - \varepsilon \sum_{k \neq j} y_k(t)\right), \quad 0 \leq j, \; k \leq m-1$$

这一步骤不断重复直到收敛，即此后仅一个节点的输出为正。

由此算法可以看出，在下层子网中首先将权值与阈值设置好，这样，由图 8-38 中部节点所产生的输出就是匹配度，其值为样品维数 n 减去到每样本的 Hamming 距离，故取值范围为 $0\sim n$，具有最大值的节点对应着与输入匹配最好的样本。Hamming 网的上层子网的阈值与互连权重是固定的，全部阈值均置为 0，从每节点到它自身的互连为 1，节点间是抑制的，故互连为 $-\varepsilon$，其中 $\varepsilon \leqslant 1/m$。

在权重与阈值设定后，便可加入具有 n 个分量的二值待识别样品，该样品应有足够长的加载时间，以完成下层子网中的匹配度计算，并使上层子网的输出稳定在某一初值上；这时可撤销输入，上层子网中将不断迭代直到仅有一个节点的输出为正，该节点对应的模式即为识别结果。

图 8-39 所示为 Hamming 网应用示例。四个分图分别是 100 个输出节点在 0、3、6、9 次迭代后的结果。在该示例中，样品的维数高达 1 000，是属于第 50 类的。当在时刻 0 时，首先加载到网络上，然后将它撤销，这时第 50 号节点的输出最大（为 1 000），而其他节点为 500 左右的随机值。在 3 次迭代后，除第 50 号节点外，其他节点的输出均大大下降，而在 9 次迭代后仅 50 号节点的输出大于 0。模拟结果表明，以不同概率使输入样品的 0、1 位颠倒，或改变输入样品的类别数与维数，一般在 10 次迭代后，均能收敛。模拟结果还表明，取 $\varepsilon < 1/m$ 时，输出节点能达到最大值。

较之 Hopfield 网而言，Hamming 网所需要的互连较少。例如，识别 100 个分量 10 类样品的 Hamming 网，仅需 1 100 个互连，而 Hopfield 网则需 10 000 个互连。而且当分量数与类别数增加时，这种优点就更明显。因为在 Hopfield 网中，互连数随样品维数按平方关系增长，而 Hamming 网仅是线性地增大。

在模式分类中经常遇到要求选出最大输入值的问题，Hamming 网中可采用很强的侧向抑制的办法，构成一个"赢家独吞"的网络。图 8-40 所示为采用比较子网络检测最大值的示例，它在用阈值逻辑测出两个输入中的较大者后，将此值不做修改地向上传递。一般说来，用 $\log_2 m$ 层比较子网络即可检测出 m 个输入中之最大者。

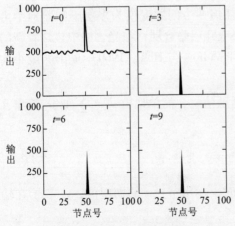

图 8-39 Hamming 网应用示例

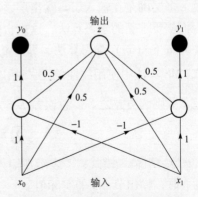

图 8-40 采用比较子网络检测最大值的示例

8.6.3 BP 模型及其在模式识别上的应用

8.6.3.1 BP 模型的背景

20 世纪 50 年代末就提出了两种神经网络的模型,它们是感知机——Perceptron(Rosenblatt,1959;Novikoff,1962)与最小均方联想机——LMS(Windrown 和 Hoff,1960)。前者用线性阈值单元作输出单元;后者用纯性单元作输出单元。有关这两种模型的重要定理均已被证明,并用于模式分类中。

感知机通过算法的学习过程,确能找到一组实现正确分类的权重,但前提是该两类模式应是线性可分的,否则算法将不收敛。例如,二维空间中的异或问题就是一个典型的例子。

但是对于异或函数,通过增加一维(加入适当的新特性)就变为可解问题了。在图 8-41 中,前二维用作表示原来的异或问题,第三维是前二维之"与",即仅当前二维均为 1 时,第三维才为 1,否则为 0。

在图 8-41 所示的立方体中存在一系列与阴影线所示平面相平行的解平面,在此解平面之上划分为一类(图中表示为 0 类),在此解平面之下则划分为另一类(图中表示为 1 类)。对应于这种三维问题的网络,应为图 8-42 所示的三层网,因为节点输入 3 接收输入 1、输入 2 两节点的输出,同时向输出节点输出自己的活跃值。

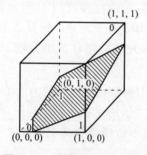

图 8-41 异或问题的三维解

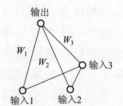

图 8-42 将二维异或问题变换为三维线性可分问题的多层网

正如 Minsky 和 Papert 所判断的那样,总能把任何一个问题变换为多层感知器网中可解的问题。多层网是在输入层与输出层之间增加一层或几层隐含层,在隐含层中包含着新的特性,因而就要求新的学习算法,这就自然地联想到 Widrow 与 Hoff(1960)提出的最小均方(Least-Mean Square)学习算法,即 LMS 算法。

在 LMS 算法中使用线性单元,输出单元 i 的活跃值 y_i,简单地由 $y_i = \sum_j W_{ij} x_j$ 算出,而其误差函数则为方差之和。总误差 E 定义为

$$E = \sum_p E_p = \sum_p \sum_i (t_i^p - y_i^p)^2 \tag{8.6.2}$$

式中:p 为一组输入模式;t_i^p 表示在输入模式为 p 时,输出节点 i 的期望值;y_i^p 表示在输入模式为 p 时,输出节点 i 的实际值。

我们的目的则是训练网络以找到一组权重,使该函数极小化。

图 8-43 所示为总误差与网络中单个权重的关系曲线。

LMS 算法用到梯度下降法，即权重的增量正比于误差的负导数，即

$$\Delta W_{ij} = -k \frac{\partial E_P}{\partial W_{ij}} \quad (8.6.3)$$

式中：k 为比例系数。

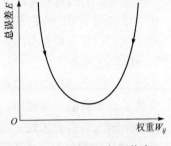

图 8-43　总误差与网络中单个权重的关系曲线

由于图 8-43 可采用负导数，所以当权重过大时，误差曲线在该点的斜率为正，就必须减小权重；反之，当权重过小时，斜率为负，负导数的选用就加大权重。

对式（8.6.2）求导数，可得

$$\Delta W_{ij} = 2k(t_i^p - y_i^p)x_j^p \quad (8.6.4)$$

这样就将权重的变化与 p 模式下输出单元 i 的期望值与实际值之差联系起来了，即权重的变化正比于期望值与实际值之差乘以对应的输入。若按式（8.6.4）修改每一权重，则它们将移向各自的误差极小值，从而整个系统表现出在权重空间中向误差极小下移的特性。

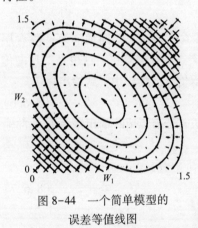

图 8-44　一个简单模型的误差等值线图

为对这一过程有更深的理解，最好能研究整个误差空间；然而，描述高维空间的图形是十分困难的，故仅用图 8-44 所示为只有两个权重的网络的误差下移情况，但这并不失一般性。被考虑的网络只有两个输入节点和一个输出节点（只需两个权重 W_1, W_2），而且不设偏置项。用这样一个简单网络来解决"异或"问题，即输入/输出对 $00 \rightarrow 0$, $01 \rightarrow 1$, $10 \rightarrow 1$, $11 \rightarrow 1$。对应于这样的输入/输出对，可通过简单计算表明在 $W_1 = W_2 = 0.75$ 时，得到最小均方误差。在图 8-44 中，等误差的轮廓线呈椭圆形，椭圆形周围的箭头表示两个权重在这些点上的导数，即表示在误差平面的这一点上两个权重的变化方向和变化的量值。可以看出，图 8-44 像一个椭圆形的盘子，底部平坦，边缘较陡（与图 8-43 一起思考）。图中长而弯曲的箭头表示从远离误差极小的一点开始，逐渐下移到实际极小的轨迹，这一权重的轨迹当然与各该点上权重变化的方向相吻合，因而必然与权重等值线垂直。

图 8-44 说明梯度下降学习算法的一个重要事实，即它使对误差极小化起重要作用的参数发生尽可能大的变化，实际上就是使表征各权重变化量的这一向量指向该误差下降最快的方向。

8.6.3.2　BP 模型的算法及其特点

BP 算法是 LMS 算法的一般化。事实上，BP 模型正是将非线性多层感知器系统的判决能力与 LMS 算法使均方误差函数梯度极小化相结合的产物。图 8-34（c）所示的 Sigmoid 型函数恰好能满足非线性与连续可微的条件，故 BP 算法中大多选用 Sigmoid 型函数作为输出函数 $f(x)$，即

$$f(x) = \frac{1}{1 + e^{-(x-\theta)}} \quad (8.6.5)$$

式中：θ 为阈值，也称为偏置项。

由于已说明了 BP 网是多层感知器网与 LMS 算法相结合的产物，在 BP 模型的背景讨论的基础上就可以首先给出 BP 学习算法；然后再讨论该种网络的一些特性。

1. BP 学习算法

步骤一：将全部权值与节点的阈值预置为一个小的随机值。

步骤二：加载输入与输出。

在 n 个输入节点上加载 n 维输入向量 X，并指定每一输出节点的期望值 t_i。若该网络用于实现 m 种模式的分类器，则除了表征与输入相对应模式类的输出节点期望值为 1 外，其余输出节点的期望值均应指定为 0。每次训练可从样本集中选取新的同类或异类样本，直到权值对各类样本均达到稳定。实际上，为保证好的分类效果，准备足够数量的各类样本常常是必需的。

步骤三：计算实际输出 y_1，y_2，$\cdots$，y_m。

现在假设将 m 类模式分类，故应按式（8.6.5）计算各输出节点 $i(i=1,2,\cdots,m)$ 的实际输出 y_i。

步骤四：修正权值。

权值修正是采用了 LMS 算法的思想，其过程是从输出节点开始，反向地向第一隐含层（存在多层隐含层时最接近输入层的隐含层）传播由总误差诱发的权值修正，这也是"反向传播"（Back Propagation）这一称谓的由来。下一时刻的互连权值 $W_{ij}(t+1)$ 由下式给出：

$$W_{ij}(t+1) = W_{ij}(t) + \eta \delta_j x'_i \tag{8.6.6}$$

式中：j 为本节点的序号；i 是隐含层或输入层节点的序号；x'_i 是节点 i 的输出或者是外部输入；η 为增益项；δ_j 为误差项，其取值有以下两种情况。

（1）若 j 为输出节点，则

$$\delta_j = y_j(1-y_j)(t_j - y_j) \tag{8.6.7}$$

式中：t_j 为输出节点 j 的期望值；y_j 为该节点的实际输出值。

（2）若 j 为内部隐含节点，则

$$\delta_j = x'_j(1-x'_j)\sum_k \delta_k W_{jk} \tag{8.6.8}$$

式中：k 为 j 节点所在层之上各层的全部节点。

内部节点的阈值以相似的方式修正，即把它们设想为从辅助的恒定值输入所得到的互连权。

另外，若加入动量项，则往往能使收敛加快，并使权值的变化平滑，这时 $W_{ij}(t+1)$ 由下式给出，即

$$W_{ij}(t+1) = W_{ij}(t) + \eta \delta_j x'_i + \alpha[W_{ij}(t) - W_{ij}(t-1)] \tag{8.6.9}$$

式中：$0 < \alpha < 1$。

步骤五：在达到预定误差精度或循环次数后退出，否则转至步骤二重复操作。

2. BP 模型的特点

（1）局部极小。BP 算法继承了 LMS 算法的误差梯度下降以致达到极小的思想。这对由图 8-44 所表示的两互连线性模型而言是易于实现的。然而，在多层网络模型中，存在着许多极小，这不仅使误差空间的表示变得困难，而且往往由于停留在局部极小中而无法得到全

局最优解，所以这是对 BP 算法的研究与改进的重要方面。

为讨论局部极小，不妨设计一个三节点网络，即输入、隐含、输出节点均各一个的三层网络，它的互连权也仅两条，即 W_1 是输入节点与隐含节点间的互连权，W_2 是隐含节点与输出节点间的互连权。该网络在阈值被置成 0 时的误差空间如图 8-45 所示。

这个由三节点三层网络所形成的误差等值线图像一个马鞍，其左上或右下权重变化较大，当从两侧向中部靠拢后就分别向左下和右上移动，并在那里形成权重几乎不变的区域即极小区，这样就有了两个极小区。图 8-45 中的两条长弧线箭头分别表示从不同的初始权值开始，系统可能到达的两个最终状态，而且

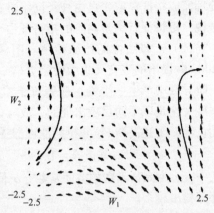

图 8-45　一个简单的三节点三层网络在阈值被置成 0 时的误差空间

系统一旦进入其中之一就无法再跳出来，如该极小恰好不是全局极小，那么就意味着系统未能得到最优解。但研究表明，在 BP 网络中采用较多的隐单元，会有效地减少局部极小的个数。

（2）动量。在学习过程中应使权重按误差的导数成正比例地修正，式（8.6.6）中的增益项 η 反映了这种修正的速率。η 太小，则学习的效率太低；反之，若 η 太大，则可能引起振荡。为此在式（8.6.9）中引入动量项，即权重的变化不仅与 η 有关，而且与 $W_{ij}(t) - W_{ij}(t-1)$ 有关，这样就可以滤除权重空间中误差曲面的高频偏差（误差曲面中高曲率的剧变），而使有效的权重间隔加大（学习次数减少）。式（8.6.9）中常用的 α 值为 0.8。

3. 应用实例

由于 BP 模型将多层感知器网络与 LMS 算法相结合，通过不断比较网络的实际输出与指定期望输出间的差异来调整权值，直到达全局（或局部）极小值，不难想象此种网络对模式识别中的诸多问题均有良好的效果。事实上，在语音、文字、图像等领域已有大量成功地应用这种网络进行模式识别的报道，限于篇幅，本节仅介绍两个实例。

（1）二维图像的识别。图 8-46 所示为 F-15 战斗机与 MIG-23 飞机在三种飞行状态下的图片。在对目标图像 $f(x, y)$ 提取了对于平移、比例与旋转变化不敏感的 7 种矩特征后，首先用 BP 算法进行 3 000 次迭代后达到了网络的收敛；然后用此种训练过的网络对同类飞行的另外一些图片进行识别，达到很高的识别精度，其中对 MIG-23 飞机达到 100% 的识别率，对 F-15 战斗机也达到了 95.6% 的识别率。

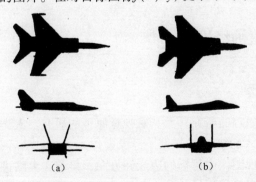

图 8-46　两种飞机在三种状态下的图片
(a) F-15 战斗机；(b) MIG-23 飞机

值得指出的是，对于大多数模式识别问题，由于同一类模式样本往往存在相当大的差异，再考虑样本本身的维数很高，所以虽然用神经网络进行直接识别在理论上是可行的，但实际上其时间开销是无法接受的，故通常先进行预

处理完成特征提取，再由神经网络进行识别，不同类的识别对象可提取不同的特征，但一般来说，矩特征特别是高阶的矩特征由于其良好的不变性，更应受到重视。

（2）二维图像的边缘检测。图像的边缘检测是图像识别前必不可少的环节，Marr 和 Hildreth 提出的零交叉边缘检测更是一种十分有效的方法。他们认为，图像强度的突变将在一阶导数中产生一个峰，或等价于二阶导数中产生一个零交叉（Zero Crossing）；图像中的强度变化是以不同尺度出现的，故应该用若干大小不同的算子才能取得良好的检测效果。他们认为，下述高斯-拉普拉斯滤波器 $\nabla^2 G$ 能满足上述两条原则，其表达式为

$$\nabla^2 G(x, y) = 1/2\pi\sigma^4[2 - (x^2 + y^2)/\sigma^2]\exp[-(x^2 + y^2)/\sigma^2] \tag{8.6.10}$$

式中：σ 为高斯函数的空间常数，σ 值越小，边缘检测算子的敏感程度就越高，图像的细节部分检出越多。

鉴于 BP 模型能完成 n 维空间（输入节点数 n）到 m 维空间（输出节点数 m）的复杂非线性映射，故它具备 $\nabla^2 G$ 算子的能力。另外，由于 $\nabla^2 G$ 算子中心激励区的宽度为 $3.6 \times 2\sqrt{2}\sigma$，故当选取 σ 为 1、2、4 时，该激励区的宽度分别为 10、20、40。这一窗口宽度实际上对应于 10×10 个或 20×20 个或 40×40 个输入节点，从而 BP 网也易于实现 σ 的改变。

图 8-47 所示为用两种方法得到的边缘检测结果对比。图 8-47（a）为用标准 $\nabla^2 G$ 算子提取的边缘，图 8-47（b）为 BP 网络提取的结果，它们均是用 $\sigma = 2$ 求得的。由图可以看出，由神经网络可以获得同样良好的结果。而且用神经网络处理，一旦训练完毕，各节点间的互连权就完全确定，在识别时具有很快的速度，若将此网络硬化，则更具有明显的速度优势。

(a)   (b)

图 8-47　用标准 $\nabla^2 G$ 算子与 BP 网络所作的边缘检测结果对比
(a) 标准 $\nabla^2 G$ 算子；(b) BP 网络

8.7　深度卷积神经网络

8.7.1　卷积神经网络的基本思想和原理

深度学习的许多研究成果离不开对大脑认知原理的研究，尤其对视觉原理的研究。人类的视觉从原始信号摄入开始，以瞳孔作为图像输入的接口。首先，将像素传入大脑；然后，大脑皮层某些细胞开始对图像进行初步处理，发现图像中目标的边缘和方向；接着，大脑进行初步抽象判定其形状等；最后，进一步抽象判定确切物体信息。例如，当我们看到图像中的某些特征时，该特征的确切位置就不再重要，我们更加关注该特征相对于其他特征的位置

关系；又如，一旦我们知道图像的上部包含一个大致的水平线，左上方区域有一个接近直角的连接，下部是一条近乎垂直的竖线，中部再有一个大致的水平线与竖线相连，则可以大致确定该输入图像可能是"F"，如图8-48所示。

图8-48　不同字体的"F"特征位置关系相同

因此研究人员尝试在计算机上模拟人类大脑的这个特点，构造多层的"神经网络"，让较低层的神经网识别低级的图像特征，若干底层特征层层组合，最终成为显著的特殊特征，并在顶层实现识别，这就是神经网络的基本思想。

卷积神经网络是受到视觉系统的神经机制启发、针对二维形状的识别设计的一种生物物理模型。卷积神经网络在平移情况下具有高度不变性，在缩放和倾斜等情况下也具有一定的不变性。从系统建模开始，其研究方向就开始向不同的领域发展，到如今逐渐成了一个工程问题，而且在机器学习任务中取得了良好的效果。

人工神经元是一个接收输入并产生输出的函数。每个神经网络需要使用的神经元个数取决于要解决的问题，少至几个，多至几千。卷积神经网络这种生物物理模型集成了"感受野"（Receptive Field）的思想，可以看作一种特殊的多层感知器或前馈神经网络，具有局部连接、共享权重的特点。其中，大量神经元按照一定方式组织起来对视野中的交叠区域产生反应，每个神经元都接收来自其他神经元的输入，每个输入项对神经元的影响由权重控制。整个神经网络通过学习这种范式执行有效的计算，进而识别目标。这意味着每一层的神经元都将其输出向前传递到下一层，直到得到最终输出。

8.7.2　卷积神经网络的结构和模型

卷积神经网络是在计算机视觉理解上非常有效的一种处理方式。其主要应用于计算机视觉相关任务，但它能处理的任务并不局限于图像，语音识别等包括近年来热度较高的围棋领域、作画写诗等也可以使用卷积神经网络进行实现。

从理论上讲，卷积神经网络是一种多层感知器或前馈神经网络。很多机器学习领域内的相关问题都更愿意以卷积神经网络来实现，尤其在图像处理领域，卷积神经网络更适合处理大型数字图像。标准的卷积神经网络一般由输入层、交替的卷积层（Convolutional Layer）、池化层（Pooling Layer）、全连接层（Fully Connected Layer）和输出层构成。其中，卷积层也称为"检测层"，池化层又称为"下采样层"，它们可以被看作特殊的隐含层。通过卷积层和池化层两层的紧密配合，形成多个组合，以完成特征提取的工作，最终在神经网络的顶端完成分类。

8.7.2.1　卷积层

在图像识别目标检测领域中，卷积是指二维矩阵间的卷积运算，比较常见的运算如

Gabor 滤波器，也称为卷积核（Convolutional Kernel）。卷积层接收图像输入，并通过 $n \times n$ 大小的内核对其进行卷积以生成特征图。所生成的特征图可被视为多通道图像，并且每个通道代表有关该图像的不同信息。特征图中的每个像素都连接到前一个图中相邻神经元的一小部分，称为感受野。在卷积层中，每个神经元只关注图像中的一个特性，如圆弧、边缘、圆点、交叉等。这样，将所有神经元提取到的特征进行综合整理，就可以得到这张输入图像中的所有特征。

8.7.2.2 池化层

池化层夹在连续的卷积层中间，用于压缩数据和参数的量，减小过拟合以扩大感受野并降低计算成本。以图像为例，池化层的主要作用就是压缩图像。图像经过卷积层的计算之后，维度并没有显著减少，对于如此大的图像，如果不进行精简，将对网络造成极大的消耗。所以，为了降低数据的维度，需要对卷积后的数据进行下采样处理。由于卷积层中的神经元已经综合了图像中的各种特征，所以在减少维度时，这些特征仍能很好地描述图像。在实际应用中，池化操作相对独立，规模一般为 2×2，相对于卷积层进行卷积运算，一般常用的有最大池化和均值池化两种。其中，最大池化（Max-Pooling）即取四个点的最大值，是最常见的池化方法；均值池化（Average-Pooling）即取四个点的均值。

8.7.2.3 全连接层

全连接层主要对特征进行重新拟合，减少特征信息的丢失。两层之间所有神经元都由权重连接，通常全连接层在卷积神经网络的尾部。

综上所述，图像经过卷积神经网络，先进行模拟特征区分，再进一步降低数据维度，最后通过网络完成分类任务。随着卷积神经网络在深度学习领域的普及度越来越高，它的适用范围和领域就越来越广。从最开始的手写字符识别，到人脸验证、机器翻译、自动驾驶，各个领域都有卷积神经网络的成功应用。作为计算机视觉领域最成功的一种深度学习模型，卷积神经网络在深度学习兴起之后通过不断演化，产生了大量变种模型。

早期的目标识别大量集中在手写字符的识别上，为了提高识别精度，Yann LeCun 于 1998 年提出了 LeNet-5 模型，它是第一个成功应用于数字识别问题的卷积神经网络。

在发明 LeNet 后的十几年时间里，深度学习技术仍然处于低潮期，很少有人去研究它的相关技术和应用。直到 2012 年，AlexNet 网络结构问世，并在 ILSVRC 2012 上以巨大的优势获得第一名，开启了神经网络的应用热潮，使得卷积神经网络成为在图像分类上的核心算法模型。AlexNet 网络结构模型如图 8-49 所示，它包含 8 个学习层。其中，有 5 个卷积层和 3 个全连接层。

AlexNet 网络最大的特点在于提出了全新的线性整流单元 ReLU，并用 ReLU 作为网络的激活函数，其表达式为

$$f(x) = \max(0, x) \tag{8.7.1}$$

AlexNet 之前的神经网络一般使用 tanh 或者 Sigmoid 作为激活函数，它们的表达式分别为

$$f(x) = \tanh(x) \tag{8.7.2}$$

$$f(x) = (1 + e^{-x})^{-1} \tag{8.7.3}$$

就梯度下降的训练时间而言，这些激活函数在计算梯度时都比较慢。而带有 ReLU 的深度卷积神经网络的训练速度比带有 tanh 的等效方法快几倍。使用 ReLU 作为激活函数可以加

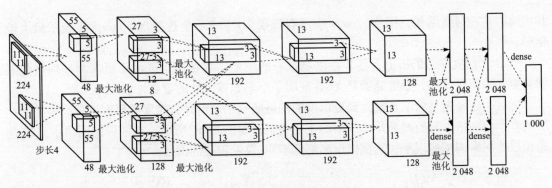

图 8-49 AlexNet 网络结构模型

速模型收敛,缓解梯度消失或者梯度爆炸。

随着卷积神经网络的进一步发展,在计算机视觉领域中使用神经网络逐渐成为一种趋势,研究人员进行了许多尝试来改进原始体系结构以达到更高的准确性。牛津大学科学工程系的视觉几何小组(Visual Geometry Group,VGG)在 2014 年发布了一系列以 VGG 开头的卷积网络模型,可以应用在人脸识别、图像分类等方面,分别从 VGG-16~VGG-19。VGG 网络主要关注卷积神经网络体系结构设计的一个重要方面——深度。为此,研究人员固定了卷积神经网络体系结构中的其他参数,并通过添加更多的卷积层来稳步增加该网络的深度。

VGG 网络一共有 5 段卷积,每段卷积之后紧接着最大池化层,如图 8-50 所示。笔者一

ConvNet Configuration					
A	A-LRN	B	C	D	E
11 weight layers	11 weight layers	13 weight layers	16 weight layers	16 weight layers	19 weight layers
input (224 × 224 RGB image)					
conv3-64	conv3-64 LRN	conv3-64 **conv3-64**	conv3-64 conv3-64	conv3-64 conv3-64	conv3-64 conv3-64
maxpool					
conv3-128	conv3-128	conv3-128 **conv3-128**	conv3-128 conv3-128	conv3-128 conv3-128	conv3-128 conv3-128
maxpool					
conv3-256 conv3-256	conv3-256 conv3-256	conv3-256 conv3-256	conv3-256 conv3-256 **conv1-256**	conv3-256 conv3-256 **conv3-256**	conv3-256 conv3-256 conv3-256 **conv3-256**
maxpool					
conv3-512 conv3-512	conv3-512 conv3-512	conv3-512 conv3-512	conv3-512 conv3-512 **conv1-512**	conv3-512 conv3-512 **conv3-512**	conv3-512 conv3-512 conv3-512 **conv3-512**
maxpool					
conv3-512 conv3-512	conv3-512 conv3-512	conv3-512 conv3-512	conv3-512 conv3-512 **conv1-512**	conv3-512 conv3-512 **conv3-512**	conv3-512 conv3-512 conv3-512 **conv3-512**
maxpool					
FC-4096					
FC-4096					
FC-1000					
soft-max					

图 8-50 VGG 网络结构模型

共实验了 6 种网络结构，图中，conv 表示卷积层，FC 表示全连接层，maxpool 表示最大池化层。

VGG 在深度学习的历史上是非常浓墨重彩的一笔，它在当时证明了更深神经网络的表现会更好，不仅如此，最重要的是 VGG 证明了小卷积核尺寸的重要性。

之后，越来越多的学者投入到更深度的网络研究中。但是，经实验研究发现，堆叠卷积层的多少与网络学习的效果并非严格的正比关系，如图 8-51 所示。在同样的网络中，20 层卷积层的网络训练错误率和测试错误率都低于 56 层卷积层的网络。

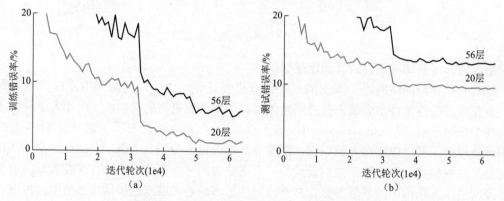

图 8-51　层数与训练错误率和测试错误率的关系

结果表明，在一定程度上，单纯地增加卷积层的层数无法使学习效果变好，反而使性能下降。这说明，当更深层的网络开始聚合时，网络会出现降级问题：随着网络深度的增加，检测精度将趋于饱和，甚至迅速下降。这说明，网络越深越难以训练，很有可能部分层数网络完全没有被使用上。这样，多余的层数就变成了增加网络训练负担的部分，起不到学习的效果。就像是化学反应达到了一种平衡，仅仅再增加层数是无法进一步获得更高的精度的。

为了解决这个问题，He Kaiming、Sun Jian 等在 2015 年 12 月提出了 ResNet 网络模型，他们创新性地在网络结构中引入了残差模块（Residual Module），如图 8-52 所示。

残差模块又可以分为常规残差模块和瓶颈残差模块（Bottleneck Residual Module）两种，如图 8-53 所示。其中，图 8-53（a）为常规残差模块，图 8-53（b）为瓶颈残差模块。与常规残差模块相比，瓶颈残差模块中的 1×1 卷积能够起到升降维的作用，从而令 3×3 卷积可以在较低维度的输入上进行。该设计一般应用于较深的网络中，可大幅减少计算量。

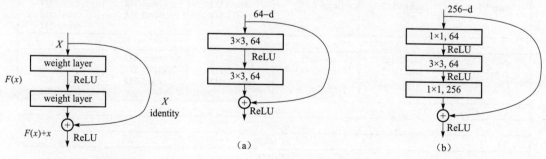

图 8-52　残差模块　　　图 8-53　常规残差模块和瓶颈残差模块
（a）常规残差模块；（b）瓶颈残差模块

残差结构之所以有效,是因为引入残差模块之后的特征映射对输出的变化更加敏感。也就是说,梯度更加容易训练。残差梯度不会巧合到全部为 0,而且就算它非常小也还有一项存在,因此梯度会稳定地回传,而不用担心梯度会消失。同时,因为残差一般会比较小,所以需要学习的内容就少,学习难度也就变小,学习就更容易。由于残差模块的引入,该网络可以有效地缓解梯度消失所带来的影响,使得网络模型层数可以大大增加。比较典型的 ResNet 网络结构如图 8-54 所示。由图可以看出,引入残差模块后,虽然该网络相较 VGG 网络在层数上提高了一个数量级,但是网络结构却没有复杂太多。

网络层	输出大小	ResNet-18	ResNet-34	ResNet-50	ResNet-101	ResNet-152
conv1	112×112	7×7, 64, stride 2				
		3×3, max pool, stride 2				
conv2..x	56×56	$\begin{bmatrix}3\times3,64\\3\times3,64\end{bmatrix}\times2$	$\begin{bmatrix}3\times3,64\\3\times3,64\end{bmatrix}\times3$	$\begin{bmatrix}1\times1,64\\3\times3,64\\1\times1,256\end{bmatrix}\times3$	$\begin{bmatrix}1\times1,64\\3\times3,64\\1\times1,256\end{bmatrix}\times3$	$\begin{bmatrix}1\times1,64\\3\times3,64\\1\times1,256\end{bmatrix}\times3$
conv3..x	28×28	$\begin{bmatrix}3\times3,128\\3\times3,128\end{bmatrix}\times2$	$\begin{bmatrix}3\times3,128\\3\times3,128\end{bmatrix}\times4$	$\begin{bmatrix}1\times1,128\\3\times3,128\\1\times1,512\end{bmatrix}\times4$	$\begin{bmatrix}1\times1,128\\3\times3,128\\1\times1,512\end{bmatrix}\times4$	$\begin{bmatrix}1\times1,128\\3\times3,128\\1\times1,512\end{bmatrix}\times8$
conv4..x	14×14	$\begin{bmatrix}3\times3,256\\3\times3,256\end{bmatrix}\times2$	$\begin{bmatrix}3\times3,256\\3\times3,256\end{bmatrix}\times6$	$\begin{bmatrix}1\times1,256\\3\times3,256\\1\times1,1\,024\end{bmatrix}\times6$	$\begin{bmatrix}1\times1,256\\3\times3,256\\1\times1,1\,024\end{bmatrix}\times23$	$\begin{bmatrix}1\times1,256\\3\times3,256\\1\times1,1\,024\end{bmatrix}\times36$
conv5..x	7×7	$\begin{bmatrix}3\times3,512\\3\times3,512\end{bmatrix}\times2$	$\begin{bmatrix}3\times3,512\\3\times3,512\end{bmatrix}\times3$	$\begin{bmatrix}1\times1,512\\3\times3,512\\1\times1,2\,048\end{bmatrix}\times3$	$\begin{bmatrix}1\times1,512\\3\times3,512\\1\times1,2\,048\end{bmatrix}\times3$	$\begin{bmatrix}1\times1,512\\3\times3,512\\1\times1,2\,048\end{bmatrix}\times3$
	1×1	average pool, 1 000-d fc, softmax				
FLOPs		1.8×10^9	3.6×10^9	3.8×10^9	7.6×10^9	11.3×10^9

图 8-54 ResNet 网络结构

习　题

8-1　已知:(1)判别方程为 $R = 700X_1 + 80X_2$。式中,X_1 为中等颗粒大小,X_2 为分类系数。

(2)训练场中 A 组(滨外沙)向量均值为

$$A = \begin{bmatrix} 0.40 \\ 1.20 \end{bmatrix}, \quad n_a = 40$$

训练场地中 B 组(海滩沙)向量均值为

$$B = \begin{bmatrix} 0.30 \\ 0.15 \end{bmatrix}, \quad n_b = 50$$

求解(应用判别分析法求):
(1)A、B 二组分组中心的判别值 R_A、R_B。
(2)判别指数 R。
(3)马尔可夫距离。
(4)对表 8-6 中所列样本进行分类。

表 8-6 题 8-1 表

类本号	X_1	X_2
1	0.51	1.14
2	0.46	1.31
3	0.33	1.40
4	0.34	1.19
5	0.55	1.17

8-2 已知：(1) 训练组各分类点处各波段灰度值如表 8-7 所示。

表 8-7 题 8-2 表一

训练组	DP$_1$		DP$_2$		DP$_3$		DP$_4$	
	水的 $\bar{X}$	其他类 $\bar{X}$	煤的 $\bar{X}$	其他类 $\bar{X}$	水利工程 $\bar{X}$	其他类 $\bar{X}$	沙漠 $\bar{X}$	其他类 $\bar{X}$
ch4	11.05	29.45	11.05	29.72	25.79	29.97	34.02	27.28
ch5	7.98	43.04	10.52	43.53	37.01	43.93	52.84	38.03
ch6	2.52	46.35	9.15	46.87	56.66	46.26	56.57	39.43
ch7	0.05	36.74	3.30	37.23	52.19	36.30	44.57	30.56

(2) 分类树形式如图 8-55 所示。

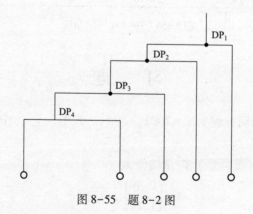

图 8-55 题 8-2 图

(3) 各分类点处的判别函数分别为

$$\begin{cases} R_{DP_1} = 32.38ch7/6 - 22.62ch7/4 + 5.52ch6/5 + 16.54ch6/4 \\ R_{DP_2} = -61.22ch7/6 - 30.82ch6/4 \\ R_{DP_3} = -89.47ch7/6 + 86.69ch7/5 + 1.00ch7/4 - 63.01ch6/6 \\ R_{DP_4} = -61.52ch7/6 - 29.14ch6/4 \end{cases}$$

求解：应用序贯分析法将表 8-8 中所列像素分出其所属类别。

表 8-8 题 8-2 表二

序号	ch7/6	ch7/5	ch7/4	ch6/5	ch6/4	ch5/4
1	0.897 5	1.242 1	1.928	1.284	2.100	1.550
2	0.901 8	1.025 9	1.431	1.130	1.600	1.400
3	0.890 1	0.905 7	1.261	1.020	1.400	1.400
4	0.001 8	0.006 1	0.004 0	0.523	0.350	0.064 0
5	0.731 0	0.741 7	1.203	1.114	1.600	1.600
6	0.754 1	0.838 0	1.365	1.111	1.800	1.161
7	0.404 9	0.308 8	0.273 6	0.750	0.700	0.680
8	0.741 1	0.664 5	0.926 4	0.800	1.200	1.300

参 考 文 献

[1] DAVIES E R. Machine Vision: Theory, Algorithms, Practicalities [M]. San Francisco: Morgan Kaufmann, 2005.

[2] GOODFELLOW I, BENGIO Y, COURVILLE A. Deep Learning [M]. Cambridge, MA: MIT Press, 2016.

[3] ZHANG L, et al. Support vector machine learning for image retrieval [C] //Proceedings of the IEEE International Conference on Image Processing. 2001, 2: 721-724.

[4] KRIZHEVSKY A, SUTSKEVER I, HINTON G E. ImageNet Classification with Deep Convolutional Neural Networks [J]. Advances in Neural Information Processing Systems, 2012, 25: 1097-1105.

[5] HE K, ZHANG X, REN S, et al. Spatial Pyramid Pooling in Deep Convolutional Networks for Visual Recognition [J]. IEEE Transactions on Pattern Analysis and Machine Intelligence, 2015, 37 (9): 1904-1916.

[6] SZEGEDY C, LIU W, JIA Y, et al. Going Deeper with Convolutions [C] //Proceedings of the IEEE Conference on Computer Vision and Pattern Recognition. 2015: 1-9.

[7] HE K, ZHANG X, REN S, et al. Deep Residual Learning for Image Recognition [C] //Proceedings of the IEEE Conference on Computer Vision and Pattern Recognition. 2016: 770-778.

[8] VASWANI A, SHAZEER N, PARMAR N, et al. Attention is All You Need [J]. Advances in Neural Information Processing Systems, 2017, 30: 5998-6008.

[9] LIN M, CHEN Q, YAN S. Network in Network [C] //Proceedings of the IEEE International Conference on Learning Representations (ICLR). 2014.

第9章
数字图像处理与模式识别技术的应用举例

前面系统地介绍了数字图像处理与模式识别中一些典型的方法,本章结合车辆牌照自动识别、基于压缩感知的图像重构、基于深度学习的眼底图像分割等系统的实现来介绍相关算法的实际应用。

9.1 车辆牌照自动识别系统

车辆牌照自动识别系统的目的是在车辆图像中自动定位牌照位置并识别牌照号码,是数字图像处理与模式识别技术的典型应用。系统可以解决通缉车辆、停车场交通堵塞等问题;还可以通过最简单的方式完成交通部门的车辆信息联网,解决数据统计自动化、模糊查询等问题。系统在桥梁路口自动收费、停车场无人管理的黑名单和自动放行方面,以及违章车辆自动记录等领域也有着广泛的应用。

9.1.1 牌照图像的预处理

在车牌定位算法中,第一个步骤就是图像的预处理。一般车牌识别系统中为了使系统准确可靠运行,采集的图像都是 RGB 彩色高分辨率图像,而算法主要是对灰度图像或二值图像进行处理,因此首先要把原图像转化为灰度图像。

9.1.1.1 彩色图像的灰度化

彩色图像的灰度化有几种转换公式。较早的图像灰度化处理比较简单,图像像素的灰度值一般通过直接取彩色图像三个分量中最大值或三种色彩的平均值来得到。前者得到的灰度图通常会偏亮;后者得到的图像则比较平滑,损失了原图像中的一些细节。一般较为常用的彩色图像灰度转换公式为

$$I = 0.3R + 0.59G + 0.11B \qquad (9.1.1)$$

式中:I 表示灰度图的亮度值;R 代表彩色图像红色分量值;G 代表彩色图像绿色分量值;B 代表彩色图像蓝色分量值。三个分量前的系数为经验加权值。加权系数的选取是基于人眼的视觉模型:对于人眼较为敏感的绿色取较大的权值;对人眼较为不敏感的蓝色则取较小的权值。通过该公式转换的灰度图能够比较好地反映原图像的亮度信息。

9.1.1.2 滤除图像噪声

为了避免噪声对垂直边缘锐化的影响,在锐化之前需要进行滤波。这些噪声大多是随机

的冲击噪声，属于高频分量。噪声消除的方法有很多，系统采用了邻域平均法和中值滤波法。

采用的中值滤波的窗口为 3×3 的矩形窗口。结果表明，通过中值滤波可以很好地消除噪声点的干扰，更重要的是使用这种中值滤波还能有效地保护边界信息，如图 9-1 所示。

(a) (b)

图 9-1 中值滤波前后图像对比
(a) 原图像；(b) 滤波后图像

9.1.1.3 边缘提取

原始图像一般是高分辨率、大尺寸的图像，其中有大量的信息是多余的，需要从中提取不变量，简化信息，这就意味着要去除一些不必要的信息而尽可能利用物体的不变性质。同时观察其车牌图像发现，车牌的垂直边缘密集丰富，车身图像恰恰相反。而边缘又是最重要的不变性质：光线变化会影响一个区域的外观，但是不会改变边缘。于是，可利用边缘提取来压缩信息量，简化图像分析。

常用的边缘检测方法主要有以下几种。

第一种是检测梯度的最大值。由于边缘发生在图像灰度值变化比较大的地方，对应连续情形就是梯度较大，所以利用比较好的求导算子求梯度场成为一种思路。Roberts 算子、Prewitt 算子和 Sobel 算子等就是比较简单而常用的例子。

第二种是检测二阶导数的零交叉点。这是因为边缘处的梯度取得最大值，也就是二阶导数的零点，所以采用此种检测方法。这类算法有拉普拉斯算子。

第三种是小波多尺度边缘检测。20 世纪 90 年代，随着小波分析的迅速发展，小波开始用于边缘检测。作为研究非平稳信号的有力工具，小波在边缘检测方面具有得天独厚的优势。

另外，还有 Canny 法求边缘、模糊数学的方法以及最近提出来的边缘流检测新方法。

在本系统中，对边缘检测方法的选取有特殊的要求：首先提取垂直方向边缘的同时尽量消除水平方向的边缘；其次需要保证车辆牌照定位系统的实时性，在算法的效率和效果上达到平衡，同时希望算法得到的边缘具有良好的连续性，得到的边缘和背景相差比较大，避免后期将较多背景算在车牌区域里。系统采用了一维 Prewitt 梯度算子。

设数字图像 $f(x, y)$，则其梯度场可定义为

$$\nabla f(x, y) = \left(\frac{\partial f}{\partial x}, \frac{\partial f}{\partial y} \right) \tag{9.1.2}$$

由于系统只注重车牌的垂直纹理，所以只取垂直方向的梯度场，选取水平方向上的一维

Prewitt 算子 [-1, 0, 1]（点 0 表示窗口中心的像素）来对图像进行边缘检测。相对二维算子，该微分算子计算更为简单快速，能较好地满足我们的实际要求。该微分算子对应的运算公式为

$$\nabla f = |f(x+1, y) - f(x-1, y)| \qquad (9.1.3)$$

对前面预处理后的灰度图使用上述算子进行计算，得到的结果再进行阈值处理，得到二值化图像。阈值 TH 的选取如下：

$$TH = scale * mean$$

式中：scale 为自适应的倍数；mean 为边缘图像的平均灰度值。scale 根据边缘图像的灰度来决定，如果整体灰度值较大，则 scale 提高；反之，scale 降低。

对灰度图像用本算法进行边缘提取二值化得到的图像如图 9-2 所示。

(a)

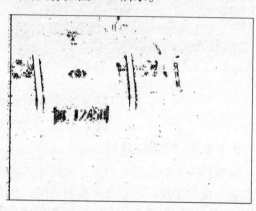
(b)

图 9-2　灰度图的 Prewitt 算子检测垂直边缘

9.1.2　基于综合特征的车辆牌照定位技术

在一些文献中，研究者通过水平及垂直投影的方法，假设在车辆牌照（简称车牌）存在的区域会出现峰值，并以此来确定车牌的存在区域，但是这样做效果并不好。这是因为，首先车牌存在的区域在整个图像中只占很小的比例，因此投影后所占比重也较少，不一定会表现出较强的峰值，更何况车辆前身还存在着其他较为丰富的垂直边缘，在投影方向上很容易和车牌区域混叠在一起，而得不到一个确定的车牌区域位置。并且单纯使用垂直边缘定位，由于边缘是离散的，很容易丢失字符，只能得到不完整的车牌区域，所以要定位车牌区域，首先就要把没有连接的字符连接起来；其次就是去除干扰区域，这些都应该综合考虑车牌的多个特征。

9.1.2.1　形态学方法形成连通域

为了连接离散字符边缘，考虑使用数学形态学的方法来进行处理。一般传统的图像处理算子都是基于解析方式描述对每个点进行处理的，而数学形态学的算子则是基于几何方式描述的，对一个区域进行处理，数学形态学更适合视觉信息的处理和分析。而在车牌定位中，车牌的几何比例都是固定的，且在现场实拍中，摄像机和地感线之间的距离是固定的。因此车牌区域在图像中的大小比例也是差不多固定的，可以利用形态学连接在一定范围内的垂直边缘，在连接后可以滤除不符合条件的噪声区域。形态学基本运算包括膨胀运算、腐蚀运

算、闭合运算和开启运算等。

9.1.2.2 连通域体态分析

由于非车牌区域的背景中存在其他的干扰纹理，经形态处理后得到的图片中会包含有多个连通区域。而经过观察可以知道，非车牌连通域的形状特性与车牌的形状特性存在较大差异，所以可以根据体态特征对候选车牌队列进行筛选。而要从形态学滤波后的结果中生成候选队列，就需要用到连通区域标记。

系统采用8邻域区域标记算法，并假设在二值化后的图像中，目标点为"1"，背景点为"0"，则递归标记算法如下。

步骤一：按从左到右，从上到下，从图像的左上角开始扫描，直到发现一个没有标记的1像素点。

步骤二：对此1像素点赋予一个新的标记NewFlag。

步骤三：按8邻域对此1像素（阴影）点的8个邻点进行扫描，如果遇到没有标记的1像素点，就把它标记为NewFlag（同步骤二中的NewFlag）。此时又要按上述次序扫描8个邻点中的1像素的8个邻点，如遇到没有标记的1像素，就将它标记为NewFlag。此过程是一个递归，直到没有标记的1像素点被耗尽，才开始层层返回。同时，记下连通域外接矩形四角坐标的位置，并不断更新。

步骤四：递归结束，NewFlag=NewFlag+1；然后继续扫描没有标记的1像素点；最后执行步骤二、步骤三。

步骤五：反复执行上述过程直至扫描到图像的右下角。

在区域标记后，就可以对每一个候选区域进行体态分析，根据车牌的一些体态几何信息初步对非车牌的连通区域进行过滤。过滤条件借助以下几个车牌体态特征：长宽比、区域面积与整体面积比例，以及区域面积与区域外接矩形面积比例等。

设区域面积为area，图像面积为Area，外接矩形面积为Area1；区域长度为length，区域宽度为width。那么，通过体态分析的区域应该具有以下这些特征。

(1) 区域面积与图像面积相比：$\frac{area}{Area}>r_1(0.0065)$（$r_1$根据具体情况选取，下同）。

(2) 区域长宽比：$r_{21}(1.5)<\frac{length}{width}<r_{22}(6.5)$。

(3) 区域面积与外接矩形面积比：$\frac{area}{Area1}>r_3(1\sim 2/3)$。

图9-3所示为某图区域标记、体态分析后的图像结果，采用不同的灰度值表示不同的区域。

9.1.2.3 二值化处理

图像的二值化处理属于图像分割的一种，二值化处理中阈值T的选取很重要，可由下面函数表示，即

$$T = T[x,y,p(x,y),f(x,y)] \tag{9.1.4}$$

式中：$f(x,y)$是点(x,y)的灰度级；$p(x,y)$表示这个点的局部性质。

当T仅取决于$f(x,y)$时，阈值就被称作是全局的；如果T取决于$f(x,y)$和$p(x,y)$，阈值就是局部的；如果T取决于空间坐标x和y，阈值就是动态的或自适应的。

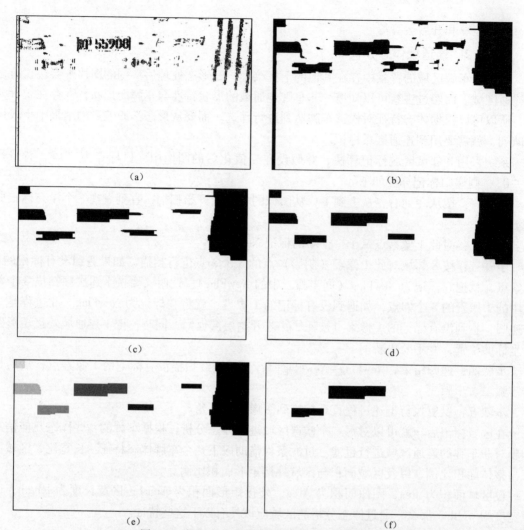

图 9-3 某图区域标记、体态分析后的图像结果
(a) 边缘二值化的图像；(b) 闭运算后的图像；(c) 开运算滤波后的图像
(d) 修整后的图像；(e) 区域标记后的图像；(f) 体态分析后的图像

下面列举常用的几种二值化方法的特点及实际效果。

1. P-tile 法

P-tile 法（也称 P 分位数法）使用目标或背景的像素比例等于其先验概率来设定阈值，简单高效，但是对于先验概率难以估计的图像却无能为力。

虽然 P-tile 法的适用范围比较狭窄，但是在车牌定位中却正好适用，因为对于车牌区域，车牌字符与背景的面积比例是大致一定的，正好符合 P-tile 法使用的前提。P-tile 法效果如图 9-4 所示。

图 9-4 使用 P-tile 法前后效果

2. 迭代阈值法

这是一种试探性的方法。它可以自动地得到 T，其效果如图 9-5 所示。

在测试中，利用迭代阈值方法也得到了不错的效果，只是运行效率依据迭代的次数而定，在次数过大的时候效率较慢。

(a)   (b)

图 9-5 使用迭代阈值法前后效果

3. 最大类间方差法

最大类间方差法是一种基于判别式分析的方法。在测试中，最大类间方差法是分割效果最好的一种方法，如图 9-6 所示。但是当光照过强或过弱的时候，会使图像的动态范围过窄，或者是由于前面的形态学处理包含了过多的车体部分，使得灰度直方图形成多峰状态，最大类间方差法失效。

(a)   (b)

图 9-6 使用最大类间方差法前后效果

4. 局部动态二值化

如果考虑到车牌区域可能存在光照不均匀、牌面有脏污的情况，全局动态二值化的方法有可能失效，此时可以考虑使用局部动态二值化的方法，如图 9-7 所示。

(a)   (b)

图 9-7 使用局部动态二值法前后效果

在测试中，局部动态二值化算法没有取得良好的效果，容易出现字符断裂及伪影，这是由局部动态二值化算法本身的特点所决定的，当以局部窗口内最大值、最小值作为考查点的邻域，在窗口内无目标点时，个别噪声点将引起阈值的突变，在考查窗口内均为目标点时，局部阈值被拉伸，会使得目标或背景产生误判，从而出现所谓的字符断裂及伪影现象。而且利用局部阈值算法，效率会极其低下。

9.1.3 牌照字符的切分

经过车牌定位和二值化处理后所确定的车牌是一个整体，包含了文字以及文字之间的空白，所以要想识别单个字符（包括汉字、英文字母和数字），就必须先把字符从一行文字中分离出来，这就是字符分割（Character Segmentation），也称字符切分。

进行字符分割的目的就是要找到单个字符的外接矩形,尽可能地少含有噪声,以便进行识别。这里,并不单纯依靠字符的垂直投影特征,而是综合车牌的先验信息,采用寻找标准宽度和定位参考点的方法来进行字符切分。

9.1.3.1 车牌字符规律和几何特征

我国机动车号牌根据法规具有标准格式,本节以常用的 400 mm×140 mm 号车牌为例,进行算法说明。标准车牌格式是 $X_1X_2X_3X_4X_5X_6X_7$,其中,X_1 是各省、直辖市和自治区的简称;X_2 是英文字母;$X_3X_4X_5X_6X_7$ 是英文字母或阿拉伯数字;X_2 和 X_3 之间有一个小圆点。图 9-8 是标准车牌示意。

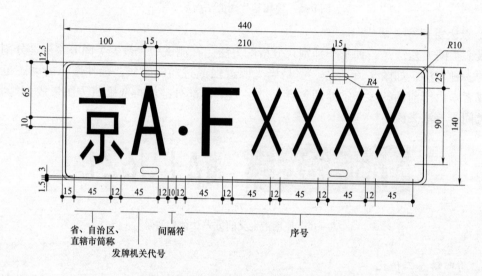

图 9-8　标准车牌示意(单位:mm)

由图 9-8 可以得到以下一些判别标准,设 PWid 表示车牌宽度,PHei 表示车牌高度。

(1) 单个有效车牌字符的宽度(非数字"1"的字符):由于一般字符宽度为 45 mm,车牌字符部分的总长度为 409 mm,那么标准字符宽度/车牌宽度 PWid 应该约等于 0.1,所以实际中的车牌字符宽度 CWid 在 0.9×(0.1×PWid)~1.2×(0.1×PWid)。

(2) 如果不考虑两个字符"1"的间距(38.5 mm),第二、第三个字符之间的间距最大(34 mm),是其余两个非零字符间距(12 mm)的 2.8 倍左右,可以作为寻找参考点的特征。

(3) 观察示例发现,两个铆钉的位置在第二、第六个字符的上、下位置,实际中容易造成字符粘连而无法得到正确的字符高度,而第三、第四个字符基本上不会有干扰,所以应该以第三个字符的宽度、高度作为标准。

(4) 数字"1"的判别标准:字符"1"的宽度约为 13.5 mm,为标准字符宽度 45 mm 的 0.3 倍,即实际字符"1"的宽度 CWid1 在 0.2×(0.1×PWid)~0.5×(0.1×PWid)之间,且与邻近的字符间距较大。

(5) 垂直边框的去除:垂直边框与相邻字符的间距比字符之间的间距要小,且垂直边框的位置在区域图像的左右两边,可以根据这两个特征去除边框。

9.1.3.2 分割的实现

分割的思路是,首先利用垂直投影图的波谷间隔分割出每一个可能字符的起点和终点;根据规律寻找字符的标准宽度,利用标准宽度和排列规律剔除干扰区域,将粘连的字符重新分割或将非连通字符如左右结构的汉字进行合并;然后寻找最大间隔,进而找到第三个字符的左边界作为字符分割的起点或者参考点,以此参考点向左和向右找到 7 个字符块。

具体的算法实现过程如下。

步骤一:对二值化车牌图像进行垂直投影,以 Th = 1 为初始阈值对投影数组进行扫描,如图 9-9 所示。

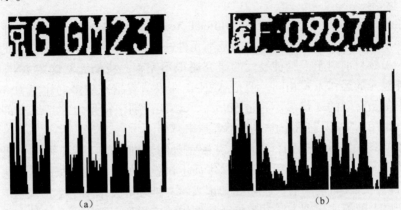

图 9-9 二值化车牌图像的垂直投影
(a) 没有噪声的正常情况;(b) 有噪声的情况

步骤二:利用最大间隔来寻找第二、第三个字符。以第三个字符为参考点,向左找两个字符,向右找四个字符,用一个新的链表记下位置和宽度信息,作为最后的车牌单个字符的切分结果。

图 9-10 所示为一系列校正后的车牌字符分割后的结果。

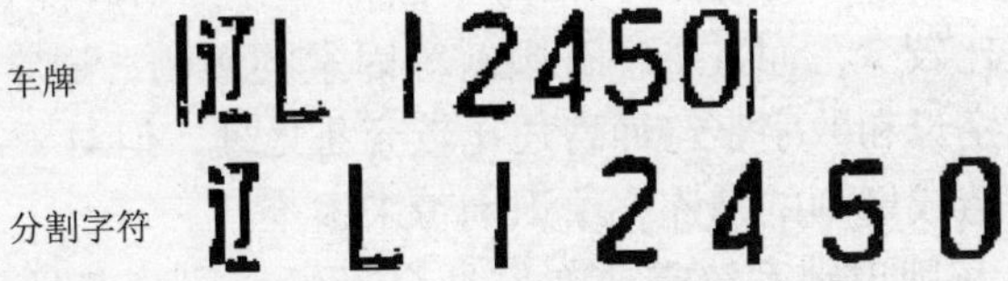

图 9-10 校正后的车牌字符分割后的结果

9.1.4 字符识别算法

字符识别属于模式识别的范畴,字符识别是模式识别领域中很活跃的一个分支。模式识别的主要方法大致可分为统计决策法、句法模式识别法、模糊判决法、神经网络法和人工智能法 5 类。

(1) 统计决策法。这类识别技术理论较完善,方法也较多,但从根本上讲,都是直接利用各类的分布特征,即利用各类的概率密度函数、后验概率或隐含地利用上述概念进行分类识别。其中根本的技术为聚类分析、判别类域代数界面法、统计决策法、最近邻域法等。

(2) 句法模式识别法。句法模式识别也称为句法结构模式识别。在许多情况下，对于较复杂的对象仅用一些数值特征已不能较充分地进行描述，这时可采用句法模式识别技术。句法模式识别技术将对象分解为若干个基本单元，这些基本单元称为基元。用这些基元以及它们的结构关系来描述对象，基元以及这些基元的结构关系可以用一个字符串或一个图来表示。然后运用形式语言理论进行句法分析，根据其是否符合某类的文法而决定其类别。

(3) 模糊判决法。这类技术运用模糊数学的理论和方法解决模式识别问题，因此适用于分类识别对象本身或要求的识别结果具有模糊性的场合。目前，模糊判决法有很多。这类方法的有效性主要取决于隶属函数是否良好。有学者用基于模糊规则的方法识别车牌字符，取得了很好的效果。

(4) 神经网络法。人工神经网络（Artificial Neural Network，ANN）是一种模拟人脑神经元细胞的网络结构，它是由大量简单的基本元件——神经元——相互连接成的自适应非线性动态系统。虽然目前对于人脑神经元的研究还很不完善，我们无法确定 ANN 的工作方式是否与人脑神经元的运作方式相同，但是 ANN 正在吸引着越来越多的注意力。对于车牌字符来说，子集都是有限的（最多不超过 50 个），ANN 识别字符可以在系统允许的时间内完成。近年来，采用 ANN 识别汽车牌照的学者越来越多。

(5) 人工智能法。众所周知，人脑具有极完善的识别功能，人工智能是研究如何使机器具有人脑功能的理论和方法。字符识别从本质上讲就是如何根据对象的特征进行类别的判断，因此，可以将人工智能中有关学习、知识表示、推理等技术用于字符识别。

但是对于以上的模式识别方法并不能直接僵硬地应用到车牌识别系统的字符识别上，因为车牌识别系统有着自己的特点。

9.1.4.1 车牌字符识别的特点

车牌识别系统中的汉字与其他汉字识别系统中的汉字字符相比，有其自身的特点。

(1) 字符集小。车牌上出现的汉字字符只包括全国各省、自治区、直辖市和部队、武警、公安的简称，再加上 26 个英文字母以及 10 个数字，字符类别不超过 100 类。与其他的 OCR 系统相比，只是其中很小的一部分。

(2) 字符点阵分辨率低。由于是在一幅汽车图像中分割出牌照，受摄像机分辨率的限制，字符所占的像素就比较少，而且受字符倾斜等因素的影响，通常字符拥有的像素更少。这样的分辨率对于英文字母和数字字符而言还比较容易处理，但对于汉字来说，会导致汉字特征信息丢失太多，并造成笔画的粘连，给识别带来困难。

(3) 环境影响大。车牌识别系统需要在室外全天候工作，光照条件经常变化，并且受天气状况的影响，各种干扰也不可预测，导致实际取到的车牌的图像由于光照度、触发位置的不同，字符的大小、粗细、位置及倾斜度也不一样。另外，由车牌的清晰度、清洁度、新旧底色及光照背景等因素影响，可能会使采集到的图像受到严重干扰，如字符模糊、畸变甚至断线等，因而要求所采用的识别方法具有很强的抗干扰性和环境适应性。

(4) 实时性要求。鉴于牌照自动识别系统的应用场合是智能交通管理，要求能对驶过的车辆进行及时的图像采集、处理，车牌识别和自动数据库登录等一系列操作，实时性的要求高于其他 OCR 系统。

9.1.4.2 车牌字符识别算法简介

目前车牌字符识别常用的方法有以下三种。

（1）模板匹配法。利用 $M\times N$ 的模板图像与待识别的字符图像进行点对点的比较，取相似度最高的字符。此方法中，如果模板取得过多，则容易耗时，而且比较容易受待识别字符图像倾斜度的影响，容易产生误识别。模板匹配对噪声很敏感，而且对字符的字体分割不具有适应性。在对车牌中的汉字识别时，由于它的汉字只有几个，可以考虑构建标准字库进行模板匹配。

（2）神经网络法。通过用模板字库训练神经网络参数，输入参数可以是字符提取的一些特征或像素点集，然后识别字符。这种方法在网络中训练往往难以收敛，当识别类型增多时，很难达到理想的效果。

（3）特征匹配法。这类方法是基于特征平面来进行匹配的，是使用率较高的一类方法。相较于模板匹配，它能更好地获得字符的特征，有的特征对噪声是不明显的。

9.1.4.3 车牌字符识别的方法

人类的视觉感知系统是一个稳健性很强的、能抵御实际中可能遇到的各种变形和噪声干扰的文字和字符识别系统。人们的认识过程实际上是对汉字和字符的整体形象的把握，是对其图像全局的处理过程。因而，汉字和字符的整体信息在无笔顺识别中起着无法替代的重要作用。

人们目前正致力于研究一个类似于人类视觉的稳健性很强的车牌字符识别系统。通常的字符识别方法可分为两类：基于字符结构（笔画特征）的结构模式识别和基于字符统计特征的统计模式识别。这两种方法的优缺点对比如表 9-1 所示。

表 9-1 结构模式识别方法与统计模式识别方法的优缺点对比

方法	优点	缺点
结构模式识别方法	可以识别复杂的模式	需要进行笔画特征的提取，在输入图像质量不佳的情况下，这一点往往难以做到
统计模式识别方法	特征提取方便，识别速度与识别对象无关	需要得到字符集的稳定特征，且在字符笔画较多时要求的特征量较大

统计模式识别借助概率论的知识，判断或决策对象的特征类别，使得决策的错误率达到最小。基于统计特征的识别方法，先提取识别对象的稳定特征，组成特征向量，然后在字符集的特征空间中进行特征匹配。

实际研究中发现，二值化的图形模板虽然直观，但其匹配计算过程过于简单直接，对倾斜、形变、残损、模糊的待识别字符匹配误差较大，因此稳健性较差。而灰度模板由于受色彩、光照等因素影响，难以找到普遍适用的模板形式以实现直接的匹配计算。综合以上两方面的问题，在引入统计模式识别思想的基础上，采用了基于二值图像变动分析的模糊模板匹配方案。图 9-11 所示为一个识别系统识别字符示例。

在含有车牌的图像中，即使是相同的字符，由于车牌倾斜、模糊，特别是由于每次定位不可能完全精确一致等诸多因素的影响，导致在二值图像中字符的形状、大小都会不同，字符位置也会发生不同程度的偏移。将这种二值图像的不规则现象称为图像的变动。在字符识别的分析过程中，希望对图像变动的大小进行量化处理。因此，使用了求图像整体变动量的统计方法,其优点是不需要参照标准图像,可以进行客观评价,并构造出用于匹配识别的模糊模板。

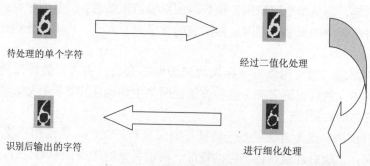

图 9-11　识别系统识别字符示例

9.2　基于压缩感知的图像重构算法

压缩感知(Compressed Sensing, CS)理论自 2006 年正式提出以来,已在医疗成像、图像处理、模式识别、通信网络、遥感测量等诸多领域引起深刻变革。由于该理论突破了奈奎斯特采样"瓶颈",一经提出,就得到各个领域学者的高度关注,许多著名大学以及 Intel、贝尔实验室和 Google 等大公司和研究机构也纷纷进入该领域。CS 理论的基本思想是:在某一变换域内具有稀疏表示的信号,可以远低于奈奎斯特采样定理标准的方式来采集数据,通过与变换基非相干的随机投影采样,运用合适的优化算法,高概率、精确地重构原始信号。CS 理论框架主要包含三个方面:稀疏表示、测量矩阵和重构算法。它们之间的相互关系如图 9-12 所示。原始信号在某些变换域中具有稀疏性,是 CS 精确重构原始信号的先验条件;测量矩阵的选取与设计,直接影响随机测量值是否保留了足够的原始信号信息,可精确重构原始信号;重构算法则是 CS 理论的核心,直接影响信号的重构质量和重构速度。

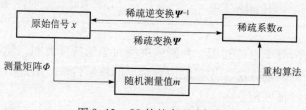

图 9-12　CS 的基本理论框架

9.2.1　CS-MRI 重构模型

压缩感知重构算法的一般形式为

$$\min \ \|x\|_1 \quad \text{s.t.} \quad \|b-Ax\|_2 \leq \varepsilon \tag{9.2.1}$$

在 MRI/MRA 领域,医学影像中的空间编码信息是采集并填充在 K 空间的,K 空间本质上就是傅里叶变换空间,因此式(9.2.1)应用于 CS-MRI 时可写作如下拉格朗日形式:

$$\min \ \|F_u x - y\|_2^2 + \lambda \ \|\Psi x\|_1 \tag{9.2.2}$$

式中：x 是原始信号；y 是 K 空间测量值；F_u 表示欠采样数据的傅里叶变换（$F_u x = y$）；$\boldsymbol{\Psi}$ 是稀疏变换矩阵。

一般而言，压缩感知重构算法主要包括凸优化算法和贪婪匹配追踪算法两大类。其中，凸优化算法主要包括基追踪法（Basis Pursuit，BP）、内点法（Interior Point Method）、梯度投影稀疏重构法（Gradient Projection for Sparse Reconstruction，GPSR）和迭代阈值法（Iterative Thresholding Method）等，其基本思想是采用处处可微的凸函数来替代 l_0 范数，重构效果虽好，但计算量剧增。贪婪匹配追踪算法主要包括匹配追踪（Matching Pursuit，MP）算法、正交匹配追踪（Orthogonal Matching Pursuit，OMP）算法、正则化正交匹配追踪（Regularized OMP，ROMP）算法、稀疏自适应匹配追踪（Sparse Adaptive MP，SAMP）算法等，算法简单快捷，但对于具体应用条件有严格规定。本节将把 NESTA 算法引入 CS-MRI 的求解过程，期望实时高效地得到精确度较高的重构结果。

9.2.2 改进的 NESTA 算法

NESTA 算法是 Yuri Nesterov 优化思想的综合，用来求解如下问题：

$$\min_{x \in Q_p} f(x) \tag{9.2.3}$$

式（9.2.3）必须满足三个条件：① $f(x)$ 是处处可导的函数；② Q_p 是凸集；③ $f(x)$ 的梯度有界，即 $\| \nabla f(x) - \nabla f(y) \|_2 \leq L \| x - y \|_2$ 对任意 x，y 均成立，L 为常数。

仔细比较式（9.2.1）和式（9.2.3），CS 重构算法的可行域是 $\| b - Ax \|_2 \leq \varepsilon$，显然是一个关于 x 的凸集，即满足 NESTA 算法的第②个条件。但是，$\| x \|_1$ 在 0 点处不可导，不满足 NESTA 算法的第①个条件，于是必须首先考虑平滑 $\| x \|_1$。如果 $f(x)$ 可以写成 $f(x) = \max_{u \in Q_d} \langle u, Wx \rangle$，其中，$W$ 是一个矩阵，则该函数可以平滑。根据泛函知识，$\| x \|_m = \max_{\| u \|_n \leq 1} \langle u, x \rangle$，其中，$m$ 和 n 是一对共轭数，满足 $\dfrac{1}{m} + \dfrac{1}{n} = 1$，即 $\| x \|_1 = \max_{\| u \|_\infty \leq 1} \langle u, x \rangle$，$\| x \|_2 = \max_{\| u \|_2 \leq 1} \langle u, x \rangle$，且 $W = I$。显然 1 范数和 2 范数符合平滑要求，可采用 $f_\mu(x) = \max_{u \in Q_d} \langle u, Wx \rangle - \mu p_d(u)$ 形式平滑，其中，$p_d(u) = \dfrac{1}{2} \| u \|_2^2$。因此，式（9.2.1）的 CS 重构问题转化为

$$\min_x f_\mu(x) = \max_{\| u \|_\infty \leq 1} \langle u, x \rangle - \frac{1}{2} \mu \| u \|_2^2 \quad \text{s.t.} \quad \| b - Ax \|_2 \leq \varepsilon \tag{9.2.4}$$

此时，梯度为

$$\nabla f_\mu(x) = W * u_\mu(x) = \begin{cases} \mu^{-1} x_i, & |x_i| < \mu \\ \mathrm{sgn}(x_i), & \text{其他} \end{cases}$$

其中，$\nabla f_\mu(x)$ 对应的 Lipschitz 常数为 $L_\mu = \dfrac{1}{\mu} \| W \|^2 = \dfrac{1}{\mu}$，于是便可采用图 9-13 所示的算法进行迭代求解。

通过标准拉格朗日乘法可以推导得到 y_k 和 z_k 的计算公式如下：

$$\begin{cases} y_k = \left(I - \dfrac{\lambda_\varepsilon}{\lambda_\varepsilon + L_\mu} A^* A\right)\left(\dfrac{\lambda_\varepsilon}{L_\mu} A^* b + x_k - \dfrac{1}{L_\mu}\nabla f_\mu(x_k)\right) \\ \lambda_\varepsilon = \max(0, \varepsilon^{-1} \| b - A(x_k - L_\mu^{-1}\nabla f_\mu(x_k)) \|_2 - L_\mu) \end{cases} \quad (9.2.5)$$

$$\begin{cases} z_k = \left(I - \dfrac{\lambda_\varepsilon}{\lambda_\varepsilon + L_\mu} A^* A\right)\left(\dfrac{\lambda_\varepsilon}{L_\mu} A^* b + x_0 - \dfrac{1}{L_\mu}\sum_{i \le k}\alpha_i \nabla f_\mu(x_i)\right) \\ \lambda_\varepsilon = \max\left(0, \varepsilon^{-1} \| b - A(x_0 - L_\mu^{-1}\sum_{i \le k}\nabla \alpha_i f_\mu(x_i)) \|_2 - L_\mu\right) \end{cases} \quad (9.2.6)$$

则 x_k 便是它们的加权平均，因此图 9-13 的循环流程得以继续。

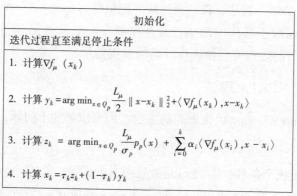

初始化
迭代过程直至满足停止条件
1. 计算 $\nabla f_\mu(x_k)$
2. 计算 $y_k = \arg\min_{x \in Q_p} \dfrac{L_\mu}{2} \| x - x_k \|_2^2 + \langle \nabla f_\mu(x_k), x - x_k \rangle$
3. 计算 $z_k = \arg\min_{x \in Q_p} \dfrac{L_\mu}{\sigma_p} p_p(x) + \sum_{i=0}^{k} \alpha_i \langle \nabla f_\mu(x_i), x - x_i \rangle$
4. 计算 $x_k = \tau_k z_k + (1 - \tau_k) y_k$

图 9-13 改进的 NESTA 算法的计算步骤

实验采用 MATLAB 8.0 编程实现。测试对象如图 9-14 所示，大小均为 512×512。由于

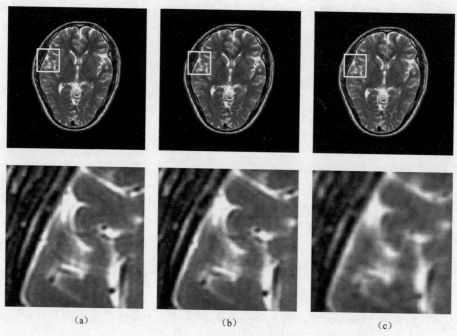

图 9-14 压缩感知算法实验对比图
(a) 完全采样图像；(b) ROI-CS-MRI 重构图像；(c) CS-MRI 重构图像

压缩感知的目的是通过采样较少的低维信号来重构原始的高维信号，因此通常选取小于50%的欠采样率，本章实验重点关注10%~20%欠采样率下的重构效果。

9.3 基于深度学习的眼底图像分割算法

1. 眼底图像预处理

在原始眼底图像数据集中，大部分视网膜图像亮度不均且明暗分布不一致，同时还具备医学领域图像的通病——冗余信息过多，因此对眼底图像进行预处理至关重要。结合当前各种图像预处理方式的特点及以往研究的经验，采用归一化处理作为血管分割实验的预处理方式。

不同评价指标通常具备不同的量纲和量纲单位，为了降低多个指标之间的量纲影响，需要解决在绝对数值上的小数据被忽略等问题。归一化处理的作用是把数据集映射到一个特定区间内，从而实现每个特征都被分类器平等对待。本章采用的方式：首先利用均值和方差对数据进行标准化处理，然后利用一种简单易执行的方式实现最终归一化处理。

2. 图像切片

公开的 DRIVE、STARE、CHASE 数据集的数据量都极少，虽然可以通过选择小型网络和修改损失函数等方式来避免因数据量小而引起的过拟合情况，但无法从根源解决问题。在图像输入模型前，采用图像切片的方式对训练集和测试集进行扩增，并根据以往经验设置切片尺寸为 48×48。值得注意的是，针对血管分割任务的数据集，每张图像可分为 FOV 内部和外部两处区域，随机切片时可选择只在 FOV 内部操作，也可选择在全图范围切片。随机切片的两种方式各有优劣，其不同在于，只在 FOV 内部切片的方式使得最终获得的输入数据中拥有更多血管信息，而全图范围内的切片则可能选取到 FOV 外的背景像素。

3. 搭建 U-Net 网络

普通卷积神经网络与编码-解码网络不同，前者末尾包含在整个网络中起"分类"作用的全连接层，而后者的解码网络部分存在增大特征图分辨率的操作。由于图像分割的任务是获得输入图像对应的分割图像，输入与输出分辨率必须保持一致，因此绝大多数图像分割任务都采用编码-解码网络。在图像任务的神经网络中，卷积、池化操作相当于编码器（Encoder），输入图像经过多层卷积后提取感兴趣的特征；解码器（Decoder）通常为上采样操作，其目的是提升图像的分辨率，最终获得与输入图像分辨率一致的输出图像并计算每个像素点的分类结果。Ronneberger 等在 FCN 的基础上提出了 U-Net 网络框架，如图 9-15 所示，该网络因其整体网络结构类似"U"形而得名。

U-Net 网络主要分为以下五个部分。

（1）输入卷积块（Block）。该模块的主要目的是改变输入的通道数，将其由 1 个通道变为 64 个通道，增加图像信息。

（2）提取特征部分，即下采样结构。该结构的目的是通过池化等操作降低参数量的同时提取眼底图像的重要特征信息。

（3）上采样结构。该结构的主要目的是实现特征图分辨率的增大，使最终输出与原输入尺寸一致。本章搭建网络时采用双线性插值法，并紧跟一个卷积块用于通道数的改变。

（4）跳接部分。其目的是实现高级特征与低级特征的融合。高级特征包含眼底图像全

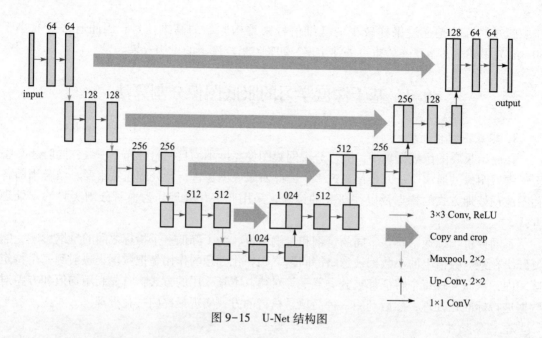

图 9-15 U-Net 结构图

图信息,用于整体分割;低级特征包含细节信息,用于血管边缘的细化。在进行特征图相加操作时,需保证两个特征图的通道数、分辨率均一致。

(5)输出卷积块。其主要目的是将输入特征图的通道数转为 1,便于后续输出。值得注意的是,所有部分均引入了 Dropout 层,用于防止过拟合并加速网络收敛。

4. 数据增强

CutMix 是由 Sangdoo Yun 等于 2019 年在 CVPR 上提出的,它可以增加模型对于图像位置和内容的稳健性(见图 9-16)。

CutMix 通过在两张随机选取的图像中剪切并交换一部分来生成新的训练数据,具体来说,它包括以下步骤。

(1)随机选择两张图片,并从每张图片中随机剪切一个矩形区域。

(2)将两张图片的剪切区域交换,并将其合并成一张新的图像。

(3)计算新图像的标签,即将两张原始图像的标签按照剪切区域的面积加权平均来计算。

在训练期间,以裁剪大小为 128×128 的图像块作为网络的输入。所有图像块都是随机裁剪、翻转和缩放的,以进行数据增强。将 CutMix 数据增强方法用于血管分割任务。在训练图像中剪切和粘贴补丁,其中真实标签也与图像块的面积成比例地混合。新的组合图像 $\tilde{x}$ 和标签 $\tilde{y}$ 可以定义为

$$\tilde{x} = M \odot x_A + (1-M) \odot x_B$$
$$\tilde{y} = \lambda y_A + (1-\lambda) y_B$$

式中:x_A 和 x_B 表示两个训练样本;M 表示二进制掩码,指示从两个图像中退出和填充的位置;1 是填充了 1 的二进制掩码;⊙ 是逐元素乘法。在我们的实验中,组合比是从均匀分布 $\lambda \sim U(0,1)$ 中采样的。

值得注意的是,CutMix 比 MixUp 生成更多的局部自然图像,还防止模型过拟合训练分布,并提高其泛化能力。

根据边界框坐标 $B = (r_x, r_y, r_w, r_h)$ 对二进制掩码 M 进行采样。在实验中,对长宽比与原

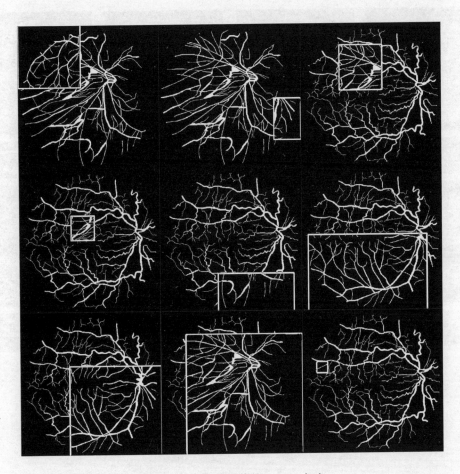

图 9-16 视网膜图像的 CutMix 方法

始图像成比例的矩形掩模 M 进行采样。根据方框坐标进行均匀采样：$r_x \sim U(0,W)$、$r_y \sim U(O,H)$、$r_w = w\sqrt{1-\lambda}$ 和 $r_h = h\sqrt{1-\lambda}$。对于裁剪区域，通过在边界框 B 内填充 0 来决定二进制掩码 M，否则为 1。

在每次训练迭代中，通过 CutMix 公式将随机选择的两个训练样本组合成一个小批量来生成一个 CutMix 样本 $(\bar{x}, \bar{y})$。

5. 实验环境及网络设置

本章实验平台具有四块 GPU 主机，采用深度学习框架 PyTorch，以 Python 为主要编程语言实现眼底视网膜血管分割。将所有实验的 Batchsize 设置为 32，采用图像切片的方式进行数据扩增且切片尺寸为 48，损失函数为二元交叉熵损失函数，优化器为随机梯度下降（Stochastic Gradient Descent，SGD）。最终输出通道均设置为 1，在获取分割结果时设置阈值为 0.5，即在网络输出结果图中大于 0.5 的部分令其为 1，小于或等于 0.5 的部分则为 0。本章实验的初始学习率设置为 0.001，Epoch 均设置为 100。

6. 实验结果

由图 9-17 可知，该网络能准确分割出眼底血管。

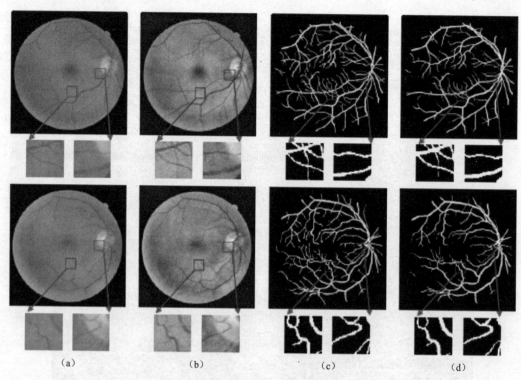

图 9-17 U-Net 分割结果

(a) 原始图像；(b) 预处理后的图像；(c) 标注图像；(d) 实验结果

参 考 文 献

[1] 胡江舟. 汽车牌照定位及字符分割算法的研究 [D]. 北京：北京理工大学, 2006.

[2] 周海泉. 车牌自动定位与字符分割 [D]. 北京：北京理工大学, 2005.

[3] LECUN Y, BENGIO Y, HINTON G. Convolutional Neural Networks [J]. Advances in Neural Information Processing Systems, 2015, 25：1067-1075.

[4] GIRSHICK R, DONAHUE J, DARRELL T, et al. Rich Feature Hierarchies for Accurate Object Detection and Semantic Segmentation [C] // Proceedings of the IEEE Conference on Computer Vision and Pattern Recognition. 2014：580-587.

[5] RONNEBERGER O, FISCHER P, BROX T. U-Net：Convolutional Networks for Biomedical Image Segmentation [C] // International Conference on Medical Image Computing and Computer-Assisted Intervention. Cham：Springer, 2015.

[6] HE K, GKIOXARI G, DOLLÁR P, et al. Mask R-CNN [C] // IEEE International Conference on Computer Vision. 2017：2980-2988.

[7] DOSOVITSKIY A, BEYER L, KOLESNIKOV A, et al. An Image is Worth 16x16 Words：Transformers for Image Recognition at Scale [C] // International Conference on Learning Representations (ICLR), 2021.

附录
实用图像处理程序

为了读者能够更加深刻地理解数字图像处理相关理论算法原理,本教材提供了配套的辅助教学软件。软件既包括算法原理阐述及相关习题,供读者进行理论学习;又提供交互式实验场景,读者可以自行设计实验参数进行实验验证,以帮助读者对理论算法的理解和应用。

一、平滑、锐化

附图 1~附图 3 所示为原始图像、图像经平滑、锐化处理后的效果。

附图 1　原始图像　　　　附图 2　附图 1 经平滑　　　　附图 3　附图 1 经锐化
　　　　　　　　　　　　　　　　处理后的效果　　　　　　　　　处理后的效果

下面给出的程序是一个通用的 3×3 模板的函数,其中第二参数为模板类型,为如下定义的常量:

```
#define TEMPLATE_SMOOTH_BOX 1              //Box 平滑模板
#define TEMPLATE_SMOOTH_GAUSS 2            //高斯平滑模板
#define TEMPLATE_SHARPEN_LAPLACIAN 3       //拉普拉斯锐化模板
```

对应的模板数组如下:

```
int Template_Smooth_Box[9]={1,1,1,1,1,1,1,1,1};
int Template_Smooth_Gauss[9]={1,2,1,2,4,2,1,2,1};
int Template_Sharpen_Laplacian[9]={-1,-1,-1,-1,9,-1,-1,-1,-1};
/////////////////////////////////////////////////////////////////
BOOL TemplateOperation(HWND hWnd, int TemplateType)
{
```

```c
    DWORD                OffBits,BufSize;
    LPBITMAPINFOHEADER   lpImgData;
    LPSTR                lpPtr;
    HLOCAL               hTempImgData;
    LPBITMAPINFOHEADER   lpTempImgData;
    LPSTR                lpTempPtr;
    HDC                  hDc;
    HFILE                hf;
    LONG                 x,y;
    float                coef;              //模板前面所乘的系数
    int                  CoefArray[9];      //模板数组
    float                TempNum;
    char                 filename[80];

    switch(TemplateType){                   //判断模板类型
    case TEMPLATE_SMOOTH_BOX:               //Box 平滑模板
        coef=(float)(1.0/9.0);
        memcpy(CoefArray,Template_Smooth_Box,9* sizeof(int));
        strcpy(filename,"c:\smbox.bmp");
        break;
    case TEMPLATE_SMOOTH_GAUSS:             //高斯平滑模板
        coef=(float)(1.0/16.0);
        memcpy(CoefArray,Template_Smooth_Gauss,9* sizeof(int));
        strcpy(filename,"c:\smgauss.bmp");
        break;
    case TEMPLATE_SHARPEN_LAPLACIAN:        //拉普拉斯锐化模板
        coef=(float)1.0;
        memcpy(CoefArray,Template_Sharpen_Laplacian,9* sizeof(int));
        strcpy(filename,"c:\shlaplac.bmp");
        break;
    }
    OffBits=bf.bfOffBits-sizeof(BITMAPFILEHEADER);
    BufSize=bf.bfSize-sizeof(BITMAPFILEHEADER);
    if((hTempImgData=LocalAlloc(LHND,BufSize))==NULL)
    {
        MessageBox(hWnd,"Error alloc memory!","Error Message",MB_OK|
MB_ICONEXCLAMATION);
        return FALSE;
    }
    lpImgData=(LPBITMAPINFOHEADER)GlobalLock(hImgData);
    lpTempImgData=(LPBITMAPINFOHEADER)LocalLock(hTempImgData);
    lpPtr=(char * )lpImgData;
```

```
lpTempPtr=(char * )lpTempImgData;
                                     //先将原图像直接复制过来,其实主要是复制周围
                                     一圈的像素
memcpy(lpTempPtr,lpPtr,BufSize);
    for(y=1;y<bi.biHeight-1;y++)     //注意 y 的范围是从 1 到 bi.biHeight-2
    for(x=1;x<bi.biWidth-1;x++){     //注意 x 的范围是从 1 到 bi.biWidth-2
    lpPtr=(char * )lpImgData+(BufSize-LineBytes-y* LineBytes)+x;
    lpTempPtr=(char * )lpTempImgData+(BufSize-LineBytes-y* LineBytes)+x;
    TempNum=(float)((unsigned char)* (lpPtr+LineBytes-1))* CoefArray[0];
    TempNum+=(float)((unsigned char)* (lpPtr+LineBytes))* CoefArray[1];
    TempNum+=(float)((unsigned char)* (lpPtr+LineBytes+1))* CoefArray[2];
    TempNum+=(float)((unsigned char)* (lpPtr-1))* CoefArray[3];
    TempNum+=(float)((unsigned char)* lpPtr)* CoefArray[4];
    TempNum+=(float)((unsigned char)* (lpPtr+1))* CoefArray[5];
    TempNum+=(float)((unsigned char)* (lpPtr-LineBytes-1))* CoefArray[6];
    TempNum+=(float)((unsigned char)* (lpPtr-LineBytes))* CoefArray[7];
    TempNum+=(float)((unsigned char)* (lpPtr-LineBytes+1))* CoefArray[8];
                                     //最后乘以系数
    TempNum* =coef;
                                     //注意超出溢出的点的处理
            if(TempNum>255.0) * lpTempPtr=(BYTE)255;
            else if(TempNum<0.0)
                * lpTempPtr=(unsigned char)fabs(TempNum);
            else * lpTempPtr=(BYTE)TempNum;
        }
    hDc=GetDC(hWnd);
    if(hBitmap! =NULL)
        DeleteObject(hBitmap);
hBitmap=CreateDIBitmap(hDc,
(LPBITMAPINFOHEADER)lpTempImgData,
(LONG)CBM_INIT,
(LPSTR)lpTempImgData+sizeof(BITMAPI NFOHEADER)
+NumColors* sizeof(RGBQUAD),(LPBITMAPINFO)lpTempImgData, DIB_RGB_COLORS);
        hf=_lcreat(filename,0);
    _lwrite(hf,(LPSTR)&bf,sizeof(BITMAPFILEHEADER));
    _lwrite(hf,(LPSTR)lpTempImgData,BufSize);
    _lclose(hf);
    ReleaseDC(hWnd,hDc);
    LocalUnlock(hTempImgData);
    LocalFree(hTempImgData);
    GlobalUnlock(hImgData);
    return TRUE;
```

}

二、对比度扩展

附图 4 中的横坐标 gold 表示原始图像的灰度值，纵坐标 gnew 表示 gold 经过对比度扩展后得到了新的灰度值。a、b、c 为三段直线的斜率，因为是对比度扩展，所以斜率 $b>1$。g1old 和 g2old 表示原始图像中要进行对比度扩展的范围，g1new 和 g2new 表示对应的新值。用公式表示为

$$gnew = \begin{cases} a\text{gold}, & 0 \leqslant \text{gold} < \text{g1old} \\ b(\text{gold}-\text{g1old})+\text{g1new}, & \text{g1old} \leqslant \text{gold} < \text{g2old} \\ c(\text{gold}-\text{g2old})+\text{g2new}, & \text{g2old} < \text{gold} \leqslant 255 \end{cases}$$

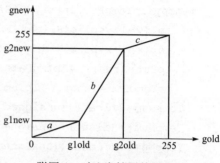

附图 4　对比度扩展的原理

显然要得到对比度扩展后的灰度，需要知道 a、b、c、g1old 和 g2old 5 个参数。由于新图的灰度级别也是 255 这个约束，所以满足 ag1old+b(g2old-g1old)+c(255-g2old)= 255 这个方程。这样，只需给出 4 个参数，另一个参数就可以代入方程求得。假设 $a=c$，这样，只要给出 b、g1old 和 g2old，就可以求出

$$a = [255 - b(\text{g2old}-\text{g1old})]/[255-(\text{g2old}-\text{g1old})]$$

要注意的是，给出的 3 个参数必须满足：① b(g2old-g1old) $\leqslant$ 255；② (g2old-g1old) $\leqslant$ 255。

附图 5 中的原始图像经对比度扩展后的效果如附图 6 所示。

附图 5　原始图像

附图 6　附图 5 经对比度扩展后的效果

下面的这段程序实现了对比度扩展。首先出现对话框，输入 b、g1old 和 g2old 三个参数（在程序中分别是 StretchRatio、SecondPoint 和 FirstPoint）；然后对调色板做相应的处理，而实际的位图数据不用动。

```
BOOL ContrastStretch ( HWND hWnd )
{
    DLGPROC              dlgInputBox = NULL;
    DWORD                BufSize;
    LPBITMAPINFOHEADER   lpImgData;
```

```
    LPSTR                   lpPtr;
    HLOCAL                  hTempImgData;
    LPBITMAPINFOHEADER      lpTempImgData;
    LPSTR                   lpTempPtr;
    HDC                     hDc;
    HFILE                   hf;
    LOGPALETTE              * pPal;
    HPALETTE                hPrevPalette=NULL;
    HLOCAL                  hPal;
    DWORD                   i;
    unsigned char           Gray;
    float                   a, g1, g2, g;
    if(NumColors! =256){                        //必须是256级灰度图
        MessageBox(hWnd,"Must be a 256 grayscale bitmap!","Error Message",MB_OK|
MB_ICONEXCLAMATION);
        return FALSE;
}
                                                //出现对话框,输入3个参数
    dlgInputBox = (DLGPROC) MakeProcInstance ((FARPROC)InputBox, ghInst);
    DialogBox (ghInst, "INPUTBOX", hWnd, dlgInputBox);
    FreeProcInstance ((FARPROC) dlgInputBox);
    if(StretchRatio* (SecondPoint-FirstPoint) > 255.0){
                                                //参数不合法
        MessageBox (hWnd," StretchRatio * (SecondPoint - FirstPoint) can not be
larger than 255!","Error Message",MB_OK|MB_ICONEXCLAMATION);
        return FALSE;
    }
    if((SecondPoint-FirstPoint) >=255){    //参数不合法
        MessageBox(hWnd,"The area you selected can not be the whole scale!","
Error Message",MB_OK|MB'_ICONEXCLAMATION);
        return FALSE;
}
                                    //计算出第一段和第三段的斜率a
    a = (float) ((255.0 - StretchRatio * (SecondPoint - FirstPoint))/(255.0 -
(SecondPoint-FirstPoint)));
                                    //对比度扩展范围的边界点所对应的新的灰度
    g1=a* FirstPoint;
    g2=StretchRatio* (SecondPoint-FirstPoint)+g1;
                                    //新开的缓冲区的大小
    BufSize=bf.bfSize-sizeof(BITMAPFILEHEADER);
    if((hTempImgData=LocalAlloc(LHND,BufSize))==NULL)
    {
```

```
            MessageBox(hWnd,"Error alloc memory!","Error Message",MB_OK|MB_
ICONEXCLAMATION);
        return FALSE;
    }
    lpImgData=(LPBITMAPINFOHEADER)GlobalLock(hImgData);
    lpTempImgData=(LPBITMAPINFOHEADER)LocalLock(hTempImgData);
                                        //复制头信息和实际位图数据
    memcpy(lpTempImgData,lpImgData,BufSize);
    hDc=GetDC(hWnd);
                                        //lpPtr指向原图像数据缓冲区,lpTempPtr
                                          指向新图像数据缓冲区
    lpPtr=(char * )lpImgData+sizeof(BITMAPINFOHEADER);
    lpTempPtr=(char * )lpTempImgData+sizeof(BITMAPINFOHEADER);
                                        //为新的逻辑调色板分配内存
    hPal=LocalAlloc(LHND,sizeof(LOGPALETTE) + NumColors* sizeof(PALETTEENTRY));
    pPal = (LOGPALETTE * )LocalLock(hPal);
    pPal -> palNumEntries =(WORD) NumColors;
    pPal -> palVersion = 0x300;
    for (i = 0; i < 256; i++) {
        Gray=(unsigned char)* lpPtr;
        lpPtr+=4;
                                        //进行对比度扩展
        if(Gray<FirstPoint) g=(float)(a* Gray);
        else if (Gray<SecondPoint) g=g1+StretchRatio* (Gray-FirstPoint);
        else g=g2+a* (Gray-SecondPoint);
        pPal -> palPalEntry[i].peRed=(BYTE)g;
        pPal ->palPalEntry[i].peGreen=(BYTE)g;
        pPal ->palPalEntry[i].peBlue=(BYTE)g;
        pPal ->palPalEntry[i].peFlags=0;
        * (lpTempPtr++)=(unsigned char)g;
        * (lpTempPtr++)=(unsigned char)g;
        * (lpTempPtr++)=(unsigned char)g;
        * (lpTempPtr++)=0;
    }
    if(hPalette! =NULL)
        DeleteObject(hPalette);
                                        //产生新的逻辑调色板
    hPalette=CreatePalette(pPal);
    LocalUnlock(hPal);
    LocalFree(hPal);
    if(hPalette) {
        hPrevPalette=SelectPalette(hDc,hPalette,FALSE);
```

```
    RealizePalette(hDc);
}
if(hBitmap!=NULL)
    DeleteObject(hBitmap);
                                    //产生新的位图
hBitmap=CreateDIBitmap(hDc,(LPBITMAPINFOHEADER) lpTempImgData,
(LONG) CBM_INIT,(LPSTR)lpTempImgData+sizeof(BITMAPINFOHEADER) +
NumColors* sizeof(RGBQUAD),(LPBITMAPINFO)lpTempImgData, DIB_RGB_COLORS);
if(hPalette && hPrevPalette){
    SelectPalette(hDc,hPrevPalette,FALSE);
    RealizePalette(hDc);
}
hf=_lcreat("c:\stretch.bmp",0);
_lwrite(hf,(LPSTR)&bf,sizeof(BITMAPFILEHEADER));
_lwrite(hf,(LPSTR)lpTempImgData,BufSize);
_lclose(hf);
                                    //释放内存和资源
ReleaseDC(hWnd,hDc);
LocalUnlock(hTempImgData);
LocalFree(hTempImgData);
GlobalUnlock(hImgData);
return TRUE;
}
```

三、Hough 变换

Hough 变换用来在图像中查找直线。其基本原理：假设有一条与原点距离为 s、方向角为 θ 的一条直线，如附图 7 所示。

直线上的每一点都满足方程 $s=x\cos\theta+y\sin\theta$，利用这个事实，可以找出某条直线来。

下面将给出一段程序，用来找出附图 8 图像中最长的直线。找到直线的两个端点，在它们之间连一条红色的直线。为了看出效果，人为地把结果加工成粗线，如附图 9 所示。

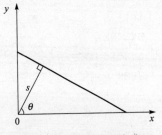

附图 7　一条与原点距离为 s、方向角为 θ 的一条直线

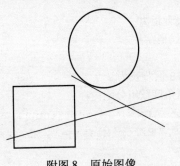

附图 8　原始图像

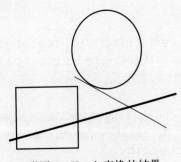

附图 9　Hough 变换的结果

方法：定义一个二维数组作为计数器，第一维是角度；第二维是距离。对于每一个黑色点，角度为 0°~178°（为了减少存储空间和计算时间，角度每次加 2°而不是 1°）变化，按方程 $s=x\cos\theta+y\sin\theta$ 求出对应的距离 s，相应的数组元素 [s][θ] 加 1。同时开一个数组 Line，计算每条直线的上下两个端点。在所有的像素都算完后，找到数组元素中最大的，就是最长的那条直线。直线的端点可以在 Line 中找到。要注意的是，处理的虽然是二值图像，但实际上是 256 级灰度图，只用到了 0 和 255 两种颜色。

```
BOOL Hough(HWND hWnd){
                                          //定义一个自己的直线结构
    typedef struct {
            int topx;            //最高点的 x 坐标
            int topy;            //最高点的 y 坐标
            int botx;            //最低点的 x 坐标
            int boty;            //最低点的 y 坐标
            }MYLINE;
    DWORD              BufSize;
    LPBITMAPINFOHEADER lpImgData;
    LPSTR              lpPtr;
    HDC                hDc;
    LONG               x,y;
    long               i,maxd;
    int                k;
    int                Dist,Alpha;
    HGLOBAL            hDistAlpha,hMyLine;
    int                * lpDistAlpha;
    MYLINE             * lpMyLine,* TempLine,MaxdLine;
    static LOGPEN      rlp={PS_SOLID,1,1,RGB(255,0,0)};
    HPEN               rhp;
                           //我们处理的实际上是 256 级灰度图,只用到了 0
                           和 255 两种颜色
if(NumColors!=256){
    MessageBox(hWnd,"Must be a mono bitmap with grayscale palette!","Error Message",MB_OK|MB_ICONEXCLAMATION);
    return FALSE;
}
                                          //计算最大距离
    Dist=(int)(sqrt((double)bi.biWidth* bi.biWidth+
(double)bi.biHeight* bi.biHeight)+0.5);
Alpha=180 /2;              //0°~178°,步长为 2°
                           //为距离角度数组分配内存
    if((hDistAlpha=GlobalAlloc(GHND,(DWORD)Dist* Alpha * sizeof(int)))==NULL){
        MessageBox(hWnd," Error alloc memory!","Error Message",MB_OK|MB_ICONEXCLAMATION);
```

```
        return FALSE;
}
                                        //为记录直线端点的数组分配内存
if((hMyLine=GlobalAlloc(GHND,(DWORD)Dist* Alpha* sizeof(MYLINE)))==NULL){
    GlobalFree(hDistAlpha);
    return FALSE;
}
                                        //原始图像缓冲区的大小
BufSize=bf.bfSize-sizeof(BITMAPFILEHEADER);
lpImgData=(LPBITMAPINFOHEADER)GlobalLock(hImgData);
lpDistAlpha=(int * )GlobalLock(hDistAlpha);
lpMyLine=(MYLINE * )GlobalLock(hMyLine);

for (i=0;i<(long)Dist* Alpha;i++){
    TempLine=(MYLINE* )(lpMyLine+i);
    (* TempLine).boty=32 767;           //初始化最低点的 y 坐标为一个很大的值
}
for (y=0;y<bi.biHeight;y++){
                                        //lpPtr 指向位图数据
        lpPtr=(char * )lpImgData+(BufSize-LineBytes-y* LineBytes);
        for (x=0;x<bi.biWidth;x++)
            if(* (lpPtr++)==0)           //是一个黑点
              for (k=0;k<180;k+=2){
                                        //计算距离 i
                i=(long)fabs((x* cos(k* PI/180.0)+y* sin(k* PI/180.0)));
                                        //相应的数组元素加1
* (lpDistAlpha+i* Alpha+k/2)=* (lpDistAlpha+i* Alpha+k/2)+1;

TempLine=(MYLINE* )(lpMyLine+i* Alpha+k/2);
              if(y> (* TempLine).topy){
                                        //记录该直线最高点的 x,y 坐标
                  (* TempLine).topx=x;
                  (* TempLine).topy=y;
                }
              if(y< (* TempLine).boty){
                                        //记录该直线最低点的 x,y 坐标
                  (* TempLine).botx=x;
                  (* TempLine).boty=y;
                }
         }
     }

maxd=0;
for (i=0;i<(long)Dist* Alpha;i++){
    TempLine=(MYLINE* )(lpMyLine+i);
```

```
            k=*(lpDistAlpha+i);
            if(k >maxd){
                                        //找到数组元素中最大的及相应的直线端点
                maxd=k;
                MaxdLine.topx=(* TempLine).topx;
                MaxdLine.topy=(* TempLine).topy;
                MaxdLine.botx=(* TempLine).botx;
                MaxdLine.boty=(* TempLine).boty;
            }
    }
    hDc = GetDC(hWnd);
    rhp = CreatePenIndirect(&rlp);
    SelectObject(hDc,rhp);
    MoveToEx(hDc,MaxdLine.botx,MaxdLine.boty,NULL);
                                //在两端点之间画一条红线用来标志
    LineTo(hDc,MaxdLine.topx,MaxdLine.topy);
    DeleteObject(rhp);
    ReleaseDC(hWnd,hDc);
                                //释放内存及资源
    GlobalUnlock(hImgData);
    GlobalUnlock(hDistAlpha);
    GlobalFree(hDistAlpha);
    GlobalUnlock(hMyLine);
    GlobalFree(hMyLine);
    return TRUE;
}
```

四、边缘跟踪

边缘跟踪，顾名思义就是通过顺序找出边缘点来跟踪出边界。附图 10 中图像经边缘跟踪后的结果如附图 11 所示。

附图 10　原始图像

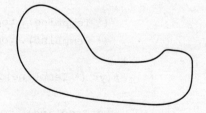
附图 11　边缘跟踪后的结果

一个简单二值图像闭合边界的轮廓跟踪算法很简单：首先按从上到下，从左到右的顺序搜索，找到的第一个黑点一定是最左上方的边界点，记为 A。它的右、右下、下、左下四个邻点中至少有一个是边界点，记为 B。从开始 B 点找起，按右、右上、上、左上、左、左下、下、右下的顺序找相邻点中的边界点 C 点。如果 C 就是 A 点，则表明已经转了一圈，程序结束；否则从 C 点继续找，直到找到 A 点为止。判断是不是边界点很容易：如果它的上、下、左、右四个邻居都是黑点，则不是边界点；否则，是边界点。

源程序如下，其中，函数 IsContourP 用来判断某点是不是边界点。

```c
BOOL Contour(HWND hWnd)
{
    DWORD               OffBits,BufSize;
    LPBITMAPINFOHEADER  lpImgData;
    LPSTR               lpPtr;
    HLOCAL              hTempImgData;
    LPBITMAPINFOHEADER  lpTempImgData;
    LPSTR               lpTempPtr;
    HDC                 hDc;
    HFILE               hf;
    LONG                x,y;
    POINT               StartP,CurP;
    BOOL                found;
    int                 i;
    int                 direct[8][2]={{1,0},{1,-1},{0,-1},{-1,-1},{-1,0},
{-1,1},{0,1},{1,1}};
                                        //我们处理的实际上是 256 级灰度图，只用
                                        //  到了 0 和 255 两种颜色
    if(NumColors!=256){
        MessageBox(hWnd,"Must be a mono bitmap with grayscale palette!","Error Message",MB_OK|MB_ICONEXCLAMATION);
        return FALSE;
    }
                                        //到位图数据的偏移值
    OffBits=bf.bfOffBits-sizeof(BITMAPFILEHEADER);
                                        //缓冲区大小
    BufSize=bf.bfSize-sizeof(BITMAPFILEHEADER);
                                        //为新图像缓冲区分配内存
    if((hTempImgData=LocalAlloc(LHND,BufSize))==NULL)
    {
        MessageBox(hWnd,"Error alloc memory!","Error Message",
MB_OK|MB_ICONEXCLAMATION);
        return FALSE;
    }
    lpImgData=(LPBITMAPINFOHEADER)GlobalLock(hImgData);
    lpTempImgData=(LPBITMAPINFOHEADER)LocalLock(hTempImgData);
                                        //新图像缓冲区初始化为 255
    memset(lpTempImgData,(BYTE)255,BufSize);
                                        //复制头信息
```

```
        memcpy(lpTempImgData,lpImgData,OffBits);
                                        //找到标志置为假
        found=FALSE;
        for (y=0;y<bi.biHeight && ! found; y++){
            lpPtr=(char * )lpImgData+(BufSize-LineBytes-y* LineBytes);
            for (x=0;x<bi.biWidth && ! found; x++)
                if (* (lpPtr++) ==0) found=TRUE;    //找到了最左上的黑点,一定是一个边界点
        }
    if(found){                          //如果找到了,才做处理
                                        //从上面的循环退出时,x,y 坐标都做了加
                                          1 的操作。在这里把它们减 1,得到起始
                                          点坐标 StartP
StartP.x=x-1;
StartP.y=y-1;
lpTempPtr=(char * )lpTempImgData+(BufSize-
LineBytes-StartP.y* LineBytes)+StartP.x;
* lpTempPtr=(unsigned char)0;           //起始点涂黑
                                        //右邻点
CurP.x=StartP.x+1;
CurP.y=StartP.y;
lpPtr=(char * )lpImgData+(BufSize-LineBytes-CurP.y* LineBytes)+CurP.x;
if(* lpPtr!=0){                         //若右邻点为白,则找右下邻点
    CurP.x=StartP.x+1;
    CurP.y=StartP.y+1;
        lpPtr=(char* )lpImgData+(BufSize-LineBytes-CurP.y* LineBytes)+CurP.x;
if(* lpPtr! =0){                        //若仍为白,则找下邻点
    CurP.x=StartP.x;
    CurP.y=StartP.y+1;
            }
        else{                           //若仍为白,则找左下邻点
    CurP.x=StartP.x-1;
    CurP.y=StartP.y+1;
        }
    }
        while (! ((CurP.x==StartP.x) &&(CurP.y=StartP.y))){
                                        //直到找到起始点,循环才结束
            lpTempPtr=(char * )lpTempImgData+(BufSize-LineBytes
-CurP.y* LineBytes)+CurP.x;
        * lpTempPtr=(unsigned char)0;
        for(i=0;i<8;i++){
                //按右、右上、上、左上、左、左下、下、右下的顺序找相邻点
                //direct[i]中存放的是该方向 x、y 的偏移值
```

```
                    x=CurP.x+direct[i][0];
                    y=CurP.y+direct[i][1];
        //lpPtr 指向原图像数据,lpTempPtr 指向新图像数据
            lpTempPtr=(char * )lpTempImgData
+(BufSize-LineBytes-y* LineBytes)+x;
            lpPtr=(char * )lpImgData+(BufSize-LineBytes-y* LineBytes)+x;
if(((* lpPtr=0)&&(* lpTempPtr!=0) )   ||
  ( (x=StartP.x) && (y=StartP.y) ) )
                //原图像中为黑点,且新图像中为白点（表示还没搜索过）时才处理
                //另一种可能是找到了起始点
                if ( IsContourP (x, y, lpPtr) )  { //若是一个边界点
                                                //记住当前点的位置
                    CurP.x=x;
                    CurP.y=y;
                    break;
                }
            }
          }
        }
    }
    if ( hBitmap!=NULL )
        DeleteObject ( hBitmap );
    hDc=GetDC ( hWnd );
                                            //创立一个新的位图
    hBitmap=CreateDIBitmap ( hDc, ( LPBITMAPINFOHEADER ) lpTempImgData,
    ( LONG )  CBM_INIT,(LPSTR) lpTempImgData+sizeof(BITMAPINFOHEADER) +
    NumColors* sizeof(RGBQUAD),(LPBITMAPINFO)lpTempImgData, DIB_RGB_COLORS);
    hf=_lcreat("c:\contour.bmp",0);
    _lwrite(hf,(LPSTR) &bf,sizeof(BITMAPFILEHEADER));
    _lwrite(hf,(LPSTR) lpTempImgData,BufSize);
    _lclose(hf);
                                            //释放内存和资源
    ReleaseDC(hWnd,hDc);
    LocalUnlock(hTempImgData);
    LocalFree(hTempImgData);
    GlobalUnlock(hImgData);
    return TRUE;
}
                                    //判断某点是不是边界点,参数 x、y 为
                                    //该点的坐标,lpPtr 为指向原位图数
                                    //据的指针
BOOL IsContourP(LONG x,LONG y, char * lpPtr)
{
```

```
    int    num,n,w,e,s;
    n=(unsigned char)* (lpPtr+LineBytes);      //上邻点
    w=(unsigned char)* (lpPtr-1);              //左邻点
    e=(unsigned char)* (lpPtr+1);              //右邻点
    s=(unsigned char)* (lpPtr-LineBytes);      //下邻点
    num=n+w+e+s;
    if(num==0)                                 //全是黑点,说明是一个内部点而不是
                                               //边界点
        return FALSE;
    return TRUE;
}
```